职业教育“互联网+”新形态一体化教材
智能工程机械运用技术专业

工程起重机械

主　编　郑兰霞　郝好峰
副主编　李　冰　连　萌　李　靖
参　编　刘跃昆　王兵维　王志伟
　　　　杜金博
主　审　胡修池　仉健康

机械工业出版社

本书以工程起重机械运用为主线，阐述了工程起重机械的构造、工作原理、使用和设计计算方法。本书共分为12章，主要内容包括总论、钢丝绳、卷绕装置、取物装置、制动装置、起升机构、运行机构、回转机构、变幅机构、桥式类型起重机、臂架型起重机、起重机的稳定性与使用。

本书可作为高等职业院校智能工程机械运用技术专业教材，也可供相关工程技术人员参考使用。

本书配有二维码资源，手机扫码即可观看，还配有电子课件，凡使用本书作为教材的教师可登录机械工业出版社教育服务网 www.cmpedu.com 注册后免费下载。咨询电话：010-88379375。

图书在版编目（CIP）数据

工程起重机械/郑兰霞，郝好峰主编. —北京：机械工业出版社，2023.9

职业教育“互联网+”新形态一体化教材 智能工程机械运用技术专业

ISBN 978-7-111-73081-1

Ⅰ.①工… Ⅱ.①郑… ②郝… Ⅲ.①工程机械-起重机械-职业教育-教材 Ⅳ.①TH21

中国国家版本馆CIP数据核字（2023）第074190号

机械工业出版社（北京市百万庄大街22号 邮政编码100037）

策划编辑：刘良超 责任编辑：刘良超

责任校对：贾海霞 王 延 封面设计：王 旭

责任印制：常天培

北京机工印刷厂有限公司印刷

2023年9月第1版第1次印刷

184mm×260mm · 14.75印张 · 360千字

标准书号：ISBN 978-7-111-73081-1

定价：46.80元

电话服务 网络服务

客服电话：010-88361066 机 工 官 网：www.cmpbook.com

010-88379833 机 工 官 博：weibo.com/cmp1952

010-68326294 金 书 网：www.golden-book.com

封底无防伪标均为盗版 机工教育服务网：www.cmpedu.com

前　言

起重机械被喻为“巨人之臂”，能减轻人类体力劳动强度，提高作业效率，完成工程任务，是实现工业过程机械化和自动化必不可少的机械装备，广泛应用于国民经济各部门。为深入贯彻二十大精神，大力推进中国式现代化，积极响应交通和机械装备的产业领域强国战略，满足起重机械快速发展，适应日益增长工程及机电设备安装需求，深化校企合作，黄河水利职业技术学院联合山东丰汇设备技术有限公司，依照教育部颁布的智能工程机械运用技术、机械设计与制造、车辆工程等专业现行教学标准，结合编者多年教学和生产科研实践经验编写了本书。

本书以工程起重机械运用为主线，阐述了工程起重机械的构造、工作原理、使用和设计计算方法。本书共分为12章，主要内容包括总论、钢丝绳、卷绕装置、取物装置、制动装置、起升机构、运行机构、回转机构、变幅机构、桥式类型起重机、臂架型起重机、起重机的稳定性与使用。

在本书的编写工程中，编者联合起重机械生产和运用企业，紧密结合生产实际，力求使内容丰富、简洁易懂，实例以实际工程应用为主，注重运用新技术、新工艺、新标准。内容编排由浅入深，层次分明，图文并茂，并配有微课视频等资源，易于教学，便于应用。

本书采用校企合作模式编写，由黄河水利职业技术学院和山东丰汇设备技术有限公司共同完成。编写团队包括黄河水利职业技术学院郑兰霞、李冰、连萌、刘跃昆、王兵维、王志伟和杜金博，山东丰汇设备技术有限公司郝好峰、李靖。郑兰霞、郝好峰担任主编，李冰、连萌和李靖担任副主编。具体编写分工如下：刘跃昆编写第1章、第2章，郝好峰编写第3章，王兵维编写第4章、第8章，王志伟编写第5章，连萌编写第6章，杜金博编写第7章，李冰编写第9章、第12章，郑兰霞和李靖编写第10章、第11章。本书由黄河水利职业技术学院胡修池和山东丰汇设备技术有限公司仉健康主审。本书在编写过程中还得到了山东丰汇设备技术有限公司刘国生、大连理工大学益利亚咨询有限公司宋晓光、焦作市上起制动器有限公司王百顺的大力支持，在此深表感谢。

由于编者水平有限，书中难免存在缺点和错误，恳请广大读者批评指正。

编　者

二维码索引

（续）

资源名称	二维码	页码	资源名称	二维码	页码
二维码 11-1　塔机升降机构		200	二维码 11-4　WGQ600 桅杆式起重机		206
二维码 11-2　FZQ2200 三维动画		202	二维码 11-5　桅杆式起重机		207
二维码 11-3　FH-FZQ1700 风电专用塔机		202			

目　录

第1章 总论

1.1 概述

1.1.1 起重机械的工作特点与应用

起重机械是用来对物料进行起重、运输、装卸和安装作业的机械。它能够完成靠人力无法完成的物料搬运工作，减轻人们的体力劳动强度，提高劳动生产率，在工厂、矿山、车站、港口、建筑、仓库、水电站等多个领域得到了广泛的应用。随着生产规模日益扩大，特别是现代化、专业化生产的要求，各种专门用途的起重机相继诞生，在许多重要的部门中，它不仅是生产过程中的辅助机械，而且已成为生产流水作业线上不可缺少的重要机械设备，它的发展对国民经济建设起着积极的促进作用。

起重机械是一种循环的、间歇动作的、短程搬运物料的机械。一个工作循环一般包括上料、运送、卸料及回到原位的过程，即取物装置从取物地点由起升机构把物料提起，由运行、回转或变幅机构把物料移位，然后物料在指定地点下放，接着进行相反动作，使取物装置回到原位，以便进行下一次的工作循环。在两个工作循环之间一般有短暂的停歇。起重机工作时，各机构处于起动、制动以及正向、反向等相互交替的运动状态之中。

在高层建筑、厂房及电站等的建设施工中，需要吊装和搬运的工程量日益增多，其中不少组合件的吊装和搬运重量达几百 t。因此，必须选用一些大型起重机进行诸如锅炉及厂房设备的吊装工作。通常采用的大型起重机有龙门起重机、门座起重机、塔式起重机、履带式起重机、轮式起重机以及厂房内装置的桥式起重机等。

在道路、桥梁和水利电力设施等的建设施工中，起重机的使用范围更是极为广泛。装卸设备器材，吊装厂房构件，安装电站设备，吊运浇筑混凝土、模板和桥架，转移废渣及其他建筑材料等，均须使用起重机械。尤其是水电工程施工，不但工程规模浩大，而且地理条件特殊，施工季节性强，工程本身又很复杂，需要吊装搬运的设备、建筑材料量大、品种多，所需要的起重机数量和种类就更多，如缆索起重机、浮式起重机等。在电站厂房及水工建筑物上也安装有各种类型的起重机，供检修机组、启闭闸门及起吊拦污栅之用，如大型桥式起重机、龙门起重机、固定卷扬起重机以及弧型闸门起重机等。这些专门用途的起重机一般吨位较大，如大连重工为烟台来福士船业有限公司制造的桥式起重机起重量达 2 万 t；用于起吊闸门的龙门起重机和固定卷扬起重机的起重量，我国已做到 600t；电站厂房内的桥式起重机的起重量，我国已做到 1200t。

1.1.2 起重机械的种类

图 1-1 所示为起重机械分类图，图 1-2 所示为各种起重机械结构示意图。

图 1-1 起重机械分类

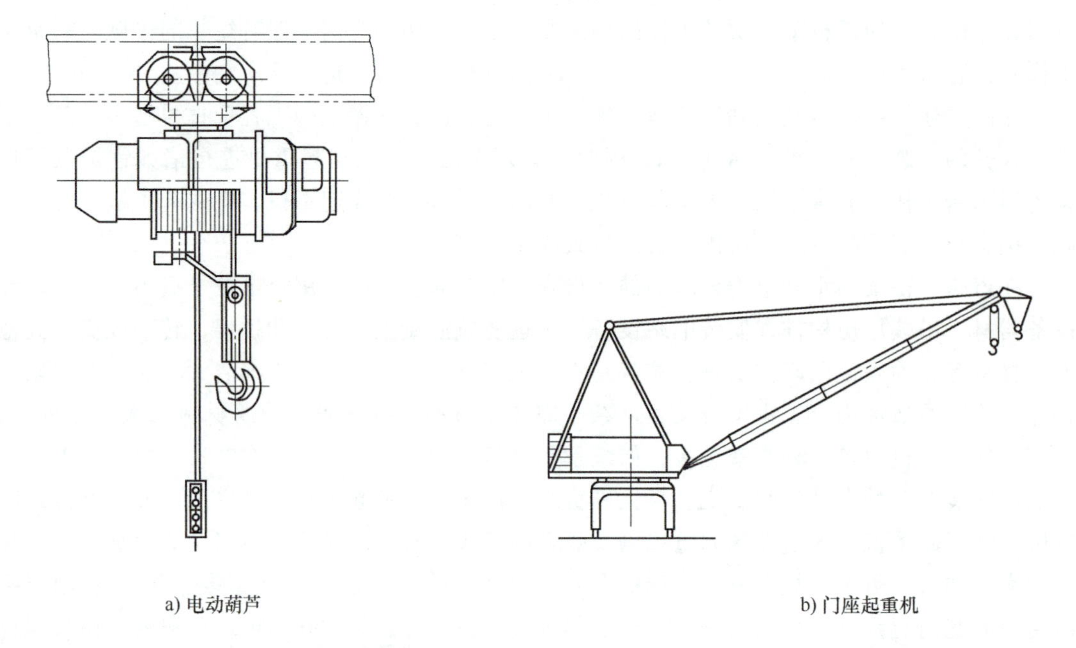

a) 电动葫芦 b) 门座起重机

图 1-2 各种起重机械结构示意图

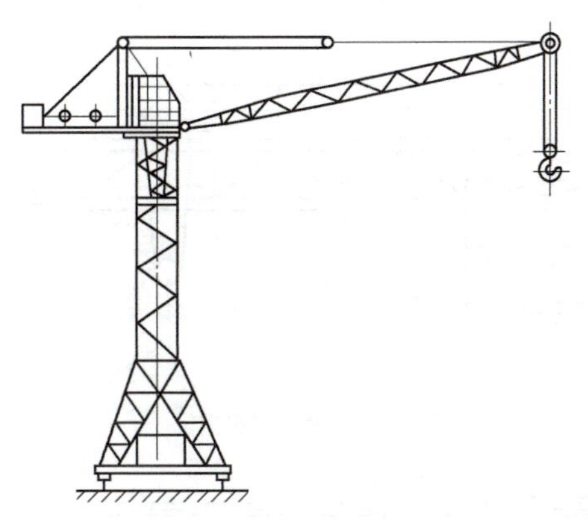

c) 塔式起重机

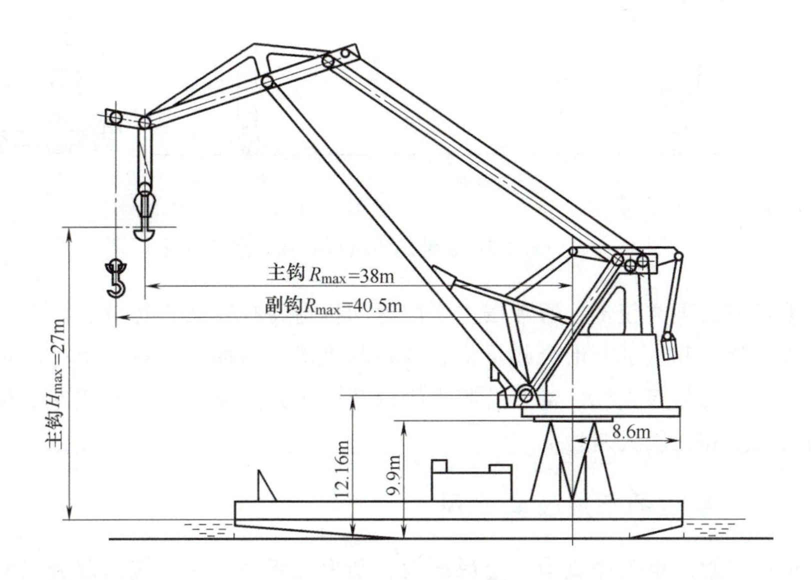

d) 浮式起重机

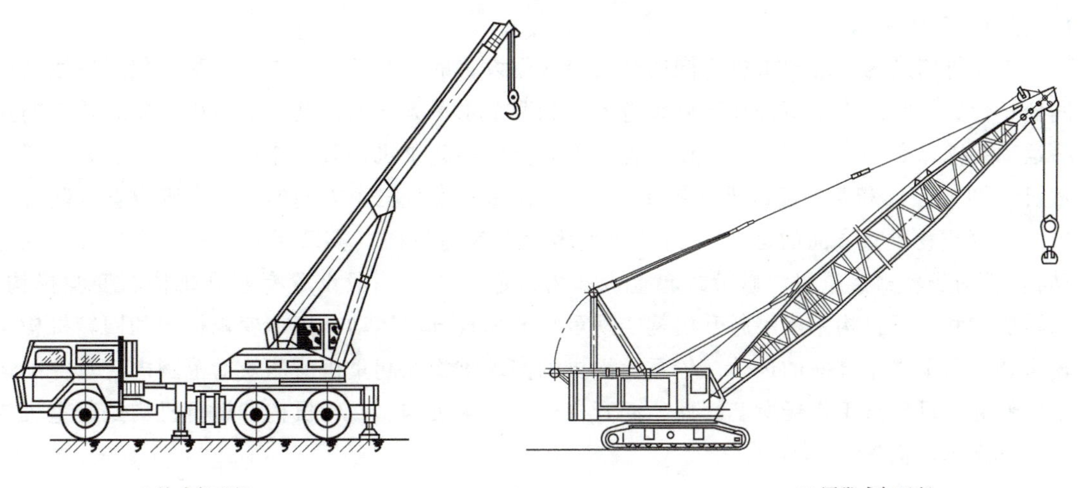

e) 轮式起重机

f) 履带式起重机

图 1-2 各种起重机械结构示意图（续）

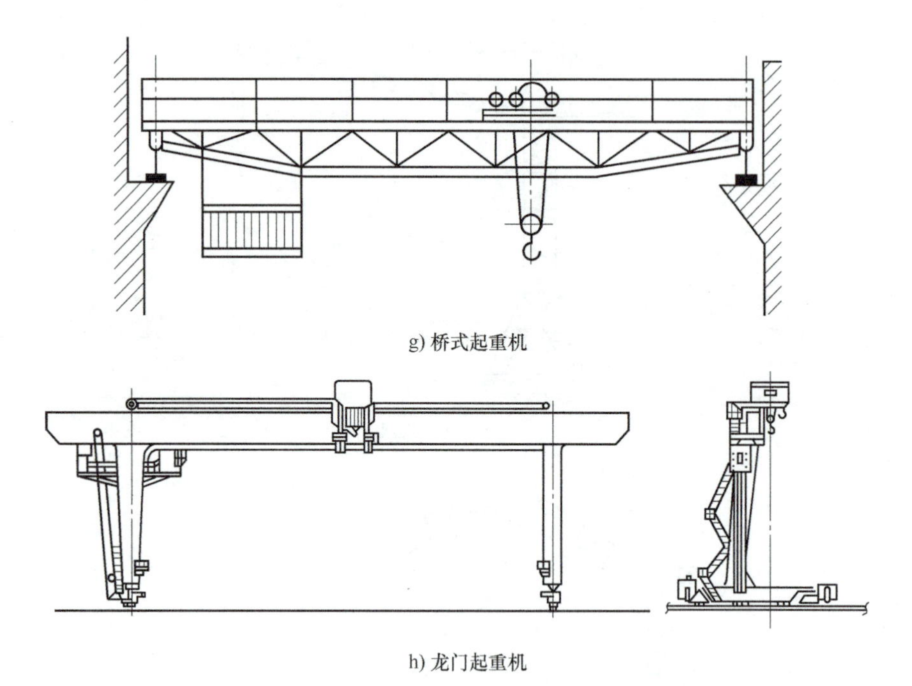

g) 桥式起重机

h) 龙门起重机

图 1-2 各种起重机械结构示意图（续）

起重机械的种类较多，通常按主要用途和构造特征对其进行分类。按主要用途可分为通用起重机、建筑起重机、冶金起重机、铁路起重机、造船起重机、甲板起重机等。按构造特征可分为桥式类型起重机、臂架型起重机以及固定式起重机、运行式起重机。运行式起重机又分为轨道式和无轨式两种。

1.1.3 起重机械的组成及其作用

起重机通常是由工作机构、金属结构、动力装置与控制系统四部分组成的。这四个组成部分及其功用分述如下。

1.1.3.1 工作机构

工作机构是为实现起重机不同的运动要求而设置的。要把一个重物从某一位置搬运到空间任一位置，则此重物不外乎要做垂直方向和两个水平方向的运动。起重机要实现重物的这些运动要求，必须设置相应的工作机构。不同类型的起重机，其工作稍有差异。例如桥式起重机（图 1-2g）和龙门起重机（图 1-2h），要使重物实现三个方向的运动，则设置有起升机构（实现重物垂直方向的运动）、小车运行和大车运行机构（实现重物沿两个水平方向的运动）。而对于轮式起重机、履带式起重机和塔式起重机，一般设置有起升机构、变幅机构、回转机构和运行机构。依靠起升机构实现重物的垂直方向运动，依靠变幅机构和回转机构实现重物在两个水平方向的运动，依靠运行机构实现重物在起重机所能及的范围内任意空间运动和使起重机转移工作场所。因此，起升机构、变幅机构、回转机构和运行机构是起重机的四大基本工作机构。

1. 起升机构

起升机构是起重机最主要的机构，也是其最基本的机构。起升机构是由原动机、卷筒、钢丝绳、滑轮组和吊钩等组成的，如图 1-3 所示。原动机的旋转运动，通过卷绕系统变为吊钩的垂直直线运动。起重机因驱动形式的不同，驱动卷筒的原动机可为电动机或液压马达，也可为机械传动中某一主动轴。当原动机为电动机或液压马达时，应通过减速器改变原动机的转矩和转速。为了提高下降速度，有的起升机构设置有离合器，使卷筒脱开原动机动力在重物自重作用下反向旋转，让重物或空钩自由下降。

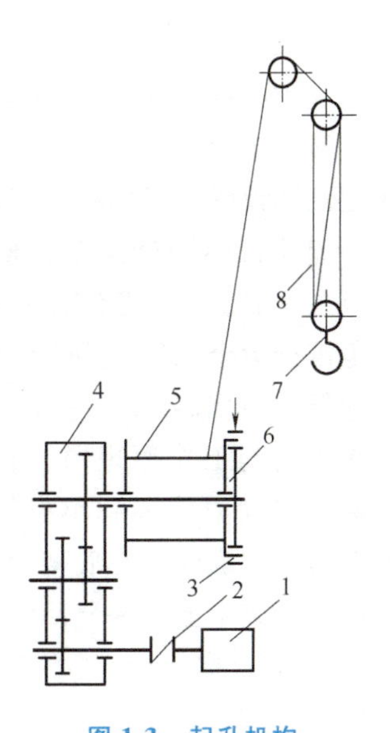

图 1-3 起升机构

1—原动机 2—联轴器 3—制动器 4—减速器 5—卷筒 6—离合器 7—吊钩组 8—滑轮组

大型起重机往往备有两套起升机构，起吊大重量的称为主起升机构或主钩；起吊小重量的称为副起升机构或副钩。副钩的起重量一般为主钩的 1/5~1/3 或更小。

为使重物能够停止在空中某一位置或控制重物的下降速度，在起升机构中必须设置制动器或停止器等控制装置。

2. 变幅机构

起重机变幅是指改变取物装置中心铅垂线与起重机回转轴线之间的距离，这个距离称为幅度。起重机通过变幅，能扩大其作业范围，即由垂直上下的直线作业范围扩大为一个面的作业范围。

起重机的类型不同，其变幅形式也不同。轮胎式起重机和履带式起重机有钢丝绳变幅和液压缸变幅两种类型（图 1-4、图 1-5）。钢丝绳变幅机构与起升机构相似，所不同的只是从变幅卷筒引出的钢丝绳不是连接到吊钩上，而是连接在起重臂端部。上述两种变幅形式都是使起重臂绕下铰点在吊重平面内改变吊臂与水平面夹角来实现的。这两种变幅形式的起重机又称为动臂式起重机。在有些塔式起重机中，变幅是靠小车沿吊臂水平移动来实现的，称为小车式变幅（图 1-6）。

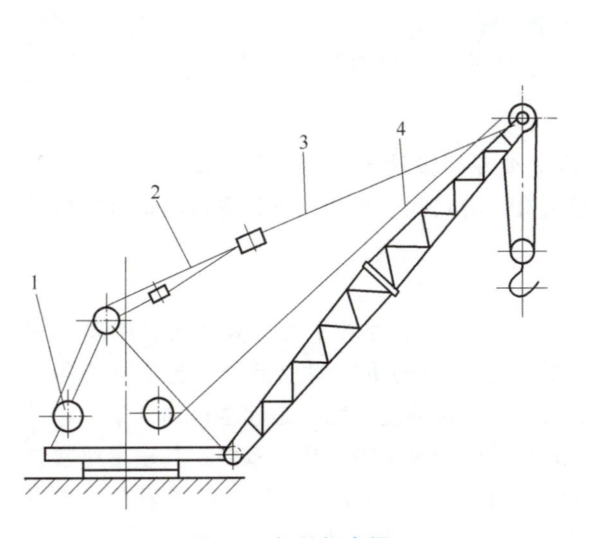

图 1-4 钢丝绳变幅

1—变幅卷筒 2—变幅钢丝绳 3—悬挂钢丝绳 4—起升钢丝绳

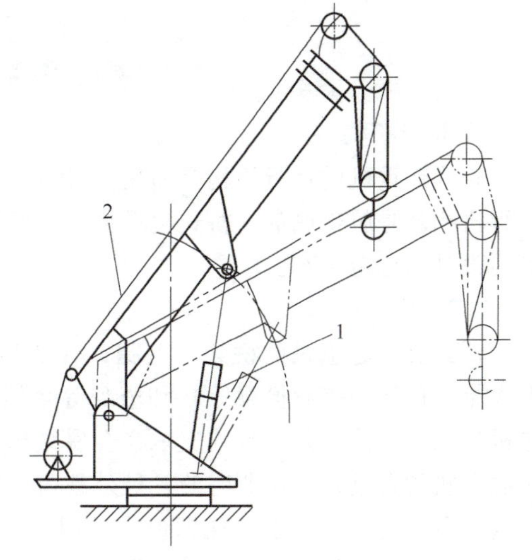

图 1-5 液压缸变幅

1—变幅液压缸 2—起升绳

3. 回转机构

起重机的一部分相对于另一部分做相对旋转运动称为回转。为实现起重机的回转运动而设置的机构称为回转机构。

起重机的回转运动，使其从线、面作业范围又扩大为一定空间的作业范围。回转范围分为全回转（回转 360°以上）和部分回转（可回转 270°左右）。图 1-7 所示为回转机构的工作原理图。它是由原动机经减速器将动力传递到小齿轮上，小齿轮既做自转又围绕固定在底架上的大齿圈公转，从而带动整个上车部分回转。

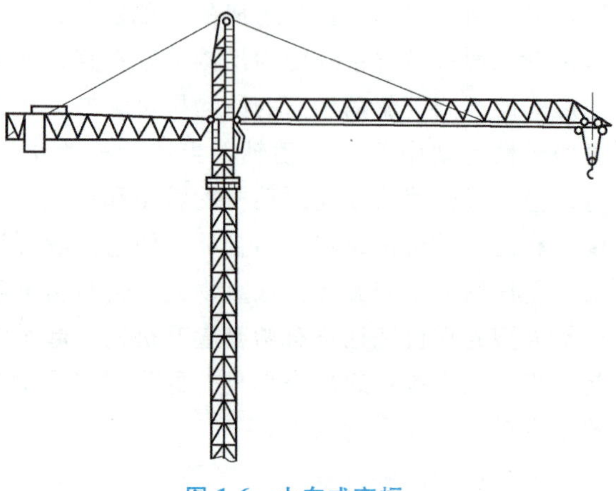

图 1-6 小车式变幅

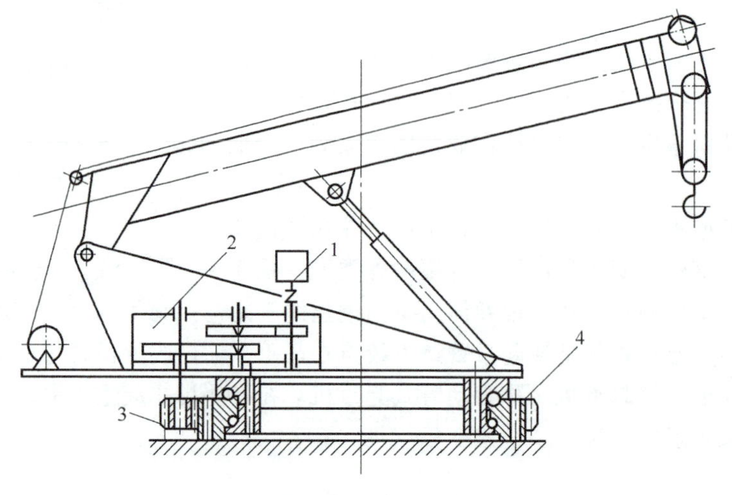

图 1-7 回转机构

1—原动机 2—减速器 3—小齿轮 4—大齿圈

4. 运行机构

轮式起重机的运行机构是通用/专用汽车底盘或专门设计的轮胎底盘。履带式起重机的运行机构就是履带底盘。桥式起重机、龙门起重机、塔式起重机和门座起重机的运行机构是专门设计的行走台车。

1.1.3.2 金属结构

桥式类型起重机的桥架、支腿，臂架型起重机的吊臂、回转平台、人字架、底架（车架大梁、门架、支腿横梁等）和塔身等金属结构是起重机的重要组成部分。起重机的各工作机构的零部件都是安装或支承在金属结构上的。起重机的金属结构是起重机的骨架，它承受起重机的自重以及作业时的各种外载荷。组成起重机金属结构的构件较多，其重量通常约占整机重量的一半以上，耗钢量大。因此，合理的起重机金属结构设计，对减轻起重机自重，提高起重性能，节约钢材，提高起重机的可靠性都有重要意义。

1.1.3.3 动力装置

动力装置是起重机的动力源，是起重机的重要组成部分。它在很大程度上决定了起重机的性能和构造特点，不同类型的起重机配备不同的动力装置。轮式起重机和履带式起重机的动力装置多为内燃机，一般可由一台内燃机为上下车各工作机构供应动力。对于大型汽车起重机，有的上下车各设一台内燃机，分别供应起重作业（起升、变幅、回转）的动力和运行机构的动力。塔式起重机、门座起重机、桥式起重机和龙门起重机的动力装置是外接动力电源的电动机。

1.1.3.4 控制系统

起重机的控制系统包括操纵装置和安全装置。动力装置是解决起重机做功所需要的能源，而控制系统则是解决各机构怎样运动的问题，例如动力传递的方向，各机构运动速度的快慢，以及使机构制动和停止等。对应于这些运动要求，起重机的控制系统设有离合器、制动器、停止器、液压传动中的各种操纵阀，以及各种类型的调速装置和起重机上专用的安全装置等部件。这些控制装置能够改善起重机的运动特性，实现各机构的起动、调速、换向、制动和停止，从而进行起重机作业所要求的各种动作，保证起重机安全作业。

1.1.4 起重机械的发展

物料的搬运成为人类生产活动中重要的组成部分，距今已有几千年的发展历史。20世纪70年代以来，随着生产和科学技术的发展，起重机械无论是在产量上还是在品种及质量上都得到了极其迅速的发展。随着国民经济的快速发展，特别是国家加大基础工程建设规划的实施，建设工程规模日益扩大，起重安装工程量越来越大，需要吊装和搬运的结构件和机器设备的重量也越来越大，极大地促进了起重机，特别是大型起重机的发展。进入21世纪以来，经过20多年的蓬勃发展，国内工程起重机械在产品系列、功能、技术水平等方面都取得了长足的进步与发展，生产企业如雨后春笋般涌现。随着经济与市场的稳步持续发展，目前已形成了相对稳定的行业格局，产品进入数字化、智能化、宜人化，节能与环保、巨型化和微型化、减量化、轻量化等技术发展阶段，并向高性能、多功能、高可靠性、人性化环境适用性、能源多样性以及机器人工程机械方向发展。具体表现在以下几个方面。

1. 通用型起重机以中小型为主，专用起重机向大型化、高速化、专业化发展

现代化的工程施工，要求不断提高起吊、安装、装卸及搬运作业的机械化程度，起重机的发展是以轻便灵活的中小型起重机为主，目前国内外普遍使用10~40t级的起重机。因此，国内外都很重视改进和提高中小吨位的起重机的性能。在通用的场合使用的起重机，批量大、用途广，考虑综合效益，要求起重机尽量降低外形高度、简化结构、减小自重和轮压、降低造价。因此电动葫芦桥式起重机和梁式起重机将会有更快的发展，并将取代大部分中小吨位的一般用途桥式起重机。德国德马格公司经过几十年的开发和创新，已形成了一个轻型组合式的标准起重机系列，起重量1~80t，工作级别A1~A8，整个系列由工字形和箱形单梁、悬挂箱形单梁等多个品种组成，起重小车的布置有多种形式，能够适应不同建筑物及不同起吊高度的要求。

在中小型起重机得到良好发展的同时，大型工程用起重机也取得了很好的发展。目前超过100t级的轮式起重机的品种逐渐增多，总体来看，大型或特大型轮式起重机以桁架臂式起重机为主，而伸缩臂式起重机由于受伸缩臂的重量和行驶状态的长度限制，其发展受到一定限制。由于大型电站、大型高炉、化工建设和高层建设的需要，塔式起重机、门座起重机的起重量、幅度、工作速度和起升高度都有了大幅度的提高，桥式起重机、龙门起重机的起重量不断提高，缆索起重机的起重性能不断完善。目前，大型履带式起重机的起重量已达4000t，桥式起重机起重量已达 2 万 t，集装箱岸桥小车的最大运行速度已达 350m/min，堆垛起重机最大运行速度达 240m/min，垃圾处理用起重机的起升速度达 100m/min。现代化生产方式的多样性，使专用起重机的品种不断更新，以特有的功能满足特殊的需要，发挥出最佳的效用。

2. 模块化、组合化和标准化

山东丰汇

模块化、组合化和标准化的设计与应用，能够将起重机上功能基本相同的零部件，制成具有多种用途、拥有相同连接要素和可以互换的标准模块，通过不同模块的相互组合，形成不同类型和规格的起重机。当需要对起重机进行改进的时候，只需要针对某几个模块改进即可。设计新型起重机，也只需要选用不同模块重新进行组合。可使单件小批量生产的起重机改换成具有相当批量的模块生产，实现高效率的专业化生产，企业的生产组织也可由产品管理变为模块管理。起重机械的模块化、组合化和标准化设计与生产，能够改善整机性能，降低制造成本，提高通用化程度，用较少规格数的零部件组成多品种、多规格的系列产品，充分满足用户需求。目前，国内外著名起重机公司，如利勃海尔、徐工、山东丰汇等都已采用起重机模块化设计，降低了生产成本，取得了显著的效益。

模块化的设计不仅可以提高产量和质量，降低管理成本，还相应地降低了用户的购置成本。特别是对塔式起重机、门座起重机和龙门起重机等，模块化设计是一种必然的发展趋势。

3. 自动化、智能化和数字化

起重机的更新和发展，在很大程度上取决于电气传动与控制的改进。将先进的计算机技术、微电子技术、电力电子技术、光缆技术、液压技术、模糊控制技术应用到机械驱动和控制系统，实现起重机的自动化和智能化。大型高效起重机新一代电气控制装置已发展为全电子数字化控制系统，主要由全数字化控制驱动装置、可编程序控制器、故障诊断及数据管理系统、数字化操纵给定检测等设备组成。变压变频调速、射频数据通信、故障自诊监控、吊具防摇晃的模糊控制、激光查找起吊货物重心、近场感应防碰撞技术、现场总线、载波通信及控制、无接触供电等技术正逐步得到应用。以微处理机为核心的高性能电气传动装置，使起重机具有优良的调速和静动特性，可实现自动控制、自动显示与记录。

4. 发展一机多用产品

为了充分发挥起重机的作用，扩大其使用范围，有的厂家在设计起重机时突出了产品的多用性。例如在工作装置设计方面，除了使用吊钩外，还设计配备了电磁吸盘、抓斗、拉铲和木料抓取器等取物装置。

5. 采用新技术

为了减轻起重机的自重，提高起重性能，保证起重机高效可靠地工作，各国都非常重视采用新技术。

新技术的应用除表现在广泛采用液压传动外，有的起重机还采用液力传动。液力变矩器与发动机的恰当匹配，使发动机转矩自动地适应行驶条件；采用动力换档变速箱和液压转向装置以减轻驾驶员的操作强度。

为了防止起重机超载以致倾翻，近年来研制了电子式起重力矩限制器，它是一种较为完善的安全装置。当载荷接近额定起重量时，力矩限制器自动发出警报信号；当超载时，力矩限制器自动切断起重机工作机构的电源以保证起重机整机的安全。

采用新技术特别是电子技术和信息控制技术，进一步完善操作条件，提高控制性能，是国内外发展工程机械的一个普遍倾向，即机电一体化。起重机械也不例外，为了进一步改善驾驶员操作环境，除将驾驶室做得宽敞、视野良好、保温隔热和隔声外，还装置有远距离联系设备和工业电视设备等。

6. 力求绿色环保节能

1）绿色能源。随着“碳达峰、碳中和”双碳目标的提出，各工程机械企业在新能源方面也投入了大量研发力量。例如徐工集团已经率先开发出采用液化天然气（LNG）发动机的汽车起重机（XCT55 汽车起重机），温室气体排放量更低。

2）低噪声。目前，工程机械整机的降噪已成为一个课题，从发动机开始，在各个环节展开分析研究，是否更“安静”已经逐渐成为产品优劣的衡量标准。

3）能量回收。汽车起重机在行走制动、回转制动、向下变幅、伸缩和重物下放等动作中均需消耗能量，因此要充分研究各个动作的工况特点，进行能量的有效回收，这也是目前的研究热点。徐工的 XCT55 产品采用了能量回收系统，可有效回收整机行驶时的动能及卷扬起升和变幅下落的势能，并将回收能量应用在起步加速、爬坡、制动过程中，进而降低了整机油耗。

7. 设计的精确化和人性化

计算机技术的发展实现了起重机械设计方法的精确化。有限元技术、疲劳分析、动力学仿真分析的广泛应用，使起重机械的设计计算、受力分析更精确，零部件结构设计更加合理。一些实力雄厚的企业还开发出各类专用的设计软件，使起重机械设计进一步向最优化的方向推进，有效地提高了产品的安全性、可靠性及节能效果，同时大大缩短产品的开发周期，提升了竞争能力。

目前的起重机械整体设计，从造型到视觉与交互设计，再到操控，都围绕着以人为本的理念，实现了人性化设计。

1.2 起重机的主要技术参数

起重机的技术参数表征起重机的作业能力，是设计、制造、选择和使用起重机的基本依据。起重机的主要技术参数有起重量、起升高度、跨度（桥式类型起重机）、幅度（臂架型起重机）、机构工作速度和生产率。臂架型起重机的主要技术参数还包括起重力矩。对于轮式起重机、履带式起重机，爬坡度和最小转弯（曲率）半径也是主要技术参数。

1.2.1 起重量

起重机正常工作时允许一次起升的最大质量称为额定起重量，单位为吨（t）或千克（kg）。吊钩起重机的额定起重量不包括吊钩和动滑轮组的自重。抓斗和电磁铁等可从起重机上取下的取物装置的质量计入额定起重量内。桥式类型起重机的额定起重量是定值。臂架型起重机中，有的起重机的额定起重量是定值，与幅度无关（如门座起重机、某些塔式起重机）；有的起重机对应不同的臂架长度和幅度有不同的额定起重量（如轮式起重机、履带式起重机、铁路起重机）。额定起重量有多个时，通常称额定起重量为最大起重量，或简称起重量。

最大起重量系列的国际标准见表 1-1，该标准适用于所有类型的起重机。

表 1-1 最大起重量系列 （单位：t）

0.1	0.125	0.16	0.2	0.25	0.32	0.4	0.5	0.63
0.8	1	1.25	1.6	2	2.5	3.2	4	
6.3	8	10	(11.2)	12.5	(14)	16	(18)	20
(22.5)	25	(28)	32	(36)	(40)	(45)	50	(56)
63	(71)	80	(90)	100	(112)	125	(140)	160
(180)	200	(225)	250	(280)	320	(360)	400	(450)
500	(560)	630	(710)	800	(900)	1000		

注：应避免选用括号中的最大起重量数值。

起重机的起重量常用符号 Q 表示。起重量是质量单位，行业惯用的起重量单位为吨（t，1t=1000kg）。当起重量视为载荷时，起升载荷的单位为牛（N）或千牛（kN），常以 P_Q 表示，$P_Q=Qg\approx10Q$。

1.2.2 起升高度

起升高度是指从地面或轨道顶面至取物装置最高起升位置的铅垂距离（吊钩取钩环中心，抓斗、其他容器和起重电磁铁取其最低点），单位为米（m）。如果取物装置能下落到地面或轨面以下，从地面或轨面至取物装置最低下放位置间的铅垂距离称为下放深度。此时总起升高度 H 为轨面以上的起升高度 h_1 和轨面以下的下放深度 h_2 之和，即 $H=h_1+h_2$。

臂架长度可变的起重机的起升高度随臂架仰角和臂长而变化，由各种臂长和不同臂架仰角可得相应的起升高度曲线。

1.2.3 幅度

旋转臂架型起重机处于水平位置时，回转中心线与取物装置中心铅垂线之间的水平距离称为幅度（R）。幅度的最小值 R_{min} 和最大值 R_{max} 根据作业要求而定。在臂架变幅平面内起重机机体的最外边至取物中心铅垂线之间的距离称为有效幅度。对于轮胎和汽车起重机，有效幅度通常是指使用支腿工作、臂架位于侧向最小幅度时，取物装置中心铅垂线至该侧两支腿中心连线的水平距离，它表示起重机在最小幅度时工作的可能性。

1.2.4 起重力矩

起重力矩是臂架型起重机的主要技术参数之一，它等于额定起重量（Q）和与其相应的工作幅度（R）的乘积，即 $M=QR$，起重力矩一般用 t · m 为单位。起重力矩比起重量能更全面地说明臂架类型起重机的工作能力。在一般情况下，额定起重量随幅度而变化的臂架型起重机，其最大起重力矩由最大起重量和与其对应的工作幅度决定。额定起重量为定值、与幅度无关的起重机，在最大幅度起吊额定起重量物品时产生最大起重力矩。

1.2.5 跨度、轨距和轮距

桥式类型起重机大车运行轨道中心线之间的水平距离称为跨度（L）。小车运行轨道和轨行式臂架起重机运行轨道中心线之间的水平距离称为轨距（l）。轮胎和汽车起重机同一轴（桥）上左右车轮（或轮组）中心滚动面之间的距离称为轮距。

桥式起重机的跨度小于厂房跨度，表1-2为桥式起重机跨度系列。表中起重50t以下的起重机对应每种厂房跨度有两种起重机跨度值，在厂房上方的吊车梁上留有安全通道的情况下用小值。龙门起重机的跨度根据所跨的线路股数、汽车通道及货位要求而定。龙门起重机目前采用两种跨度系列（表1-3）。

门座起重机的轨距根据门座跨越的轨道数目而定。塔式起重机的轨距由抗倾覆稳定性条件确定。轮式起重机的轮距决定于起重机的抗倾覆稳定性，并考虑最小转弯半径和运输限界。

表1-2 桥式起重机跨度系列 （单位：m）

厂房跨度		9	12	15	18	21	24	27	30	33	36
起重机跨度 L	起重量 $Q=3\sim50t$	7.5	10.5	13.5	16.5	19.5	22.5	25.5	28.5	31.5	—
		7	10	13	16	19	22	25	28	31	—
	起重量 $Q=80\sim250t$	—	—	—	16	19	22	25	28	31	34

表1-3 龙门起重机现行跨度系列 （单位：m）

系列1	11	14	17	20	23	26	29	32	35	38
系列2	10.5	13.5	16.5	19.5	22.5	25.5	28.5	31.5	34.5	37.5

1.2.6 机构工作速度

起重机机构工作速度根据作业要求而定。额定起升速度是指起升机构电动机在额定转速或液压泵输出额定流量时，取物装置满载起升的速度。多层卷绕的起升速度按钢丝绳在卷筒上第一层卷绕时计算。

起升速度与起重机的用途、起重量大小和起升高度等有关。装卸用起重机比安装用起重机的起升速度高；散堆物料的作业速度比成件物品高；大起重量起重机要求作业平稳，采用较低的起升速度；安装用起重机须提供安装定位用的低速。为了满足作业要求，保证物品精确置放，起升机构也采用双速电动机或者通过电气、液压、机械等方式实现无级或有级调速。采用离合器和操纵式制动器可以使取物装置自由下放。

额定运行速度是指运行机构电动机在额定转速或液压泵输出额定流量时，起重机或小车的运行速度。运行速度与起重机的类型和用途有关。桥式类型起重机运行距离较短，运行速度用米/秒（m/s）表示。汽车起重机常与汽车结队行驶，运行速度用公里/小时（km/h）表示。铁路、轮式、履带式、浮式起重机的运行速度按空载情况考虑，其他类型起重机按满载确定运行速度。

额定变幅速度是指变幅机构电动机在额定转速或液压泵输出额定流量时，取物装置从最大幅度到最小幅度的平均线速度（m/s），也可用从最大幅度到最小幅度所需的变幅时间

(s) 表示。用小车水平式变幅的起重机，小车移动速度即为变幅速度。由臂架在垂直平面内摆动实现变幅的起重机，可用变幅时间间接表示变幅速度。伸缩臂式起重机以不同臂长工作时，最大最小幅度变化域不同，但臂架角度的变化恒定，因此，臂架与水平面的夹角从最小变至最大所需时间可表示变幅速度。变幅速度与变幅机构的形式有关，工作性变幅机构的速度较高，变幅速度按取物装置满载考虑；非工作性变幅机构只用于调整取物装置空载时的幅度，变幅速度不高。

额定回转速度是指回转机构电动机在额定转速下或液压泵输出额定流量时取物装置满载，并在最小幅度时起重机安全旋转的速度。回转速度与起重机的用途有关，并受回转起动（制动）时切向惯性力的限制，10m 左右幅度时的回转速度应不大于 3r/min。

额定伸缩速度是指伸缩臂式起重机的臂架和支腿在液压泵输出额定流量时，臂架伸缩和支腿收放的速度，一般用伸缩时间表示。由于液压缸活塞背腹两腔有效面积的差别，额定缩臂（收腿）时间为伸臂（放腿）时间的 1/3～1/2。其他条件相同时，提高机构工作速度能缩短作业循环时间，提高起重机生产率，但最高速度须满足下式：

$$v_{max} \leqslant \sqrt{ax} = x/t_a \tag{1-1}$$

式中 x——物品起升高度或运行距离；

a——平均加速度；

t_a——起动或制动时间，初步计算时，起升机构取 0.7～2s，运行机构取 2～6s，回转机构取 3～8s，变幅机构取 1～4s。

起重机机构的额定工作速度参考值见表 1-4。

表 1-4 起重机机构的额定工作速度

直线速度/(m/s)	0.1	0.125	0.16	0.2	0.25	0.32
	0.4	0.5	0.63	0.8	1.0	1.25
	1.6	2.0	2.5	3.2	4	5
回转速度/(r/min)	0.192	0.24	0.3	0.378	0.48	0.6
	0.75	0.96	1.2	1.5	1.92	2.4
	3.0	3.78	4.8			

现代起重机的发展有逐步提高机构工作速度的趋势，特别是用于大宗散料装卸的起重机，货物升降速度已达 1.6～2.0m/s，钢轨运行小车的运行速度达 4～6m/s，在承载绳上运行小车的运行速度达 6～10m/s，起重机的回转速度达 3r/min。

1.2.7 生产率

起重机在一定作业条件下，单位时间内完成的物品作业量称为生产率。生产率可用小时、工班、天、月、年或起重机整个使用寿命期间累计完成的物品作业量来表示（质量、体积、件数等）。

生产率分计算生产率（理论生产率）和技术生产率（实际生产率）两种。按额定起重量、额定工作速度和作业周期算出的生产率为计算生产率。起重机作业时实际达到的生产率称为技术生产率。影响技术生产率的因素很多，一般只能由统计方法得到。

如果臂架型起重机的额定起重量随幅度而变，在计算生产率时，一般取中间幅度对应的额定起重量作为起重量的计算值。也有文献推荐按最小幅度时的最大起重量（自行式臂架型起重机）或最大幅度时的最小起重量（塔式起重机）计算生产率。

生产率 P 按下式计算：

$$P=Q_{e}n=\frac{3600Q_{e}}{T_{e}} \tag{1-2}$$

式中 Q_e——起重机每个作业循环吊运的物品质量，即起重量（t）或体积（m^3）或数量（件）；

n——每小时作业循环数，$n=\frac{3600}{T_e}$；

T_e——作业循环周期（s）。

生产率是起重机的综合技术参数，它受起重机的起重量、机构工作速度、起升和运行距离、物品包装和吊具完善情况、司机熟练操作程度等因素的影响。设计起重机时，根据给定的生产率 P 按式（1-2）确定起重机的起重量 Q_e（装卸笨重物品的起重机还应考虑单件物品的最大质量）和机构工作速度。对于已经制成或已在使用的起重机，根据起重量、机构工作速度和具体作业条件校核起重机的生产率。

1.2.8 最大爬坡度

最大爬坡度是轮式、履带式、铁路等起重机在取物装置无载、运行机构的电动机或液压马达输出最大转矩时，在正常路面或线路上能爬越的最大坡度，以‰或以度（°）为单位表示。它是表征起重机行驶能力的参数。决定爬坡度的主要因素是附着重量、附着系数和轮周牵引力。

1.2.9 最小转弯半径

汽车或轮胎起重机行驶时，方向盘转到头，外轮至转弯中心的水平距离称为最小转弯半径，单位以米（m）表示。最小转弯半径与起重机底盘的轴距、轮距（转向主轴中心距）、转向车轮的偏转角、转向桥数目等因素有关。铁路起重机在铁道线路上行驶时，起重机能够顺利通过的线路曲线段最小半径称为最小曲率半径。最小转弯（曲率）半径是表征起重机机动性能的参数。

1.2.10 工作级别

起重机或其工作机构根据“载荷状态”和“利用等级”分为8个工作等级，用来表示其繁忙程度和满载程度，目的是为了合理设计、制造和使用起重机，提高零部件的标准化水平，取得较好的技术经济指标。

1. 起重机的利用等级

根据我国起重机设计规范，起重机的利用等级按起重机设计寿命期内总的工作循环次数 N 分为10级，见表1-5。

2. 起重机的载荷状态

载荷状态表明起重机受载的轻重程度，简单理解就是满载程度，它与两个因素有关，即与起升载荷与额定载荷之比（$P_{Q_i}/P_{Q_{max}}$）和各个起升载荷 P_{Q_i} 的作用次数 n_i 与总的工作循

表 1-5　起重机的利用等级

<table>
<tr><th>利用等级</th><th>总的工作循环次数 N</th><th>附注</th><th>利用等级</th><th>总的工作循环次数 N</th><th>附注</th></tr>
<tr><td>U0</td><td>1.6×10^4</td><td rowspan="4">不经常使用</td><td>U5</td><td>5×10^5</td><td>经常断续地使用</td></tr>
<tr><td>U1</td><td>3.2×10^4</td><td>U6</td><td>1×10^6</td><td>不经常繁忙地使用</td></tr>
<tr><td>U2</td><td>6.3×10^4</td><td>U7</td><td>2×10^6</td><td rowspan="3">繁忙地使用</td></tr>
<tr><td>U3</td><td>1.25×10^5</td><td>U8</td><td>4×10^6</td></tr>
<tr><td>U4</td><td>2.5×10^5</td><td>经常轻闲地使用</td><td>U9</td><td>$>4\times10^6$</td></tr>
</table>

环次数 N 之比（n_i/N）有关。表示（$P_{Q_i}/P_{Q_{max}}$）和（n_i/N）关系的图形称为载荷谱。载荷谱系数 K_Q 由下式确定：

$$K_Q=\sum\left[\frac{n_i}{N}\left(\frac{P_{Q_i}}{P_{Q_{max}}}\right)^m\right] \tag{1-3}$$

式中　K_Q——载荷谱系数；

n_i——载荷 Q_i 的作用次数；

N——总的工作循环次数，$N=\sum n_i$；

P_{Q_i}——第 i 个起升载荷，$Q_i=Q_1$，Q_2，…；

$P_{Q_{max}}$——最大起升载荷；

m——指数，此处取 $m=3$。

起重机的载荷状态按名义载荷谱系数分为 4 级，见表 1-6。

表 1-6　起重机的载荷状态及其名义载荷谱系数 K_Q

载荷状态	名义载荷谱系数	说　明
Q1-轻	0.125	很少起升额定载荷，一般起升轻微载荷
Q2-中	0.25	有时起升额定载荷，一般起升中等载荷
Q3-重	0.5	经常起升额定载荷，一般起升较重载荷
Q4-特重	1.0	频繁地起升额定载荷

当起重机的实际载荷变化已知时，则先按式（1-3）计算出实际载荷谱系数，并按表 1-6 选择不小于此计算值的最接近的名义值作为该起重机的载荷谱系数。如果在设计起重机时不知其实际的载荷状态，则可按表 1-6“说明”栏中的内容选择一个合适的载荷状态级别。

3. 起重机工作级别的划分

按起重机的利用等级和载荷状态，起重机工作级别分为 A1～A8 八级（机构的级别是 M1～M8 八级），见表 1-7。

一台起重机各机构的工作级别可能各不相同，整机和金属结构部分的工作级别由其主要机构（一般是主起升机构）工作级别确定。

此外，起重机的主要技术参数选定后，同一类型的起重机可以通过以下指标对主要技术参数进行综合比较。

（1）单位质量指标（比质量）K_G

桥式类型起重机：
$$K_G=\frac{QLH}{G}$$

表 1-7 起重机工作级别的划分

载荷状态	利用等级									
	U0	U1	U2	U3	U4	U5	U6	U7	U8	U9
Q1-轻			A1	A2	A3	A4	A5	A6	A7	A8
Q2-中		A1	A2	A3	A4	A5	A6	A7	A8	
Q3-重	A1	A2	A3	A4	A5	A6	A7	A8		
Q4-特重	A2	A3	A4	A5	A6	A7	A8			

臂架型起重机：$K_G=\frac{QRH}{G}$或$K_G=\frac{QR}{G}$

式中 G——起重机的质量；

Q——起重机的额定起重量；

L——跨度；

R——幅度；

H——起升高度。

(2) 单位功率指标（比功率）K_P

计算公式如下：

$$K_P=\frac{P}{Q}$$

式中 P——起重机原动机总装机容量（kW），内燃机驱动时为内燃机功率；电力驱动时，为各机构电动机功率总和。

对于同一类型起重机，K_G大、K_P小，表明起重机的自重利用好，作业能力强。

1.3 起重机的计算载荷与计算方法

1.3.1 作用在起重机上的载荷

作用在起重机上的外载荷，是计算起重机稳定性、支腿压力或轮压、机构零部件和金属结构强度以及选择原动机功率的依据。作用在起重机上的外载荷应根据实际情况确定，主要有起升载荷、起重机自重载荷、风载荷、重物偏摆引起的载荷、惯性和离心力载荷、振动或冲击引起的动力载荷、安装载荷以及试验载荷等。下面介绍几种常见载荷的计算方法。

1. 自重载荷 G（或用 P_G 表示）

自重载荷指除起升载荷外起重机各部分的总重量（单位为N），它包括结构、机构、电气设备以及辅助设备等的重力。该载荷在设计前是未知的，初步设计时可根据同类型机或参数相近的机型进行初步估计，但最后核算的重量如与估算重量出入较大时，则应重新进行调整和核算。自重载荷根据具体结构形式，以集中或均布载荷作用在相应的位置上。起升质量突然离地起升或下降制动时，自重载荷将产生沿其加速度相反方向的冲击载荷作用。在考虑这种工作情况的载荷组合时，应将自重载荷乘以冲击系数φ_1，一般情况下取$0.9<\varphi_1<1.1$。

2. 起升载荷 P_Q

起升载荷是指起升质量的重力（单位为N）。起升质量包括允许起升的最大有效物品、取物装置（动滑轮组、吊钩、吊梁、抓斗等）、悬挂挠性件及其他升降设备的质量。起升高度小于50m的起升钢丝绳的质量可以不计。

起升质量离地起升或下降制动时，对承载结构和传动机构将产生附加的动载荷作用。在考虑这种工作情况的载荷组合时，应将起升载荷乘以大于1的起升动载系数 φ_2（见表1-8）。φ_2 值一般为0.1~2.0，起升速度越大，系统刚度越大，φ_2 值也越大。

表1-8　起升动载系数 φ_2

起重机类别	φ_2 的计算式	适用范围
1	$1+0.17v$	作安装用，使用轻闲的臂架型起重机
2	$1+0.35v$	作安装用的桥架型起重机，作一般装卸用的吊钩式臂架型起重机
3	$1+0.70v$	在机加车间和仓库中用的吊钩桥式起重机、港口抓斗门座起重机
4	$1+1.00v$	抓斗和电磁桥架型起重机

注：v 为额定起升速度（m/s）。

3. 水平载荷

（1）运行惯性力 P_i　起重机自身质量和起升质量在运行机构起动或制动时产生的惯性力，按质量 m 与运行加速度 a 的乘积的1.5倍计算，但不大于主动车轮与钢轨间的附着力，主要考虑起重机驱动力突变时结构的动力效应。惯性力作用在相应质量上，挠性悬挂着的起升质量按与起重机刚性连接一样对待。加（减）速度 a 与相应的加（减）速时间 t，一般按表1-9选取。

表1-9　运行机构加（减）速度 a 及相应的加（减）速时间 t 的推荐值

运行速度/(m/s)	行程很长的低速和中速起重设备		通常使用的中速和高速起重设备		采用大加速度的高速起重设备	
	加(减)速时间/s	加(减)速度/(m/s²)	加(减)速时间/s	加(减)速度/(m/s²)	加(减)速时间/s	加(减)速度/(m/s²)
4.00			8.0	0.50	9.0	0.67
3.15			7.0	0.44	5.0	0.58
2.50			6.3	0.39	4.8	0.52
2.00	9.1	0.22	5.6	0.35	4.2	0.47
1.60	8.3	0.19	5.0	0.32	3.7	0.43
1.00	6.6	0.15	4.0	0.25	3.0	0.33
0.63	5.2	0.12	3.2	0.19		
0.40	4.1	0.098	2.5	0.16		
0.25	3.2	0.078				
0.16	2.5	0.064				

（2）回转和变幅运动时的水平力 P_H　臂架型起重机回转和变幅机构运动时，起升质量产生的水平力（包括风力，变幅和回转起、制动时产生的惯性力和回转运动时的离心力）按吊重绳索相对于铅垂线的偏摆角所引起的水平分力计算。

计算电动机功率和机械零件的疲劳及磨损时，用正常工作情况下吊重绳的偏摆角 α_{I}；计算起重机机构强度和抗倾覆稳定性时，用工作情况下吊重绳的最大偏摆角 α_{II}。α_{II} 的推荐值见表1-10。

表 1-10 α_{II} 的推荐值

起重机类型	装卸用门座起重机		安装用门座起重机		轮式起重机
	$n \geqslant 2$r/min	$n<2$r/min	$n \geqslant 0.33$r/min	$n<0.33$r/min	
臂架平面内	12°	10°	4°	2°	3°~6°
垂直于臂架平面内	14°	12°	4°	2°	3°~6°

计算电动机功率时：

$$\alpha_{\text{I}} = (0.25 \sim 0.3)\alpha_{\text{II}} \tag{1-4}$$

计算机械零件的疲劳及磨损时：

$$\alpha_{\text{I}} = (0.3 \sim 0.4)\alpha_{\text{II}} \tag{1-5}$$

在起重机金属结构计算中，臂架型起重机回转和变幅机构起动或制动时，起重机的自身质量和起升质量（此时把它看作与起重臂刚性固接）产生的水平力，等于该质量与该质量中心的加速度的乘积的1.5倍。通常忽略起重机自身质量的离心力。当计算出的起升载荷的水平力大于按偏摆角 α_{II} 计算的水平分力时，宜减小加速度值。

4. 安装载荷

在设计起重机时，必须考虑起重机安装过程中产生的载荷。特别是塔式起重机和门座起重机，在安装过程中，有时局部结构产生的应力远远大于工作应力。

5. 坡度载荷

对于流动式起重机，需要根据具体情况考虑；对于轨道式起重机，轨道坡度不超过0.5%时可不计算坡度载荷，否则按实际坡度计算坡度载荷。

6. 风载荷 P_W

在露天工作的起重机应考虑风载荷，并认为风载荷是一种沿任意方向的水平力。

起重机风载荷分为工作状态风载荷和非工作状态风载荷两类。工作状态风载荷 P_{Wi} 是起重机在正常工作情况下所能承受的最大计算风力。非工作状态风载荷 P_{Wo} 是起重机不工作时所受的最大计算风力（如暴风产生的风力）。

（1）计算风载荷　计算公式如下：

$$P_W = K_f K_h q A \tag{1-6}$$

式中　P_W——作用在起重机上或物品上的风载荷（N）；

K_f——风力系数；

K_h——风压高度变化系数；

q——计算风压（N/m^2）；

A——起重机或物品垂直于风向的迎风面积（m^2）。

在计算起重机风载荷时，应按风对起重机沿着最不利的方向作用的情况计算。

（2）计算风压 q　计算风压规定为按空旷地区离地10m高度处的计算风速来确定。工作状态的计算风速按阵风风速（即瞬时风速）考虑，非工作状态的计算风速按2min时距的平均风速考虑。

计算风压分为三种，见表1-11。不同类型的起重机按具体情况选取不同的计算风压值。q_{I} 是起重机正常工作状态时的计算风压，用于选择电动机功率的阻力计算及机构零部件的发热验算；q_{II} 是起重机工作状态时的最大计算风压，用于计算机构零部件和金属结构的强度、刚性及稳定性；$q_{Ⅲ}$是起重机非工作状态时的计算风压，用于验算非工作状态时起重机机构零部件及金属结构的强度、整机抗倾覆稳定性和起重机的防风抗滑安全装置和锚定装置的设计计算。

表 1-11　室外工作时起重机的计算风压　（单位：N/m^2）

地　区	工作状态		非工作状态
	$q_{Ⅰ}$	$q_{Ⅱ}$	$q_{Ⅲ}$
内陆	$0.6q_{Ⅱ}$	150	500~600
沿海		250	600~1000
南海诸岛		250	1500

注：1. 沿海地区指离海岸线 100km 以内的大陆或海岛地区。
2. 特殊用途起重机的工作状态计算风压允许作特殊规定。流动式起重机的工作状态计算风压，当起重机臂长小于 50m 时取为 $125N/m^2$；当臂长等于或大于 50m 时按使用要求确定。
3. 非工作状态计算风压值：华北、华中和华南地区宜取小值；西北、西南和东北地区宜取大值；沿海以上海为界，上海可取 $800N/m^2$，上海以北取较小值，以南取较大值；在内河港口峡谷风口、经常受特大暴风作用的地区（如湛江等地），或只在小风地区工作的起重机，其非工作状态计算风压应按当地气象资料提供的常年最大风速并用公式 $q=0.613v^2$ 计算；在海上航行的浮式起重机，可取 $q_m=1800N/m^2$，但不再考虑风压高度变化，即取 $K_h=1$。

（3）风压高度变化系数 K_h　起重机的工作状态计算风压不考虑高度变化（$K_h=1$）。

所有起重机的非工作状态计算风压均须考虑高度变化。风压高度变化系数 K_h 按表 1-12 查取。

表 1-12　风压高度变化系数 K_h

离地(海)高度 h/m	≤10	20	30	40	50	60	70	80	90	100	110	120	130	140	150	200
陆上$\left(\frac{h}{10}\right)^{0.3}$	1.00	1.23	1.39	1.51	1.62	1.71	1.91	1.86	1.93	1.99	2.05	2.11	2.16	2.20	2.25	2.45
海上及海岛$\left(\frac{h}{10}\right)^{0.2}$	1.00	1.15	1.25	1.32	1.38	1.43	1.47	1.52	1.55	1.58	1.61	1.64	1.67	1.69	1.72	1.82

注：计算起重机风载荷时，可沿高度划分成 20m 的等风压区段，以各段中点高度的系数 K_h 乘以计算风压。

（4）风力系数 K_f　风力系数与结构的形式、尺寸等有关，按下列各种情况决定。

1）一般起重机单片结构和单根构件的风力系数 K_f 按表 1-13 查取。

2）两片平行平面桁架组成的空间结构，其整体结构的风力系数可取单片结构的风力系数，而总的迎风面积应为

$$A=A_1+\eta A_2 \tag{1-7}$$

式中　A_1——前片结构的迎风面积，$A_1=\varphi_1\times A_{l1}$；

A_2——后片结构的迎风面积，$A_2=\varphi_2\times A_{l2}$；

A_{l1}——前片结构的外形轮廓面积（m^2）；

A_{l2}——后片结构的外形轮廓面积（m^2）；

φ_1——前片结构的充实率；

φ_2——后片结构的充实率；

η——两片相邻桁架前片对后片的挡风折减系数，它与前片结构的充实率 φ_1 及两片桁架之间的间隔比 b/h（图 1-8）有关，按表 1-14 查取。

表 1-13 单片结构和单根构件的风力系数 K_f

序号	结构形式			K_f
1	型钢制成的平面桁架(充实率 $\varphi=0.3\sim0.6$)			1.6
2	型钢、钢板、型钢梁、钢板梁和箱形截面构件	l/h	5	1.3
			10	1.4
			20	1.6
			30	1.7
			40	1.8
			50	1.9
3	圆管及管结构	qd^2	<1	1.3
			≤3	1.2
			7	1.0
			10	0.9
			≥1.3	0.7
4	封闭的驾驶室、平衡重、钢丝绳及物品等			1.1
				1.2

注：l 为结构长度（m）；h 为迎风面高度（m）；q 为计算风压（N/m^2）；d 为管子外径（m）。下驾驶室 $K_f=1.1$，上驾驶室 $K_f=1.2$。

3）风朝着矩形截面空间桁架或箱形结构的对角线方向吹来，当矩形截面的边长比小于2时，计算的风载荷取为风向着矩形长边作用时所受风力的1.2倍；当矩形截面的边长比等于或大于2时，取为风向着矩形长边作用的风力。

4）三角形截面的空间桁架的风载荷，可按该空间桁架垂直于风向的投影面积所受风力的1.25倍计算。

5）下弦杆为方形钢管，腹杆为圆管的三角形截面空间桁架，在侧向风力作用下，其风力系数 K_f 可取1.3。

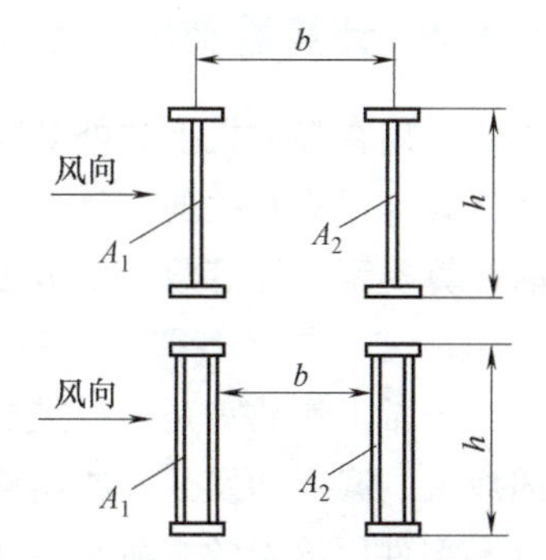

图 1-8 并列结构迎风面积计算

6）当风与结构长轴（或表面）成某一角度吹来时，结构所受的风力可以按其夹角分解成两个方向的分力来计算。顺着风向的风力可按下式计算：

$$P_W=K_fK_hqA\sin^2\theta \tag{1-8}$$

表 1-14 桁架结构挡风折减系数 η

φ		0.1	0.2	0.3	0.4	0.5	0.6
间隔比 b/h	1	0.84	0.70	0.57	0.40	0.25	0.15
	2	0.87	0.75	0.62	0.49	0.33	0.20
	3	0.90	0.78	0.64	0.53	0.40	0.28
	4	0.92	0.81	0.65	0.56	0.44	0.34
	5	0.94	0.83	0.67	0.58	0.50	0.41
	6	0.96	0.85	0.68	0.60	0.54	0.46

7）物品的迎风面积。吊运物品的迎风面积应按其实际轮廓尺寸在垂直于风向平面上的

投影来确定。物品的轮廓尺寸不明确时，允许采用近似方法加以估算（表 1-15）。

表 1-15 吊重迎风面积 A_Q 的近似估计值

吊重质量/t	1	2	3	5	8	10	15~16	20	25	30~32	40	50	63	75~80	100	150~160	200
迎风面积/m^2	1	2	3	5	6	7	10	12	15	18	22	25	28	30	35	45	55

7. 试验载荷

起重机投入使用前，必须进行超载静态试验及超载动态试验。动态试验载荷 P_{dt} 值取为额定载荷 $P_{Q_{max}}$ 的 110%与动载系数 φ_6 的乘积，φ_6 按下式计算：

$$\varphi_6=\frac{1}{2}(1+\varphi_2) \tag{1-9}$$

静态试验载荷 P_{st} 值取为额定载荷 $P_{Q_{max}}$ 的 125%。试验载荷应作用于起重机的最不利位置。有特殊要求的起重机，其试验载荷由用户与制造厂签订合同予以规定。

除上述载荷外，还有起重机生产工艺、安装以及温度变化等引起的载荷。工艺载荷由生产工艺要求提供；在气温变化较大的地区使用起重机（国外部分起重机规范规定气温变化范围为-25~45℃），要考虑温度载荷；安装载荷取决于起重机的安装方法，某些起重机的安装应力较大，不可忽视。

1.3.2 计算载荷的类别

作用在起重机上的外载荷种类很多，而且变化不定，设计计算时只能选择与起重机和零部件破坏形式有关的、具有典型性的载荷作为依据，这种载荷通常称为计算载荷。针对不同的计算类型，计算载荷常分为以下三类载荷情况。

1. 正常工作载荷（也称寿命计算载荷或第Ⅰ类载荷）

正常工作载荷是指起重机在正常工作条件下长期出现的载荷。用这种载荷来计算零部件的疲劳、磨损和发热。这类载荷不仅要考虑载荷大小，还要考虑载荷的作用时间。考虑起重机零部件所承受的载荷是在很大范围内变化的，所以要用一个假想的载荷来代替变化的载荷，其对零部件产生的效应与实际载荷相当。这个假想的载荷就是等效载荷。在计算时，除计算电动机功率外，风载荷也可不加考虑。在考虑零件疲劳计算的等效载荷时，可根据载荷变化选择典型的载荷图及整个使用期的应力循环次数计算载荷的等效值。通过计算可使产品得到一定的寿命，所以这类载荷又称为寿命计算载荷。

2. 工作最大载荷（也称强度计算载荷或第Ⅱ类载荷）

工作最大载荷是指起重机在正常条件下工作时可能出现的最大载荷。用这种载荷来计算零部件的强度、起重机的整体稳定性，校核电动机过载能力和制动器的制动力矩。确定这种载荷，应考虑起重机工作时可能发生的最不利的载荷情况，如最大起升载荷、工作状态下最大风压力、起重机迅猛起动和紧急制动、货物最大偏摆等的可能组合。通过计算，可使起重机在工作时不致破坏或倾倒。所以这类载荷又称为强度计算载荷。

当机构受各种条件限制（如驱动轮打滑）和装有限制极限载荷的安全装置时，上述的最大载荷应考虑以限制条件或限制装置的极限载荷为计算载荷。为兼顾安全性和经济性，可以不考虑那些同时出现最大值概率很小的载荷组合。

3. 非工作最大载荷（也称验算载荷或第Ⅲ类载荷）

非工作最大载荷是指室外作业的起重机处于非工作状态时可能出现的最大载荷。这类载荷主要是由暴风引起的。用这种载荷来验算起重机承受风载荷作用的机构零部件和固定设备（如夹轨器）的强度以及起重机的整体稳定性。所以这类载荷又称为验算载荷。

并不是每一种零部件都要进行这三类载荷的计算。一般来说，第Ⅱ类载荷对起重机所有受力零部件都要进行计算，而第Ⅰ类载荷及第Ⅲ类载荷只对部分零件才进行计算。例如需要进行第Ⅲ类载荷计算的只是那些在起重机停歇期间可能承受暴风载荷的零部件，至于起升机构、运行机构与回转机构的驱动系统，在起重机不工作期间几乎不受力，所以不需要进行第Ⅲ类载荷的计算。

1.3.3 零部件的强度计算方法

1. 按许用应力计算

起重机零部件、金属结构件的计算方法，目前大多数情况下仍采用许用应力计算方法。这种计算方法的基本原则是指所设计的零件、构件最危险截面上的计算应力不得超过许用应力，若为强度条件，则

$$\sigma_g \leqslant [\sigma] \tag{1-10}$$

式中 σ_g——计算应力；

$[\sigma]$——许用应力。

许用应力 $[\sigma]$ 应在材料极限应力 σ_L 基础上加一个安全系数 n，即

$$[\sigma]=\frac{\sigma_L}{n} \tag{1-11}$$

其中，材料极限应力 σ_L 在进行强度计算时，对于塑性材料取屈服强度 σ_s，对于脆性材料取抗拉强度 σ_b；当进行疲劳计算时取材料的疲劳极限 σ_D。材料极限应力与材料性质、应力种类、尺寸大小和热处理条件等因素有关，所以当这些因素确定后，即可从材料手册中查出确定的材料极限应力。

按许用应力方法计算的关键问题是合理地确定安全系数。由上述强度公式可知，在截面计算应力值不变的情况下，降低安全系数，可以减小零件、构件的截面尺寸，节约材料，减轻重量，改善机器使用性能。但如果过分降低安全系数（即过分提高许用应力），则会使零件、构件在过载及其他偶然情况下有产生破坏的危险。因此，对安全系数的确定，必须全面考虑，仔细分析，在保证足够安全可靠的前提下尽可能降低安全系数。

结构件材料的拉伸、压缩、弯曲许用应力取为相应载荷组合所确定的基本许用应力 $[\sigma]_{\mathrm{I}}$、$[\sigma]_{\mathrm{II}}$、$[\sigma]_{\mathrm{III}}$；剪切许用应力及端面承压许用应力由基本应力按表 1-16 确定。

若钢材的屈服强度 σ_s 与抗拉强度的比值为 $\sigma_s/\sigma_b < 7.0$ 时，相应于各种载荷组合的安全系数和基本许用应力按表 1-16 确定。

若钢材的屈服强度 σ_s 与抗拉强度 σ_b 的比值 $\sigma_s/\sigma_b > 7.0$ 时，相应于各种载荷组合的安全系数仍按表 1-16 确定，但其基本许用应力按下式计算：

$$[\sigma]=\frac{0.5\sigma_s+0.35\sigma_b}{n} \tag{1-12}$$

式中 $[\sigma]$——钢材的许用应力，即表 1-16 中 $[\sigma]_{\mathrm{I}}$、$[\sigma]_{\mathrm{II}}$、$[\sigma]_{\mathrm{III}}$；

σ_s——钢材的屈服强度，当材料无明显屈服强度时，取 σ_s 为 $\sigma_{0.2}$（$\sigma_{0.2}$ 为钢材标准拉力实验残余应变达 0.2%时的实验应力）；

σ_b——钢材的抗拉强度；

n——与载荷组合类别相对应的安全系数，见表 1-16。

表 1-16 安全系数和基本许用应力

载荷组合类别	安全系数	拉伸、压缩、弯曲许用应力	剪切许用应力	端面承压许用应力（磨平顶紧）
组合Ⅰ	$n_{\mathrm{I}}=1.5$	$[\sigma]_{\mathrm{I}}=\dfrac{[\sigma]_s}{1.5}$	$[\tau]_{\mathrm{I}}=\dfrac{[\sigma]_{\mathrm{I}}}{\sqrt{3}}$	$[\sigma_{cd}]_{\mathrm{I}}=1.5[\sigma]_{\mathrm{I}}$
组合Ⅱ	$n_{\mathrm{II}}=1.33$	$[\sigma]_{\mathrm{II}}=\dfrac{[\sigma]_s}{1.33}$	$[\tau]_{\mathrm{II}}=\dfrac{[\sigma]_{\mathrm{II}}}{\sqrt{3}}$	$[\sigma_{cd}]_{\mathrm{II}}=1.5[\sigma]_{\mathrm{II}}$
组合Ⅲ	$n_{\mathrm{III}}=1.15$	$[\sigma]_{\mathrm{III}}=\dfrac{[\sigma]_s}{1.15}$	$[\tau]_{\mathrm{III}}=\dfrac{[\sigma]_{\mathrm{III}}}{\sqrt{3}}$	$[\sigma_{cd}]_{\mathrm{III}}=1.5[\sigma]_{\mathrm{III}}$

2. 按极限状态计算

起重机结构有时需要按极限状态进行计算。所谓极限状态是指某一结构或这一结构的某一部分达到即将失去正常工作能力，或不再满足所赋予的正常使用要求的状态。根据结构在达到极限状态时所出现的损坏情况和严重程度的不同，可分为两种极限状态，即承载能力极限状态（也称为强度极限状态）和正常使用极限状态。下面分别讨论这两种极限状态的特点和计算方法。

（1）承载能力（强度、稳定、耐久性）极限状态　它是指结构强度方面的极限状态，即结构达到极限承载能力时会使结构由于弯折、剪断或扭断而破坏；比较细长的受压杆件会因失去稳定而破坏；承受反复载荷作用的构件会因过度疲劳而破坏等。为保证起重机结构安全可靠，避免出现这种极限状态，对于必须计算的任何构件均应按这一极限状态计算。按照这一极限状态计算时，所要解决的是外载荷在构件截面上所引起的作用内力（计算内力）与构件相应截面的承载能力（抵抗内力）之间的矛盾，这两者之间的关系可用下式表达：

$$N \leqslant \varphi \tag{1-13}$$

式中 N——构件计算内力，由外载荷确定；

φ——构件极限抗力，它与构件截面尺寸、材料强度和结构使用条件等因素有关。

因此式（1-13）又可写成下式：

$$N=\sum \alpha_i P_i^N n_i \leqslant \varphi = AkRm \tag{1-14}$$

式中 α_i——构件内力系数，即当 $P_i^N=1$ 时的构件内力值；

P_i^N——标准载荷；

n_i——载荷系数（结构上可能达到的最大载荷与标准载荷之比），可由统计法确定；

A——构件截面几何因素（面积、惯性矩等）；

R——构件材料标准强度；

m——工作条件系数；

k——材料强度系数（材料的下屈服强度与标准屈服强度之比），由统计方法确定。

（2）正常使用极限状态　它是指结构或构件达到不能正常使用时的极限状态。例如结构在使用期间产生过大的变形以及结构振动（振幅）过大等。结构出现变形过大或振幅过大，虽然对于结构本身的危害不如达到上述承载能力极限状态那样严重，但却会影响结构的正常使用。所以各种结构必要时应按第二种极限状态进行验算。例如根据使用要求，需要控制变形值的构件应进行变形验算，使其最大变形（挠度等）不超过规定的极限值。又如对有防振要求的构件，则应使其最大振幅不超过规定的极限值。其关系式如下：

$$\frac{f}{L} \leqslant \frac{f_u}{L} \tag{1-15}$$

$$t_p \leqslant t_{pmax} \tag{1-16}$$

式中 $\frac{f}{L}$、$\frac{f_u}{L}$——计算和极限相对挠度；

t_p、t_{pmax}——计算和极限结构振动衰减时间。

第2章 钢丝绳

2.1 钢丝绳的特性与种类

2.1.1 钢丝绳的特性

钢丝绳是起重机上最常用的一种挠性构件，具有下列优点：

1）强度高，承载能力大，过载能力强，弹性好，耐冲击，自重小。

2）挠性较好，运行平稳，高速运动时噪声小。

3）工作可靠，不会突然破断。

鉴于上述优点，钢丝绳广泛应用于起重机的多个机构中，如起升机构、变幅机构和牵引机构等，还可用作桅杆起重机、固定式塔式起重机的固定拉索和缆索起重机的承载索。在起重安装施工中，重物的捆绑也广泛使用钢丝绳。

钢丝绳是由直径为0.5~2mm的钢丝拧制而成的。钢丝绳的钢丝要求有很高的强度，通常用碳质量分数为0.5%~0.8%的优质碳素钢制成。优质钢锭通过热轧制成直径ϕ6mm的圆钢，然后经过多次的冷拔及热处理等工艺过程，使其强度达到1400~2000MPa。

根据韧性的高低即耐弯折和扭转次数的多少，可将钢丝的质量分为特级、A级和B级三种：①特级钢丝能承受反复弯曲和扭转的次数较多，钢丝韧性较好，用于载人的升降机和大型浇注起重机等；②A级钢丝能够随反复弯曲和扭转的次数一般，韧性较好，用于一般起重机；③B级钢丝韧性一般，用于系物、张紧等。

2.1.2 钢丝绳的种类

2.1.2.1 根据钢丝绳的捻绕次数分类

钢丝绳一般由钢丝拧制成绳股，再由绳股拧制成钢丝绳。

钢丝绳的绳股分为单捻股和平行捻股两种。仅由一层钢丝捻制而成的股，称为单捻股，如图2-1所示。平行捻股是至少包括两层钢丝，所有的钢丝沿同一个方向一次捻制而成的股。

股的捻距是指股的外层钢丝围绕股轴线旋转一周（或螺旋）且平行于股轴线的对应两点间的距离，如图2-2a所示。

钢丝绳的捻距，是指绳股围绕钢丝绳轴线旋转一周（或螺旋）且平行于钢丝绳轴线的对应两点间的距离，如图2-2b所示。

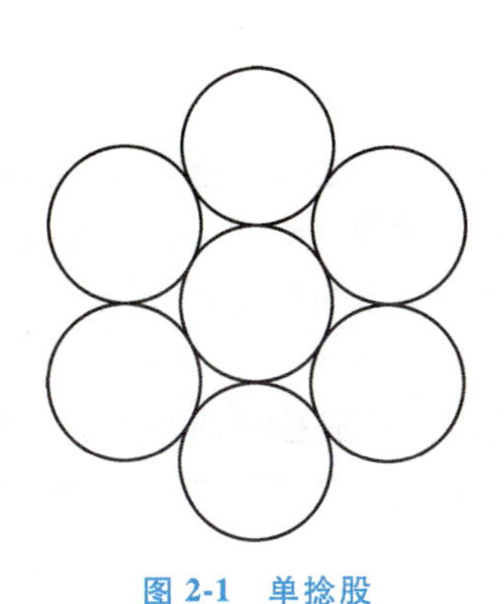

图 2-1　单捻股

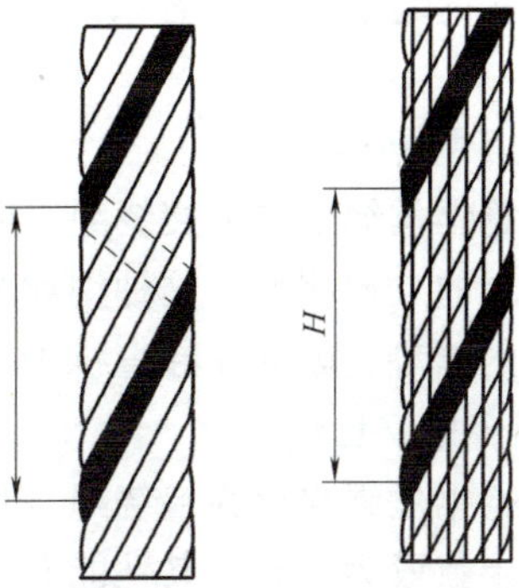

a) 股的捻距　b) 绳的捻距

图 2-2　捻距

1. 单绕绳

单绕绳也称为单股绳，是只有一股的钢丝绳，如图 2-3 所示。这种绳的强度高，僵性大，挠性差，不宜用作起重绳，只用作起重机中不运动的拉索以及架空索道或缆索起重机的承载绳。当作为承载绳时，为了使表面光滑，增加横向承载能力，钢丝间呈面接触，专门制成一种外形封闭的单绕钢丝绳，如图 2-3b 所示。

a) 单绕钢丝绳　b) 封闭式钢丝绳

图 2-3　单绕绳

2. 双绕绳

双绕绳先由钢丝捻成股，再由股围绕绳芯捻成绳。这种绳的挠性较好，制造工艺也不复杂，在起重机中应用最多。

3. 三绕绳

三绕绳也称为三捻绳或缆索绳，以双绕绳作为股，再由几股捻成绳。三绕绳的挠性好，但由于制造复杂、成本高，而且由于钢丝较细，容易磨损折断，所以在起重机中一般不采用。

2.1.2.2　按钢丝绳的捻向分类

1. 同向捻钢丝绳

同向捻钢丝绳也称为顺绕绳（图 2-4a）。钢丝绳在捻制时，钢丝捻成股与股捻成绳的方向相同。这种钢丝绳由于表面比较平滑，挠性好，磨损小，使用寿命较长。但存在自行扭转和松散的趋向，容易打结，故在自

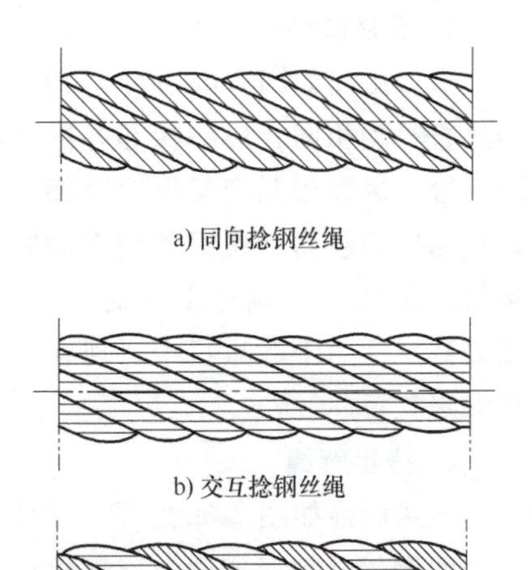

a) 同向捻钢丝绳

b) 交互捻钢丝绳

c) 混合捻钢丝绳

图 2-4　钢丝绳的捻向

由悬挂重物的起重机中不宜采用，只能用作经常保持张紧的升降机及牵引式运行小车的牵引绳。

2. 交互捻钢丝绳

交互捻钢丝绳也称为交绕绳、阻旋转钢丝绳（图 2-4b）。钢丝绳在捻制时，钢丝捻成股与股捻成绳的方向相反。这种钢丝绳的绳和股自行扭转和松散的趋势相反，互相抵消，没有扭转打结的趋势，因此在起重机中应用最多。其缺点是挠性小寿命较短。

3. 混合捻钢丝绳

混合捻钢丝绳也称为混绕绳（图 2-4c）。由两种相反绕向的股捻成的钢丝绳。有半数股为右旋，半数股为左旋，其性能介于同向捻和交互捻之间，但因制造困难，仅在吊具较轻的大起升高度起重机（如塔式起重机）中采用。

2.1.2.3 根据股的形状分类

1. 圆股绳

圆股绳制造方便，应用广泛。

2. 异形股绳

异形股绳有三角股、椭圆股及扁带股等（图 2-5）。这种绳与滑轮槽或卷筒槽接触表面大，耐磨性好，不易断丝，寿命长，但制造复杂，应用较少。

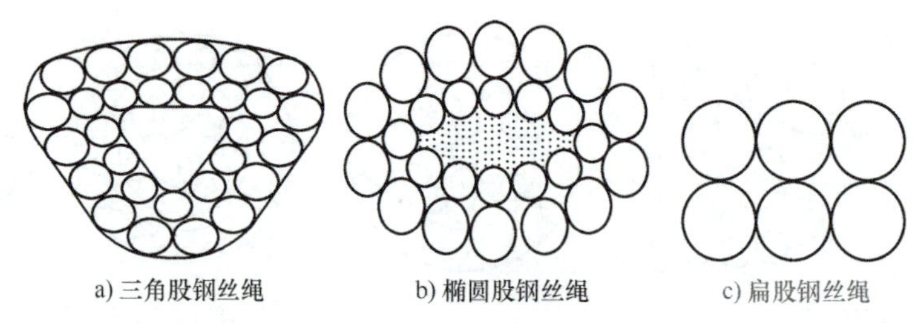

图 2-5 异形股绳

2.1.2.4 根据股的构造分类

1. 点接触绳

点接触绳如图 2-6a 所示。绳股中各层钢丝直径均相同，股中相邻各层钢丝的节距不等，因而相互交叉形成点接触，接触处接触应力较高，使钢丝绳寿命降低。点接触绳的优点是制造工艺简单，价格低，过去曾广泛用于起重机中，现在已多被线接触绳代替。

2. 线接触绳

线接触绳如图 2-6b 所示。绳股由不同直径的钢丝绕制而成。外层钢丝位于内层钢丝之间的沟槽内，内外层钢丝间形成线接触。这种钢丝绳挠性好，耐腐性好，使用寿命长，承载力高。如果在破断拉力相

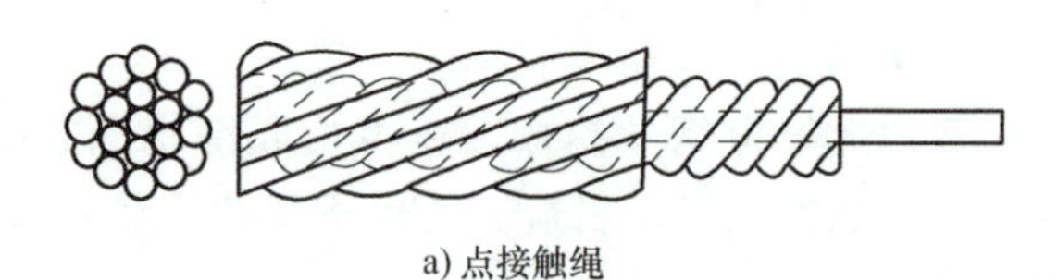

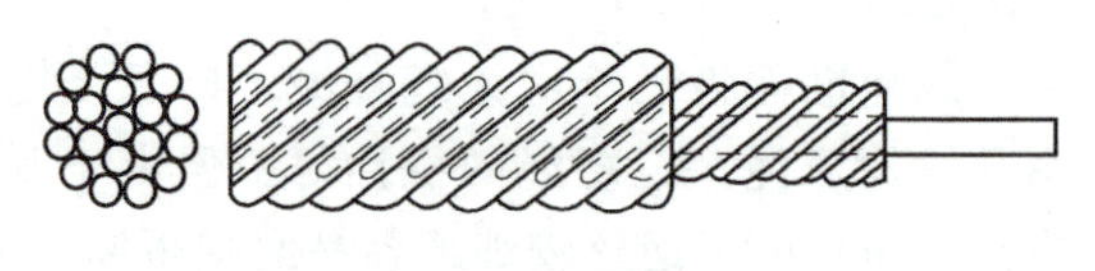

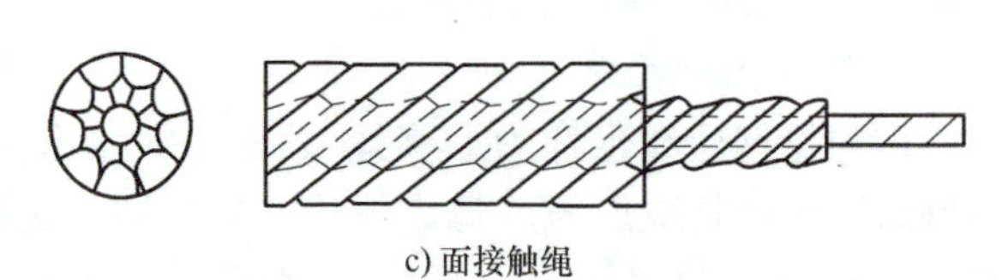

图 2-6 点、线、面接触钢丝绳

同的情况下选用线接触绳，可以采用较小的直径，相应地可采用较小的滑轮和卷筒直径，从而使整个机构的尺寸得以减小。故线接触绳在起重机中得到日益广泛的应用。

线接触钢丝绳根据绳股断面的结构，可分为以下三种，如图 2-7 所示。

1）外粗型，又称为西鲁型（S 型），是两层具有相同钢丝数的平行捻股结构。股中每一层钢丝的直径相同，不同层次的钢丝直径不同，内层细、外层粗，外层耐磨。

2）粗细型，又称为瓦林吞型（W 型），外层包含粗细两种交替排列的钢丝，而且外层钢丝数是内层钢丝数两倍，采用平行捻结构。外层采用粗细两种钢丝，粗钢丝位于内层钢丝的沟槽中，细钢丝位于粗钢丝之间，断面充填系数较高，挠性好，承载力大。

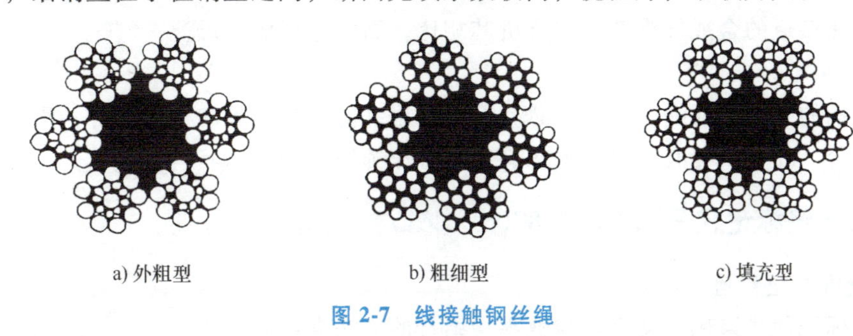

a) 外粗型　　b) 粗细型　　c) 填充型

图 2-7　线接触钢丝绳

3）填充型（Fi 型），外层钢丝数是内层钢丝数的两倍，而且在两层钢丝间的间隙中有填充钢丝的平行捻股结构。在股中内、外层钢丝沟槽中填充细钢丝，增加了股中钢丝的数量，断面充填系数高，挠性好，承载能力更大。

3. 面接触绳

面接触绳如图 2-6c 所示，通过模拔、轧制或锻打等变形加工后，钢丝的形状和股的尺寸发生改变，而钢丝的金属横截面积保持不变的股，也称为压实股。常做成密封绳，为达到面接触，钢丝必须制成异形断面（如扁带型等），其优点与线接触相同，但效果更为显著，缺点是制造工艺复杂，价格昂贵。面接触钢丝绳适用于架空索道、缆机主索、吊桥主索等场合，不宜用作起重绳。

2.1.2.5　根据钢丝表面处理分类

钢丝绳根据钢丝表面处理方式不同可分为光面和镀锌两种。

1. 光面钢丝绳

当钢丝绳不会受到腐蚀因素影响时，宜采用这种钢丝绳，多用于在室内一般工作环境中工作的起重机或捆绑绳。

2. 镀锌钢丝绳

当腐蚀是造成钢丝绳报废的主要原因时，宜采用这种钢丝绳。多用于露天、潮湿环境或具有腐蚀介质的工作场所。

2.1.2.6　根据钢丝绳股的数目分类

钢丝绳根据钢丝绳股的数目不同可分为单股绳、6 股绳、8 股绳和 18 股绳等（图 2-8）。外层股的数目越多，钢丝绳与滑轮槽或卷筒槽接触越好，这不仅能延长钢丝绳寿

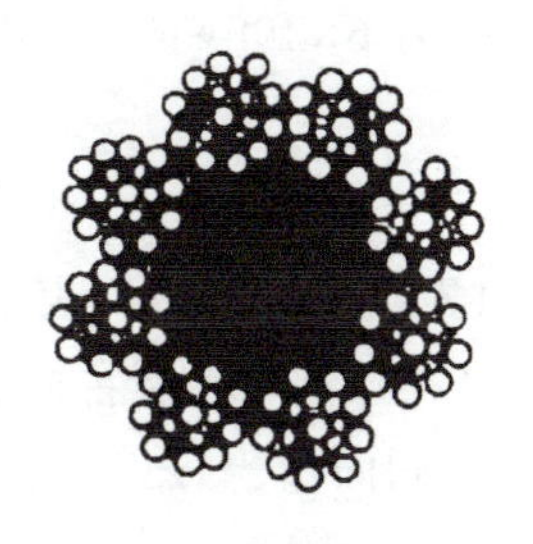

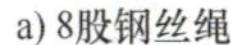

a) 8股钢丝绳

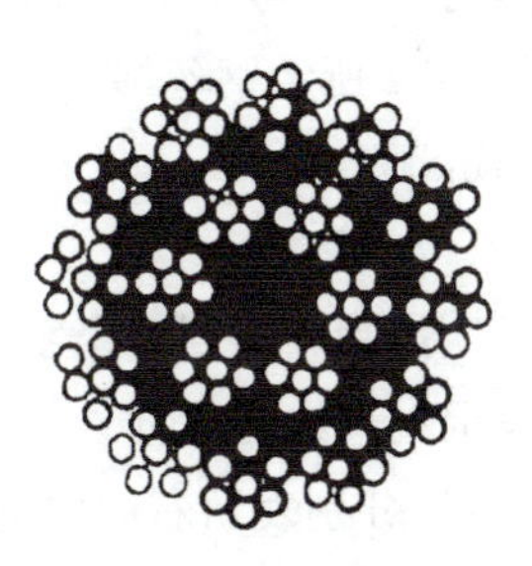

b) 18股钢丝绳

图 2-8　多股钢丝绳

命，还能减少滑轮或卷筒的磨损。

2.1.2.7 根据绳芯分类

绳芯的作用是增加挠性、弹性与润滑。一般在钢丝绳的中心布置一股绳芯。有时为了增加钢丝绳的挠性与弹性，在钢丝绳的每一股中也设置绳芯。绳芯的种类有以下几种。

1. 有机芯

用浸透润滑油的麻绳做成的天然纤维芯，工作时起润滑作用。有机芯钢丝绳不能用于高温环境。

2. 石棉芯

用石棉绳做成的合成纤维芯，与有机芯相比，石棉芯可耐高温。

3. 金属芯

用低碳钢的钢丝绳或绳股作为绳芯，可耐高温并能承受较大的横向压力，用于高温或多层卷绕的场合。还有用储有润滑油的螺旋金属管作为绳芯的。

2.1.3 钢丝绳标记代号（GB/T 8706—2017）简介

1. 钢丝绳标记代号

钢丝绳标记代号采用英文字母与数字相结合的方法表示。

钢丝的表面状态代号：光面钢丝 NAT；A 级镀锌钢丝 ZAA；B 级镀锌钢丝 ZBB。

钢丝绳芯代号：天然纤维芯 NFC；合成纤维芯 SFC；金属丝绳芯 IWRC；纤维芯（天然或合成）FC；固态聚合物芯 SPC。

2. 钢丝绳的全称标记方法（双捻绳）

由钢丝绳外部向中心进行标记，按层次逐层标明总股数，其后在括号内标明股的结构，每股的结构由外向中心进行标记，标明该股的逐层钢丝根数。股的每层丝数用“+”号隔开。之后再用“+”号把绳芯的标记隔开。图 2-7a 所示钢丝绳的标记为 6(9+9+1)+NFC；图 2-7b 所示钢丝绳的标记为 6（6/6+6+1)+NFC，同一层中不同直径的钢丝用“/”号隔开；图 2-7c 所示钢丝绳的标记为 6（12+6F+6+1)+NFC，6F 表示填充丝为 6 根。

对于金属绳芯钢丝绳，要在 IWRC 之后的括号内标明绳芯的股绳结构。

3. 钢丝绳的简称标记方法

钢丝绳的简称标记是将全称标记中股的总数与每股的钢丝总数用“×”号隔开，其后再用“+”号与芯的代号隔开。对于线接触钢丝绳还要在钢丝总数后标出结构代号。如图 2-7a 所示钢丝绳简称标记为 6×19S+NFC；图 2-7b 所示钢丝绳简称标记为 6×19W+NFC（或 SFC）。

4. 捻向

捻制方向用两个字母（Z 或 z，S 或 s）表示。第一个字母表示绳股的捻向，第二个字母表示钢丝绳的捻向。字母“z 或 Z”表示右向捻，字母“s 或 S”表示左向捻。“zZ”和“sS”分别表示右同向捻和左同向捻，“zS”和“sZ”分别表示右交互捻和左交互捻。

5. 钢丝绳标记举例

（1）全称标记示例

[例 2-1]

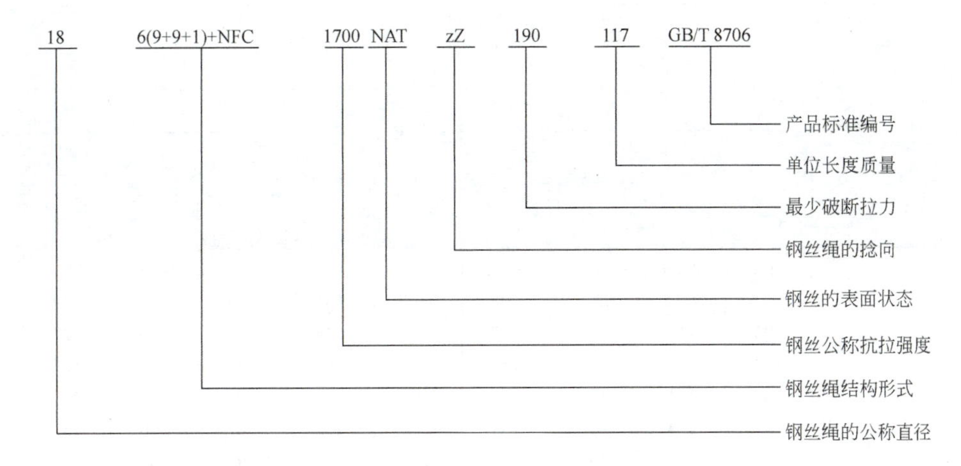

(2) 简化标记示例

[例 2-2] 18 6 S (19)+NFC 1700 NAT zS 190 GB/T 8707

表示钢丝绳公称直径为 18mm，表面状态为光面钢丝，结构形式为 6 股、每股 19 丝西鲁式天然纤维芯，钢丝公称抗拉强度为 1700MPa，捻向为右交互捻，钢丝绳最小破断拉力为 190kN。

2.2 钢丝绳的选择

钢丝绳的选择包括钢丝绳结构形式的选择和钢丝绳直径的确定。

绕经滑轮和卷筒机构工作的钢丝绳应优先选用线接触钢丝绳。在腐蚀性环境中应采用镀锌钢丝绳。钢丝绳的性能和强度应满足机构安全正常工作的要求。根据钢丝绳的构造特点，结合起重机的使用条件和要求，参照表 2-1 选择钢丝绳型号，然后按照以下几种方法确定最小的钢丝绳直径，参照表 2-2~表 2-5 所列钢丝绳主要力学性能选择钢丝绳。

表 2-1 钢丝绳的使用场合及其常用型号

<table>
<tr><th colspan="5">使用场合</th><th>常用型号</th></tr>
<tr><td rowspan="4">起升或变幅用</td><td rowspan="3">单层卷绕</td><td rowspan="2">吊钩及抓斗起重机</td><td rowspan="2">h</td><td><20</td><td>6×31S+FC、6×37S+FC、6×36W+FC、6×25Fi+FC、8×25Fi+FC</td></tr>
<tr><td>≥20</td><td>6×19S+FC、6×19W+FC、8×19S+FC、8×19W+FC、6V×21+7FC</td></tr>
<tr><td colspan="3">起升高度大的起重机</td><td>多股不扭转 18×7+FC 18×19+FC</td></tr>
<tr><td colspan="4">多层卷绕</td><td>6×19W+IWRC</td></tr>
<tr><td rowspan="2">牵引用</td><td colspan="4">无导绕系统(不绕过滑轮)</td><td>1×19、6×19、6×19+FC、6×37+FC</td></tr>
<tr><td colspan="4">有导绕系统(绕过滑轮)</td><td>与起升绳或变幅绳相同</td></tr>
</table>

注：h 为滑轮或卷筒直径与钢丝绳直径之比。

表 2-2 钢丝绳力学性能表（1）

钢丝绳结构:6×19S+FC、6×19S+IWRC、6×19W+FC、6×19W+IWRC											
钢丝绳公称直径		钢丝绳公称抗拉强度/MPa									
		1570		1670		1770		1870		1960	
		钢丝绳最小破断拉力/kN									
d/mm	允许偏差（%）	纤维芯钢丝绳	钢芯钢丝绳	纤维芯钢丝绳	钢芯钢丝绳	纤维芯钢丝绳	钢芯钢丝绳	纤维芯钢丝绳	钢芯钢丝绳	纤维芯钢丝绳	钢芯钢丝绳
12		74.6	80.5	79.4	85.6	84.1	90.7	88.9	95.9	93.1	100
13		87.6	94.5	93.1	100	98.7	106	104	113	109	118
14		102	110	108	117	114	124	121	130	127	137
16		133	143	141	152	150	161	158	170	166	179
18		168	181	179	193	189	204	200	216	210	226
20		207	224	220	238	234	252	247	266	259	279
22		251	271	267	288	283	304	299	322	313	338
24	+5	298	322	317	342	336	363	355	383	373	402
26	0	350	378	373	402	395	426	417	450	437	472
28		406	438	432	466	458	494	484	522	507	547
30		466	503	496	535	526	567	555	599	582	628
32		531	572	564	609	598	645	632	682	662	715
34		599	646	637	687	675	728	713	770	748	807
36		671	724	714	770	757	817	800	863	838	904
38		748	807	796	858	843	910	891	961	934	1010
40		829	894	882	951	935	1010	987	1070	1030	1120

表 2-3 钢丝绳力学性能表（2）

钢丝绳结构:6×25Fi+FC、6×25Fi+IWRC、6×26WS+FC、6×26WS+IWRC、6×29Fi+FC、6×29Fi+IWRC、6×31WS+FC、6×31WS+IWRC、6×36WS+FC、6×36WS+IWRC、6×37S+FC、6×37S+IWRC、6×41WS+FC、6×41WS+IWRC、6×49SWS+FC、6×49SWS+IWRC、6×55SWS+FC、6×55SWS+IWRC											
钢丝绳公称直径		钢丝绳公称抗拉强度/MPa									
		1570		1670		1770		1870		1960	
		钢丝绳最小破断拉力/kN									
d/mm	允许偏差（%）	纤维芯钢丝绳	钢芯钢丝绳	纤维芯钢丝绳	钢芯钢丝绳	纤维芯钢丝绳	钢芯钢丝绳	纤维芯钢丝绳	钢芯钢丝绳	纤维芯钢丝绳	钢芯钢丝绳
13		87.6	94.5	93.1	100	98.7	106	104	113	109	118
14		102	110	108	117	114	124	121	130	127	137
16		133	143	141	152	150	161	158	170	166	179
18		168	181	179	193	189	204	200	216	210	226
20		207	224	220	238	234	252	247	266	259	279
22		251	271	267	288	283	305	299	322	313	338
24	+5	298	322	317	342	336	363	355	383	373	402
26	0	350	378	373	402	395	426	417	450	437	472
28		406	438	432	466	458	494	484	522	507	547
30		466	503	496	535	526	567	555	599	582	628
32		531	572	564	609	598	645	632	682	662	715
34		599	646	637	687	675	728	713	770	748	807
36		671	724	714	770	757	817	800	863	838	904

（续）

钢丝绳公称直径		钢丝绳公称抗拉强度/MPa									
		1570		1670		1770		1870		1960	
		钢丝绳最小破断拉力/kN									
d/mm	允许偏差(%)	纤维芯钢丝绳	钢芯钢丝绳	纤维芯钢丝绳	钢芯钢丝绳	纤维芯钢丝绳	钢芯钢丝绳	纤维芯钢丝绳	钢芯钢丝绳	纤维芯钢丝绳	钢芯钢丝绳
38		748	807	796	858	843	910	891	961	934	1010
40		829	894	882	951	935	1010	987	1070	1030	1120
42		914	986	972	1050	1030	1110	1090	1170	1140	1230
44		1000	1080	1070	1150	1130	1220	1190	1290	1250	1350
46		1100	1180	1170	1260	1240	1330	1310	1410	1370	1480
48		1190	1290	1270	1370	1350	1450	1420	1530	1490	1610
50	+5	1300	1400	1380	1490	1460	1580	1540	1660	1620	1740
52	0	1400	1510	1490	1610	1580	1700	1670	1800	1750	1890
54		1510	1630	1610	1730	1700	1840	1800	1940	1890	2030
56		1620	1750	1730	1860	1830	1980	1940	2090	2030	2190
58		1740	1880	1850	2000	1960	2120	2080	2240	2180	2350
60		1870	2010	1980	2140	2100	2270	2220	2400	2330	2510
62		1990	2150	2120	2290	2250	2420	2370	2560	2490	2680
64		2120	2290	2260	2440	2390	2580	2530	2730	2650	2860

表 2-4　钢丝绳力学性能表（3）

钢丝绳结构:8×19S+FC、8×19S+IWRC、8×19W+FC、8×NW+IWRC											
钢丝绳公称直径		钢丝绳公称抗拉强度/MPa									
		1570		1670		1770		1870		1960	
		钢丝绳最小破断拉力/kN									
d/mm	允许偏差(%)	纤维芯钢丝绳	钢芯钢丝绳	纤维芯钢丝绳	钢芯钢丝绳	纤维芯钢丝绳	钢芯钢丝绳	纤维芯钢丝绳	钢芯钢丝绳	纤维芯钢丝绳	钢芯钢丝绳
18		149	176	159	187	168	198	178	210	186	220
20		184	217	196	231	207	245	219	259	230	271
22		223	263	237	280	251	296	265	313	278	328
24		265	313	282	333	299	353	316	373	331	391
26		311	367	331	391	351	414	370	437	388	458
28		361	426	384	453	407	480	430	507	450	532
30		414	489	440	520	467	551	493	582	517	610
32	+5	471	556	501	592	531	627	561	663	588	694
34	0	532	628	566	668	600	708	633	748	664	784
36		596	704	634	749	672	794	710	839	744	879
38		664	784	707	834	749	884	.791	934	829	979
40		736	869	783	925	830	980	877	1040	919	1090
42		811	958	863	1020	915	1080	967	1140	1010	1200
44		891	1050	947	1120	1000	1190	1060	1250	1110	1310
46		973	1150	1040	1220	1100	1300	1160	1370	1220	1430
48		1060	1250	1130	1330	1190	1410	1260	1490	1320	1560

表 2-5 钢丝绳力学性能表（4）

钢丝绳结构:8×25Fi+FC、8×25Fi+IWRC、8×2GWS+FC、8×26WS+IWRC、8×31WS+FC、8×31WS+IWRC、8×36WS+FC、8×36WS+IWRC、8×41WS+FC、8×41WS+IWRC、8×49SWS+FC、8×49SWS+IWRC、8×55SWS+FC、8×55SWS+IWRC											
钢丝绳公称直径		钢丝绳公称抗拉强度/MPa									
		1570		1670		1770		1870		1960	
		钢丝绳最小破断拉力/kN									
d/mm	允许偏差（%）	纤维芯钢丝绳	钢芯钢丝绳	纤维芯钢丝绳	钢芯钢丝绳	纤维芯钢丝绳	钢芯钢丝绳	纤维芯钢丝绳	钢芯钢丝绳	纤维芯钢丝绳	钢芯钢丝绳
16		118	139	125	148	133	157	140	166	147	174
18		149	176	159	187	168	198	178	210	186	220
20		184	217	196	231	207	245	219	259	230	271
22		223	263	237	280	251	296	265	313	278	328
24		265	313	282	333	299	353	316	373	331	391
26		311	367	331	391	351	414	370	437	388	458
28		361	426	384	453	407	480	430	507	450	532
30		414	489	440	520	467	551	493	582	517	610
32		471	556	501	592	531	627	561	663	588	694
34		532	628	566	668	600	708	633	748	664	784
36		596	704	634	749	572	794	710	839	744	879
38	+5	664	784	707	834	749	884	791	934	829	979
40	0	736	869	783	925	830	980	877	1040	919	1090
42		811	958	863	1020	915	1080	967	1140	1010	1200
44		891	1050	947	1120	1000	1190	1060	1250	1110	1310
46		973	1150	1040	1220	1100	1300	1160	1370	1220	1430
48		1060	1250	1130	1330	1190	1410	1260	1490	1320	1560
50		1150	1360	1220	1440	1300	1530	1370	1620	1440	1700
52		1240	1470	1320	1560	1400	1660	1480	1750	1550	1830
54		1340	1580	1430	1680	1510	1790	1600	1890	1670	1980
56		1440	1700	1530	1810	1630	1920	1720	2030	1800	2130
58		1550	1830	1650	1940	1740	2060	1840	2180	1930	2280
60		1660	1960	1760	2080	1870	2200	1970	2330	2070	2440
62		1770	2090	1880	2220	1990	2350	2110	2490	2210	2610
64		1880	2230	2000	2370	2120	2510	2240	2650	2350	2780

2.2.1 按选择系数 C 确定钢丝绳直径

按选择系数 C 确定钢丝绳直径的计算公式为

$$d = C\sqrt{S_{\max}} \tag{2-1}$$

式中 d——钢丝绳直径（mm）；

C——选择系数（$\mathrm{mm}/\sqrt{\mathrm{N}}$）；

$S_{\max}$——钢丝绳最大工作静拉力（N）。

选择系数 C 的取值与机构工作级别有关，见表 2-6。表中 C 值是钢丝绳充满系数 ω 为

0.46、折减系数 k 为 0.82 时的数值。当钢丝绳的 ω、k 和 σ_b 值与表中不同时，可根据工作级别从表中选择安全系数 n，并根据所选钢丝绳的 ω、k 和 σ_b 按下式换算选择系数 C，最后按式（2-1）计算钢丝绳直径。

$$C=\sqrt{\frac{n}{k\omega\frac{\pi}{4}\sigma_b}} \tag{2-2}$$

式中 n——安全系数，按表 2-6 选取；

k——钢丝绳捻制折减系数，等于整绳破断拉力 F_0 与钢丝破断拉力总和之比；

ω——钢丝绳充满系数，$\omega=\frac{\text{全部钢丝断面面积总和}}{\text{钢丝绳断面毛面积}}$；

σ_b——钢丝绳的公称抗拉强度（MPa）。

表 2-6 选择系数 C 和安全系数 n 值

机构工作级别	δ_b/MPa			n 值
	1570	1670	1770	
	C			
M1~M3	0.093	0.089	0.085	4
M4	0.099	0.095	0.091	4.5
M5	0.104	0.100	0.096	5
M6	0.114	0.109	0.106	6
M7	0.123	0.118	0.113	7
M8	0.140	0.134	0.128	9

注：1. σ_b 为钢丝绳公称抗拉强度。

2. 对于搬运危险物品的起重用钢丝绳，一般应按比设计工作级别高一级的工作级别选择表中的 C 或 n 值。对起升机构工作级别为 M7、M8 的某些冶金起重机，在保证一定寿命的前提下允许按低的工作级别选择，但最低安全系数不得小于 6。

3. 对缆索起重机的起升绳和牵引绳可做类似处理，但起升绳的最低安全系数不得小于 5，牵引绳的最低安全系数不得小于 4。

4. 载人升降机安全系数取 14。

2.2.2 按安全系数 n 选择钢丝绳直径

按安全系数 n 选择钢丝绳直径的计算公式为

$$F_0 \geqslant nS_{max} \tag{2-3}$$

式中 F_0——所选钢丝绳的破断拉力（kN）；

n——钢丝绳安全系数。

当计算出来钢丝绳的最小破断拉力 F_0 后，可由表 2-2~表 2-5 确定钢丝绳的直径 d。

2.2.3 估算法确定钢丝绳直径

在生产实际中，可由下列经验公式估算钢丝绳的直径。

$$S_{max} \approx 10d^2 \tag{2-4}$$

特别指出，采用式（2-4）计算钢丝绳直径时，要注意单位问题，S_{max} 的单位是 kN，d

的单位是 cm。

2.3 钢丝绳的使用

2.3.1 钢丝绳端的固定

钢丝绳在使用时需要与其他承载零件连接，因此钢丝绳的端部需要固定。钢丝绳端部常用的固定方法有以下几种（图 2-9）。

1. 编结法（图 2-9a）

长度为（20~25）d（d 为钢丝绳直径）的钢丝绳尾端绕过套环后，每个绳股依次穿插在绳的主体中，与主体绳编结在一起，并用细钢丝扎紧。直径 15mm 以下的钢丝绳，每股穿插次数不少于 4；直径 15~28mm 的钢丝绳每股穿插次数不少于 5；直径 28~60mm 的钢丝绳每股穿插次数不少于 6。用编结法固定绳端的钢丝绳强度为钢丝绳本身强度的 75%~90%。

2. 绳卡固定法（图 2-9b）

绳卡固定法简单可靠，拆连方便，已获得广泛应用。绳卡数目根据钢丝绳直径而定，但不应少于 3 个（表 2-7）。绳卡底板应与钢丝绳的主支接触，U 形螺栓扣在钢丝绳的尾支上。绳卡螺母拧紧力矩见表 2-8。根据使用经验，一般认为，当绳卡中的钢丝绳直径减小$\frac{1}{3}$，表明螺母的拧紧度合适。绳卡型号的选用见表 2-9。

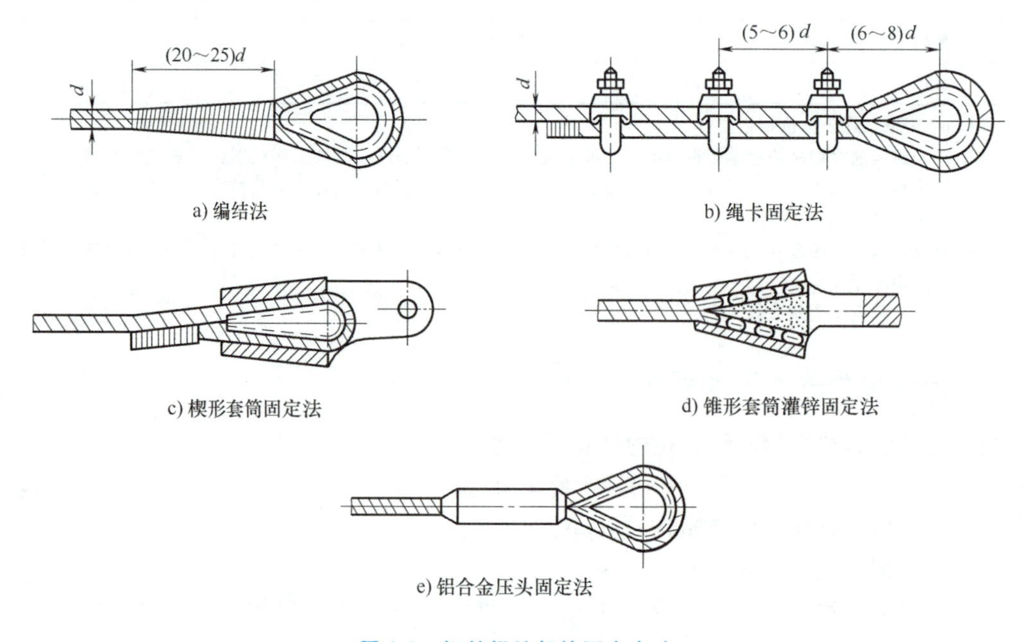

图 2-9 钢丝绳端部的固定方法

表 2-7 钢丝绳直径与绳卡数

钢丝绳直径/mm	7~16	19~27	28~37	38~45
绳卡数	3	4	5	6

表 2-8 绳卡螺母拧紧力矩

螺纹	M6	M8	M10	M12	M16	M20	M24	M30	M36
拧紧力矩/N·m	0.03	0.1	0.3	0.55	0.8	1.25	2	3.3	4.5

表 2-9 绳卡型号的选用

绳卡型号	钢丝绳最大直径 d/mm	绳卡型号	钢丝绳最大直径 d/mm	绳卡型号	钢丝绳最大直径 d/mm	绳卡型号	钢丝绳最大直径 d/mm
Y1-6	6	Y5-15	15	Y19-28	28	Y13-50	50
Y2-8	8	Y6-20	20	Y10-32	32		
Y3-10	10	Y7-22	22	Y11-40	40		
Y4-12	12	Y8-25	25	Y12-45	45		

绳卡间距和最后一个绳卡后的钢丝绳尾端长度都不应小于 $5d$，d 为钢丝绳直径。绳卡固定处的强度为钢丝绳强度的 80%~90%。如绳卡装反，强度将下降到 75% 以下。

3. 楔形套筒固定法（图 2-9c）

钢丝绳尾端绕过楔块，利用楔块在套筒内的锁紧作用使钢丝绳固定，这种固定方法用于空间紧凑的地方。固定处的强度为钢丝绳强度的 75%~85%。

4. 锥形套筒灌锌固定法（图 2-9d）

钢丝绳尾端穿入锥形套筒后将钢丝松散，钢丝末端弯成钩状，浇入锌、铜或其他易熔金属。由于工艺简单，连接可靠，应用较广。固定处的强度与钢丝绳强度大致相同。

5. 铝合金压头固定法（图 2-9e）

将钢丝绳端头拆散后分成股，各股留头错开，留头长度不得超过铝套长度，并切去绳芯，弯转 180°后用钉子分别插入主体中。然后套入铝套，在气锤上压成椭圆形，再用压模压制成形。该方法加工工艺性好，重量轻，安装方便，常用于起重机固定拉索。

2.3.2 钢丝绳的使用寿命与报废标准

1. 延长钢丝绳使用寿命的途径

钢丝绳的寿命就是达到报废标准的使用期限。为了延长钢丝绳的使用寿命，除了选用合适的钢丝绳构造形式，还可以采取以下几个方面的措施。

1）提高安全系数，即降低钢丝绳的许用应力。

2）选用较大的滑轮和卷筒直径。不允许钢丝绳扭结，不得使其穿过破损的滑轮。

3）卷筒和滑轮槽的尺寸与材料对于钢丝绳的寿命有很大的影响。理想的绳槽半径为 $R=(0.54\sim0.6)d$。R 过大，会使钢丝绳与绳槽接触面积减小，而 R 太小则会使钢丝绳卡紧。卷筒与滑轮的材料太硬或太软，对钢丝绳寿命都不利，选用铸铁较铸钢好。在槽底镶以铝合金或尼龙衬垫，可以提高钢丝绳寿命。

4）尽量减少钢丝绳的弯曲次数，即不要使钢丝绳通过太多的滑轮，并且尽量避免使钢丝绳反向弯曲（图 2-10），因为反向弯曲对钢丝绳的寿命更为不利，其破坏作用约为同向弯曲的 2 倍，会导致钢丝绳过早疲劳损坏。

5）加强维护保养，定期润滑，防止生锈，定期检查钢丝绳是否达到报废标准。

2. 钢丝绳的报废标准

新钢丝绳以及处于正常状况的钢丝绳极少突然破断。钢丝绳的破坏主要是在长期使用

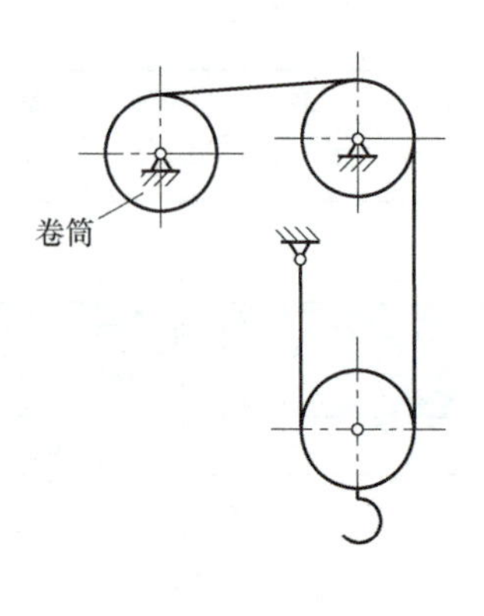

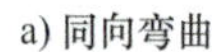
a) 同向弯曲

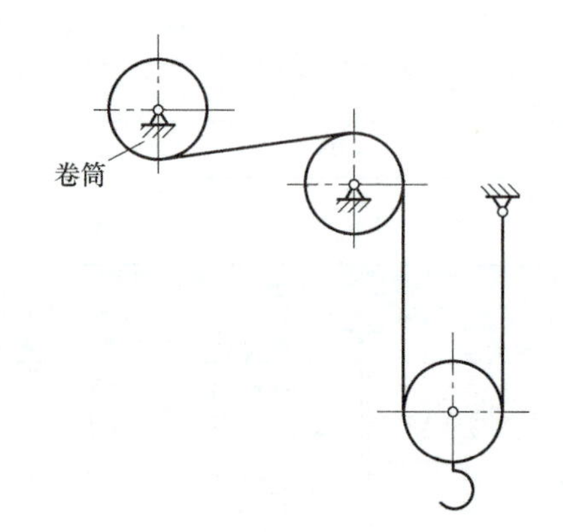

b) 反向弯曲

图 2-10 弯折方向示意图

中，钢丝绳外层钢丝由于磨损与疲劳，逐步断折。随着断丝数的增加，破断的速度也逐渐加快。当断丝数达到一定限度后，如果继续使用，就有整绳破断的可能。因此，当钢丝绳断丝数达到一定标准时，钢丝绳就应报废，更换新绳。

使钢丝绳报废的原因很多，往往是多方面的因素综合积累起来的结果。除了断丝与磨损，还有变形、腐蚀、绳芯损坏、弹性降低、塑性伸长等因素。钢丝绳有下列情况之一者应当报废。

1）钢丝绳被烧坏或整股断裂。

2）钢丝绳的表面钢丝被腐蚀、磨损达到钢丝直径的 40%以上。

3）受过死角拧扭、折弯、损伤和部分受压变形。

4）钢丝绳在一个捻距内的断丝根数达到表 2-10 所列数值时。

表 2-10 钢丝绳断丝根数报废标准

钢丝绳结构		6×9+1 交互捻	6×37+1 交互捻	6×61+1 交互捻	18×19+1 交互捻
安全系数	6 以下	12	22	36	36
	6~7	14	26	38	38
	7 以上	16	30	40	40

注：同向捻钢丝绳其断丝根数减半。

5）对于外层钢丝直径不同的钢丝绳，每根粗钢丝按 1.7 根计算。如果外层钢丝严重磨损，但未达到 40%，应根据磨损程度，适当降低报废的断丝数标准，见表 2-11。

表 2-11 钢丝绳报废断丝标准的折减

钢丝磨损(%)	报废断丝标准折减(%)	钢丝磨损(%)	报废断丝标准折减(%)
10	85	25	60
15	75	30	50
20	70	40	报废

注：1. 如吊运熔化或烧红的金属、酸类、爆炸物、易着火及有毒的原料等，其所用钢丝绳的报废标准应为表 2-10、表 2-11 所列数值的一半。

2. 运送人的钢丝绳，报废标准为表 2-10、表 2-11 所列数值的一半。

3. 钢丝绳的保养与维护

（1）钢丝绳的润滑　应根据起重机的类型、使用频率、环境条件和钢丝绳的类型对钢丝绳进行保养和维护。在钢丝绳寿命期内，在出现干燥或腐蚀迹象前，应按照要求定期为钢丝绳润滑，还应做好与钢丝绳相关的起重机零部件的维护。

（2）钢丝绳的更换　起重机上应安装由起重机制造商规定的正确长度、直径、结构、类型、捻向和强度（如最小破断拉力）的钢丝绳，更换钢丝绳时应得到起重机制造商、钢丝绳制造商或主管人员的批准。

（3）钢丝绳的装卸和储存　钢丝绳的装卸必须谨慎小心，卷盘或绳卷不允许坠落，不允许用吊钩或金属货叉插入，也不允许施加任何能够造成钢丝绳损伤或畸形的外力。钢丝绳宜存放在凉爽、干燥的室内，且不宜与地面接触，不宜存放在有可能受到化工产品、化学烟雾、蒸汽或其他腐蚀剂侵袭的场所。如果户外存放不可避免，则应采取保护措施，防止潮湿造成钢丝绳锈蚀。存放的钢丝绳应定期进行诸如表面锈蚀等劣化迹象的检查，必要时还应在表面涂敷防护或润滑材料。在温暖环境下，钢丝绳卷盘应定期翻转180°，防止润滑油（脂）从钢丝绳内流出。

第 3 章

卷绕装置

3.1 滑轮及滑轮组

3.1.1 滑轮

3.1.1.1 滑轮的构造及材料

在起重机的起升机构中，钢丝绳要先绕过若干个滑轮，然后固定在卷筒上。滑轮根据其用途可分成定滑轮和动滑轮两种。定滑轮的心轴固定不动，用来改变钢丝绳的方向；动滑轮装在移动的心轴上，可与定滑轮一起组成滑轮组以达到省力或增速的目的。滑轮一般由轮缘、轮辐和轮毂三部分组成。滑轮的构造如图 3-1 所示。

1. 滑轮的槽形（图 3-2）

滑轮绳槽的形状及尺寸对钢丝绳的寿命有很大影响。U 形绳槽对钢丝绳的损坏最小，它由一个圆弧形的槽底与两个倾斜的侧壁组成。对于槽形的要求如下：

1）钢丝绳与绳槽应有足够的接触面积。钢丝绳圆周的接触角一般在 135°左右（120°~150°）。槽底的直径与钢丝绳的直径必须相适应，滑轮槽底的半径应稍大于钢丝绳的半径，一般取 $R=(0.54\sim0.6)d$；钢丝绳直径小时，R 取大些，钢丝绳直径大时，R 取小些。槽底直径与钢丝绳直径相比太大或太小都会加速钢丝绳的损坏。槽底太窄时，钢丝绳会被槽夹住

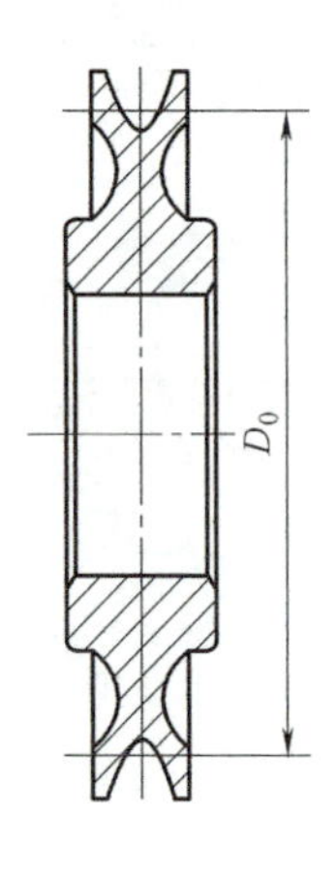

a) 锻造滑轮

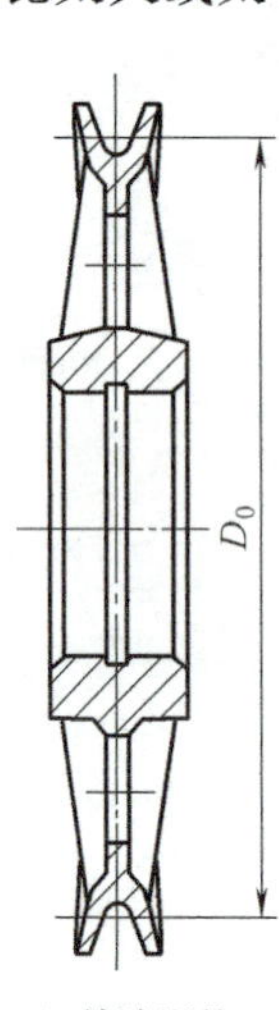

b) 铸造滑轮

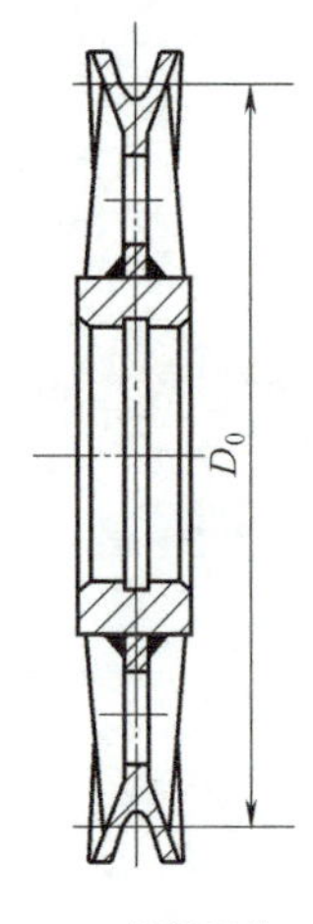

c) 焊接滑轮

图 3-1 滑轮的构造

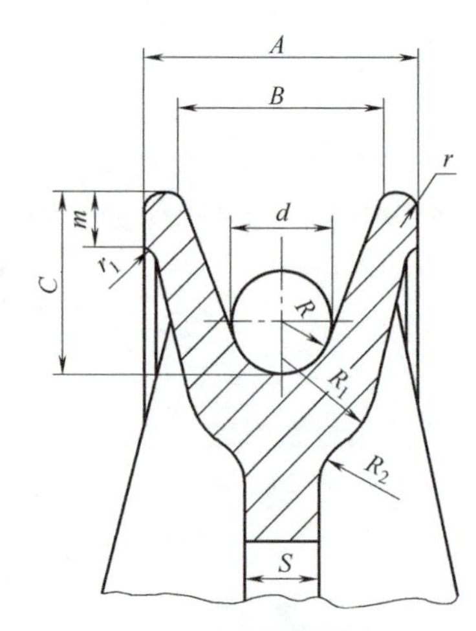

图 3-2 滑轮的槽形

引起变形，妨碍钢丝绳正常转动。槽底太宽时，钢丝绳由于局部压力而呈扁平形，易造成钢丝绳的疲劳破坏。

2）允许钢丝绳有一定的偏斜角（角度的正切值约为1/10），而不使钢丝绳与绳槽侧壁相摩擦，为此绳槽侧壁应有适当的夹角，通常 $\alpha=35°\sim45°$。若 α 过小，钢丝绳允许偏斜角减小；若 α 过大，钢丝绳的接触角（$180°-\alpha$）减小。

3）绳槽应有足够的深度 C，以防止钢丝绳脱槽。

常用铸造滑轮轮缘尺寸见表3-1。

表3-1　滑轮轮缘尺寸　（单位：mm）

钢丝绳直径 d	A	B	C	m	S	R	r	r_1	R_1	R_2
7.7~9.0	25	17	11	5	8	5	2.5	1.5	10	5
11~14	40	28	25	8	10	8	4	2.5	16	8
15~18	50	35	32.5	10	12	10	5	3	20	10
18.5~23.5	65	45	40	13	16	13	6.5	4	26	13
25~28.5	80	55	50	16	18	16	8	5	32	16
31~34.5	95	65	60	19	20	19	10	6	38	19
36.5~39.5	110	78	70	22	22	22	11	7	44	22
43~47.5	130	95	85	26	24	26	13	8	50	26

2. 滑轮的材料

滑轮的材料也会影响钢丝绳寿命。如果滑轮急速磨损或在绳槽上产生压痕就表明钢丝绳作用在滑轮上的接触压力过大。滑轮上一旦产生压痕，将会加剧钢丝绳的磨损。为了防止产生压痕，可以通过加大滑轮直径、增加滑轮数目、采用硬度高且耐磨性好的材料制造滑轮以改善其工作状况。滑轮材料一般有以下几种。

（1）铸铁（如HT150）滑轮　价格便宜，易于加工，并且由于铸铁的弹性模数较低，使挤压应力减小，有利于延长钢丝绳寿命。铸铁滑轮的主要缺点是轮缘易碎，寿命短。因此在工作繁重、冲击大及不便检修的地方不宜采用。

（2）铸钢滑轮　目前应用较广，常用材料有ZG230-450和ZG270-500等，强度和冲击韧性都很高。

（3）球墨铸铁（如QT400-15）滑轮　有一定的强度和韧性，不易脆裂，有利于提高钢丝绳使用寿命，可用来代替铸钢。但铸造质量不易保证。

（4）焊接滑轮　钢材可选用焊接性能好的Q235钢。焊接滑轮重量轻，仅为铸钢滑轮的1/4。近年来，大尺寸单件生产的滑轮，越来越多地用焊接代替铸造。焊接滑轮轮缘可用扁钢或角钢压成，由两块或几块拼接。

（5）铝合金滑轮　重量轻，硬度低，有利于延长钢丝绳使用寿命，但是价格较贵。可用在对滑轮重量有较高要求的地方，如臂端滑轮采用铝合金还是比较经济的。

（6）塑料滑轮　目前已有采用多种不同性质的聚合材料制造的滑轮，并有系列标准。这种滑轮重量轻，耐磨性好，制造工艺简单，造价较低，很有发展前途。其缺点是受温度影响，硬度、刚度变化比较大，容易变形。

3. 滑轮的轮辐及支承

小滑轮的轮辐可制成整体辐板；铸造的中型滑轮制成带减重孔的整体辐板；较大的滑轮一般加 4~6 个加强筋，在各筋之间有适当尺寸的圆孔；更大的滑轮可制成若干条椭圆截面或工字形截面的轮辐。焊接滑轮的轮辐可用扁钢、角钢、圆钢或钢管制成。

滑轮通常支承在固定的心轴上。起重机的滑轮大多采用滚动轴承（图 3-3）。低速滑轮或平衡滑轮也有采用滑动轴承的。

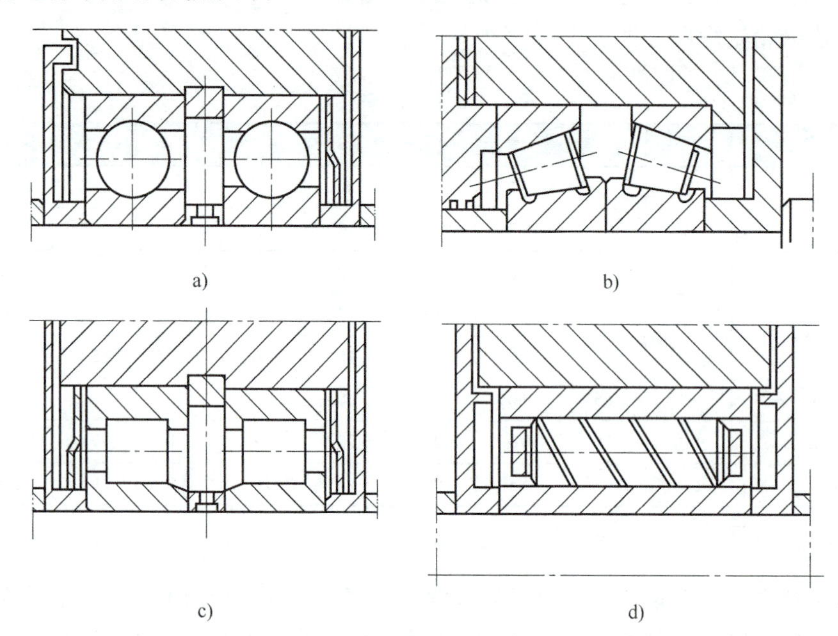

图 3-3　滑轮的滚动轴承

3.1.1.2　滑轮的直径

滑轮直径的大小对于钢丝绳的使用寿命影响很大。增大滑轮直径可以降低钢丝的弯曲应力和挤压应力，有利于提高钢丝绳的使用寿命。试验证明，卷绕和松开钢丝绳时，在钢丝上产生弯曲疲劳，特别是挤压疲劳对钢丝的断折起了决定性作用。为了提高钢丝绳的使用寿命，滑轮的直径不能过小。根据起重机设计规范的规定，滑轮的最小卷绕直径不能小于下式规定的数值：

$$D_{0\min} = hd \tag{3-1}$$

式中　$D_{0\min}$——按钢丝绳中心计算的滑轮最小卷绕直径（mm）；

h——与机构工作级别有关的系数，按表 3-2 选取；

d——钢丝绳的直径（mm）。

卷绕直径 n 是以钢丝绳中心计算的直径，又称为计算直径。而滑轮直径是以槽底计算的直径，用 D 表示。其关系如下：

$$D_0 = D+d$$

滑轮直径按下式设计计算：

$$D \geqslant (h-1)d \tag{3-2}$$

滑轮直径、滑轮绳槽等尺寸已有标准，设计时可查阅有关手册。

表 3-2 系数 h

机构工作级别	卷筒 h_1	滑轮 h_2
M1～M3	14	16
M4	16	18
M5	18	20
M6	20	22.4
M7	22.4	25
M8	25	28

注：1. 采用不旋转钢丝绳时，h 值应按比机构工作级别高一级的值选取。

2. 对于流动式起重机，建议取 $h_1=16$ 及 $h_2=18$，与工作级别无关。

关于平衡或导向滑轮的设计，根据国内生产使用情况，对不同类型起重机规定如下。

桥式类型起重机：

$$D_{平}=D_{0\min} \tag{3-3}$$

臂架型起重机：

$$D_{导}=0.6D_{0\min} \tag{3-4}$$

3.1.1.3 滑轮的效率

1. 钢丝绳绕过滑轮的阻力

钢丝绳绕过滑轮时，钢丝绳两端的张力大小不等。绕出端的张力要比绕入端的张力大（图 3-4）。因为绕出端的张力除了要平衡绕入端的张力之外，还要克服钢丝绳绕过滑轮时的附加阻力。附加阻力由两部分组成，一部分是由钢丝绳内部摩擦产生的僵性阻力，另一部分是滑轮轴承的摩擦阻力。

（1）僵性阻力 W_1　僵性阻力是由钢丝之间的摩擦产生的。钢丝绳在捻制过程中使钢丝之间产生压力，钢丝绳的张力又会使钢丝之间的压力增大。当钢丝绳绕上滑轮时由直变弯，绕出滑轮时由弯变直，钢丝必然会因相对滑动而产生摩擦。滑轮直径越小，钢丝绳弯曲与伸直时的摩擦位移就越大，摩擦也就越大，僵性阻力也就越大。所以增大滑轮直径还可以减小滑轮的阻力。

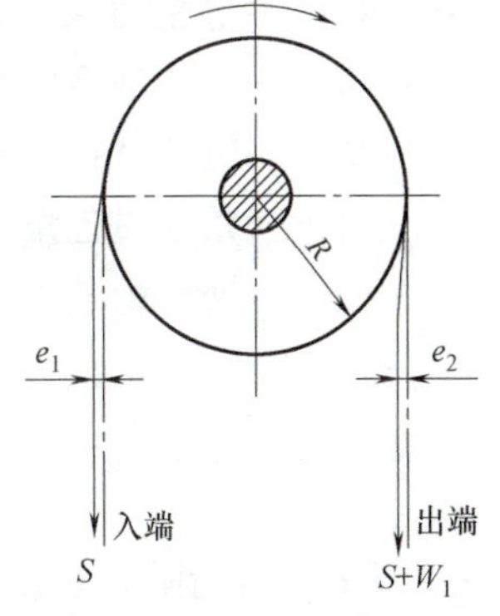

图 3-4 钢丝绳的僵性阻力

由于钢丝绳具有一定的僵性，当它绕入滑轮时，并不立刻适应滑轮的曲率，钢丝绳的内摩擦和弹性都将阻碍它沿滑轮弯曲，产生一偏离值 e_1。当它绕出滑轮时也不能立刻伸直，也要产生一偏离值 e_2。但绕出滑轮时，钢丝绳的弹性能帮助其伸直，所以，$e_1>e_2$（图 3-4）。由于钢丝绳绕入端力臂增大，而绕出端力臂减小，要使滑轮转动，必须增大绕出端的拉力。

由平衡条件 $S(R+e_1)=(S+W_1)(R-e_2)$，得钢丝绳的僵性阻力为

$$W_1=\frac{e_1+e_2}{R-e_2}S=\lambda S \tag{3-5}$$

式中　S——钢丝绳绕入端的拉力；

R——滑轮卷绕半径；

λ——僵性阻力系数，一般条件下取 $\lambda=0.005$；也可按下列经验公式确定。

$$\lambda = 0.1\frac{d}{D} \tag{3-6}$$

式中 d——钢丝绳直径；

D——滑轮直径。

（2）滑轮轴承的摩擦阻力 W_2 滑轮轴承的摩擦阻力（图 3-5）是由钢丝绳拉力对轴承产生的正压力 N 引起的。若假设钢丝绳两端拉力相等，则滑轮轴承产生的正应力为

$$N = 2S\sin\frac{\theta}{2}$$

为克服正应力 N 引起的摩擦力矩，轮缘上须增加作用力 W_2，由力矩平衡条件

$$W_2\frac{D}{2}S = \mu N\frac{d}{2}$$

得
$$W_2 = \mu\frac{d}{D}N = 2\mu S\frac{d}{D}\sin\frac{\theta}{2} \tag{3-7}$$

当 $\theta = 180°$时，摩擦阻力为

$$W_2 = 2\mu S\frac{d}{D}$$

式中 W_2——滑轮轴承的摩擦阻力（N）；

μ——滑轮轴承的摩擦系数；

D——滑轮直径（mm）；

θ——钢丝绳包角（°）；

d——滑轮轴承直径（mm）。

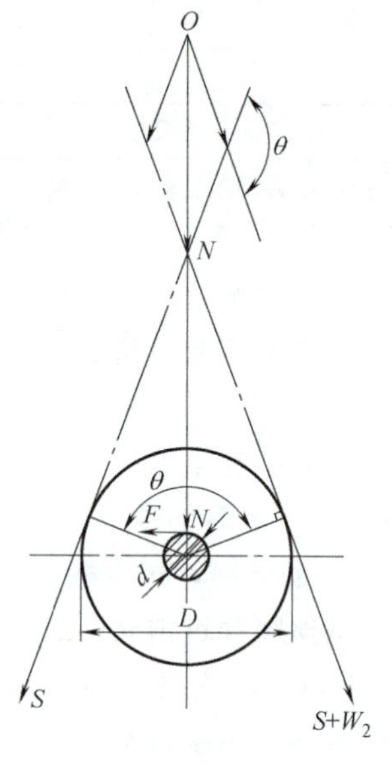

图 3-5 滑轮轴承的摩擦阻力

（3）滑轮阻力系数 滑轮的总阻力为

$$W = W_1 + W_2 = \left(\lambda + 2\mu\frac{d}{D}\sin\frac{\theta}{2}\right)S = kS \tag{3-8}$$

式中 k——滑轮阻力系数。对于滚动轴承，$k \approx 0.02$；对于滑动轴承，$k \approx 0.04$。

2. 滑轮效率的计算

计算公式如下：

$$\eta = \frac{Q}{P} = \frac{S}{S+W} = \frac{S}{S+kS} = \frac{1}{1+k} \approx 1-k \tag{3-9}$$

对于滚动轴承，$\eta = 0.98$；对于滑动轴承，$\eta = 0.96$ 。

3.1.1.4 滑轮的使用

为保证滑轮的安全使用，应做到如下要求。

1）滑轮直径与钢丝绳直径的比值不应小于规定的数值。

2）滑轮槽应光洁平滑，不得有损伤钢丝绳的缺陷。

3）滑轮应有防止钢丝绳跳出轮槽的装置。

4）金属铸造的滑轮，出现下述情况之一时，应报废。

① 出现裂纹。

② 轮槽不均匀磨损达 3mm。

③ 轮槽壁厚磨损达原壁厚的 20%。

④ 因磨损使轮槽底部直径减少量达钢丝绳直径的 50%。

⑤ 其他损害钢丝绳的缺陷。

3.1.2 滑轮组

3.1.2.1 滑轮组的类型

1. 按滑轮组的功用划分

滑轮组是由钢丝绳和一定数量的定滑轮与动滑轮组成的。按滑轮组的功用不同，滑轮组可分为省力滑轮组和增速滑轮组两类。

（1）省力滑轮组　省力滑轮组如图 3-6 所示，它可以用较小的钢丝绳拉力吊起很重的货物，是起升机构与变幅机构中常用的滑轮组。

（2）增速滑轮组　增速滑轮组如图 3-7 所示，它的构造与省力滑轮组基本一样，只是反过来用。主动部分用力大，从动部分得到的力小。但是它可以使从动部分获得高于主动部分的速度，或者说主动部分只须移动较小的行程而从动部分就会得到很大的位移。图中液压缸的推力要大于从动部分的推力，但是当液压缸的行程为 h 时，从动部分的行程为 $2h$。增速滑轮组在起升机构与变幅机构中也有应用，如叉车的起升机构和起重臂的伸缩机构就采用了这种增速滑轮组。

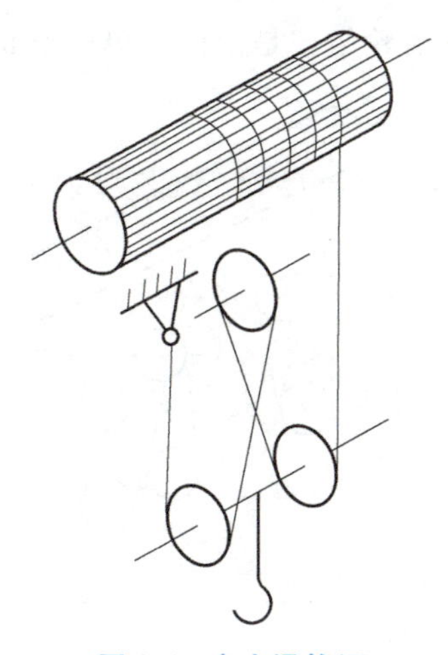

图 3-6　省力滑轮组

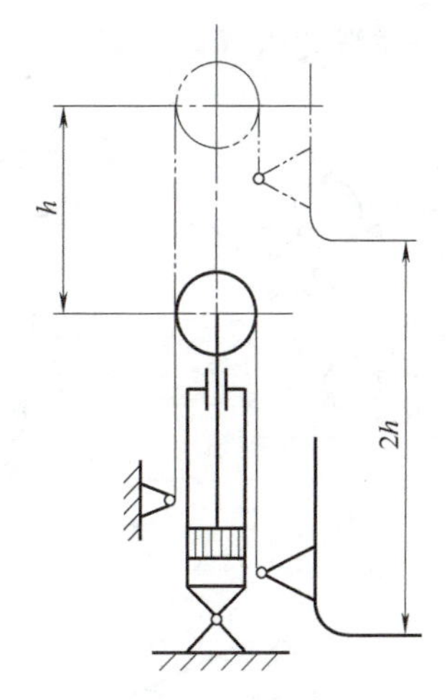

图 3-7　增速滑轮组

2. 按构造不同划分

滑轮组按其构造不同，一般可分为单联滑轮组和双联滑轮组两种，大型起重机目前还有采用四联滑轮组的。

（1）单联滑轮组（图 3-8）　单联滑轮组绕入卷筒的钢丝绳分支数为一根，即绕过滑轮组的钢丝绳只有一端固定在卷筒上，另一端固定在臂架端部或吊钩组上。卷筒收放钢丝绳时，卷筒支座受力是变化的；升降货物的同时，吊钩会沿卷筒轴线水平移动（图 3-8a）。这样不易对准吊放位置，不便驾驶员操作，如果升降速度很快，还将引起货物在空中摇晃。为了消除这种影响，在钢丝绳绕入卷筒之前，只需经过一个固定的导向滑轮（图 3-8b），就可

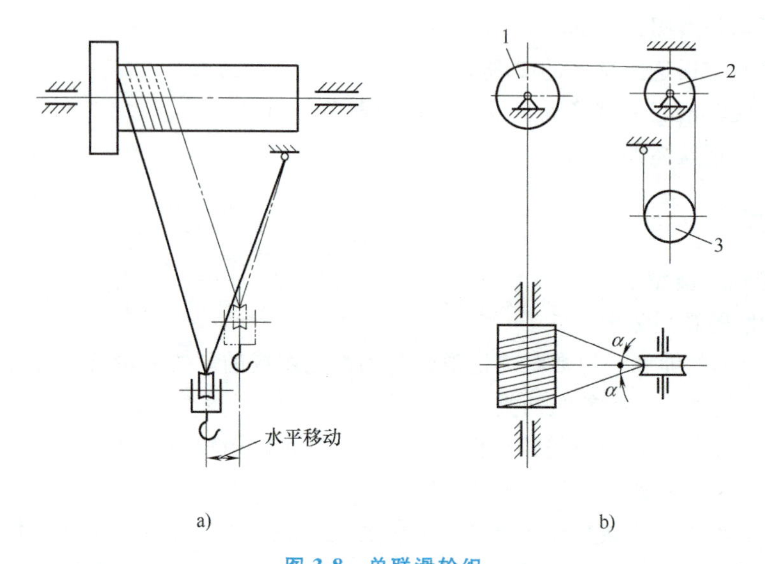

图 3-8 单联滑轮组

1—卷筒 2—导向滑轮 3—动滑轮

避免货物的水平移动或摇晃。单联滑轮组适用于塔式起重机、汽车起重机等臂架式起重机。因为这类起重机在臂架端部可安装导向滑轮，在不能装设导向滑轮的起重机中，应避免采用单联滑轮组。

（2）双联滑轮组（图 3-9） 双联滑轮组也称为对称滑轮组，是由两个单联滑轮组并联

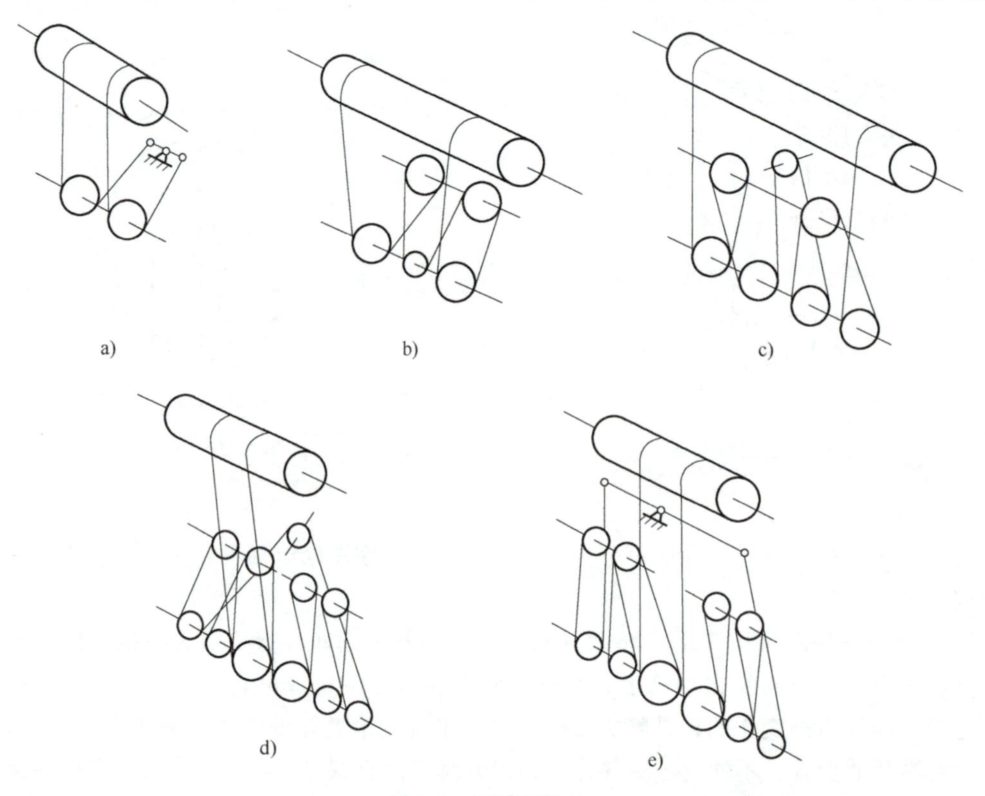

图 3-9 双联滑轮组

而成的，绕入卷筒的钢丝绳分支数为两根。为了使钢丝绳由一边的单联滑轮组过渡到另一边的单联滑轮组，中间装有一个平衡滑轮（或平衡杠杆，也称为平衡架）来调整两边钢丝绳的拉力及长度，平衡滑轮（或平衡杠杆）在正常情况下并不转动，只有在两边钢丝绳拉力不相同时才转动，使两边钢丝绳保持平衡。

在双联滑轮组中除了采用平衡滑轮（图 3-9b～d）外，也有采用平衡杠杆的（图 3-9a、e）。采用平衡杠杆的优点是可用两根长度相等的短绳代替平衡滑轮中所用的一根长绳，便于安装和更换钢丝绳。特别是对于大型起重机，其优点更为突出。当卷筒较长、滑轮数目较多（倍率较大）时，为了减少卷筒中间光滑部分长度，绕入卷筒上的两支钢丝绳必须直接与中间两个动滑轮相连（图 3-9d），而绕入平衡滑轮的两支承载绳必须与最外边的两个动滑轮相连。由于要满足绕入或绕出滑轮槽时所允许的最大偏斜角的规定，其平衡滑轮直径就必须做得足够大。此时如果改用平衡杠杆（图 3-9e），结构就会紧凑得多。

3.1.2.2　滑轮组的倍率

滑轮组的倍率 a 表明了滑轮组省力的倍数或增速的倍数，滑轮组的倍率也就是它的传动比。

滑轮组的倍率 a 等于悬挂物品的钢丝绳分支数 i 与绕入卷筒的钢丝绳分支数之比。

对于单联滑轮组，倍率等于钢丝绳分支数，即 $a=i$ 。

对于双联滑轮组，倍率等于钢丝绳分支数的一半，即 $a=\frac{1}{2}i$

在起重机的设计中，合理地确定滑轮组的倍率是很重要的。选用较大的倍率，可使钢丝绳拉力减小，从而使钢丝绳直径、卷筒和滑轮直径都减小。减小了钢丝绳的拉力及卷筒直径，会使卷筒的转矩减小，也就使减速器输出轴的转矩减小。滑轮组本身具有传动比，选用较大的倍率，减速器的速比就可以减小，这样就会使整个起升机构尺寸小、重量轻。但是，选用较大倍率的滑轮组，可避免选用太粗的钢丝绳；双联滑轮组选用较小的倍率；起升高度较高时，选用较小倍率的滑轮组，可以避免绕绳量过大。

流动式起重机常用的单联滑轮组倍率值见表 3-3，门座式起重机常用的双联滑轮组倍率值见表 3-4，门、桥式起重机常用的双联滑轮组倍率见表 3-5。

表 3-3　流动式起重机常用的单联滑轮组倍率值

额定起重量/t	3	5	8	12	16	25	40	65	100
倍率	2	3	4～6	6	6～8	8～10	10	12～16	16～20

表 3-4　门座式起重机常用的双联滑轮组倍率值

额定起重量/t	5	10	16	25	32	40	63	100	150	200
倍率	1	1	1	1	1 或 2	4	4	4	4	4

表 3-5　门、桥式起重机常用的双联滑轮组倍率值

额定起重量/t	3	5	8	12.5	16	20	32	50	80	100	125	160	200	250
倍率	1	2	2	3	3	4	4	5	5	6	6	6	8	8

3.1.2.3　滑轮组的效率

由于滑轮组中各个滑轮阻力的影响，使得货物重量不能均匀地分配到钢丝绳各分支上，

因而各分支的拉力不相等。为了计算和选择钢丝绳，必须求出钢丝绳的最大静拉力。为此，须先确定滑轮组的效率 η_z。

滑轮组的效率可由绕入卷筒钢丝绳不考虑阻力时的拉力与实际拉力之比来确定：

$$\eta_z=\frac{S_0}{S}=\frac{理想拉力}{实际拉力}\leqslant 1$$

如图 3-10 所示，当滑轮无阻力时，钢丝绳每一分支承受的拉力为

$$S_0=\frac{Q}{S}$$

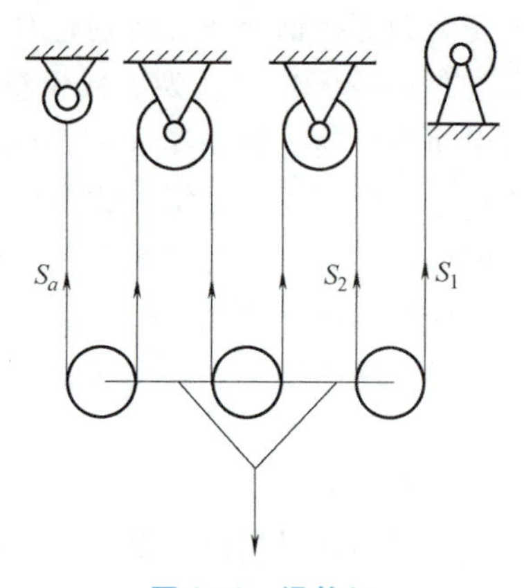

图 3-10 滑轮组

因此，当滑轮有阻力时，绕入卷筒钢丝绳的实际拉力为

$$S=\frac{Q}{a\eta_z}$$

在起升过程中，计入滑轮阻力时，滑轮组各分支钢丝绳中的拉力不相等，分别为 S_1、S_2、…、S_a。它们的总和等于 Q，即

$$Q=S_1+S_2+\cdots+S_a$$

$$S_1=S$$

$$S_2=S_1\eta=S\eta$$

$$S_3=S_2\eta=S\eta^2$$

展开组

$$\cdots$$

$$S_a=S_{a-1}\eta=S\eta^{a-1}$$

式中 η——单个滑轮的效率。

因此可得

$$Q=S(1+\eta+\eta^2+\cdots+\eta^{a-1})$$

括号中为一等比级数，公比是 η，前 a 项的和是 $\frac{1-\eta^a}{1-\eta}$。故

$$S=Q\,\frac{1-\eta}{1-\eta^a}$$

所以滑轮组的效率为

$$\eta_z=\frac{\dfrac{Q}{a}}{Q\,\dfrac{1-\eta}{1-\eta^a}}=\frac{1-\eta^a}{a(1-\eta)} \tag{3-10}$$

表 3-6 列出了不同倍率时滑轮组的效率。可见，滑轮组的效率与倍率和滑轮的效率有关。

表 3-6　滑轮组的效率

轴承形式	滑轮效率 η(%)	阻力系数 k	η_z						
			2*	3*	4*	5*	6*	8*	10*
滑动	0.96	0.04	0.98	0.95	0.93	0.90	0.88	0.84	0.80
滚动	0.98	0.02	0.99	0.985	0.98	0.97	0.96	0.95	0.92

注：加 * 的为倍率 a 的数值。

3.1.2.4　滑轮组中钢丝绳的最大拉力

$$S_{\max}=\frac{Q+G_0}{i\eta_z} \tag{3-11}$$

式中　i——滑轮组中钢丝绳的承载分支数；

G_0——取物装置的重量（kN）；

Q——起重机的起重量（kN）；

η_z——滑轮组的效率。

3.2　卷筒

3.2.1　卷筒的构造与类型

卷筒在起升机构、变幅机构或牵引机构中用来卷绕钢丝绳，把原动机的驱动力传递给钢丝绳，并把原动机的回转运动变为所需要的直线运动。

卷筒通常为中空的圆柱形，特殊要求的卷筒也有做成圆锥形或曲线形的。在变幅过程中为了使货物高度不变，有时采用卷筒补偿法，此时的卷筒就应当做成圆锥形或曲线形。摩擦卷筒为了使钢丝绳的工作圈能始终在中部，要采用曲线形卷筒。当起升高度很大时，就要考虑钢丝绳自重，为了保证在起升过程中使卷筒力矩维持不变，就要采用圆锥形卷筒。

1. 按钢丝绳在卷筒上的卷绕层数分类

按照钢丝绳在卷筒上的卷绕层数，卷筒分单层绕和多层绕两种。一般起重机采用单层绕卷筒。只有在绕绳量特别大或特别要求机构紧凑的情况下，为了缩小卷筒的外形尺寸，才采用多层绕的方式。在水利电力工程上使用的门座式起重机、塔式起重机一般起重量和起升高度都很大，通常采用多层绕卷筒，卷绕层数可达 6 层。在水电站上使用的大型启闭机（特别是门式启闭机和固定卷扬启闭机）由于起重量特别大，滑轮组倍率都很高，而且这类启闭机扬程（起升高度）又很高，所以绕绳量很大，一般采用多层绕。多层绕的主要缺点是钢丝绳承受较大的挤压，而且相互摩擦，会降低钢丝绳使用寿命。此外，轮式起重机为了使结构紧凑，也多采用多层绕卷筒。由于卷绕层数的增加，必然使卷筒的计算直径增加，这时如果钢丝绳中拉力不变，则卷筒所受的载重力矩就要增大，提升速度也要增高。

2. 按卷筒的表面不同分类

按卷筒的表面不同，卷筒可分为光面卷筒和带螺旋槽卷筒。光面卷筒多用于多层卷绕（图 3-11a），其构造比较简单，钢丝绳按螺旋形紧密地排列在卷筒表面上，绳圈的节距等于钢丝绳的直径。钢丝绳和卷筒表面之间的接触应力较高，相邻绳圈在工作时有摩擦，不利于钢丝绳的使用寿命。为了使钢丝绳在卷筒表面上排列整齐，单层绕卷筒一般都带有螺旋绳槽（图 3-11b）。绳槽使钢丝绳与卷筒的接触面积增加，因而减小了它们之间的接触应力，也消除了在卷绕过程中绳圈间可能产生的摩擦，因此可提高钢丝绳的使用寿命。目前，多层绕卷筒也常制成带绳槽的。尤其是水电站起吊闸门用的启闭机，刚开始起吊时（第一层卷绕）钢丝绳拉力特别大，而以后（第二层卷绕）钢丝绳拉力减小很多，这种用途的卷筒制成带绳槽的，更为合理。绳槽在卷筒上的卷绕方向可以制成左旋或右旋。单联滑轮组的卷筒只有一条螺旋绳槽；双联滑轮组的卷筒两侧应分别有一条左旋和右旋的绳槽。绳槽的形状分为标准绳槽和深槽两种（图 3-12）。

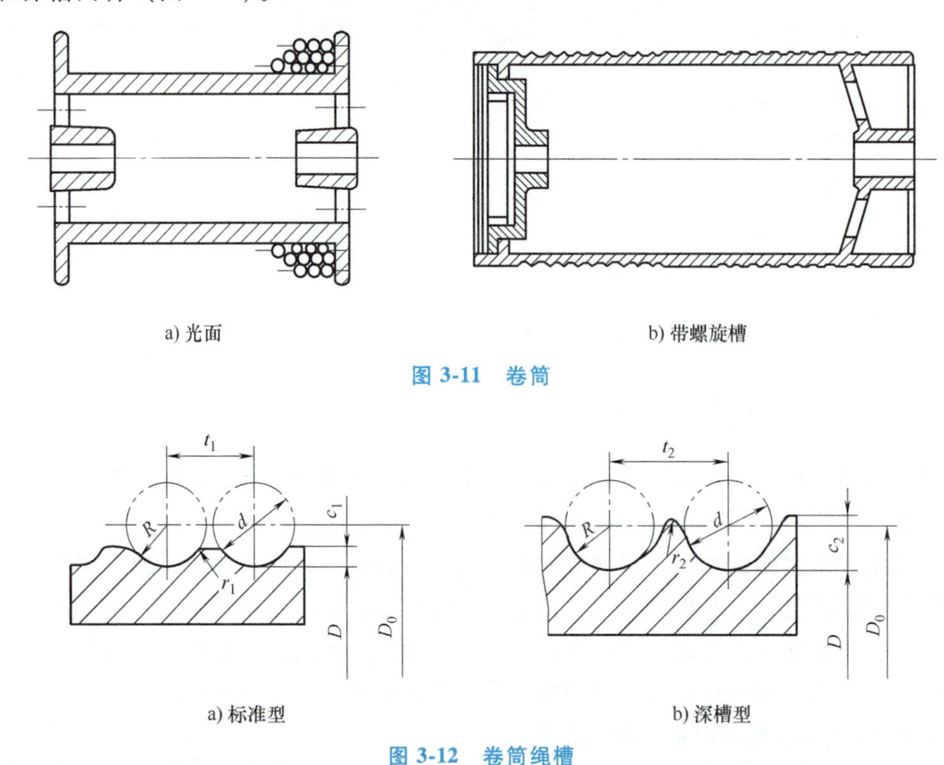

a) 光面　　b) 带螺旋槽

图 3-11　卷筒

a) 标准型　　b) 深槽型

图 3-12　卷筒绳槽

标准槽节距小，因此为了使机构紧凑，一般采用标准槽。深槽的优点是不易脱槽，但其节距大，使卷筒长度增大，只在钢丝绳有脱槽危险时才采用深槽，例如抓斗起重机的起升机构，或钢丝绳向上引出的卷筒。如果不采用深槽，可装设压绳器，防止钢丝绳脱槽。

卷筒绳槽的槽底半径 R、槽深 c、槽的节距 t，其尺寸关系为

$$R \approx 0.55d\ (d\ \text{为钢丝绳直径})$$

标准型：
$$c_1 \approx (0.3 \sim 0.4)d,\ t_1 = d + (2 \sim 4)\,\text{mm}$$

深槽型：
$$c_2 \approx 0.6d,\ t_2 = d + (6 \sim 8)\,\text{mm}$$

3. 按卷筒的制作方法分类

卷筒按制作方法不同可分为铸造卷筒、焊接卷筒和电渣焊卷筒。

（1）铸造卷筒　起重机上多采用铸造卷筒（图 3-11）。中小型卷筒用铸铁制造，很少用铸钢，因为铸钢成本高，一般采用灰铸铁制造，重要的卷筒可用球墨铸铁制造。采用铸铁卷筒，可提高钢丝绳的使用寿命，较大的卷筒用铸钢制造。

（2）焊接卷筒（图3-13a） 焊接卷筒是用16Mn等材料的钢板卷成圆筒形焊接而成，可节省材料（重量）35%~40%，特别是大型卷筒，减轻重量尤为显著。焊接卷筒非常适宜单件生产。因此，对于较大的单件生产或要求重量轻的卷筒，可采用焊接卷筒。

（3）电渣焊卷筒（图3-13b） 大型起重机上的卷筒，外形尺寸与自重都很大。在不具备钢板卷制的条件下可用铸钢制造，但特别大的卷筒一次铸造出来是很困难的，一般要分成几段铸造，然后用电渣焊焊成整体。

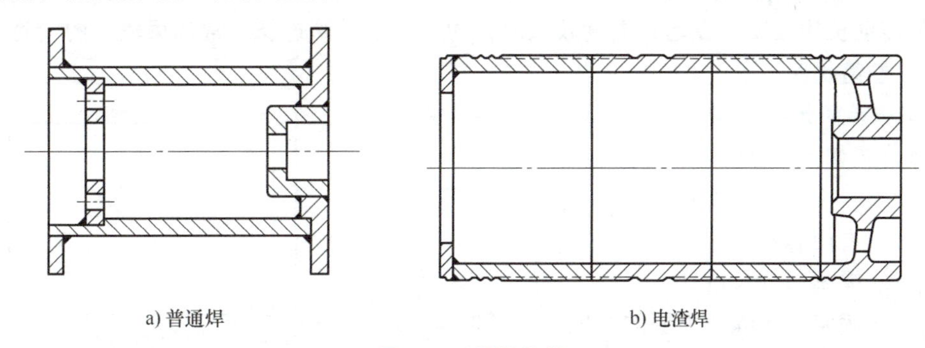

图3-13 焊接卷筒

此外，卷筒还分为单联（图3-13a）和双联（图3-13b）。如果没有脱槽的危险，单层绕的卷筒两端可以没有侧缘。多层绕的卷筒两端则必须有侧缘，以防钢丝绳滑出，其高度应比最外层钢丝绳高出（1~1.5）d。

卷筒两端应有辐板支承，辐板与筒体可以铸成一体（图3-14a），也可以分别铸造，加工后用螺栓连成整体。连接方式有轴向螺栓连接（图3-14b）及径向螺栓连接（图3-14c）。筒体中间不宜布置任何纵向或横向加强筋，因为在这些加强筋的附近会产生很大的局部弯曲应力，易导致卷筒在该处碎裂（图3-15）。

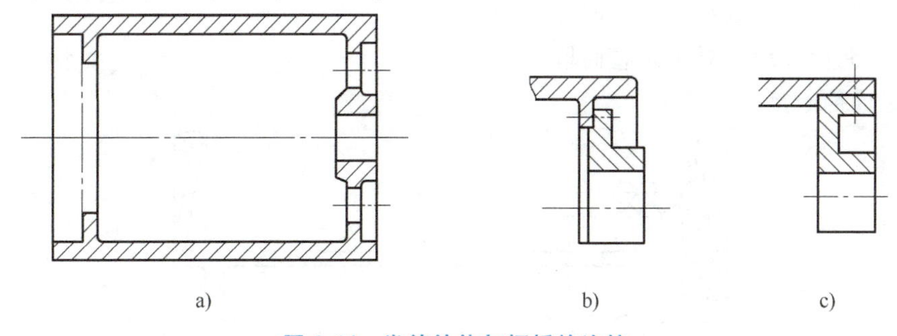

图3-14 卷筒筒体与辐板的连接

3.2.2 卷筒的设计计算

卷筒的主要尺寸是直径D、长度L和壁厚δ。

3.2.2.1 卷筒直径D

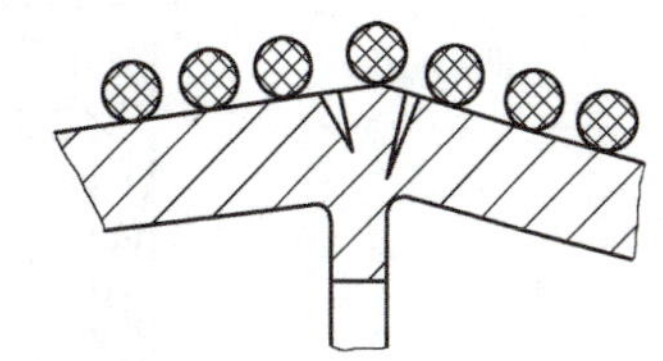
图3-15 卷筒加强筋处的裂纹

卷筒直径D与滑轮直径一样，是以槽底计算的直径。卷筒直径的确定方法与滑轮完全相同。根据起重机设计规范的规定，卷筒的卷绕直径（即计算直径）D_0不能小于规定的数值，即

$$D_{0\min}=hd$$

式中 $D_{0\min}$——按钢丝绳中心计算的卷筒最小直径（mm）；

h、d——同式（3-1）。

设计时卷筒直径 D（槽底直径）按下式计算，即

$$D \geqslant (h-1)d$$

卷筒直径的大小影响钢丝绳的使用寿命。从有利于钢丝绳寿命方面来看，卷筒直径越大越好，但这又会使传动机构过于庞大。从有利于传动机构方面来看，卷筒直径小一些较好，这样可使传动机构紧凑。在起升高度较大时，为了不使卷筒过长，常选用较大的卷筒直径。

3.2.2.2 卷筒长度 L

1. 单联卷筒长度（图 3-16）

计算公式如下：

$$L=l_0+l_1+2l_2 \tag{3-12}$$

式中 L——卷筒总长度；

l_0——绳槽部分长度；

l_1——固定钢丝绳所需要的长度，一般取 $l_1=3t$；

l_2——两端的边缘长度（包括侧缘在内），根据卷筒结构而定。

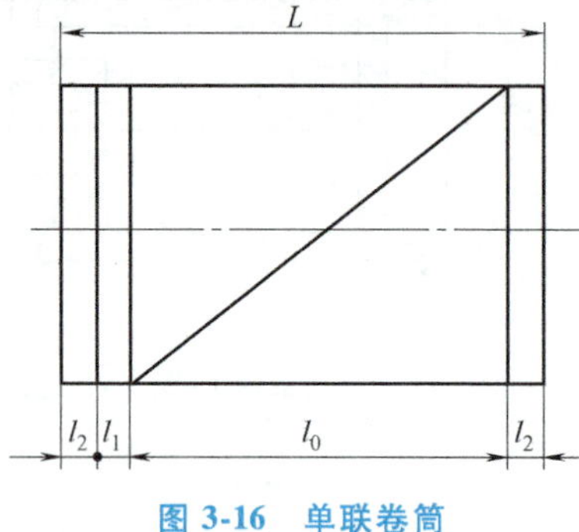

图 3-16 单联卷筒

l_0 的计算公式为

$$l_0=\left(\frac{Ha}{\pi D_0}+n\right)t \tag{3-13}$$

式中 H——起升高度；

a——滑轮组倍率；

D_0——卷筒卷绕直径；

n——附加安全圈数，通常取 $n=1.5\sim3$ 圈；

t——绳槽节距，对于光卷筒取 $t=d$。

2. 双联卷筒长度（图 3-17）

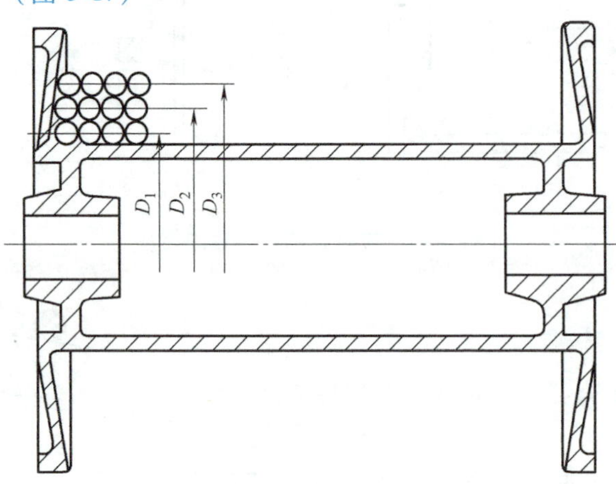

图 3-17 双联卷筒

计算公式如下：

$$L=2(l_0+l_1+2l_2)+l_3 \tag{3-14}$$

其中，l_3 为卷筒中间无绳槽部分长度，由钢丝绳的允许偏斜角 α 和卷筒轴到动滑轮轴的最小距离确定。对于有螺旋槽的单层绕卷筒，钢丝绳允许偏斜度通常为 1：10（光卷筒为 1：40）。由图 3-17 所示的几何关系可得

$$L_4+2h_{min}\tan\alpha \geqslant l_3 \geqslant l_4-2h_{min}\tan\alpha$$

因 $\tan\alpha \leqslant 0.1$，故

$$L_4+0.2h_{min}\tan\alpha \geqslant l_3 \geqslant l_4-0.2h_{min}\tan\alpha \tag{3-15}$$

式中　l_4——由卷筒出来的两根钢丝绳引入悬挂装置两个动滑轮的间距；

h_{min}——取物装置处于上极限位置时，动滑轮轴线与卷筒轴线间的距离。

3. 多层绕卷筒长度（图 3-18）

如图 3-18 所示，绕在卷筒上的钢丝绳共绕 n 层，每层有 z 圈，各层的卷绕直径分别为 D_1、D_2、…、D_n，总的绕绳长度为

$$L_{绳}=z\pi(D_1+D_2+D_3+\cdots+D_n) \tag{3-16}$$

$$D_1=D+d$$

$$D_2=D_1+2d=D+3d$$

$$D_3=D_2+2d=D+5d$$

$$D_n=D+(2n-1)d$$

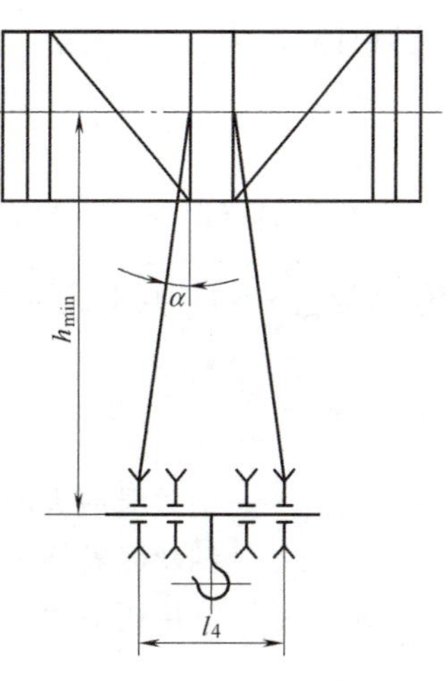

图 3-18　多层绕卷筒

代入式（3-16）得

$$L_{绳}=z\pi\{nD+d[1+3+5+\cdots+(2n-1)]\}$$

其中 $1+3+5+\cdots+(2n-1)=\dfrac{[1+(2n-1)]n}{2}=n^2$

因此式（3-16）可写作

$$L_{绳}=z\pi n(D+nd)$$

从而得出每层绕圈数为

$$z=\frac{L_{绳}}{\pi n(D+nd)} \tag{3-17}$$

必需的绕绳长度为起升高度与滑轮组倍率之乘积，即

$$L_{绳}=Ha$$

钢丝绳卷绕节距　　$t\approx d$

所以，多层绕卷筒的卷绕长度为

$$L_{绳}=1.1zt=1.1\frac{Had}{\pi n(D+nd)} \tag{3-18}$$

3.2.2.3　卷筒壁厚 δ

卷筒壁厚可先按经验公式初步确定，然后进行强度验算。

对于铸铁卷筒：　　$\delta=0.02D+(6\sim10)\text{mm}$

对于钢卷筒：　　$\delta\approx d$

铸造卷筒考虑工艺要求，其壁厚不应小于 12mm。

3.2.2.4　卷筒的强度计算

卷筒在钢丝绳拉力作用下，产生弯曲、扭转和压应力，其中压应力最大，它是由钢丝绳

缠绕箍紧所产生的。这三种应力并不是在任何情况下都需要校核。

1. 卷筒长度 $L \leqslant 3D$

弯曲和扭转的合成应力一般不超过压应力的 10%，允许只计算压应力。

在卷筒壁中，由于钢丝绳缠绕箍紧产生的压应力（图 3-19），如同一个外部受压的厚壁筒，此时，外表面压力 $p=\dfrac{2S_{max}}{Dt}$，内表面 $p=0$，按计算厚壁筒的拉曼公式求得其最大压应力将在筒壁的内表面，其计算式为

$$\sigma_{压}=\frac{S_{max}D}{(D-\delta)\delta t}$$

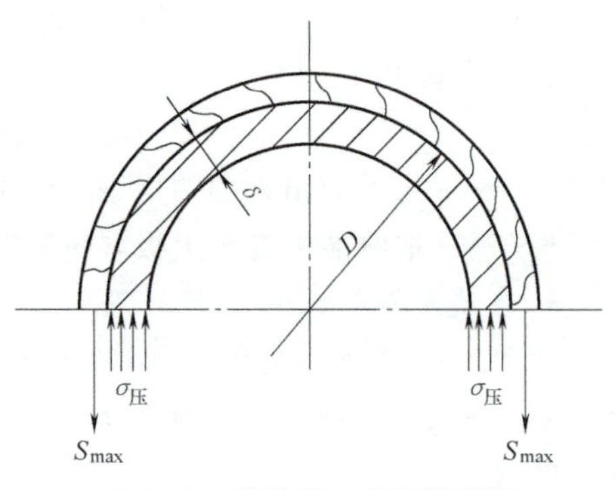

图 3-19 卷筒压应力计算简图

一般卷筒壁厚 δ 与直径 D 比，相差很大。可以近似认为$\dfrac{D}{D-\delta}\approx 1$，则上式可改写成

$$\sigma_{压}=\frac{S_{max}}{\delta t}\leqslant[\sigma_{压}] \tag{3-19}$$

式中 S_{max}——钢丝绳最大静拉力（N）；

t——钢丝绳卷绕节距（mm）；

$[\sigma_{压}]$——许用压应力（MPa）。

对钢：
$$[\sigma_{压}]=\frac{\sigma_s}{1.5}$$

式中 σ_s——屈服强度。

对铸铁：
$$[\sigma_{压}]=\frac{\sigma_y}{4.25}$$

式中 σ_y——抗压强度。

多层卷绕的卷筒，筒壁中的压应力将随着卷绕层数增加而提高，但不是成倍地提高，因为内层钢丝绳和卷筒的径向变形使应力减小。多层卷绕卷筒壁中的压应力按下式计算：

$$A\frac{S_{max}}{\delta t}\leqslant[\sigma_{压}] \tag{3-20}$$

式中 A——考虑卷绕层数的卷绕系数，见表 3-7。

表 3-7 卷绕系数

卷绕层数 A_z	2	3	4	≥5
系数 A	1.75	2.0	2.25	2.5

2. 卷筒长度 $L>3D$（图 3-20）

当卷筒长度 $L>3D$ 时，还应计算由弯曲力矩产生的弯曲应力（因扭转应力很小，一般忽略不计），即

$$\sigma_{弯}=\frac{M_{弯}}{W}$$

式中　$\sigma_{弯}$——弯矩；

W——卷筒断面抗弯模量，计算公式为

$$W=\frac{\pi\left[D^4-(D-2\delta)^4\right]}{32\qquad D}$$

卷筒所受的合成应力为

$$\sigma=\sigma_{弯}+\frac{[\sigma_{拉}]}{[\sigma_{压}]}\sigma_{压}\leqslant[\sigma_{拉}] \tag{3-21}$$

式中　$[\sigma_{拉}]$——许用拉应力。

对钢：　　$[\sigma_{拉}]=\frac{\sigma_s}{2}$

对铸铁：　　$[\sigma_{拉}]=\frac{\sigma_b}{5}$

式中　σ_b——抗拉强度。

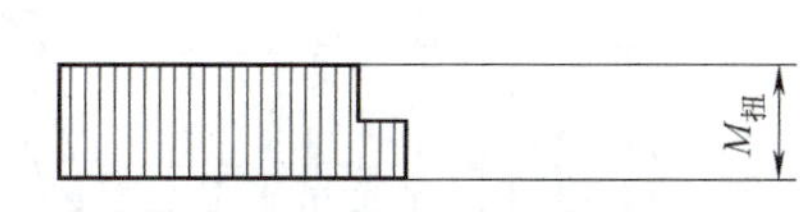

图 3-20　卷筒计算简图

3.2.2.5　卷筒的抗压稳定性验算

卷筒尺寸较大，壁厚又薄，很可能在钢丝绳缠绕箍紧下使卷筒壁失稳而向内压瘪。当卷筒直径 $D\geqslant1200$mm，长度 $L>2D$ 时，尤其对于钢板焊接的大尺寸薄壁卷筒，须对卷筒壁进行稳定性验算。验算公式如下：

$$p\leqslant\frac{p_k}{n} \tag{3-22}$$

式中　n——稳定系数，取 $n=1.3\sim1.5$。

卷筒壁单位面积上所受的外压力为 p，其计算公式为

$$p=\frac{A_zS_{max}}{Dt} \tag{3-23}$$

式中　A_z——卷绕层数。

受压失稳的临界压力为 p_k，其计算公式为

$$p_k=2E\left(\frac{\delta}{D}\right)^3 \tag{3-24}$$

式中　E——材料的弹性模量。

对钢卷筒：　　$p_k=4.2\times10^5\times\left(\frac{\delta}{D}\right)^3$

对铸铁卷筒：　　$p_k=(2\sim2.6)\times10^5\times\left(\frac{\delta}{D}\right)^3$

3.2.3　钢丝绳在卷筒上的固定

3.2.3.1　固定方法

钢丝绳在卷筒上固定必须十分可靠，便于检查和装拆，避免在固定处使钢丝绳受到过分的弯曲。目前采用的固定方法有以下几种。

1. 用压板固定（图 3-21a、b）

利用压板和螺栓固定绳尾，这种方法构造简单，装拆方便，便于观察和检查，安全可

靠，是目前最常用的固定方法。在用于多层绕时，一般采用图 3-21b 所示的形式。

2. 用长板条固定（图 3-21c）

在铸造卷筒的筒体上留有固定钢丝绳绳尾用的穿孔，在孔内装上凸头板条，板条下面有纵向绳槽，板条用螺钉压紧。这种方法可使卷筒缩短，但是卷筒构造复杂。

3. 用楔子固定（图 3-21d）

钢丝绳绕在楔子上，并与楔子一起装入卷筒的楔孔内，在钢丝绳拉力作用下被楔紧。楔子的斜度一般为 1∶4～1∶5，以满足自锁条件。这种方法卷筒构造复杂，不便于钢丝绳更换，但可以用于多层绕。

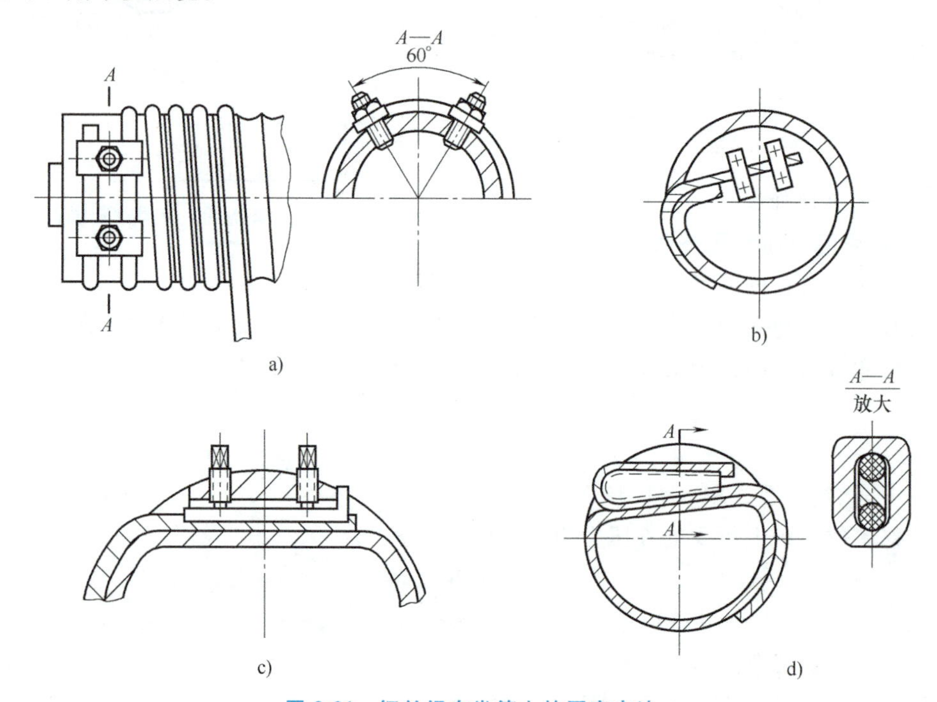

图 3-21　钢丝绳在卷筒上的固定方法

3.2.3.2　用压板固定钢丝绳的计算

1. 绳尾固定处的拉力

为了减小钢丝绳固定处的拉力，钢丝绳在卷筒上应有 1.5～3 圈的安全圈。利用钢丝绳与卷筒之间的摩擦，减小绳尾固定处的拉力。根据欧拉公式，绳尾固定处拉力 S_G 为

$$S_G = \frac{S_{max}}{e^{\mu\alpha}} \tag{3-25}$$

式中　S_{max}——钢丝绳最大静拉力（N）；

μ——钢丝绳与卷筒表面之间的摩擦系数，$\mu=0.12\sim0.16$；

α——安全圈在卷筒上的包角（通常取 1.5～3 圈）；

e——自然对数的底数，$e\approx2.718$。

若取 $\mu=0.16$，当 $\alpha=4\pi$ 时，$S_G=0.134S_{max}$。

2. 螺栓预紧力 P

1）压板槽为半圆形时，由图 3-22 可知，若不考虑 A 点至 B 点钢丝绳与卷筒摩擦力的影

响，则有

$$S_G = 4\times\frac{P}{2}\mu = 2\mu P \tag{3-26}$$

$$P = \frac{S_G}{2\mu} = \frac{S_G}{2\times 0.16} = 3.125S_G \tag{3-27a}$$

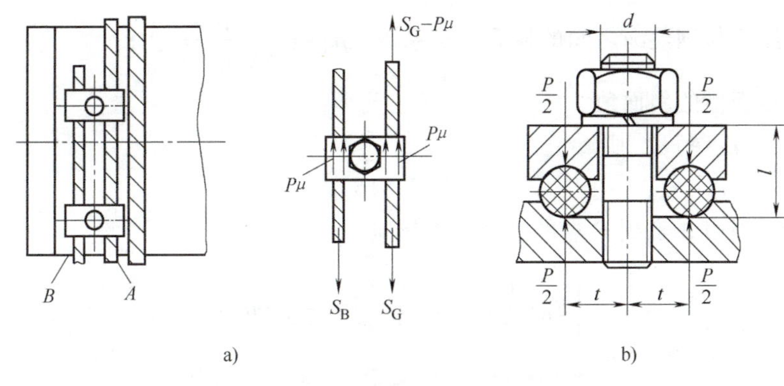

图 3-22　压板扣紧力计算简图

实际上钢丝绳由 A 到 B 点，由于钢丝绳与卷筒之间的摩擦力作用，B 点处钢丝绳的拉力将减小为

$$S_B = \left(S_G - 2\times\frac{P}{2}\mu\right)\frac{1}{e^{\mu\alpha}}$$

要使钢丝绳在卷轴上固定住，B 点处的预紧力应为

$$P\mu = S_B = (S_G - P\mu)\frac{1}{e^{\mu\alpha}}$$

所以

如 $\mu = 0.16$，$\alpha = 2\pi$，则

$$P = \frac{S_G}{0.16(e^{0.16\times 2\pi} + d)} = 1.675S_G \tag{3-27b}$$

比较式（3-27a）和式（3-27b）可知，考虑钢丝绳和卷筒的摩擦力后，绳栓预紧力可以减小近一半，即按式（3-27a）计算预紧力，则压板固定的实际安全系数可提高近一倍。

2）压板槽为梯形时，由图 3-23 可知，不考虑钢丝绳与卷筒之间的摩擦力的影响：

$$S_G = 2\times\left(\frac{P}{2}\mu + 2N\mu\right) \tag{3-28}$$

将梯形压板取分离体：

$$\frac{P}{2} = 2N\sin\beta + 2N\mu\cos\beta = 2N(\sin\beta + \mu\cos\beta)$$

$$2N = \frac{P}{2(\sin\beta + \mu\cos\beta)}$$

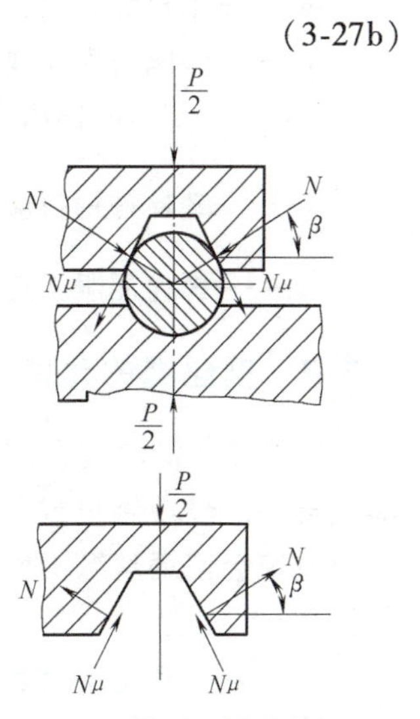

图 3-23　梯形压板受力图

代入式（3-28）可得

$$S_G=2\times\left[\frac{P}{2}\mu+\frac{P\mu}{2(\sin\beta+\mu\cos\beta)}\right]=P\left(\mu+\frac{\mu}{\sin\beta+\mu\cos\beta}\right)=P(\mu+\mu_1)$$

$$P=\frac{S_G}{\mu+\mu_1} \tag{3-29}$$

式中 μ_1——压板与钢丝绳之间的换算摩擦系数，$\mu_1=\left(\frac{\mu}{\sin\beta+\mu\cos\beta}\right)$；

β——压板槽的斜面角。

如 $\mu=0.16$，$\beta=45°$，则

$$P=2.81S_G \tag{3-30}$$

如考虑钢丝绳由 A 点到 B 点的摩擦力的影响：

$$\left[S_G-\frac{P}{2}(\mu+\mu_1)\right]\frac{1}{e^{\mu\alpha}}=\frac{P}{2}(\mu+\mu_1)$$

$$P=\frac{2S_G}{(\mu+\mu_1)(1+e^{\mu\alpha})}$$

如 $\mu=0.16$，$\beta=45°$，$\alpha=2\pi$，则 $P\approx1.51S_G$。

3. 螺栓强度验算

压板螺栓除受预紧力 P 的拉伸作用外，垫圈与压板之间的摩擦力 $P\mu'$ 引起螺栓弯曲，使螺栓受到拉力，故螺栓所受的最大应力为

$$\sigma=\frac{P}{z\frac{\pi d_1^2}{4}}+\frac{P\mu' t}{0.1zd_1^3}\leqslant[\sigma] \tag{3-31}$$

式中 z——固定钢丝绳用的螺栓数量，一般不得少于两个；

d_1——螺栓螺纹内径（mm）；

μ'——垫圈与钢丝绳压板之间的摩擦系数，可取 $\mu'=0.16$；

t——$P\mu'$力的作用力臂（mm），如图 3-22b 所示；

$[\sigma]$——螺栓许用拉应力，取 $[\sigma]=\frac{0.8\sigma_s}{1.5}$；

σ_s——螺栓屈服强度。

3.2.4 钢丝绳的允许偏斜角

钢丝绳在滑轮或卷筒上绕入绕出时，通常要发生偏斜，其偏斜角不能太大，否则钢丝绳就会碰擦绳槽侧边或邻侧钢丝绳而引起钢丝绳擦伤或绳槽损坏，甚至发生跳槽现象；光面卷筒会使钢丝绳不能均匀排列而产生乱绕现象。因此，设计时应控制钢丝绳的最大偏斜角。

1. 钢丝绳进出滑轮时的允许偏角（图 3-24）

计算公式如下：

$$\tan\gamma_0 \leqslant \frac{2\tan\beta}{\sqrt{1+\frac{D_0}{0.7C}}} \tag{3-32}$$

根据常用滑轮绳槽尺寸算得的结果，$\gamma_0 = 4° \sim 6°$。

2. 钢丝绳进出卷筒时的允许偏角

钢丝绳在卷筒上的偏斜有两种情况：一种是向相邻的空槽方向偏斜（图 3-25a），钢丝绳只受绳槽本身限制；另一种是向有绳圈的邻槽方向偏斜（图 3-25b），钢丝绳还受邻槽钢丝绳的限制。在两个方向的极限偏斜角还受到卷筒绳槽螺旋角的影响。

向空槽方向：$\gamma_1 = \varphi_1 + \varepsilon$

向绳圈方向：$\gamma_2 = \varphi_2 - \varepsilon \quad (\varphi_2 \leqslant \varphi_1)$

$\gamma_2 = \varphi_1 - \varepsilon \quad (\varphi_2 \leqslant \varphi_1)$

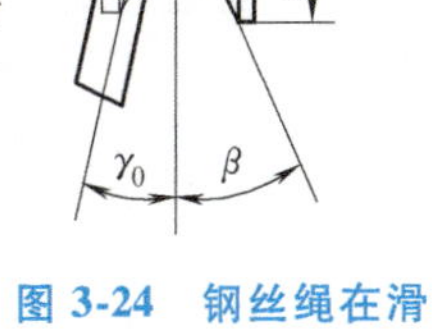

图 3-24 钢丝绳在滑轮上的最大偏角

其中
$$\tan\varepsilon = \frac{t}{\pi D_0}$$

式中 ε——绳槽螺旋角；

t——绳槽节距；

D_0——卷筒计算直径。

根据图 3-25 所示的几何关系，可以得出最大偏斜角的计算公式，计算结果可用图表的方式表示（图 3-26、图 3-27）。根据$\frac{t}{d}$（绳槽节距与钢丝绳直径之比）及 h 值（卷筒计算直径与钢丝绳直径之比），从图 3-26 中可查出钢丝绳向空槽方向偏斜时的最大允许偏角 $\tan\gamma_1$；从图 3-27 中可查出钢丝绳向邻槽绳圈方向偏斜时的最大允许偏角 $\tan\gamma_2$。

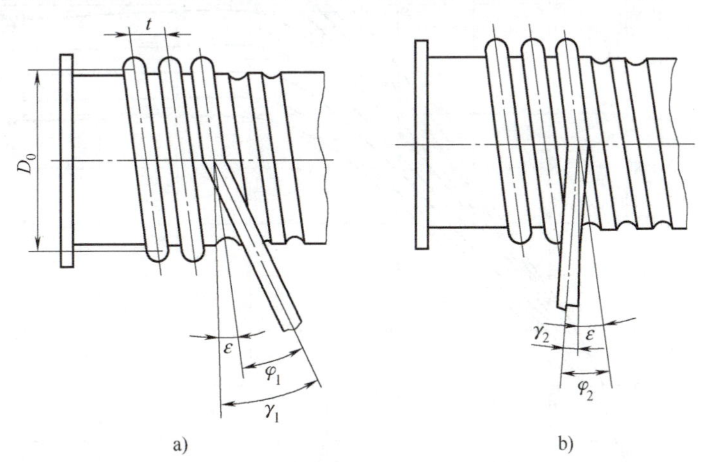

图 3-25 钢丝绳在卷筒上的偏斜

根据使用经验，单层绕时一般取 $\gamma \leqslant 5°$，最多可达 6°。对于大起重量起重机，由于钢丝绳直径大，僵性也大，其偏斜角小些为好，可取 $\gamma \leqslant 4°$，最多可达 5°。《起重机设计规范》推荐钢丝绳绕入或绕出卷筒时钢丝绳偏离螺旋槽两侧的角度不大于 3.5°；对于光面卷筒和多层绕卷筒，钢丝绳偏离与卷筒轴垂直的平面的角度不大于 2°。

对卷绕系统进行布置时，需要根据上述偏斜情况考虑，钢丝绳进出卷筒、定滑轮、动滑轮、平衡滑轮及导向滑轮时的偏角应不超过最大允许偏角。

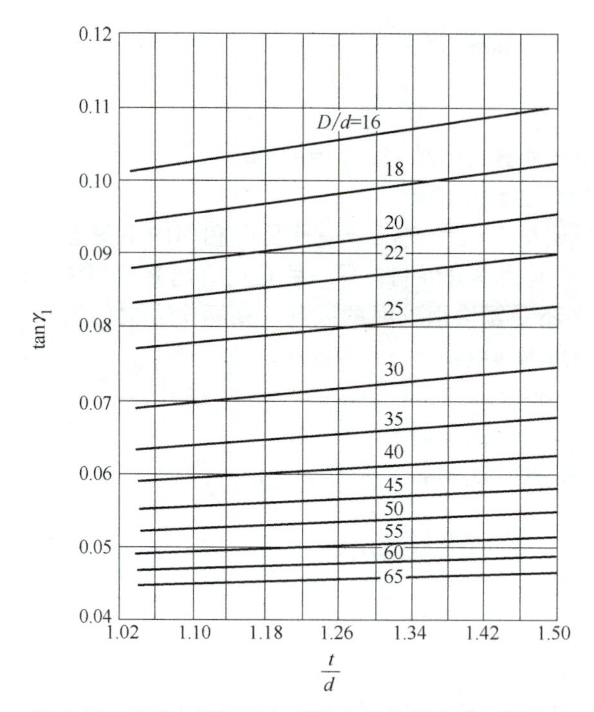

图 3-26 卷筒上钢丝绳向空槽方向偏斜时的允许偏角

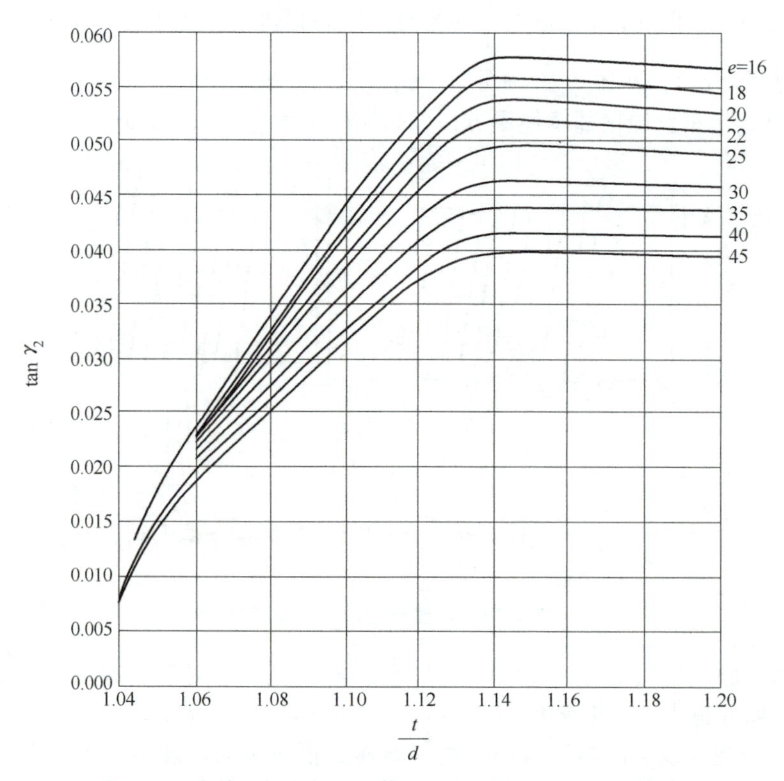

图 3-27 卷筒上钢丝绳向邻槽绳圈方向偏斜时的允许偏角

第4章 取物装置

4.1 概述

起重机工作时，起升机构中连接被吊重物的部分称为取物装置。

起重机上采用合适的取物装置，能提高劳动生产率，减轻人的劳动强度，改善劳动条件。取物装置性能的好坏，直接影响起重机作业性能的好坏。例如为了启闭水电站大坝上的闸门，如果利用很笨重的吊杆，吊杆分很多节悬挂在起重机的取物装置与闸门吊耳之间，在启闭闸门过程中需要一节一节地把吊杆拆下装上，不但要浪费很多时间，而且工人的劳动强度和工作条件都很差。如果采用自动抓梁取物装置，自动在水下挂钩、脱钩，沿着门槽把闸门吊起或放下，不但节省了人力，而且节省了拆装吊杆的辅助时间，同时由于取消了吊杆，也节省了钢材。

利用两台起重量小的起重机抬吊较重的物品时所采用的起均衡作用的承梁，俗称扁担横吊梁，也属于取物装置的范畴。

1. 取物装置应满足的基本要求

为了使起重机能顺利、安全和高效率地进行工作，取物装置一般应满足以下几个基本要求：

1）构造简单、使用方便、安全可靠。

2）要有足够的强度和刚度，重量较轻。

3）生产率高，能迅速地悬挂或卸下物料。

4）对于专用取物装置，用来吊运大批同类物料时，应尽可能自动化。

2. 取物装置的分类

起重机装卸和搬运的物料种类很多，因此起重机上配置的取物装置的形式也是多种多样的，按工作对象的不同，取物装置大致可分为以下四大类。

1）吊装成件物品的取物装置。常用的有吊钩（图 4-1a）、吊环（图 4-1b）、扎具（图 4-1c）、夹钳（图 4-2a）、托爪（图 4-2b）、横吊梁（图 4-3a）、电磁盘（图 4-3b）等。搬运的成件物品，主要有钢材、设备、零部件、建筑构件及捆绑、包装、桶装物件等。

在这类取物装置中，吊钩和吊环是起重机中最基本、应用最普遍的取物装置，它们已成为起重机起升机构中的基本部件之一，被装在起重机挠性件上，直接或间接地提取各类物品。其他各种取物装置则是可更换的辅助取物装置。

2）吊装散粒物品的取物装置。这类取物装置有抓斗、料筒和料斗（图 4-4）等。

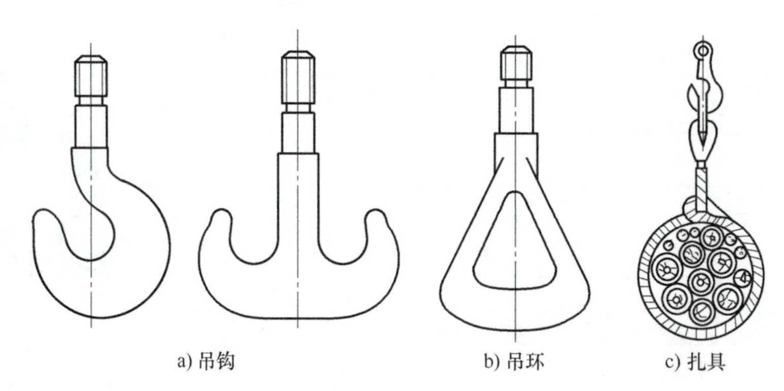

a) 吊钩　b) 吊环　c) 扎具

图 4-1 吊钩、吊环、扎具

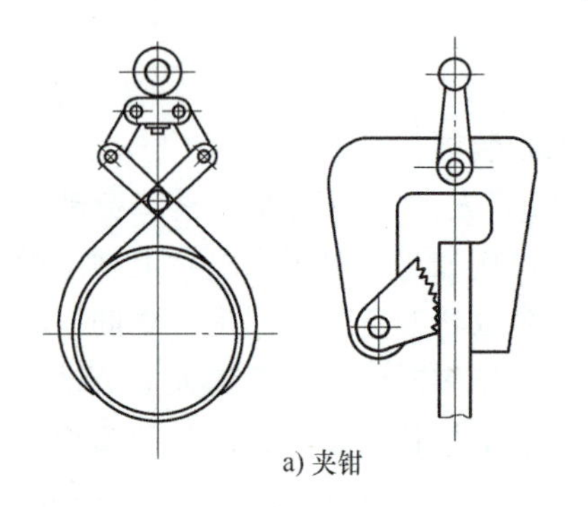

a) 夹钳

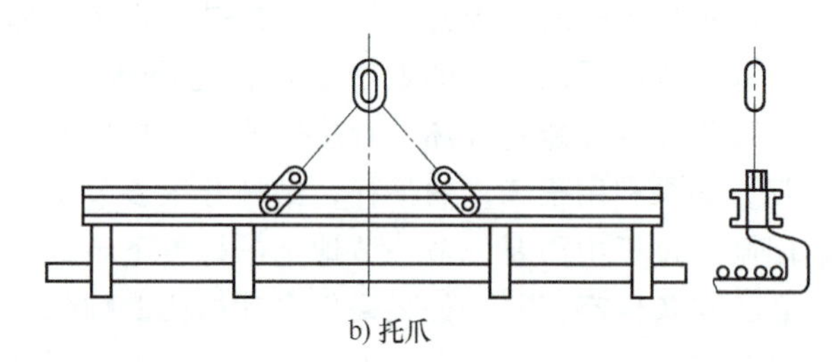

b) 托爪

图 4-2 夹钳、托爪

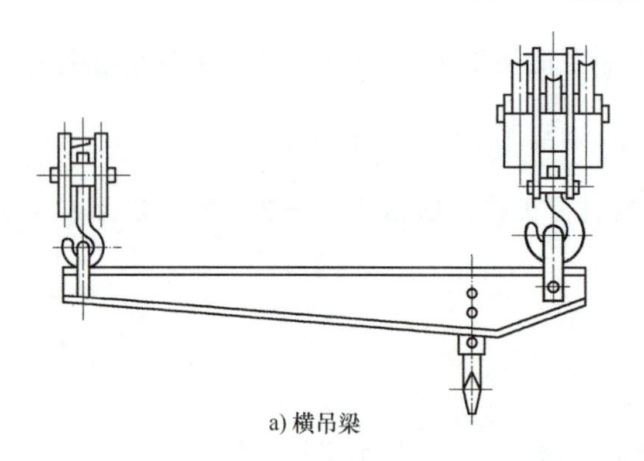

a) 横吊梁

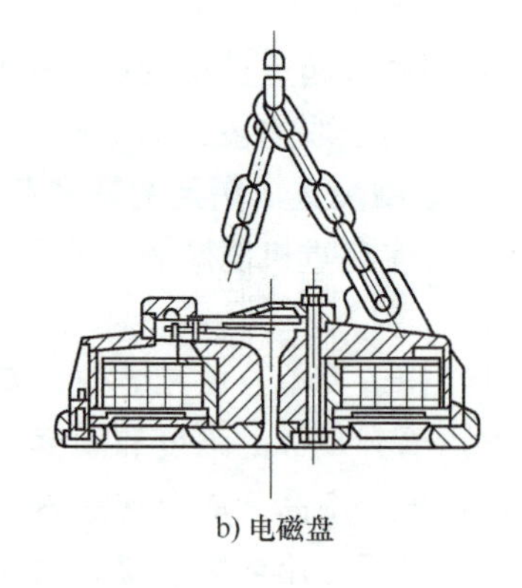

b) 电磁盘

图 4-3 横吊梁、电磁盘

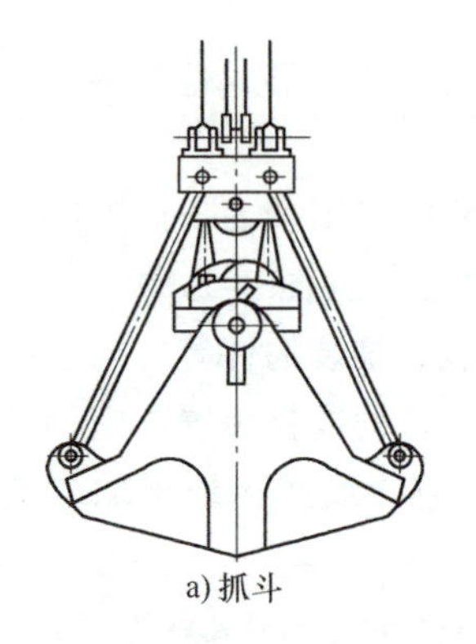

a) 抓斗

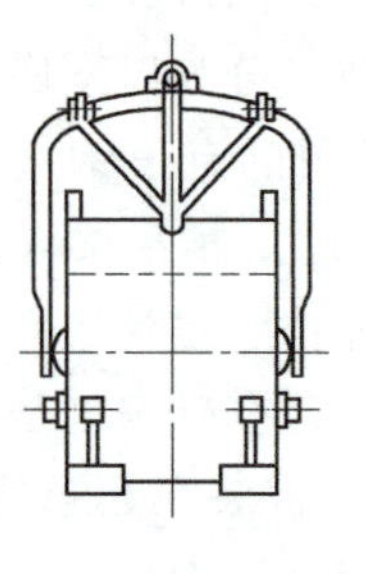

b) 料筒

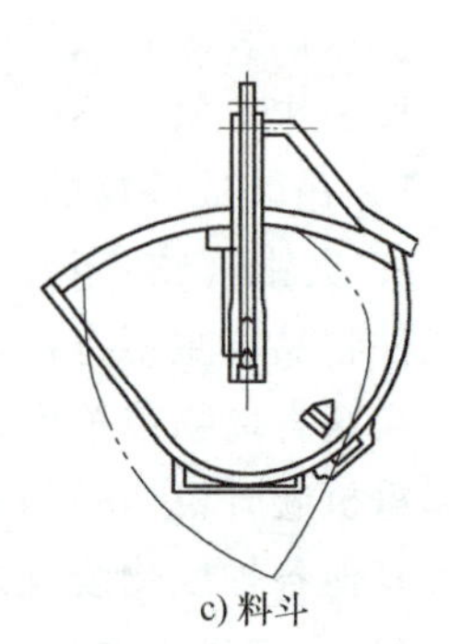

c) 料斗

图 4-4 抓斗、料筒和料斗

抓斗是靠颚板的闭合与张开来装入或卸出物料的。料斗与料筒的主要区别是，料斗翻转斗体卸料，料筒打开斗底卸料。

料斗、料筒是可更换的辅助取物装置，可以把散粒物料挂在基本取物装置的吊钩或吊环上。而抓斗则可以作为专用起重机的基本取物装置，也可以作为可更换的辅助取物装置，挂在起重机的吊钩上使用。

这类取物装置主要用于煤、矿石、砂石、水泥、粮食等散粒物品的搬运。

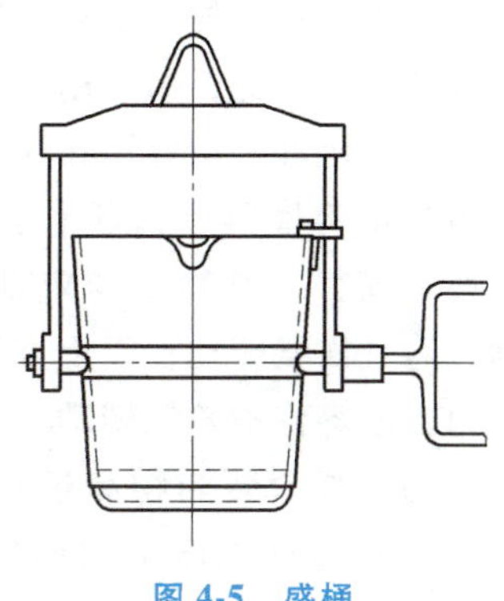

图 4-5 盛桶

3）吊装液态物品的取物装置。常用的有盛桶（图 4-5）、罐和特种盛器。主要用于搬运混凝土、金属液、化学液体等流动性大的物品。这些取物装置均为可更换的辅助取物装置。

4）专用取物装置。它们是为专用起重机的特殊要求而专门配置的，其中常见的有自动抓梁、抓斗、夹钳、集装箱吊具等。

4.2 吊钩组

4.2.1 吊钩组的形式

吊钩与动滑轮组组成吊钩组。吊钩组有短型吊钩组（图 4-6a）和长型吊钩组（图 4-6b）两种形式。

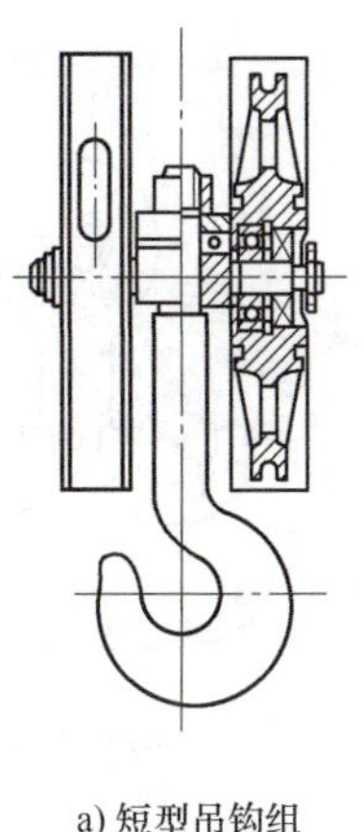

a) 短型吊钩组

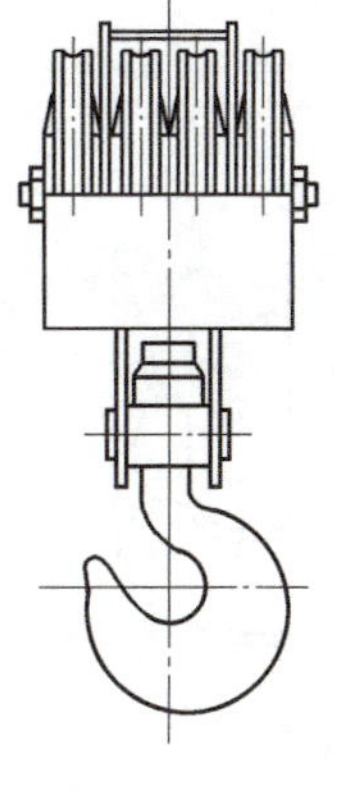

b) 长型吊钩组

双钩吊钩

吊钩组的组成

图 4-6 吊钩组

长型吊钩组采用普通型吊钩，吊钩支承在吊钩横梁上，动滑轮则支承在单独的滑轮轴上，使用时将减小一些有效起升高度。短型吊钩组采用长型吊钩，动滑轮直接装在吊钩横梁上，由于省去一根单独的滑轮轴，所以整体高度较小，相应地增大了有效起升高度。短型吊钩组滑轮安装在吊钩两边，滑轮数目是偶数，适用于较小倍率的滑轮组，当倍率较大时，滑轮数目增多，吊钩横梁增长，会使吊钩组自重过大。因此，短型吊钩组只用于起重量较小的起重机。

为了挂钩方便，要求吊钩能绕垂直轴线和水平轴线转动。为此，吊钩用推力轴承支承在吊钩横梁上，吊钩尾部的螺母压在这个推力轴承上。短型吊钩组的吊钩横梁（滑轮轴）是转轴。长型吊钩组的吊钩横梁，其轴端与定轴挡板配合处制成环形槽，容许横梁转动；而上方的滑轮组的轴端则为扁缺口，不容许滑轮轴转动。

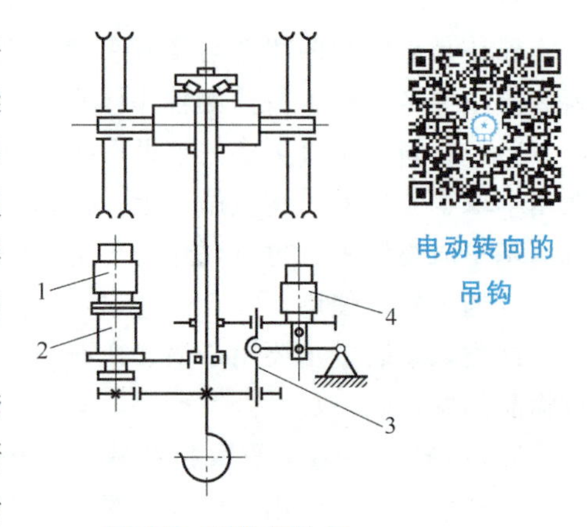

图 4-7 回转吊钩组

1—电动机 2—行星减速器

3—插销 4—电磁推杆

为了减少装卸物品过程中挂钩辅助人员的劳动，有的起重机已采用回转吊钩组。如图 4-7 所示，电动机 1 通过行星减速器 2 带动一对开式齿轮，吊钩的钩柄穿过开式大齿轮中心，并与大齿轮固接在一起转动。电磁推杆 4 顶端装有横杆，横杆拨动插销 3 使其落下或抬起。当吊钩进行工作时，电动机通电，电磁推杆抬起插销，吊钩转动，转到要求的位置时，电动机断电，电磁推杆推动插销落下，锁住大齿轮和吊钩。

4.2.2 吊钩

4.2.2.1 吊钩的种类及构造

吊钩依其形状可分为单钩和双钩（图 4-8）。单钩的优点是制造和使用比较方便；双钩的优点是结构对称，受力情况好，重量轻。单钩用于中小起重量（80t 以下），双钩用于大起重量（80t 以上）。

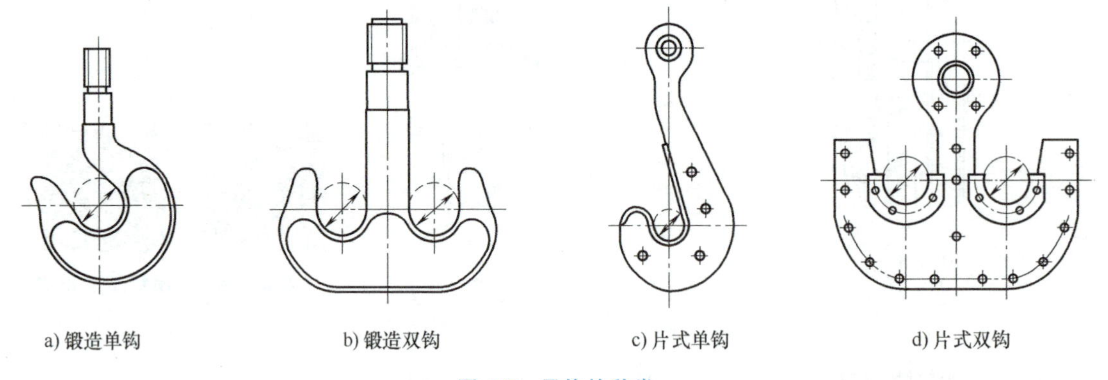

a) 锻造单钩　b) 锻造双钩　c) 片式单钩　d) 片式双钩

图 4-8 吊钩的种类

吊钩依其钩柱（柄）的长短不同分为长型吊钩（图 4-8b、c）和短型吊钩（又称为普通型吊钩，图 4-8a、d）。长型吊钩组一般采用短型吊钩，短型吊钩组必须采用长型吊钩。

吊钩依其制造方法不同可分为锻造吊钩和片式吊钩。锻造吊钩用于中小起重量，片式吊钩用于大起重量。随着锻造技术水平的提高，目前锻造吊钩也可用于大起重量。

吊钩断裂可能导致重大人身和设备事故，所以吊钩的材料不应有突然断裂的可能。强度高的材料一般对裂纹与缺陷很敏感，材料的强度越高，突然断裂的可能性越大，因此，吊钩材料应采用优质低碳镇静钢或低碳合金钢，如 DG20、DG20Mn 等。片式吊钩一般不会突然断裂破坏，因缺陷而引起的断裂只限于其中个别钢板，剩余的钢板仍能支持吊重。因此，片式吊钩比锻造吊钩更安全可靠，损坏的钢板可以更换，它不像锻造吊钩一旦破坏就整体报废，这也是片式吊钩的一大优点。

目前不允许采用铸造吊钩，因为铸件内部缺陷不易发现和消除。也不允许使用焊接方式制造和修复吊钩，因为钢材在焊接时难免产生裂纹。

吊钩钩身（弯曲部分）的断面形状有圆形、矩形、梯形与 T 形（图 4-9）。从受力情况看，T 形断面最合理，但由于制造工艺复杂，所以最常用的是梯形断面，它的受力情况也比较合理。矩形断面只用于片式吊钩，矩形断面的材料承载能力未能充分利用，所以比较笨重。圆形断面只用于简单的小型吊钩。

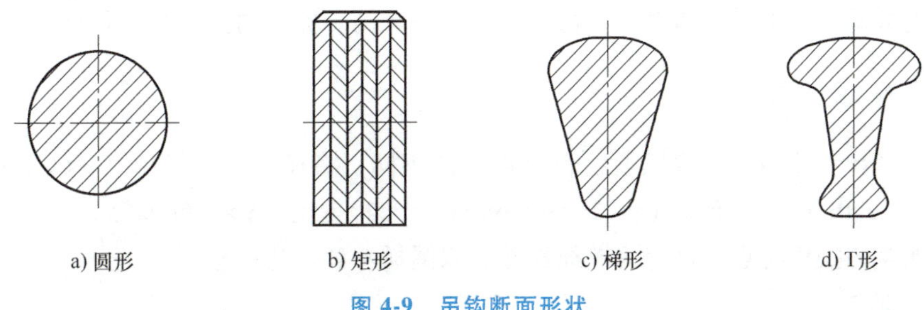

图 4-9　吊钩断面形状

锻造吊钩尾部制有螺纹，以便用螺母将吊钩支承在吊钩横梁上。小型吊钩通常采用三角形螺纹，大型吊钩多采用梯形螺纹或锯齿形螺纹。片式吊钩尾部带有圆孔（图 4-8c、d），孔中装有轴套，用销轴与其他部件连接。

片式吊钩是先把钢板冲剪成钩片，然后用铆钉连接而成的。为了使载荷均匀分布于所有钢片，在吊钩的钩口通常装有软钢垫块，垫块上方为圆弧形，以避免损伤系物绳，下方与钩口紧密配合。

4.2.2.2　吊钩的使用

1）吊钩应是正式专业厂按照吊钩技术条件和安全规范要求生产制造的，产品应具有生产厂的质量合格证书，否则不允许使用。

2）新吊钩应做负荷试验，测量钩口开度不应超过原开度的 0.25%。

3）使用过程中应经常检查吊钩及其附件有无裂纹或严重变形、腐蚀及磨损现象。吊钩、吊钩螺母及防松装置等，应根据其工作繁重、环境恶劣的程度确定检查周期，但不得少于每月一次。

4）吊钩应每年进行一次试验。试验时以 1.25 倍容许工作荷重进行 10min 的静力试验，用放大镜或其他方法检查，不应有裂纹、裂口及残余变形。

5）危险断面应用煤油清洗，用放大镜看有无裂纹。对板式吊钩应检查衬套、销子的磨损情况。

6）吊钩的缺陷不得焊补。

7）吊钩的报废标准。凡出现下列情况之一者应予以报废，不许焊补。

① 表面有裂纹。

② 危险断面磨损量达原尺寸的 10%。

③ 扭转变形超过 10°。

④ 危险断面和吊钩颈部产生塑性变形。

⑤ 板式吊钩衬套磨损量达原尺寸的 50%时应报废衬套，销子磨损量超过公称直径的 3%时应更新。

⑥ 板式吊钩的心轴磨损量达原尺寸的 5%时，应报废心轴。

⑦ 开口度比原尺寸增加 15%。

4.3 抓斗

抓斗是一种完全自动的取物装置，主要用于散装物料的装卸工作。它的抓取与卸料动作完全由驾驶员操纵，不需要辅助人员协助，生产率较高。抓斗的主要缺点是自重较大。

4.3.1 抓斗的种类

为便于设计和选用，可按抓取物料容重 γ 的不同，将抓斗分为轻型（$\gamma<1.2\mathrm{t/m^3}$），中型（$\gamma=1.2\sim2.0\mathrm{t/m^3}$）、重型（$\gamma=2.0\sim2.6\mathrm{t/m^3}$）和特重型（$\gamma>2.6\mathrm{t/m^3}$）。

按照抓斗的操作特点，可分为单绳抓斗、双绳抓斗和马达抓斗。

1. 单绳抓斗

单绳抓斗（图 4-10）只有一根工作绳，它用来支持和开闭抓斗，既作支持绳又作开闭绳用，只由单卷筒驱动，可作为起重机的备用取物装置。但抓斗上须增设闭锁装置，构造复杂，生产率低，不宜用于大量或经常装卸散装物品的场合。

2. 双绳抓斗

双绳抓斗开闭绳与支持绳用双卷筒分别驱动，以实现颚板开闭和起升下降。它只能用于专门的起升机构中，不能作为普通起重机的备用取物装置。但其构造和操作简单，自重较轻，对于物料适应性强，生产率高，是目前最典型和应用最广泛的一种抓斗形式。根据不同的使用要求，双绳抓斗的构造形式也是多种多样的，如耙集式抓斗（图 4-11）、多爪抓斗（图 4-12）等。

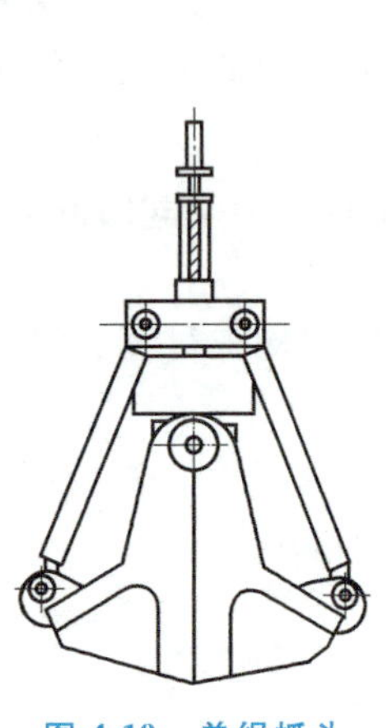

图 4-10 单绳抓斗

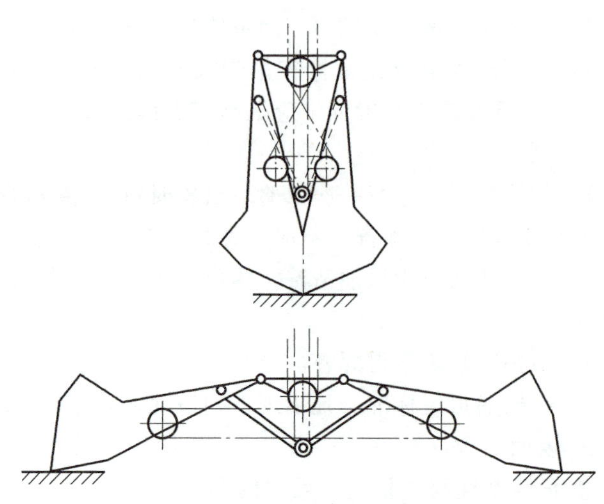

图 4-11 耙集式抓斗

3. 马达抓斗

马达抓斗（图4-13）自带开闭机构，也可作为起重机的备用取物装置。开闭机构可用电动葫芦，也可用液压传动或气动的形式。抓取力较大，但须增设输送能量的装置，如电缆、油管、气管等，因而使抓斗自重增加。生产率仅较单绳抓斗高，不宜用在经常装卸大量散粒物品的起重机上。

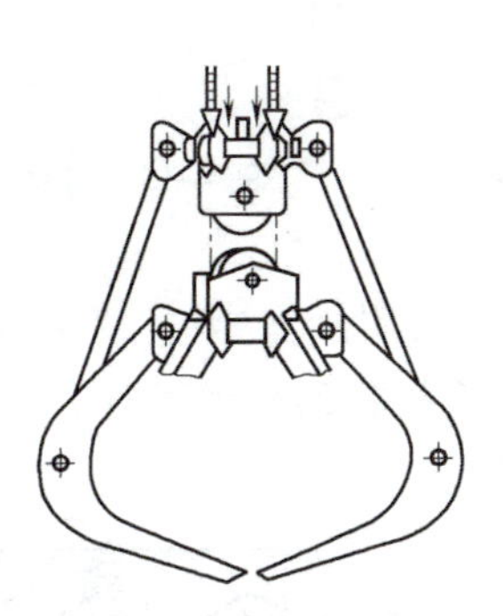

图4-12　多爪抓斗

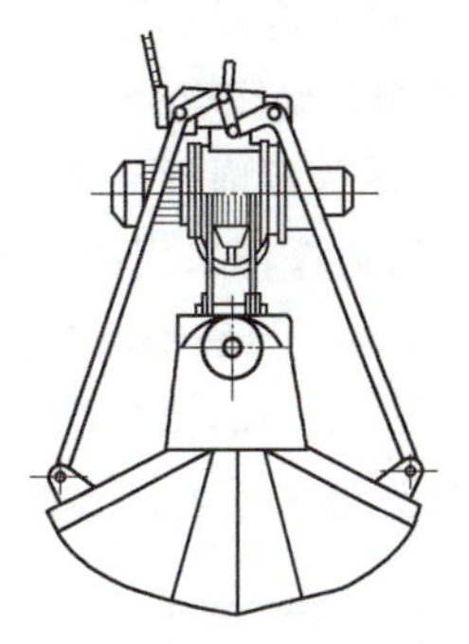

图4-13　马达抓斗

4.3.2　双绳抓斗的工作原理与构造

4.3.2.1　双绳抓斗的工作原理

双绳抓斗（图4-14）由颚板1、下横梁2、撑杆3及上横梁4四个基本部分组成。支持绳5用来升降抓斗，它的一端固定在上横梁上，另一端固定在相应的驱动卷筒上。开闭绳6用来操纵斗的开闭，它以滑轮组的形式绕于上下横梁之间，而后引向另一个驱动卷筒，滑轮组的倍率通常为2~6。

抓斗的工作原理是：①开斗下降到物料堆上，这时支持绳5和开闭绳6以同样的速度下降；②闭斗取物，这时松弛状态的支持绳5不动，开闭绳6上升，迫使颚板闭合而装入物料；③满载升斗，这时支持绳5和开闭绳6以同样的速度上升至预定高度；④开斗卸料，这时支持绳5保持不动，开闭绳6下降，使颚板因自重及料重而张开卸料。

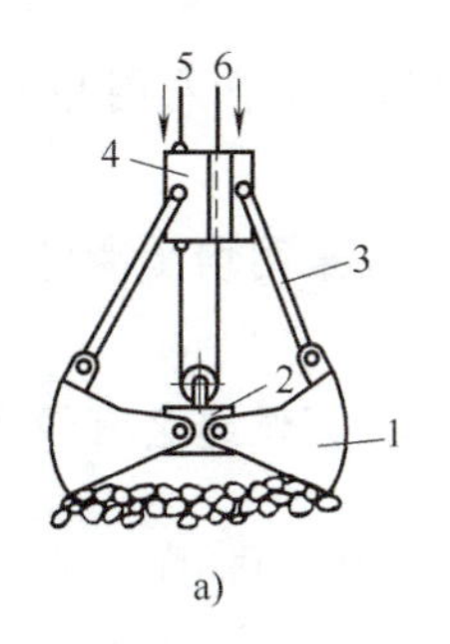

a)

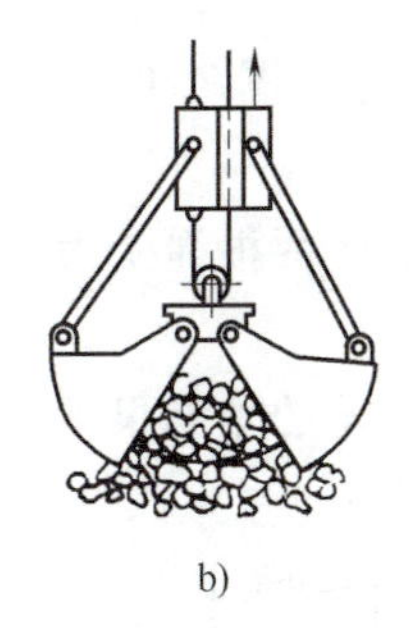

b)

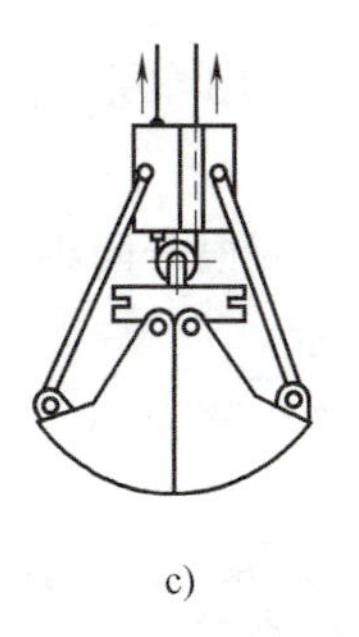

c)

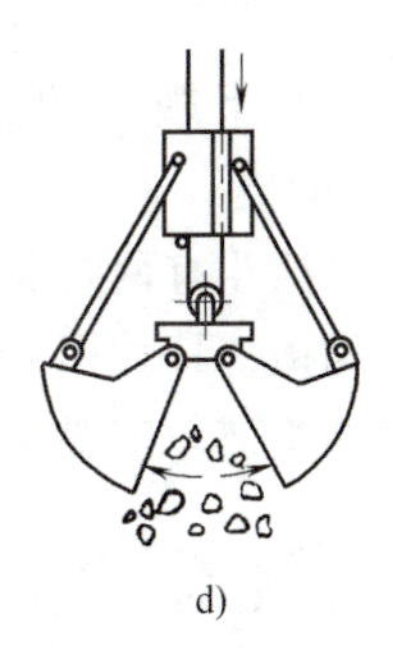

d)

图4-14　双绳抓斗工作原理

1—颚板　2—下横梁　3—撑杆　4—上横梁　5—支持绳　6—开闭绳

双绳抓斗的支持绳与开闭绳常常是成双布置，使抓斗工作时更稳定，同时还可减小钢丝绳直径，从而也减小了滑轮和卷筒直径。常用的有总计为四根钢丝绳的四绳抓斗。

4.3.2.2　双绳抓斗的构造

双绳抓斗的头部装有上滑轮组和开闭绳的导向装置。开闭绳穿过头部时应有良好的导路，以减轻磨损，可采用耐磨材料制成的导筒或导辊（图 4-15）。

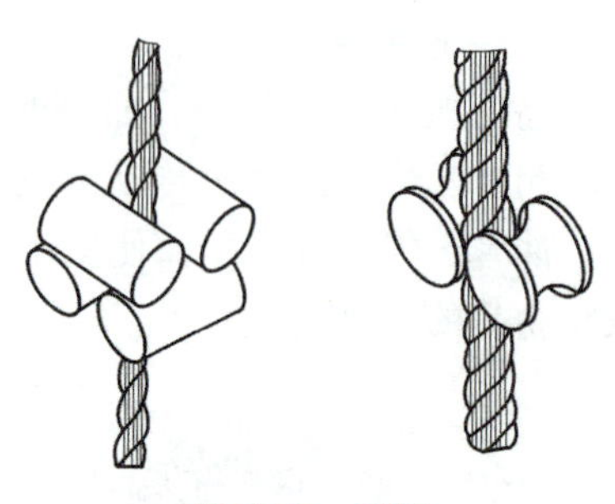
图 4-15 导辊

为保证抓斗正常工作，要求由两块颚板、两根撑杆同头部及下横梁所组成的抓斗平面机构中，各构件之间只有一个相对自由度。这样才能保证抓斗机构只沿垂直线开闭斗而不发生歪斜。否则当两块颚板切口上遇到不同阻力时会影响正确闭合。

图 4-16 所示为双绳抓斗撑杆与抓斗头部的连接方法。图 4-16a 中，两边撑杆采用凸轮衔接，制造比较复杂。图 4-16b 中，右边撑杆与头部刚性连接，撑杆受力情况较差（有附加弯矩），并且头部也略有偏斜。图 4-16c、d 中的撑杆受力良好，使用效果较好，但连接杆的刚度不宜太大。图 4-16e 所示为撑杆与头部采用单铰连接，应用较少。

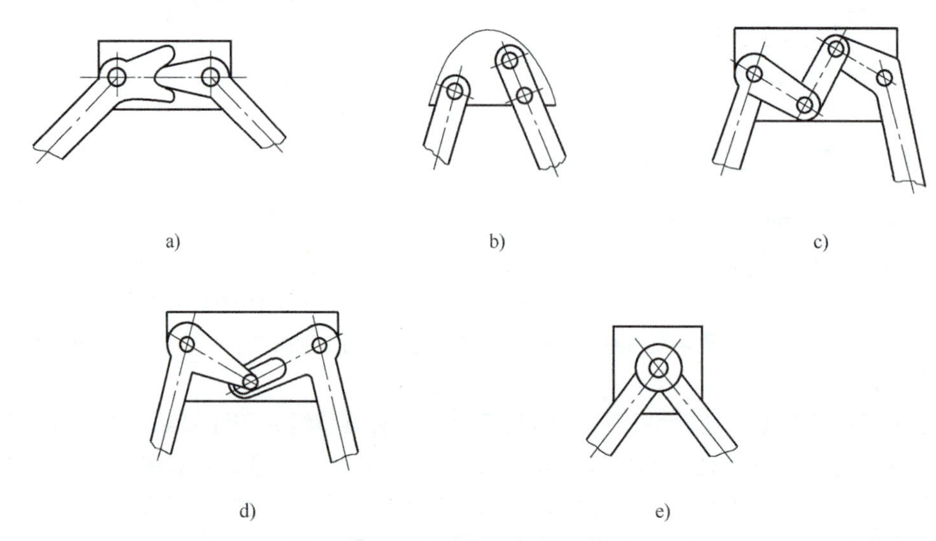

图 4-16 撑杆及头部连接

颚板与下横梁的连接多采用扇形齿轮衔接（图 4-17a），更简单的是采用单铰连接（图 4-17b）。

四绳抓斗有两根起升绳与两根开闭绳。为了使两根绳受力均衡，应采用均衡滑轮或均衡杠杆，均衡杠杆如图 4-18 所示。

抓斗头部与下横梁之间的距离较小，上下滑轮的轴如果平行布置，钢丝绳会有较大的偏

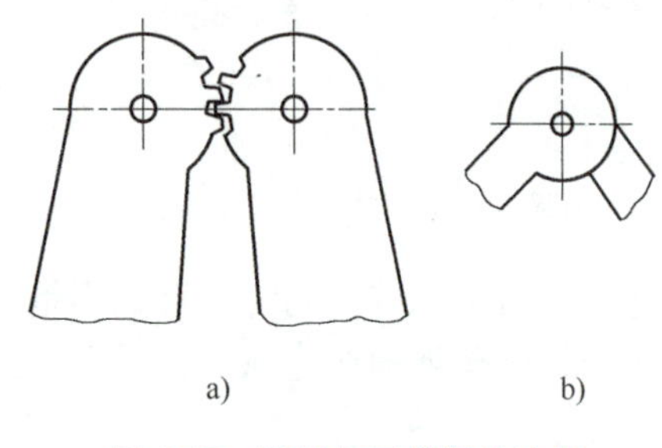

图 4-17 颚板与下横梁的连接

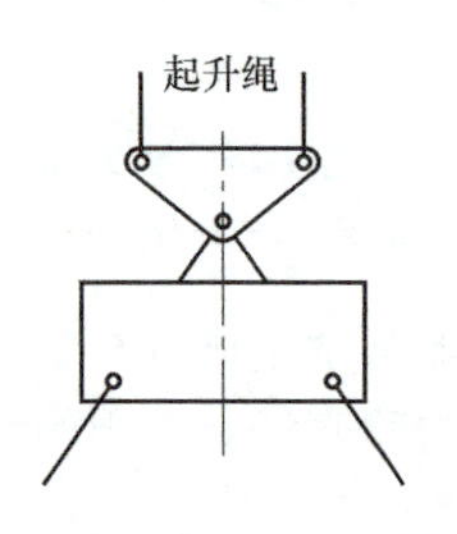

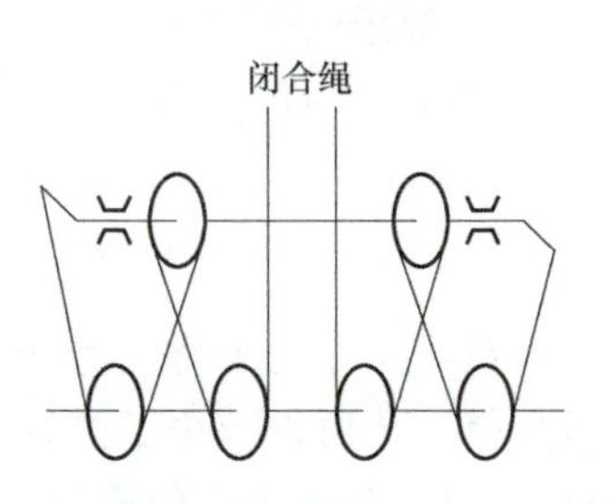

图 4-18 均衡杠杆

斜角，使钢丝绳的磨损加剧。为此，通常把下横梁上的滑轮偏斜一个角度，这样钢丝绳上升、下降就没有太大的偏斜。

颚板用钢板制成，为了增加刚性，边缘用厚钢板加强。刃口最好用 ZGMn13 高锰钢制造，并进行热处理，使其具有高的韧性与耐磨性。对于抓取小颗粒松散物料，刃口板也可用 ZG65Mn 制成，淬火到 55~60HRC。

撑杆是受压构件，它的断面尺寸应有足够的抗失稳能力。由于撑杆的重量对提高抓取性能有利，多用实心圆钢或方钢制成，也可用厚壁管或由两块角钢或槽钢焊接成方管。

4.3.2.3 抓斗的安全使用

起重机的起重量不同，抓取物料密度不同，装卸不同货种，应配用不同型号的抓斗。在使用中，由于抓斗工作环境恶劣，下降时与物料碰撞，极易损坏，所以要做好检查、维护和保养工作。

1）检查抓斗的张开和闭合情况。

2）定期检查抓斗钢丝绳的磨损及断丝情况。

3）抓斗刃口板磨损严重或有较大的变形应及时修理或报废。

4）定期检查抓斗各铰点轴的磨损情况，注意应定期补充润滑脂。

5）在地面上使用的抓斗，不允许水中作业，以防止铰点锈蚀。

6）抓斗报废标准如下。

① 抓斗体有裂纹后，斗体应报废。

② 抓斗闭合时，刃口板错位及斗口接触处的间隙超过 5mm；最大间隙长度超过 300mm，经修复仍难达到要求时，斗体应报废。

③ 抓斗的各铰接点处的销轴和销轴孔磨损量达原尺寸的 10%时，销轴及其附件应报废。

第5章 制动装置

5.1 概述

5.1.1 制动装置的功用

为了满足起重机械的工作需要和保证工作安全，在起重机械上，都装设有制动装置，它是保证起重机械安全正常工作的重要部件。起重机的起升、运行、回转和变幅机构一般都装有制动装置。

制动装置的主要作用是：“停止”——使运动的机构停止运动；“支持”——保持“停止”的状态，使被吊物品或吊臂悬吊在一定的位置上，防止机构在起升重量、吊臂自重以及风力等外载荷作用下，或在斜坡上工作时产生回转和下滑等运动，保证机构有确定的工作位置；“落重”——根据工作需要减小或者调节机构的运动速度。制动装置不仅能保证起重机工作的安全可靠，还能使起重机的各种动作具有一定的准确性，有利于提高作业的效率。

5.1.2 制动装置的分类

制动装置分制动器和停止器两大类。停止器只能使传动轴单方向自由旋转，具有“停止”和“支持”两个功用，在起重机上是一种防止逆转和支持重物不动的装置。制动器则具有制动装置的三个主要功能。二者可以单独使用，也可配合使用。

制动器一般按下列情况进行分类。

5.1.2.1 按制动器的结构形式分类

1. 块式制动器

块式制动器的摩擦元件为装于制动轮外侧的两制动闸瓦（也称为瓦块），合闸时两制动闸瓦贴紧制动轮。两制动闸瓦对制动轮的压力能互相平衡，使制动轮轴不受附加弯曲载荷，且覆面材料磨损均匀。此外，它工作可靠，制造安装都较方便。但其外形尺寸较大，这种制动器主要用在电力驱动的起重机上。

2. 带式制动器（图 5-1）

带式制动器的摩擦元件为包于制动轮 1 外侧的挠性制动带 2。制动带一端是固定端，另一端是活动端。当拉紧活动端时，制动器即合闸。带式制动器的优点是包角大（通常为 250°~270°），有利于增大制动力矩，可装在低速轴上，使机构布置紧凑。但制动带两端拉力的合力使制动轮轴受附加弯曲载荷，且制动带磨损不均匀。这种制动器主要用在轮式与履带式等流动式起重机上。

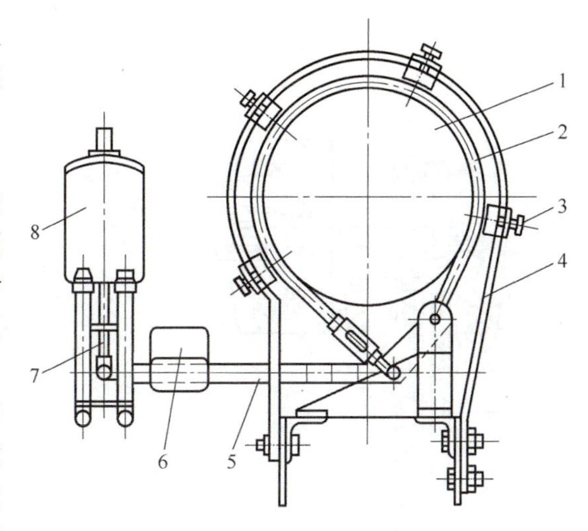

图 5-1　带式制动器

1—制动轮　2—制动带　3—限位螺钉　4—护板
5—杠杆　6—重锤　7—缓冲器　8—电磁铁

3. 盘式与锥式制动器

盘式与锥式制动器的摩擦元件为沿轴向布置的摩擦盘或摩擦锥，利用轴向压力使制动盘或制动锥压紧而合闸。制动轮轴不受附加弯曲载荷，且制动平稳。但轴向尺寸大，散热条件较差。它多用在电动葫芦上。

盘式制动器有单盘式（图 5-2a）和多盘式（图 5-2b）。图 5-2c 所示为机械单盘式制动器，其制动块成对配置，利用弹簧或液压使制动块压紧而合闸。同一直径的制动轮可采用不同数量的制动块，以获得不同的制动转矩。此外，制动块形状是平面的，摩擦面易于跑合，可允许较高的温度。这种制动器已在一些起重机上得到应用，一般可装在低速轴或卷筒轴上。

锥盘式制动器（图 5-2d）多用于锥形转子电动机的电动葫芦和制动转矩小的轻小型起重设备。其工作原理是：当电动机起动时，产生一轴向磁力，推动锥形转子右移压缩弹簧松闸。断电后轴向磁力消失，在弹簧力作用下抱闸。

5.1.2.2　按制动器工作状态分类

1. 常闭式制动器

常闭式制动器利用重锤或弹簧及杠杆作用使制动器经常处于制动状态，当机构工作时，由松闸装置使其松闸。

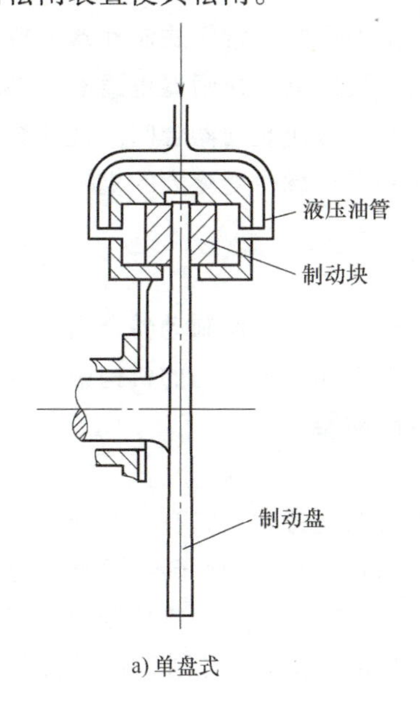

a) 单盘式

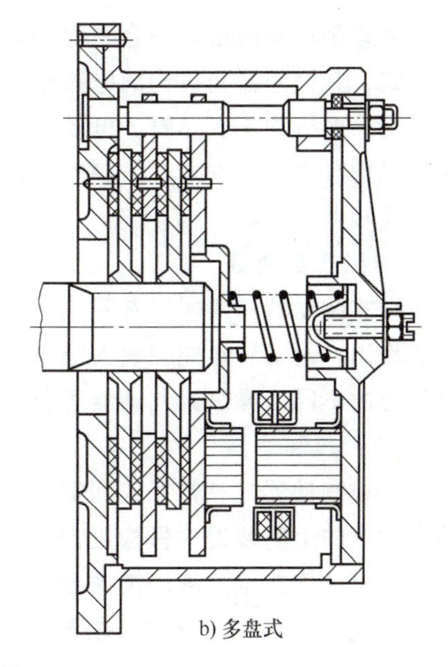

b) 多盘式

图 5-2　盘式制动器

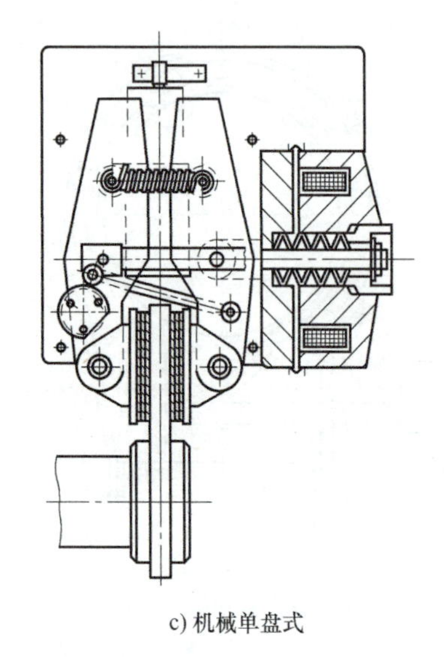

c) 机械单盘式

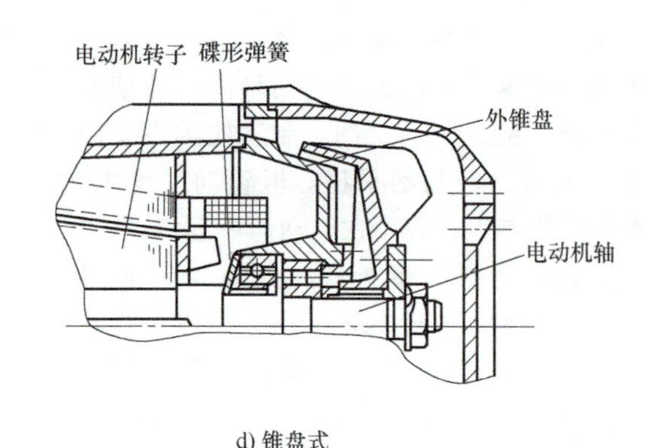

d) 锥盘式

图 5-2 盘式制动器（续）

2. 常开式制动器

常开式制动器经常处于松闸状态，需要对机构进行制动时，由操纵装置使制动器合闸。

3. 综合式制动器

在机构不工作时，综合式制动器是常闭的，机构开始工作时，要用松闸器使其松闸，成为常开的，工作过程中由驾驶员根据使用要求进行操纵。

起升机构和变幅机构为了安全，要求采用常闭式制动器，而回转机构和运行机构一般采用常开式或综合式制动器。

5.1.2.3 按制动器的驱动方式分类

1. 自动式制动器

自动式制动器的松闸与合闸都是自动进行的，不需要人工去操纵。常闭式制动器一般属于自动式，其松闸器与机构的电路相连，当机构工作时，电动机通电，松闸器也通电，制动器就松闸；而机构不工作时，电动机及松闸器都断电，重锤或弹簧使制动器合闸。这种制动器保证机构有更高的安全性，制动转矩调定后基本不变，如果用于载荷变化大的机构，其制动平稳性较差。

2. 操纵式制动器

操纵式制动器一般属于常开式，由人踩下踏板或推动杠杆进行操纵使制动器合闸，松闸靠弹簧作用。制动转矩能在较大范围内改变，适用于对制动平稳性要求较高的机构中。按照操纵外力的不同，操纵式制动器可分为人力、电磁力和液压制动器。

3. 综合式制动器

综合式制动器具有常开式和常闭式、自动作用式和操纵式四重特点，它有一套松闸装置和两套独立的上闸装置。机构正常工作时，制动器为常开操纵式，在机构运转和停歇的全部时间内，电磁铁或电力液压推动器通电，制动器处于松闸状态，踩下踏板，机构制动。当起重机断电或出现紧急情况时，松闸装置停止工作，制动器自动上闸，此时制动器是常闭自动式。

目前，起重机械的制动装置已部分形成标准化、系列化。因此，在进行选择时，可依据实际工作要求，计算出所需的制动力矩，然后参照标准系列制动器的额定制动力矩，选择合适的制动器型号。

5.1.3 对制动器的基本要求

制动器基本的性能参数是制动力矩，其值根据各机构的使用要求与工作特点而定，并应考虑一定的储备系数（即安全系数），以保证可靠的制动。但储备系数不能过大，否则会使制动过程时间过短，产生较大的动载荷。

制动器零件应耐磨，工作表面散热良好，以保证制动性能的稳定。

制动器应尽可能装在减速器输入轴或电动机轴上，因为这些轴转速高，要求的制动力矩小，所以可缩小制动器的外形尺寸。对于安全性有高度要求的机构可装设双重制动器。

5.2 停止器

停止器是实现单向运动的装置，它常用来将举起的物品支持在空中，所以称为停止器。停止器一般用作机械中防止逆转的制动装置，如在变幅机构中，为了使吊臂长时间且安全可靠地支持在空中，除装设制动器外，通常还装设停止器。

停止器可分为棘轮停止器和摩擦停止器。现代的摩擦停止器多制成滚柱式的，称为滚柱停止器。棘轮停止器在工作时往往产生很大的冲击，而摩擦停止器避免了这个缺点，但摩擦停止器对于材料与制造工艺要求较高，耐用性与可靠性不如棘轮式停止器。

5.2.1 棘轮停止器

棘轮停止器由棘轮和棘爪组成，棘轮和棘爪多数采用外啮合式（图 5-3a），内啮合式（图 5-3b）应用较少。

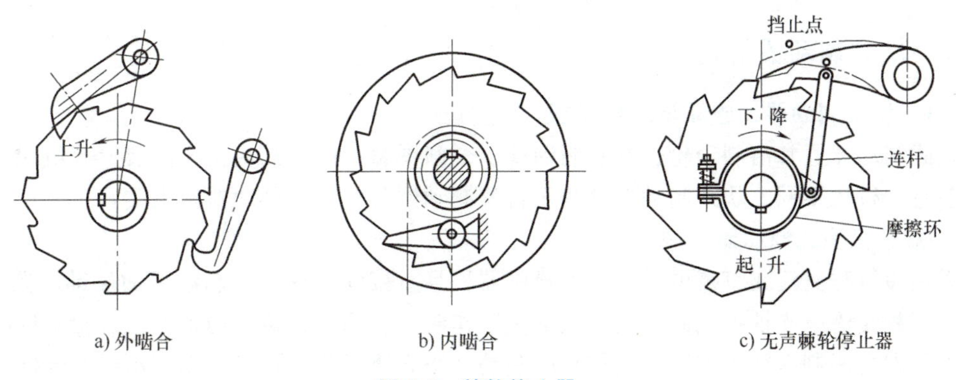

图 5-3 棘轮停止器

为了减小棘轮的尺寸，尽可能将棘轮装在工作机构的高速轴上，以使其所受力矩为最小。通常棘轮用键固定在工作机构的传动轴上，棘爪则空套在机架的销轴上。

当棘轮沿载荷上升方向旋转时，棘爪只沿棘轮齿面自由滑过，并不阻止棘轮的旋转；当棘轮受载荷作用反转时，棘爪即由其自重或靠弹簧力的作用而进入棘轮的齿间，阻止棘轮反转，载荷也就停止在所要求的位置上。

为了保证工作安全，棘爪必须沿棘轮齿的表面迅速滑动到齿根，以使棘爪和棘轮齿全部啮合。为此，通常将棘轮工作齿面做成与棘轮半径成 α 角的斜面（$\alpha=15°\sim20°$）。棘爪的心轴中心应位于齿顶啮合点的切线上。

棘轮用铸钢或锻钢制成，棘爪用普通钢或铬钢制成，棘爪端部应当淬火。

在机构正转时，为了避免棘爪冲击棘轮及其所产生的噪声，可采用图 5-3c 所示的无声棘轮装置。棘爪用连杆铰接在摩擦环上，而摩擦环是靠弹簧产生的摩擦力抱紧在棘轮轮毂上的。这样当棘轮按正向旋转时，棘爪被连杆推起到挡止点为止，避免了噪声的产生；反转时，棘爪又被拉回到啮合位置。

5.2.2　摩擦停止器

摩擦停止器借助摩擦力阻止机构逆转，有凸轮式和滚柱式两种，现在多采用滚柱式的，称为滚柱式停止器。滚柱式停止器工作平稳，但工艺要求较高。

滚柱停止器的构造如图 5-4 所示。外圈 1 保持不动，当轮芯 2 按逆时针方向旋转时，摩擦力使滚柱 3 向楔形空间的大端滚动，并松弛地随轮芯转动。当轮芯 2 企图顺时针方向旋转时，摩擦力使滚柱向楔形空间的小端滚动，将轮芯与外圈卡住，越胀越紧，而使轮芯无法转动。弹簧 4 使滚柱与轮芯及外圈保持接触，产生一定的初始摩擦力。

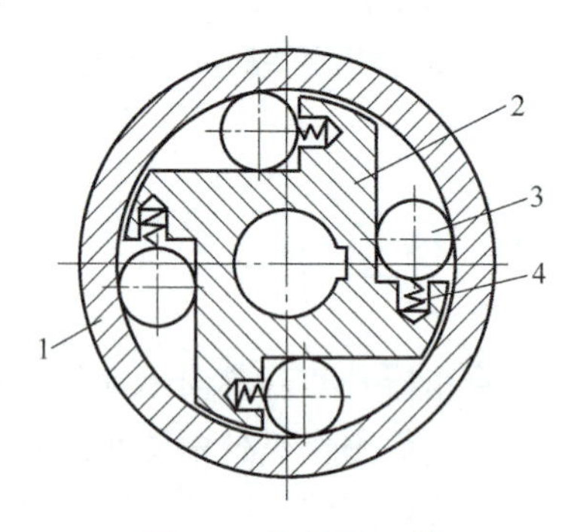

图 5-4　滚柱停止器

1—外圈　2—轮芯　3—滚柱　4—弹簧

5.3　块式制动器

块式制动器构造简单，工作可靠，维修方便，在起重机械上得到广泛应用。起重机上采用的块式制动器多为常闭自动式的。

5.3.1　块式制动器的构造

5.3.1.1　块式制动器的组成与工作原理

块式制动器通常由制动轮、左右制动臂、合闸弹簧、制动瓦块及松闸装置等组成。根据松闸装置的行程不同，块式制动器分为短行程制动器与长行程制动器两大类。

1. 短行程块式制动器

采用短行程交流或直流电磁铁作为松闸器，且直接固定在一个制动臂的端部。图 5-5 所示为短行程交流电磁铁块式制动器。机构不工作时，合闸主弹簧 4 的推力通过松闸推杆 5 及框架 6 使左右两制动臂 1 推动与它铰接的制动瓦块 2 压向制动轮，实现制动器的合闸。当机构工作时，电磁铁 7 的线圈通电，电磁铁产生吸力，衔铁 8 被吸引而绕其铰接点逆时针方向转动，将松闸推杆向右推动，迫使主弹簧进一步压缩。当其张力与松闸推杆的推力相平衡时，在副弹簧 3 及电磁铁自重的偏心矩作用下，左右制动臂张开而使制动器松闸。

短行程制动器的优点是松闸器装在制动臂端部，不需要松闸杠杆系统，所以结构紧凑，重量轻，外形尺寸小，合闸与松闸快；其缺点是制动过猛，冲击大，松闸力小，其制动轮直径一般不能大于300mm。

2. 长行程块式制动器

长行程块式制动器一般也是利用主弹簧使其合闸，其松闸装置由松闸器及松闸杠杆系统组成。松闸器有长行程交流电磁铁、液压电磁铁和液压推杆等。

图5-6所示为液压电磁推杆块式制动器。这是一种长行程制动器，它采用弹簧上闸，而松闸装置——液压电磁推杆则布置在制动器的一侧，通过杠杆系统与制动臂联系而实现松闸。这种制动器的优点是结构简单，松闸杠杆系统的传动比较大，使松闸所需的驱动力小，工作平稳，动作迅速，无噪声；其缺点是杠杆效率较低，松闸装置复杂，它主要用在制动力较大的起升机构上。

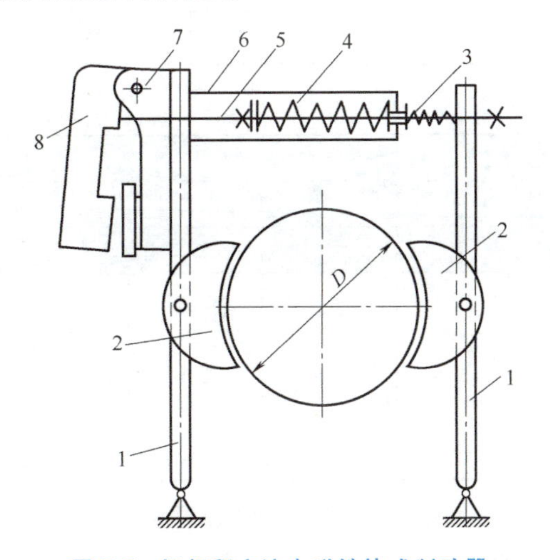

图5-5 短行程交流电磁铁块式制动器

1—制动臂 2—制动瓦块 3—副弹簧 4—主弹簧 5—推杆 6—框架 7—电磁铁 8—衔铁

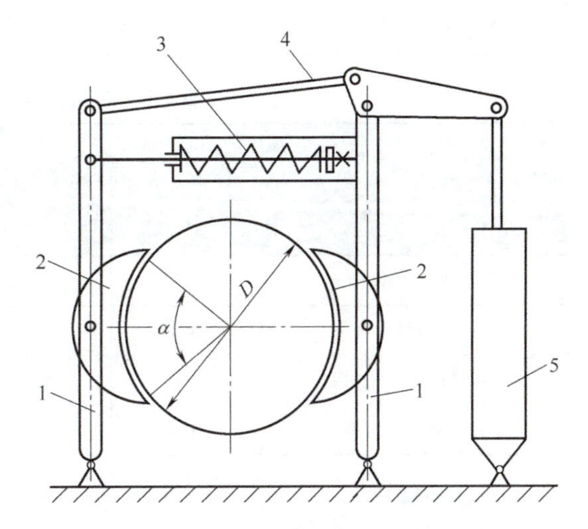

图5-6 液压电磁推杆块式制动器

1—制动臂 2—制动瓦块 3—主弹簧 4—杠杆 5—液压电磁铁推杆松闸器

5.3.1.2 块式制动器的主要零部件

1. 制动轮

制动轮通常由铸钢或球墨铸铁制造，转速不高的制动轮也可用铸铁制造。为了增强制动轮摩擦表面的耐磨性，制动轮表面要进行机械加工与表面淬火，淬火深度为2~3mm，硬度达到35~45HRC。装在高速轴上的制动轮要全部加工，以保证制动轮的动平衡特性。有的制动轮带有散热叶片，不能全部加工，但必须进行动平衡调试。

2. 制动闸瓦与覆面材料

制动闸瓦（瓦块）是一个铸铁件，它铰接在制动臂上。为了提高制动瓦块与制动轮之间的摩擦系数和制动瓦块的耐磨性能，在制动瓦块上一般都铆接或粘结一层覆面材料。

对覆面材料的基本要求是摩擦系数大、耐磨性好、许用比压大、导热性好等。常用的覆面材料是石棉类摩擦材料，一般是石棉纤维掺入不同填料纺织或压制而成。通常把纺织的称为制动石棉带；压制的称为制动碾压带。

各种覆面材料的摩擦系数、容许温度、最大容许比压［q］及相对制动轮滑动速度 v 与比压的乘积［qv］的推荐值分别见表5-1、表5-2。

表 5-1 摩擦系数及容许温度

摩擦材料	制动轮材料	摩擦系数 μ			容许温度 T/℃
		无润滑	偶尔润滑	良好润滑	
铸铁	钢	0.17~0.2	0.12~0.15	0.06~0.08	260
钢	钢	0.15~0.18	0.1~0.2	0.06~0.08	260
青铜	钢	0.15~2	0.12	0.08~0.11	150
沥青浸石棉带	钢	0.35~0.4	0.30~0.35	0.1~0.12	200
油浸石棉带	钢	0.30~0.35	0.30~0.32	0.09~0.12	175
石棉橡胶碾压带	钢	0.42~0.48	0.35~0.4	0.12~0.16	220
石棉树脂带	钢	0.35~0.4	—	0.10~0.12	250

表 5-2 覆面材料的 [q] 及 [qv] 值

<table>
<tr><th rowspan="3">摩擦材料</th><th colspan="2">[q]/(N/mm²)</th><th colspan="4">[qv]/(N/mm²)</th></tr>
<tr><th rowspan="2">支持用</th><th rowspan="2">下降控制用</th><th colspan="2">支持用</th><th colspan="2">下降控制用</th></tr>
<tr><th>块式</th><th>带式</th><th>块式</th><th>带式</th></tr>
<tr><td>铸铁对钢</td><td>1.5</td><td>1.0</td><td rowspan="4">5</td><td rowspan="4">2.5</td><td rowspan="4">2.5</td><td rowspan="4">1.5</td></tr>
<tr><td>钢对钢</td><td>0.4</td><td>0.2</td></tr>
<tr><td>石棉橡胶碾压带对钢</td><td>0.8</td><td>0.4</td></tr>
<tr><td>石棉制动带对钢</td><td>0.6</td><td>0.3</td></tr>
</table>

3. 制动臂

制动臂可由铸钢、钢板或型钢制成。其外形有直臂与弯臂两种，弯臂能增大制动瓦块的包角。目前主要采用由两片钢板制成的直臂。

4. 松闸装置

电动起重机采用的松闸装置主要有下列四种。

（1）制动电磁铁 制动电磁铁根据励磁电流的种类分为直流电磁铁与交流电磁铁两种，使用时分别与直流电动机或交流电动机配套。根据行程的大小，制动电磁铁有长行程与短行程之分。单相交流短行程电磁铁代号为 MZD_1，三相交流长行程电磁铁代号为 MZS_1，直流短行程电磁铁代号为 MZZ_1。电磁铁松闸器都有标准化系列产品。

制动电磁铁的优点是构造简单，工作安全可靠。但在动作时产生猛烈冲击，会引起传动机构的机械振动。同时由于起重机机构的起动、制动次数频繁，电磁铁吸上和松开时发出较大的撞击响声，电磁铁的使用寿命较低，经常需要修理和更换。

（2）电磁液压推动器（也称为液压电磁铁，代号为 MY_1） 液压电磁推动器动作迅速平稳，无噪声，寿命长，并能自动补偿由于制动片磨损而出现的空行程，其构造如图 5-7 所示。在动铁心 3 与静铁心 9 之间形成工作间隙，工作油可经通道由单向齿形阀 17 进入工作间隙。当线圈 18 通电后，动铁心 3 被静铁心 9 吸起向上运动，工作腔内压力增高，齿形阀片 16 关闭通道，工作油则推动活塞 12 及推杆 5 向上运动，制动器松闸。当线圈 18 断电后，电磁力消失，制动器主弹簧迫使推杆 5 及动铁心 3 一齐下降，制动器上闸。随着工作中制动片的不断磨损，活塞推杆上闸时的最终静止位置也将下移一段微小的距离，这段距离称为补偿行程。这时由于活塞下移而排出的油，是在每次上闸时动铁心被释放下降后通过底部单向阀流出的。

这种制动装置结构复杂，采用直流电源，当用于交流电源时必须配备整流设备，对密封元件和制造工艺要求高，维修技术水平高，且价格较贵。

(3) 电力液压推动器　电力液压推动器也称为电动液压推杆，代号有 MYT、YT、YTD。它是通过电动机带动离心泵使工作油推动活塞及推杆而实现松闸的，它是一个独立的部件，如图 5-8 所示。它的驱动电动机的电源与机构电动机联锁，当机构的电动机通电时，液压推杆的电动机也通电。电动机带动离心泵，将液压缸上部的油吸入并送至下部的压力油腔，从而推动活塞并带动推杆向上运动，使制动器松闸。断电后，液压泵停止转动，活塞在自重及弹簧力作用下迅速回到原位，使制动器上闸。工作油则从翼片间隙回到上部油腔。电力液压推动器的电动机的转轴是空心的，端部装有联轴节与活塞杆相连。活塞杆为方形轴，主轴在空心轴内可上下滑动并能通过联轴节传递转矩。

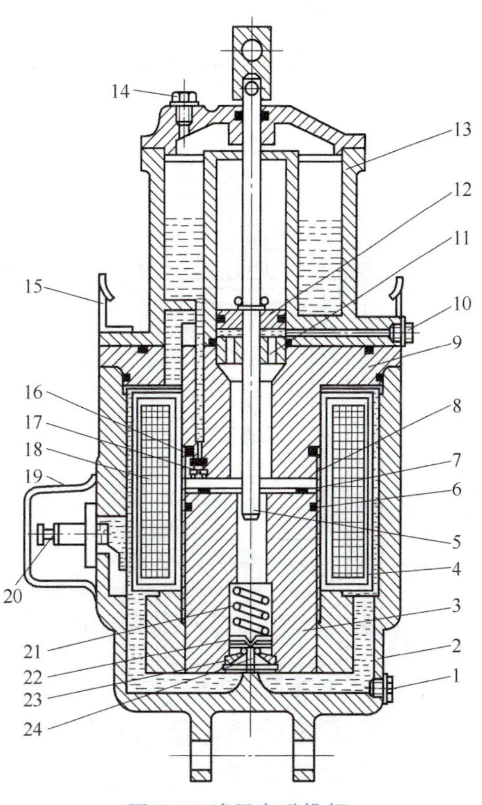

图 5-7　液压电磁推杆

1—放油螺塞　2—底座　3—动铁心　4—绝缘圈　5—推杆　6—密封环　7—垫圈　8—导引套　9—静铁心　10—放气塞　11—轴承　12—活塞　13—液压缸　14—注油塞　15—吊耳　16—齿形阀片　17—单向齿形阀　18—线圈　19—接线盖　20—接线柱　21—弹簧　22—弹簧座　23—下阀片　24—下阀体

电力液压推动器的优点是动作平稳、无噪声，允许每小时接合次数较多（可达 600 次/h），可与电动机联合进行调速。其缺点是上闸缓慢，适用于起升机构时制动行程较长的情况。

(4) 电力离心推动器（也称为电动离心推杆）　电动离心推杆的工作与电动液压推杆相似。它是由电动机驱动一套相互铰接的杠杆系统，杠杆系统的旋转离心力迫使推杆向上运动，使制动器实现松闸，如图 5-9 所示。电动离心推杆结构简单，制造方便，松闸及上闸动作迟缓，运动零件磨损大。目前这种松闸器的应用较少。

5.3.2　块式制动器的选用

块式制动器已有标准产品可供选用。一般根据所需的制动转矩，通过校核计算，选用合适的块式制动器。如果现有标准块式制动器的制动转矩及其他参数不能满足使用要求时，则需要自行设计计算。

表 5-3 是焦作市上起制动器有限公司生产的 YWZ_8 系列电力液压块式制动器的技术参数及外形尺寸表，图 5-10 所示为其外形尺寸图。

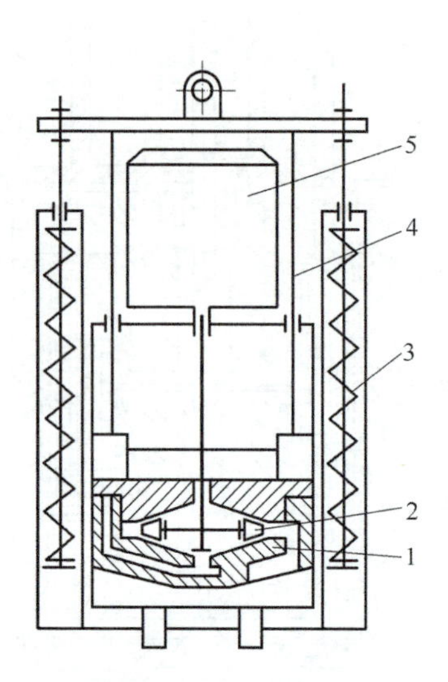

图 5-8　电力液压推动器

1—活塞　2—离心泵　3—弹簧
4—推杆　5—电动机

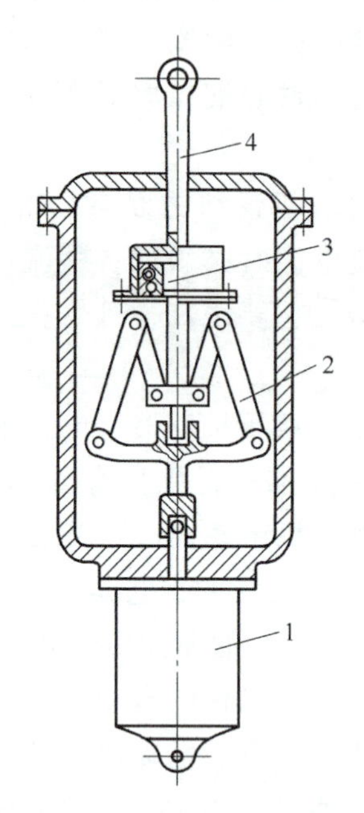

图 5-9　电力离心推动器

1—电动机　2—连杆
3—旋转推杆　4—不旋转推杆

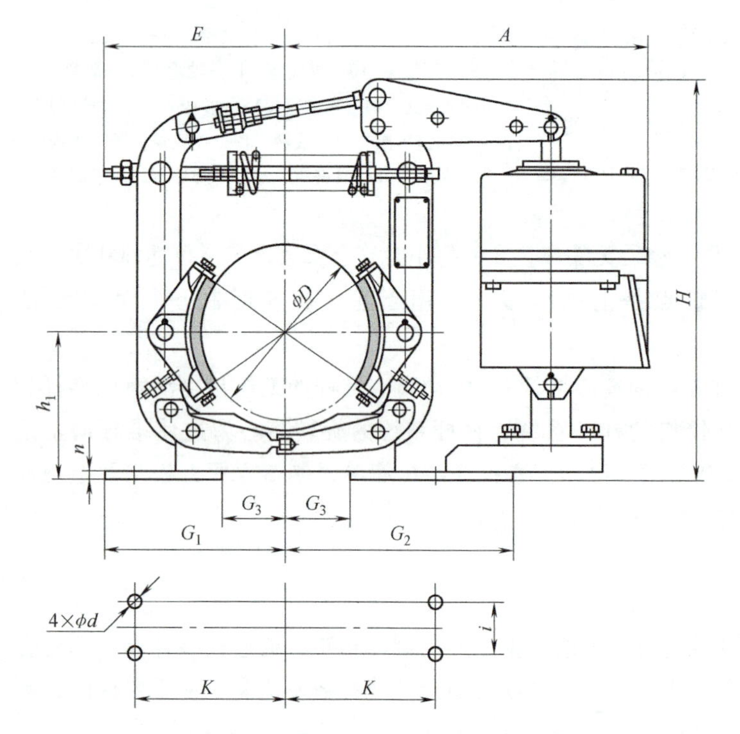

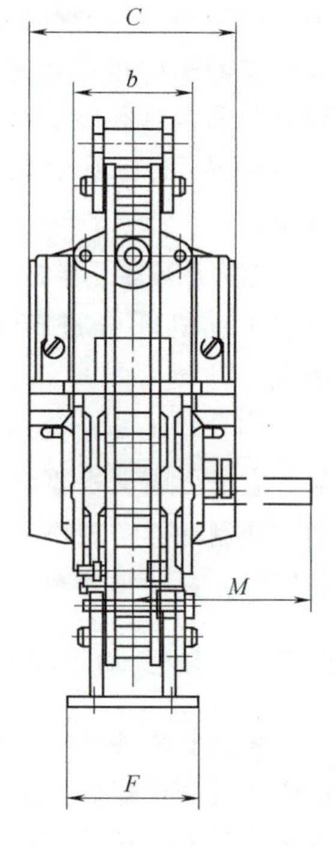

图 5-10　YWZ_8 系列电力液压块式制动器外形尺寸图

表 5-3　YWZ_8 系列电力液压块式制动器的技术参数及外形尺寸表　（单位：mm）

型号		制动力矩/N·m	退距	A	b	C	D	d	E	F	G_1	G_2	G_3	H	h_1	i	K	M	n	质量/kg
制动器	匹配推动器																			
YWZ_8-200/E23	Ed23/5	135-200	0.7	430	90	160	200	17	210	100	215	265	75	470	170	60	175(190)	140	8	35
YWZ_8-200/E30	Ed30/5	135-310																		43
YWZ_8-300/E30	Ed30/6	200-320	1	500	140	160	300	22	310	130	300	300	120	610	240	80	250(270)	180	12	65
YWZ_8-300/E50	Ed50/5	200-550		540		90														80
YWZ_8-300/E80	Ed80/8	350-850																		92
YWZ_8-400/E50	Ed50/6	600-750	1	660	180	190	400	22	355	180	350	400	150	760	320	130	325	220	14	120
YWZ_8-400/E80	Ed80/6	600-1300																		130
YWZ_8-400/E121	Ed121/6	850-2000		650		240														150
YWZ_8-500/E121	Ed121/6	1000-2600	1.2	735	200	240	500	22	455	200	405	455	205	930	400	150	380	280	16	220
YWZ_8-500/E201	Ed201/6	1500-3700																		
YWZ_8-600/E121	Ed121/6	1700-2800	1.3	845	240	240	600	26	543	220	500	550	240	1110	475	170	475	340	20	360
YWZ_8-600/E201	Ed201/6	1700-4300																		
YWZ_8-600/E301	Ed301/6	3000-6500																		
YWZ_8-700/E201	Ed201/6	3000-5000	1.3	948	280	240	700	34	615	280	58	650	300	1278	550	200	540	380	25	450
YWZ_8-700/E301	Ed301/6	3700-8000																		
YWZ_8-700/E301/12	Ed301/12	6000-10000	1.6	1027	320	240	800	34	640	310	670	830	310	1430	600	240	620	440	38	560

5.4　带式制动器

5.4.1　带式制动器的构造、特点和应用

带式制动器是应用较广泛的一种制动器。它的构造比较简单，制动带包围在制动轮上，当用杠杆刹紧带条时，即产生制动作用。与块式制动器相比，它的包角大，所以制动力矩也

大；制动轮直径相同时，带式制动器的制动力矩为块式的 2～2.5 倍，结构比较紧凑。缺点是制动轮轴上受到较大的径向力，制动钢带上的比压不均匀，摩擦衬片磨损不均匀，散热性能不好。带式制动器多用在绞车以及流动式起重机上，也用作铲运机械的转向制动器。

图 5-1 所示的制动器为电磁铁带式制动器。制动带一端铰接在支点上，另一端铰接在杠杆上。合闸是靠杠杆上的重锤 6，松闸则靠电磁铁 8。为了减轻合闸时的冲击，装有缓冲器 7。为了承受制动时的拉力，制动带外层为钢带，多用 Q235 或 45 钢制成。为了增加摩擦系数和防止钢带磨损，在钢带内须加以衬层（石棉带、木块等）。衬层用铆钉或螺钉固定在钢带上，带条与杠杆的连接端，最好能做成可调节式，以便根据松闸间隙调节带的长度。为了使带条松闸时能均匀地离开制动轮，在带条外面的护板 4 上安装有若干个可以调节的限位螺钉 3，以限制带的退程。

制动轮有圆柱形或带凸缘式两种。凸缘式可以防止带条的脱出（图 5-11a）。圆柱制动轮（图 5-11b）也应在外侧面加防止带条滑脱的挡板。

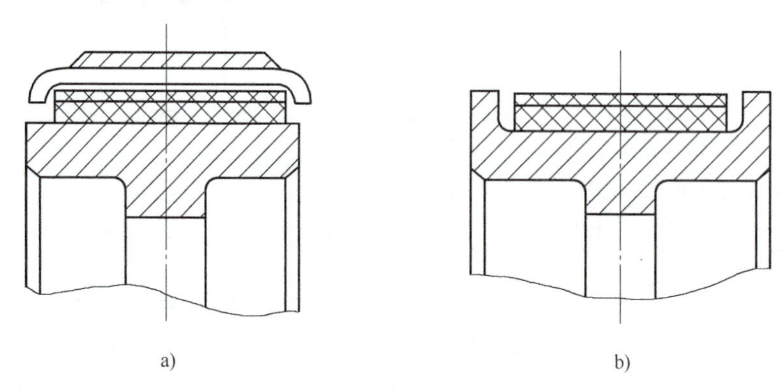

图 5-11 制动轮与制动带

5.4.2 带式制动器的类型

根据带式制动器的杠杆连接形式不同，带式制动器有简单式、综合式、差动式和双带式等类型，其结构形式和特性见表 5-4。

表 5-4 带式制动器的类型及特点

<table>
<tr><th colspan="2">类型</th><th>简单式</th><th>综合式</th><th>差动式</th><th>双带式</th></tr>
<tr><td colspan="2">结构形式</td><td></td><td></td><td></td><td></td></tr>
<tr><td rowspan="2">制动力矩</td><td>正转</td><td>$T_{zh}=\frac{PDl}{2a}(e^{\mu\alpha}-1)$</td><td rowspan="2">$T_{zh}=T'_{zh}=\frac{PDl}{2a}\cdot\frac{e^{\mu\alpha}-1}{e^{\mu\alpha}+1}$</td><td>$T_{zh}=\frac{PDl}{2a}\cdot\frac{e^{\mu\alpha}-1}{a-be^{\mu\alpha}}$</td><td rowspan="2">$T_{zh}=T'_{zh}=\frac{PDl}{2a}\cdot\left(e^{\mu\alpha}-\frac{1}{e^{\mu\alpha}}\right)$</td></tr>
<tr><td>反转</td><td>$T'_{zh}=\frac{PDl}{2a}\left(1-\frac{1}{e^{\mu\alpha}}\right)$</td><td>$T'_{zh}=\frac{PDl}{2a}\cdot\frac{e^{\mu\alpha}-1}{e^{\mu\alpha}-b}$</td></tr>
</table>

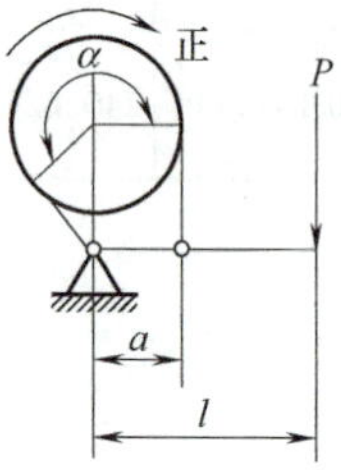

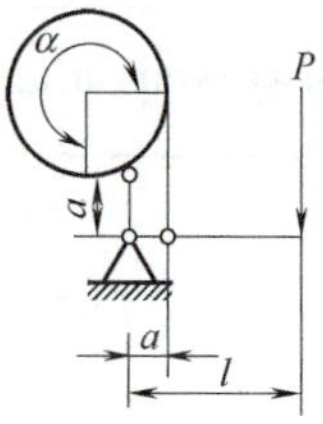

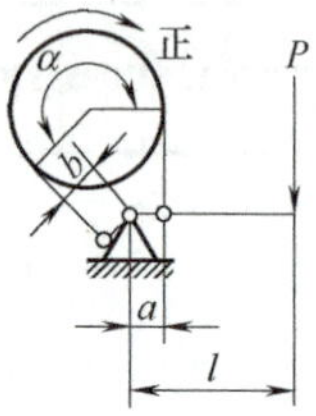

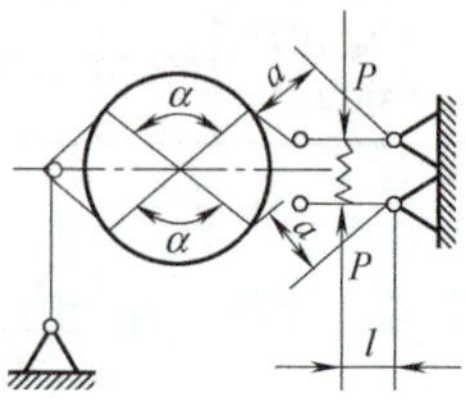

（续）

类型	简单式	综合式	差动式	双带式
特点	正反转制动转矩不同，操纵力 P 相差 $e^{\mu\alpha}$ 倍；如 P 相同，T_{zh} 相差 $e^{\mu\alpha}$ 倍	正反转制动转矩相同	正反转制动转矩不同，上闸力 P 小，当 $b>\frac{a}{e^{\mu\alpha}}$ 时自锁	相当于两个对称的简单式的组合；正反转制动转矩相同
用途	起升机构	运行、回转机构	起升机构	运行、回转机构

5.4.3　带式制动器的设计

1. 带条的受力分析（图 5-12）

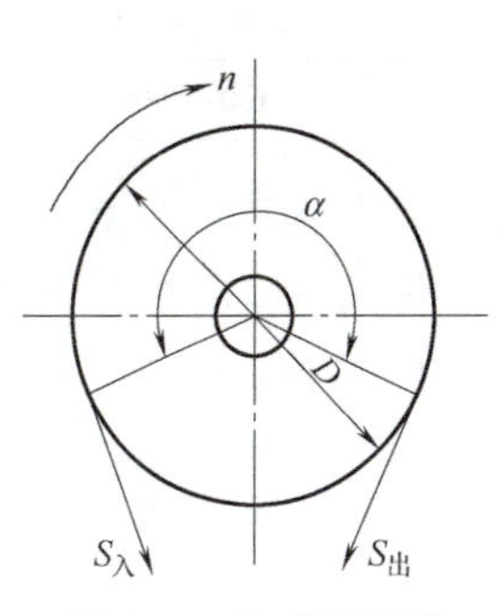

图 5-12　带式制动器计算简图

制动时，带与轮之间产生摩擦力造成带条两端拉力不等，其差值须与圆周力 F 相平衡，即

$$F=2F/D \tag{5-1}$$

$$S_入-S_出=F \tag{5-2}$$

根据欧拉公式，带条进出边拉力应符合下列关系，即

$$S_入=S_出\,e^{\mu\alpha} \tag{5-3}$$

由以上三式得出带内拉力：

$$\left.\begin{aligned}S_入&=\frac{Fe^{\mu\alpha}}{e^{\mu\alpha}-1}\\S_出&=\frac{F}{e^{\mu\alpha}-1}\end{aligned}\right\} \tag{5-4}$$

式中　μ——摩擦系数（表 5-1）；

α——带与轮的包角；

$e^{\mu\alpha}$——取值见表 5-5；

D——制动轮直径，可按制动力矩在表 5-6 中选取。

最大拉力发生在带的入端。

表 5-5　$e^{\mu\alpha}$ 值表

包角 α		45°	90°	180°	210°	240°	270°	300°	330°	360°
μ	0.1	1.08	1.17	1.37	1.44	1.52	1.6	1.69	1.78	1.87
	0.15	1.13	1.27	1.6	1.73	1.87	2.03	2.19	2.37	2.57
	0.18	1.15	1.3	1.76	1.98	2.13	2.34	2.55	2.81	3.1
	0.2	1.17	1.37	1.87	2.08	2.31	2.57	2.85	3.16	3.5
	0.25	1.22	1.48	2.2	2.52	2.89	3.25	3.72	4.25	4.8
	0.3	1.26	1.6	2.6	3.0	3.51	4.1	4.81	5.63	6.6
	0.4	1.37	1.9	3.5	4.33	5.43	6.6	8.12	10.01	12.3
	0.5	1.48	2.2	4.8	6.25	8.22	10.5	13.8	17.8	23.1

表 5-6 带式制动器的制动轮尺寸

制动力矩/N · m	制动轮尺寸	
	直径 D/mm	宽度 B/mm
700~860	200~250	70
1400~1600	300~350	90
1800~2100	400~450	90
2850~4000	500~700	110
6400~8000	800~1000	150

2. 带的强度计算

带的强度应根据拉伸与压缩进行计算。

（1）验算比压 q 计算公式如下：

$$q_{max}=\frac{S_{入}}{\frac{D}{2}b}\leqslant[q] \tag{5-5}$$

式中 $[q]$——许用比压力，从表 5-2 中选取；

b——带宽，一般比制动轮宽度 B 小 5~10mm。

（2）验算发热 带式制动器的发热和磨损仍然是用 qv 值来验算，许用 $[qv]$ 值从表 5-2 中选取。

（3）验算拉伸强度 钢带的厚度 δ（不计覆面材料的厚度）可根据危险断面上的拉伸强度来确定（危险断面在被铆钉孔削弱的断面上）。

$$\frac{S_{入}}{(b-zd')\delta}\leqslant[\sigma]_{拉} \tag{5-6}$$

式中 d'——连接铆钉直径，通常取 $d'=4\sim10$mm；

z——每一排中铆钉的个数；

$[\sigma]_{拉}$——带的拉伸许用应力。

一般可先按推荐值选取 δ，然后验算，推荐值见表 5-7。

表 5-7 制动钢带与制动衬片厚度 （单位：mm）

制动轮直径 D	制动轮宽度 B	制动钢带宽度 b	制动钢带厚度 B	制动衬片厚度 δ	松闸间隙 ε
160	50	45	2	4	0.6~0.8
200	65	60	2	4	
250	80	70	2	5	
315	100	80	2,3	6	1.0~1.25
400	120	100	3	7	
500	140	120	3	8	
630	160	140	3	8	1.25~1.60
710	180	160	3	10	
800	200	180	3	10	

3. 制动力矩的计算

在相同的合闸力 P 作用下，不同类型的带式制动器在不同的制动方向上所产生的制动力矩是不同的。

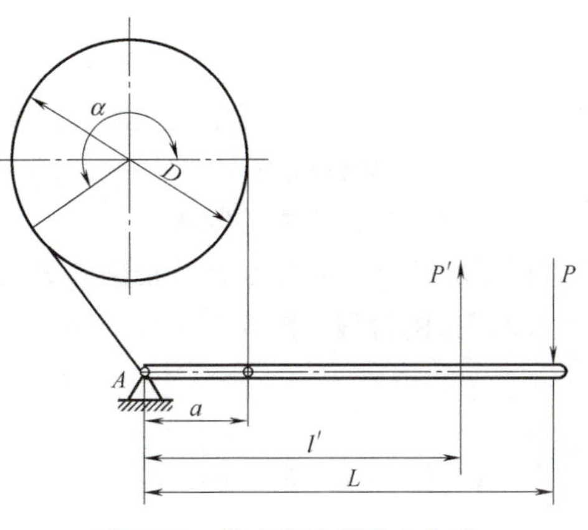

图 5-13　带式制动器受力分析

简单带式制动器（图 5-13）在正向（顺时针方向）制动时，由于

$$S_{出}a=PL$$

$$S_{出}=\frac{PL}{a}$$

故制动力矩 T_{zh} 为

$$T_{zh}=F\frac{D}{2}=S_{出}(e^{\mu\alpha}-1)\frac{D}{2}=\frac{PL}{a}\frac{D}{2}(e^{\mu\alpha}-1)$$

反向制动时，由于

$$S_{入}a=PL$$

$$S_{入}=\frac{PL}{a}$$

则制动力矩 T'_{zh} 为

$$T'_{zh}=F\frac{D}{2}=S_{入}\left(1-\frac{1}{e^{\mu\alpha}}\right)\frac{D}{2}=\frac{PL}{a}\frac{D}{2}\left(1-\frac{1}{e^{\mu\alpha}}\right)$$

由此可见，正向和反向制动时所产生的制动力矩不同，正向制动力矩是反向制动力矩的 $e^{\mu\alpha}$ 倍。所以简单带式制动器多用于起重机的起升机构中，便于在重物下降的方向上获得较大的制动力矩。

其他形式制动器制动力矩的计算在此省略，计算公式见表 5-4。

4. 电磁铁的选择

电磁铁的选择要依据其所需要的“吸力”和“行程”。对于简单带式制动器，如图 5-14 所示，可以在计算出制动带端的行程 Δl 和上闸力最大行程 h 后，通过确定电磁铁的位置，计算出“吸力”和“行程”。

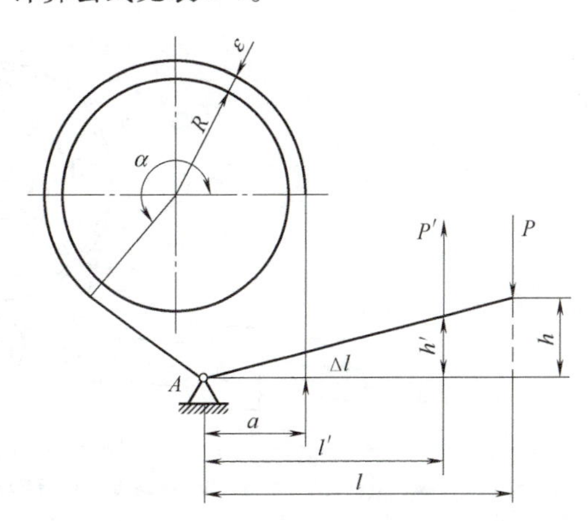

图 5-14　带式制动器松闸行程

（1）计算上闸力及松闸力　可按杠杆原理求得制动器的上闸力 P 及松闸力 P'，并应考虑制动杠杆系统的效率 η。

当 $\sum M_A=0$ 时，上闸力 P 为

$$P=\frac{S_2a}{l\eta}=\frac{2T_{zh}}{D}\frac{a}{(e^{\mu\alpha}-1)l}\frac{1}{\eta}\tag{5-7}$$

采用电磁铁松闸或液压缸松闸时，杠杆系统中应考虑电磁铁重量或液压系统的背压对上闸力 P 的影响。

当制动器松闸时，制动带拉力为零，这时取 $\sum M_A=0$，若采用弹簧上闸，则松闸力 P'为

$$P' = (P+Ch)\frac{1}{k\eta} \tag{5-8}$$

式中 Ch——在松闸过程中使上闸弹簧再次压缩时弹簧的弹力；

C——弹簧刚度；

h——再次压缩的距离。

根据所求得的上闸力 P 及松闸力 P' 可进一步设计弹簧、液压缸等零部件。

（2）松闸行程　图 5-14 中，P' 着力点的最大松闸行程为

$$h' = \frac{l'}{a}\Delta l$$

而 $\Delta l = (R+\varepsilon)\alpha - R\alpha = \varepsilon\alpha$

$$h' = \frac{l'}{a}\varepsilon\alpha \tag{5-9}$$

式中 α——制动带包角（rad）；

ε——制动带与制动轮间的径向间隙，推荐值见表 5-7。

5.4.4 棘轮带式制动器

在某些起升机构特别是人力驱动的起升机构中，不仅要求制动装置能安全可靠地停止和支持悬吊的物品，还要利用制动装置来控制物品下降的速度。但停止器只能完成停止和支持物品的作用；单独的制动器虽能基本上满足这些要求，但操纵起来既不方便又不十分可靠。因此，在实际应用中经常采用由停止器和制动器组成的复合制动装置。棘轮带式制动器就是其中的一种形式。

图 5-15 所示为棘轮带式制动器。主动轴 7 用键与棘轮 5 相连接，棘爪 6 用销轴装在制动轮 4 上，而制动轮 4 则自由地套在主动轴 7 上，可在其上自由旋转。

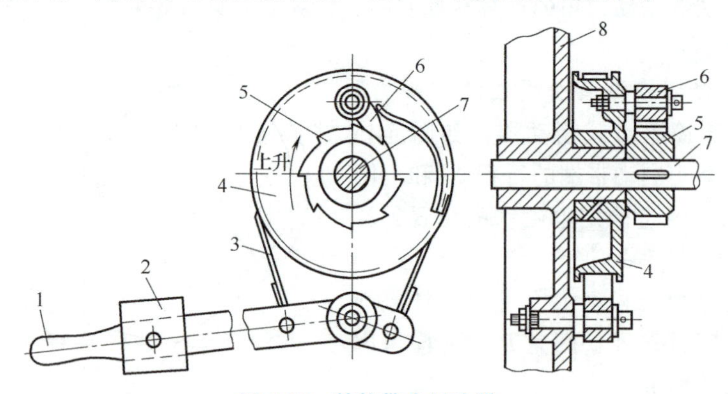

图 5-15　棘轮带式制动器

1—手柄　2—重锤　3—制动带　4—制动轮　5—棘轮　6—棘爪　7—主动轴　8—机架

当物品上升时，主动轴 7 按顺时针方向旋转，制动轮 4 在重锤 2 作用下，被制动带 3 刹住停止不动，棘爪 6 因固定在制动轮 4 上也不动，但棘轮 5 可以在棘爪 6 下滑过而允许主动轴 7 旋转。当物品提升到某一高度欲停止时，主动轴 7 停止驱动，在起重载荷作用下，将使主动轴 7 逆转，由于棘爪 6 阻止棘轮 5 和主动轴 7 反向转动，产生制动作用，使物品悬空不能降落。

要使物品下降，须提起制动杠杆，制动带3便松开制动轮4。这时在物品自重的作用下，棘轮5、棘爪6和制动轮4跟主动轴7一同反转，于是物品下降。根据制动杠杆提起高度的不同，可以调节物品下降的速度。只要放下重锤2，重物又重新停止。这种制动器可按棘轮停止器和带式制动器来计算。

5.4.5 制动器的安全使用规程

起重机的起升机构、变幅机构、运行机构和回转机构都必须装设制动器。起升机构、变幅机构的制动器必须是常闭式的。对于起吊危险品，以及发生事故后可能造成重大危险或损失的起升机构，其每一套驱动装置都应装设两套制动器。

1）正常使用的起重机，每班都应对制动器进行检查。

2）制动轮的制动摩擦面，不应有妨碍制动性能的缺陷，或沾染油污。

3）带式制动器对制动带摩擦垫片的磨损应有补偿能力。制动带摩擦垫片，其背衬钢带的端部与固定部分的连接，应采用铰接，不得采用螺栓连接、铆接、焊接等刚性连接形式。制动带摩擦垫片与制动轮的实际接触面积不应小于理论接触面积的70%。

4）控制制动器的操纵部位，如踏板、操纵手柄等，应有防滑性能。

5）制动器的零件，出现下述情况之一时，应报废。

① 裂纹。

② 制动带摩擦垫片厚度磨损量达原厚度的50%。

③ 弹簧出现塑性变形。

④ 小轴或轴孔直径磨损量达原直径的5%。

⑤ 起升、变幅机构的制动轮，轮缘厚度磨损量达原厚度的40%。

⑥ 其他机构的制动轮，轮缘厚度磨损量达原厚度的50%。

第6章 起升机构

6.1 概述

6.1.1 起升机构的组成

在起重机中，用以提升或下降货物的机构称为起升机构，一般采用卷扬式（又称为卷扬机）。起升机构是起重机中最重要、最基本的机构。

起升机构一般由驱动装置、钢丝绳卷绕系统、取物装置和安全保护装置等组成。驱动装置包括原动机、联轴器、制动器、减速器、卷筒等部件。钢丝绳卷绕系统包括钢丝绳、卷筒和滑轮组。取物装置有吊钩、吊环、抓斗、电磁吸盘等多种形式。安全保护装置有超负荷限制器、起升高度限位器等。

起升机构的驱动方式有内燃机驱动、电动机驱动和液压驱动等。

1. 内燃机驱动的起升机构

其动力由内燃机通过机械传动装置集中传给包括起升机构在内的各个工作机构。其特点是具有自身独立的能源，机动灵活，适用于流动作业的流动式起重机。为保证各机构的独立运动，整机的传动系统复杂笨重。由于内燃机不能逆转，不能带载起动，须依靠传动环节的离合器实现起动和换向，因此调速困难且操纵麻烦，目前只在少数轮式起重机和履带起重机上应用。

2. 电动机驱动的起升机构

电动机驱动是起升机构的主要驱动方式。直流电动机的机械特性适合起升机构工作要求，调速性能好，但获得直流电源较为困难。在大型的工程起重机上，常采用内燃机和直流发电机实现直流传动。交流电动机驱动能直接从电网取得电源，电动机过载能力强，可以带载起动，便于调速，操纵简单，维护容易，机组重量轻，工作可靠，在电动起升机构中被广泛采用。由于起重机用的电动机需要频繁起动和制动，故与一般长期连续运转的电动机要求有所不同，在起重机上一般采用 JZR（线绕型）和 JZ（笼型）三相交流电动机。与一般电动机相比，它的转子细而长（惯性小，允许短时过载能力强，起动力矩大）。在现代起重机设计规范中，也推荐起重机上采用 YZ 及 YZR 系列电动机，其效率高，自重小，体积小，起动力矩大，而且省电。

3. 液压驱动的起升机构

由原动机驱动液压泵，将工作油液输入执行机构（液压缸或液压马达）使机构动作，通过控制输入执行构件的液体流量实现调速。液压驱动的优点是传动比大，可以实现大范围的无级调速，结构紧凑，运转平稳，操作方便，过载保护性能好。缺点是液压传动元件的制造精度要求高，液体容易泄漏。目前液压驱动在流动式起重机上广泛应用。

依照液压驱动装置的类型，液压起升机构分为高速液压马达驱动（与电动机驱动相同）、低速大转矩液压马达驱动和液压缸驱动（用于直接顶升物品，如电梯和塔式起重机中的顶升机构等）。

6.1.2　起升机构的典型形式

在起升机构的各个组成中，钢丝绳的卷绕系统、取物装置、制动装置在前面已作了介绍，在此着重介绍其驱动装置。

起升机构

6.1.2.1　驱动装置的布置方式

1. 电动起升机构

（1）平行轴线布置　大多数起重机起升机构的驱动装置都采用电动机轴与卷筒轴平行布置。图 6-1 所示为起升机构的驱动装置。当起升机构用于吊运液态金属及其他贵重或危险物品时须采用双制动器，依图 6-1 中的细双点画线部分选择布置。当须设立主、副两个起升机构时，布置方式如图 6-2 所示。也有采用电动葫芦作为副起升机构的，其结构紧凑，整机自重小。

双卷筒起升机构

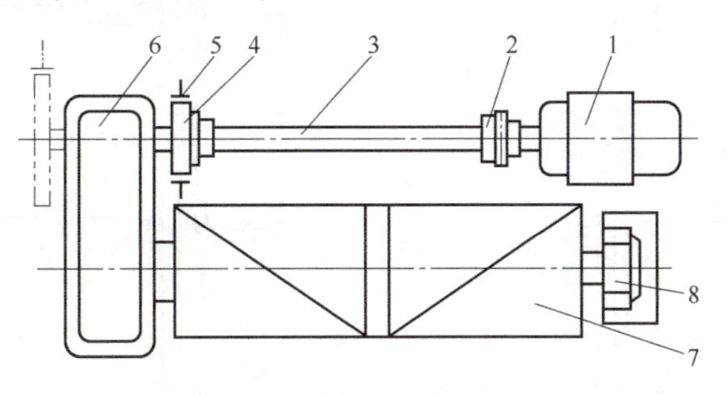

图 6-1　起升机构的驱动装置

1—电动机　2—联轴器　3—浮动轴　4—带制动轮的联轴器
5—制动器　6—减速器　7—卷筒　8—卷筒支座

大起重量的起升机构，由于起升速度相对较慢，减速器传动比大，也有采用在减速器输出端加一级开式齿轮的传动方式，如图 6-3 所示。起重量超过 100t 的大型起重机也可采用图 6-4 所示的布置方式。慢速起升机构采用一台减速器时的传动比不能满足要求时，可采用图 6-5 所示的布置方式。

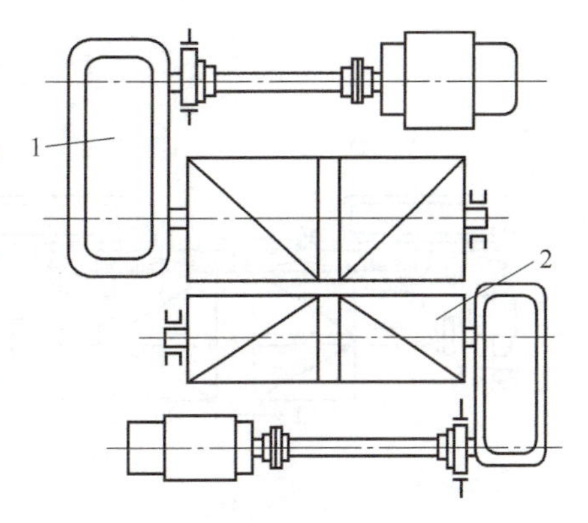

图 6-2　主、副钩起升机构的驱动装置

1—主起升机构　2—副起升机构

上述起升机构方案中，各部件都是分别支承、固定在小车架上。要求小车架有足够的精度和刚度，从而使小车的自重增大，加工制造及安装调整也很麻烦。为了减轻和简化小车架，可采用带有制动器的电动机，并将其直接套装在减速器上，使整个传动机构形成一个独立的整体。通过减速器的两个支承点和卷筒支承座的一个支承点形成稳定支承，可降低对小车架安装精度的要求。此外还可将定滑轮直接套装在卷筒上，并使卷筒直接作为小车架的主体，在两端安装行走端梁构成整个起重小车，使结构大为简化，如图 6-6 所示。但这种方案只适合中、小吨位的起重机。

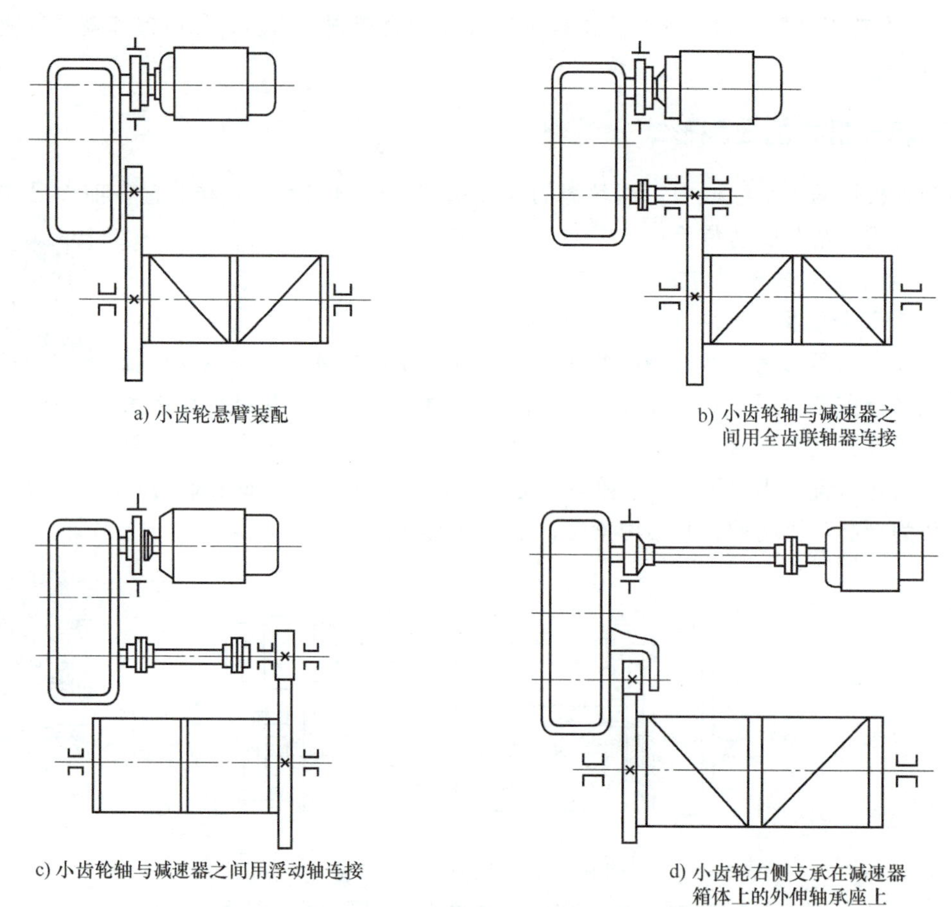

a) 小齿轮悬臂装配

b) 小齿轮轴与减速器之间用全齿联轴器连接

c) 小齿轮轴与减速器之间用浮动轴连接

d) 小齿轮右侧支承在减速器箱体上的外伸轴承座上

图 6-3　带开式齿轮传动的起升机构驱动装置

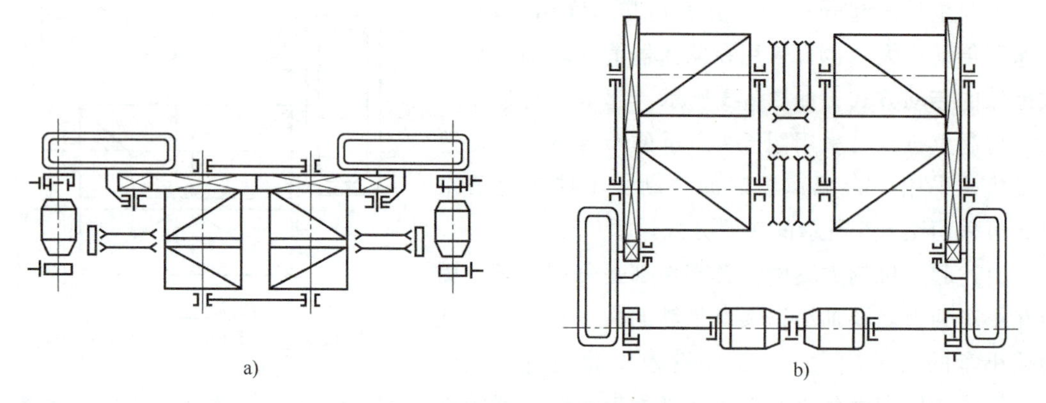

a)

b)

图 6-4　大型起重机起升机构的驱动装置

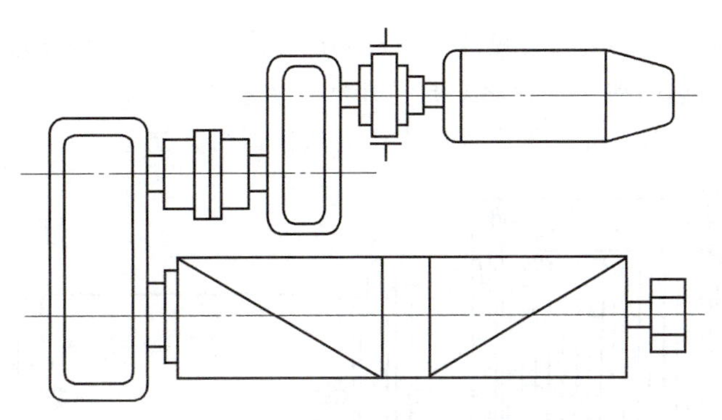

图 6-5 慢速起升机构的驱动装置

为了操纵双绳或四绳抓斗，抓斗起重机常采用两套独立的起升机构，如图 6-7 所示。其中一组驱动装置作开闭抓斗用，另一组作抓斗开闭时支持抓斗用；抓斗的升降则由两组驱动装置协同工作来完成。

（2）同轴线布置 将电动机、减速器和卷筒成直线排列，电动机和卷筒分别布置在同轴线减速器（常为普通行星减速器或少齿差行星减速器）的两端，或者把减速器布置在卷筒内部，如图 6-8 所示。为使机构紧凑和提高组装性能，可采用带制动器的端面安装形式的电动机。同轴线布置的起升机构横向尺寸紧凑，但加工精度和安装精度要求较高，维修不太方便。

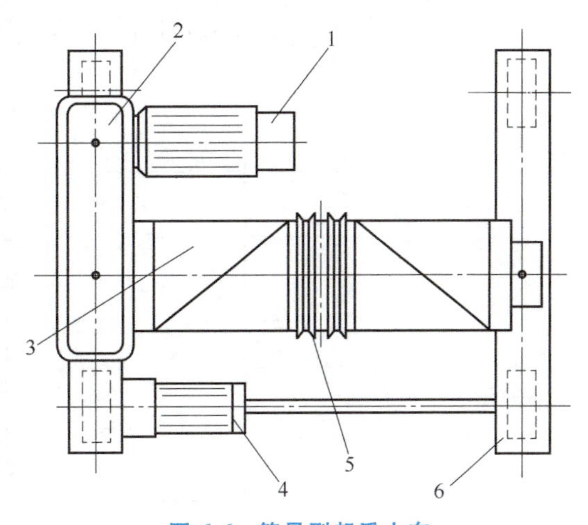

图 6-6 简易型起重小车

1—带制动器的电动机 2—减速器 3—卷筒 4—运行驱动装置 5—定滑轮 6—端梁

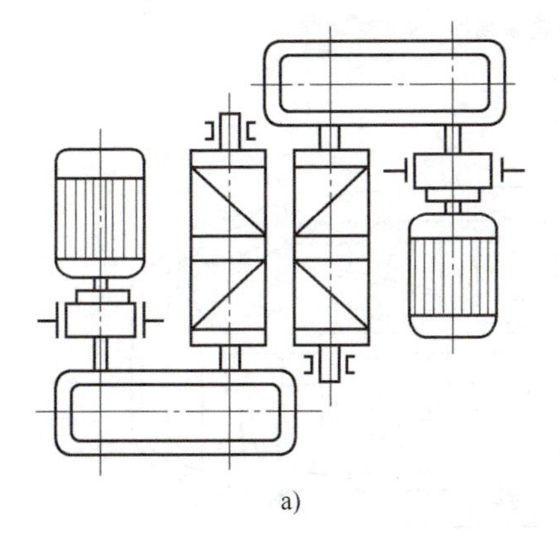

a)

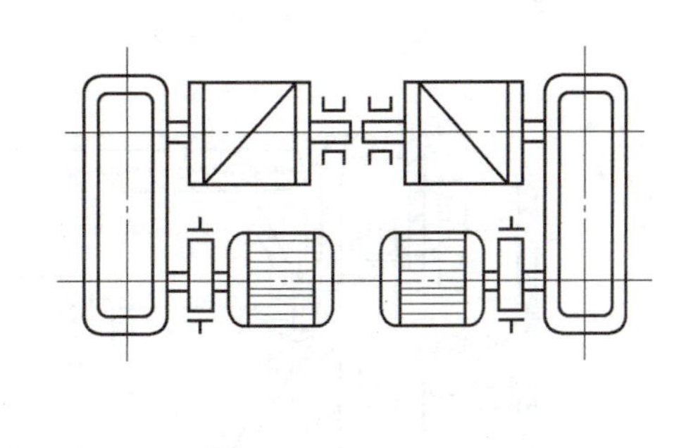

b)

图 6-7 双卷筒起升机构的驱动装置

电动葫芦是一种常用的小型起重设备，在工厂车间、仓库等场合应用广泛。电动葫芦是电动机与卷筒同轴线布置的典型实例，如图 6-9 所示。

2. 液压起升机构

液压起升机构主要用于轮式、履带式起重机。按照液压驱动装置的类型，液压起升机构分为高速液压马达驱动、低速大转矩液压马达驱动和液压缸驱动三种形式。

（1）高速液压马达驱动　这种形式的起升机构在液压起重机中应用最广，其工作可靠，成本低，寿命长，效率高，可以采用批量生产的减速器与其配套。

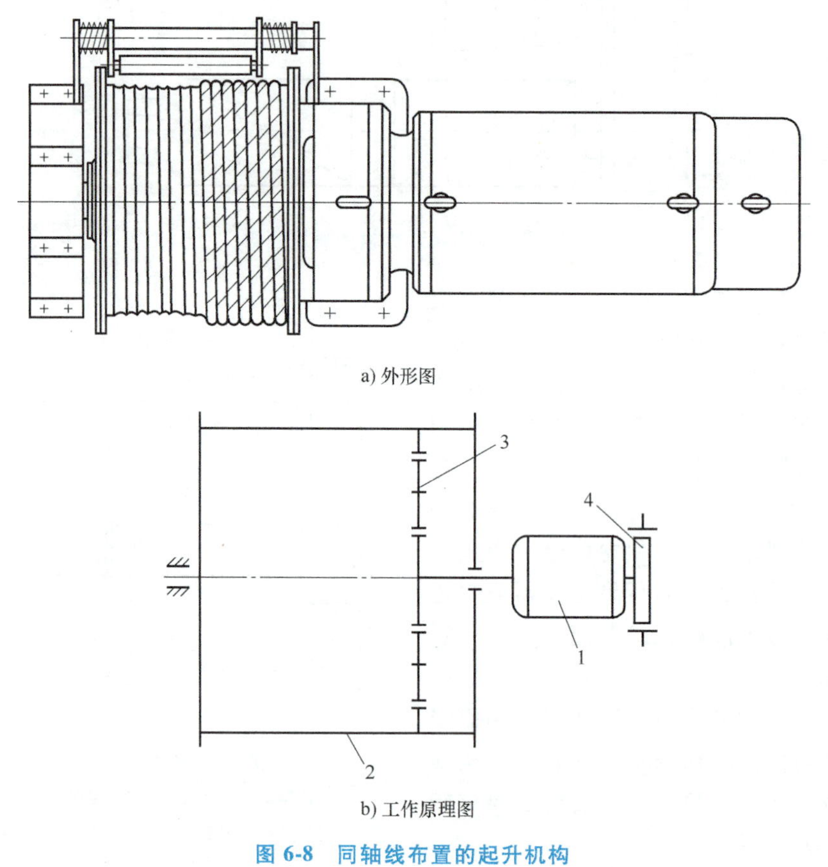

a) 外形图

b) 工作原理图

图 6-8　同轴线布置的起升机构

1—电动机　2—卷筒　3—行星齿轮联轴器　4—制动器

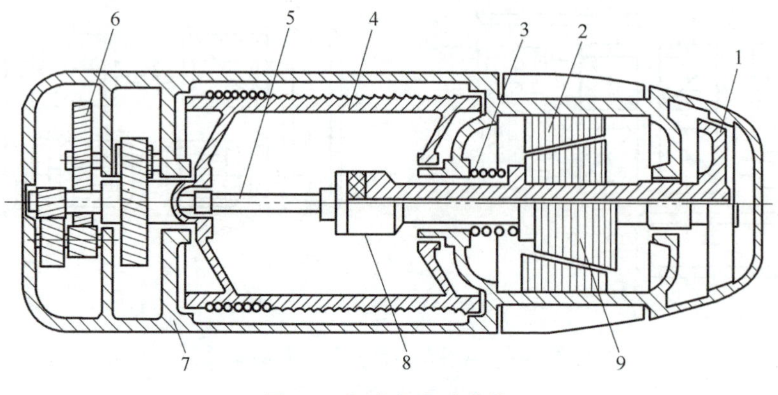

图 6-9　钢丝绳电动葫芦

1—锥形制动器　2—定子　3—弹簧　4—卷筒　5—动力轴　6—减速器　7—外壳　8—联轴器　9—转子

图 6-10 所示为高速液压马达与普通圆柱齿轮减速器和卷筒等构成的起升机构，液压马达和卷筒并列布置，是中小吨位液压起重机常见的形式。

图 6-11 所示布置形式采用了行星齿轮减速器，是大吨位汽车起重机中广泛应用的起升机构形式。行星齿轮减速器和多片盘式制动器置于卷筒内腔，卷筒与液压马达同轴布置，结构紧凑。制动器、行星齿轮减速器和卷筒制成三合一总成，俗称液压卷筒。使用时，只需配装组成液压马达所需的起升机构即可。

在大中型液压起重机上，一般除主起升机构外，还装设有副起升机构。需要双钩同时工作的某些特殊用途起重机，必须装设相同的两个起升机构。为了减少零部件的规格种类，主副起升机构一般为独立驱动，构造完全相同，只是减小了副起升机构的滑轮组倍率。

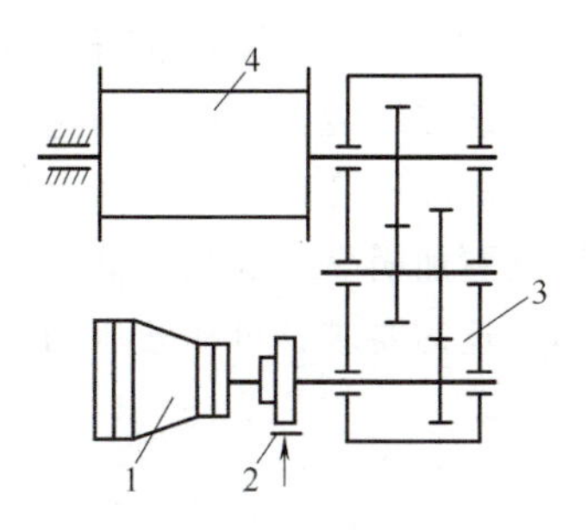

图 6-10　高速液压马达与卷筒并列布置

1—高速液压马达　2—制动器　3—圆柱齿轮减速器　4—卷筒

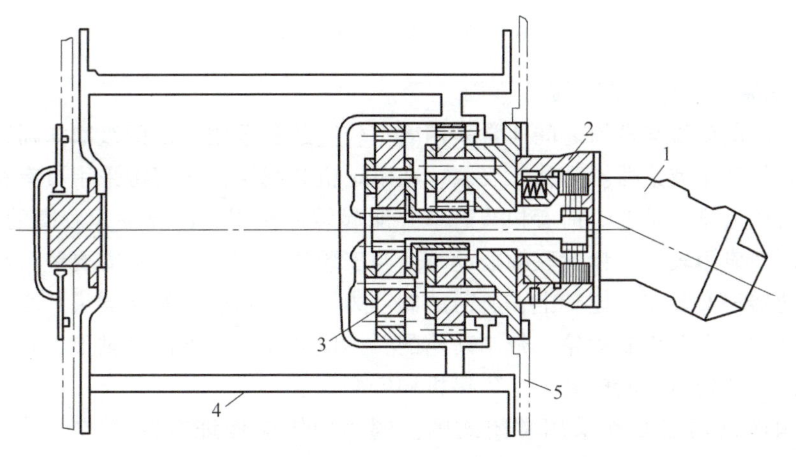

图 6-11　高速液压马达与卷筒同轴布置

1—高速液压马达　2—多片盘式制动器　3—行星减速器　4—卷筒　5—支架

用一个液压马达驱动两个卷筒的起升机构示意图如图 6-12 所示。图 6-12a 所示为双卷筒同轴布置，轴向尺寸长；图 6-12b 所示为双卷筒并列布置，增加了开式齿轮传动。由于卷筒通过操纵式离合器与传动轴连接，因此制动器必须装在卷筒上。操纵制动器，松开离合器，可以实现物品自由下降，提高作业效率。

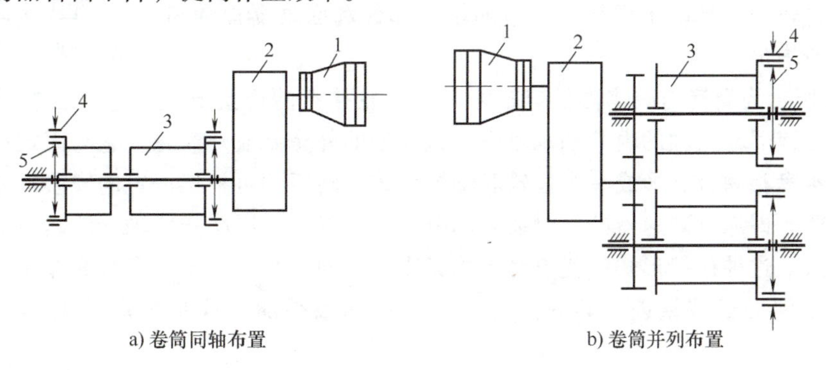

图 6-12　单液压马达驱动双卷筒

1—高速液压马达　2—减速器　3—卷筒　4—制动器　5—离合器

（2）低速大转矩液压马达驱动　低速大转矩液压马达转速低，输出转矩大，一般不需要减速传动装置。液压马达直接与卷筒连接，简化了机构的传动和构造（图 6-13a）。低速大转矩液压马达的体积和重量比同功率的普通齿轮减速器小得多，当输出转矩增大时，这一优点更加明显。因此，低速大转矩液压马达适用于大起重量的起升机构。为了满足输出转矩和转速的要求，可在液压马达和卷筒之间增加一级开式齿轮传动（图 6-13b）。

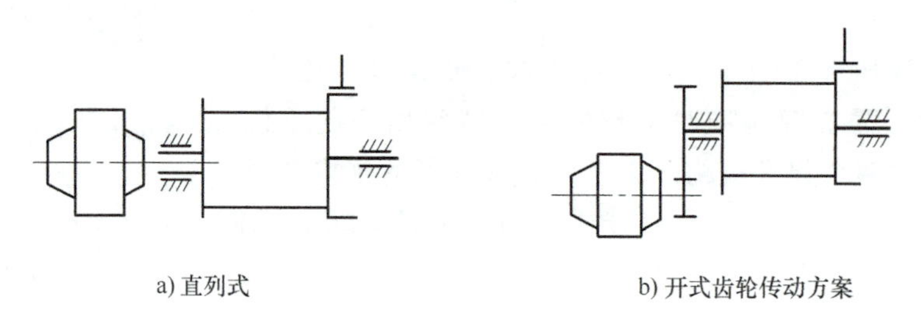

图 6-13　低速液压马达驱动

6.1.2.2　驱动装置零部件的连接

起升机构的电动机与卷筒之间通常采用效率较高的起重用标准两级减速器，要求低速时可采用三级大传动比减速器。为便于安装，在电动机与减速器之间常采用具有补偿性能的弹性柱销联轴器或齿轮联轴器。前者构造简单并能起缓冲作用，但弹性橡胶圈的使用寿命短；后者坚固耐用，应用较广。齿轮联轴器的寿命与安装质量有关，并且需要经常润滑。

一般制动器都安装在高速轴上，所需的制动力矩小，相应的制动器尺寸小、重量轻。经常利用联轴器的一半兼作制动轮，带制动轮的一半应装在减速器高速轴上，这样，即使联轴器被损坏，制动器仍可将卷筒制动，确保机构安全。

起升机构的制动器必须采用常闭式的。制动力矩应保证有足够的制动安全系数。在重要的起升机构中有时须装设两个制动器（图 6-1、图 6-4a）。

为使机构布置方便并增大补偿能力，在电动机与减速器之间可采用浮动轴连接，浮动轴的两端为半齿联轴器，如图 6-14 所示。

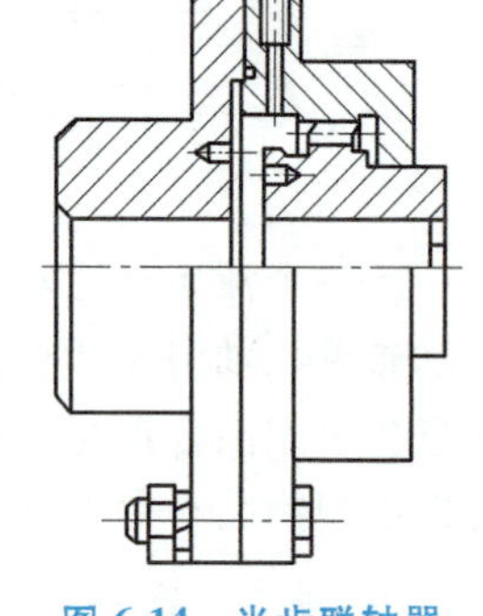

图 6-14　半齿联轴器

卷筒与减速器低速轴之间的连接形式很多。图 6-15 所示为用全齿轮联轴器连接的起升机构，这种形式构造简单，但在卷筒轴线方向所占的位置较长，且由于增加了卷筒的轴承部件和联轴器而使机构的自重有所增加。

图 6-16 所示为卷筒与减速器低速轴之间用齿轮接盘的连接形式，卷筒轴左端用自定位轴承支承于减速器输出轴的内腔轴承座中，低速轴的外缘制成外齿轮，它与固定在卷筒上的带内齿轮的接盘相吻合，形成一个齿轮联轴器，传递转矩并可补偿一定的安装误差。在齿轮联轴器的外侧，即靠近减速器的一侧装有剖分式的密封盖，以防止联轴器的润滑油流出和外面的灰尘进入。这种连接形式的优点是结构紧凑，轴向尺寸小，安装和维修方便，能补偿减速器与卷筒之间的安装误差。其缺点是减速器低速轴须加工成带齿形的轴端，加工工艺复杂。

图 6-17 所示为一种卷筒与减速器低速轴短轴式的连接方式，卷筒左侧的法兰盘与减速器输出轴之间用键或过盈配合来连接，卷筒右侧采用定轴式或转轴式的短轴，省去了卷筒的

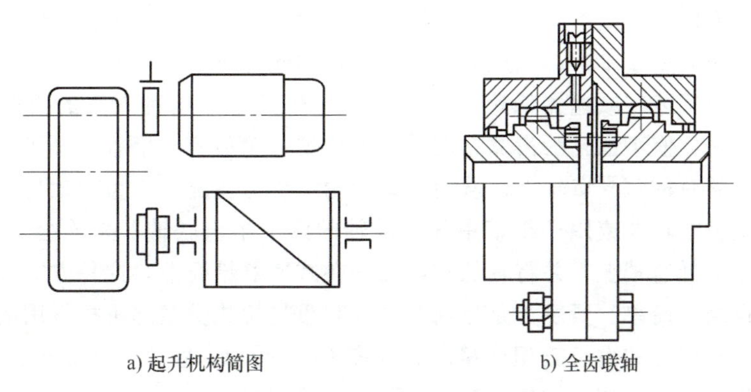

a) 起升机构简图　　b) 全齿联轴

图 6-15 用全齿轮联轴器连接的起升机构

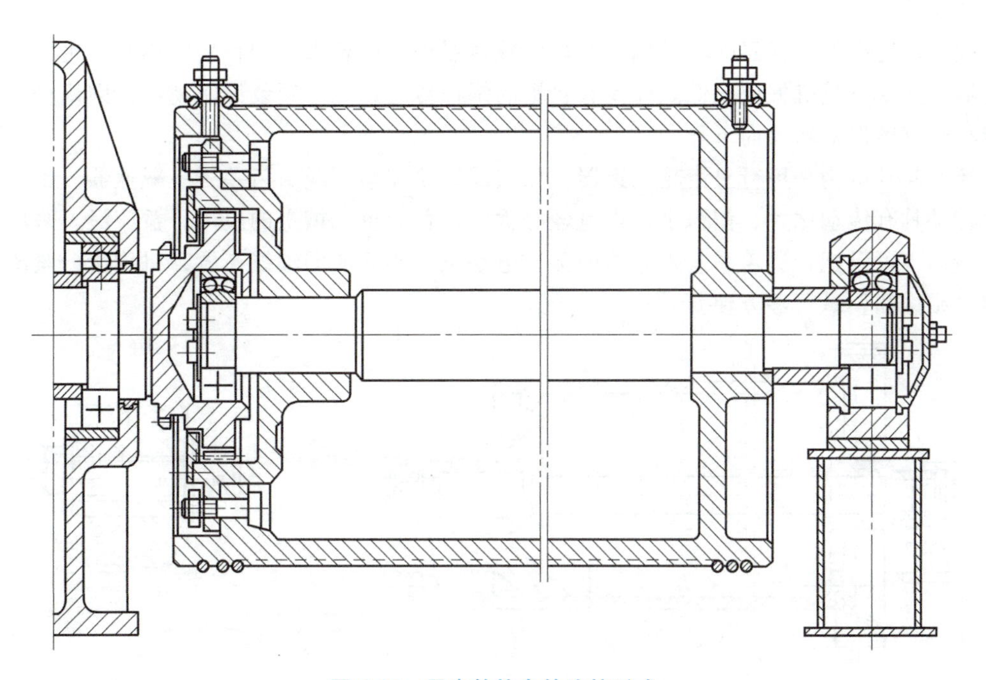

图 6-16 用齿轮接盘的连接形式

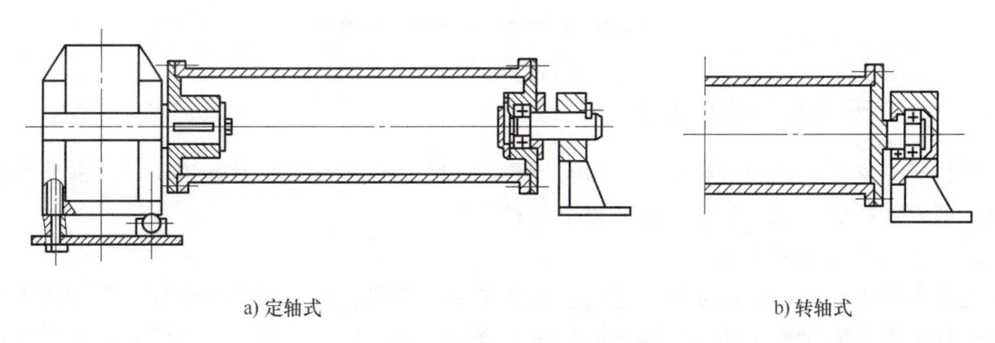

a) 定轴式　　b) 转轴式

图 6-17 短轴式连接的形式

长轴。为了消除车架变形的影响，将减速器支承在一个纵向的柱销上，卷筒的轴承采用自定位轴承，允许轴向游动，从而使卷筒的支承成为静定结构。这种连接方式的优点是构造简单，调整与安装方便。其缺点是由于减速器的摆动使高速轴上的联轴器及制动器等部件的工作状况不好，一般只用于中小起重量的桥式起重机的起升机构。

开式小齿轮悬臂装在减速器低速轴上，如图 6-3a 所示。这种方案的构造比较简单，但由于轴端变形较大，使小齿轮沿齿宽方向受力不均匀，轮齿容易磨损。图 6-3b、c 中，开式小齿轮装在自身的对称双支点轴上，从而改善了轮齿受力状况。小齿轮轴与减速器低速轴之间，可用一个全齿联轴器或用一根带中间浮动轴的两个半齿联轴器来连接。图 6-3d 中，将小齿轮装在减速器低速轴上，并将轴的右端支承在减速器箱壳上。这种方案不但小齿轮受力比较均匀，而且结构简单、紧凑，是目前我国大起重量桥式类型起重机常用的传动方案。

当卷筒与开式传动的大齿轮相连接时，如图 6-18 所示，卷筒与大齿轮间用沿圆周均布的螺栓连接。为了承受剪切力和传递转矩，可以用精制螺栓，也可以在孔中铰配受剪套筒而用普通螺栓。

起升机构中的减速器除了采用标准齿轮减速器外，在要求结构特别紧凑时，也可用蜗杆减速器，其缺点是机械效率低。即使有自锁的蜗杆传动，也必须装设制动器，因蜗杆的自锁性能将随着磨损的增加而下降。

还有起升机构采用行星齿轮减速器，如摆线针轮和渐开线少齿差行星减速器。由于行星齿轮传动具有传动比大、体积小、重量轻等优点，在起重机械上的应用日益广泛。采用行星齿轮传动也可以把行星轮系装入卷筒内部，电动机与卷筒成同轴线布置，机构十分紧凑，但安装、维修和调试不够方便。

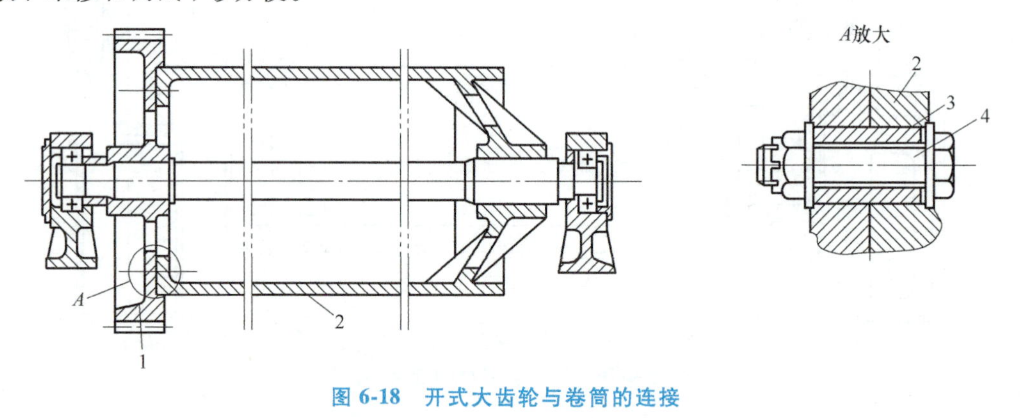

图 6-18 开式大齿轮与卷筒的连接

1—大齿轮 2—卷筒 3—套筒 4—螺栓

6.1.3 大起升高度的卷绕系统

当桥式类型起重机起升高度 $H \geqslant 20\text{m}$、臂架型起重机起升高度 $H \geqslant 40\text{m}$ 时，钢丝绳卷绕系统一般要做特殊考虑。常见方案有以下几种。

1. 加大卷筒直径或长度

此方案简单易行。但过分加大卷筒直径会带来起升机构高度尺寸的增加；过度增加卷筒长度会导致钢丝绳对滑轮和卷筒绳槽偏斜角的增大，加剧磨损，甚至引起滑轮绳槽的破坏或钢丝绳跳槽，因此该方案局限性较大。

2. 减小滑轮组倍率

适当减小滑轮组倍率能减少钢丝绳在卷筒上的绕绳量，且不增加机构外形尺寸，在对起升机构外形尺寸有限制的场合更为有利。但卷筒受力增加，钢丝绳直径增大，减速器传动比也要增加，有一定的使用局限性。

3. 普通双层卷绕

如图6-19所示，将钢丝绳绳端固定于卷筒中部，起升时钢丝绳从中间向两头绕入卷筒绳槽中。这种方案构造简单，但钢丝绳的偏斜角不能大于3°，否则第二层钢丝绳排列不整齐，磨损也严重，适用于不太频繁使用的场合。

4. 双卷筒卷绕

如图6-20所示，由两个卷筒同时卷绕，可使起升高度增加一倍，但机构的外形尺寸较大。

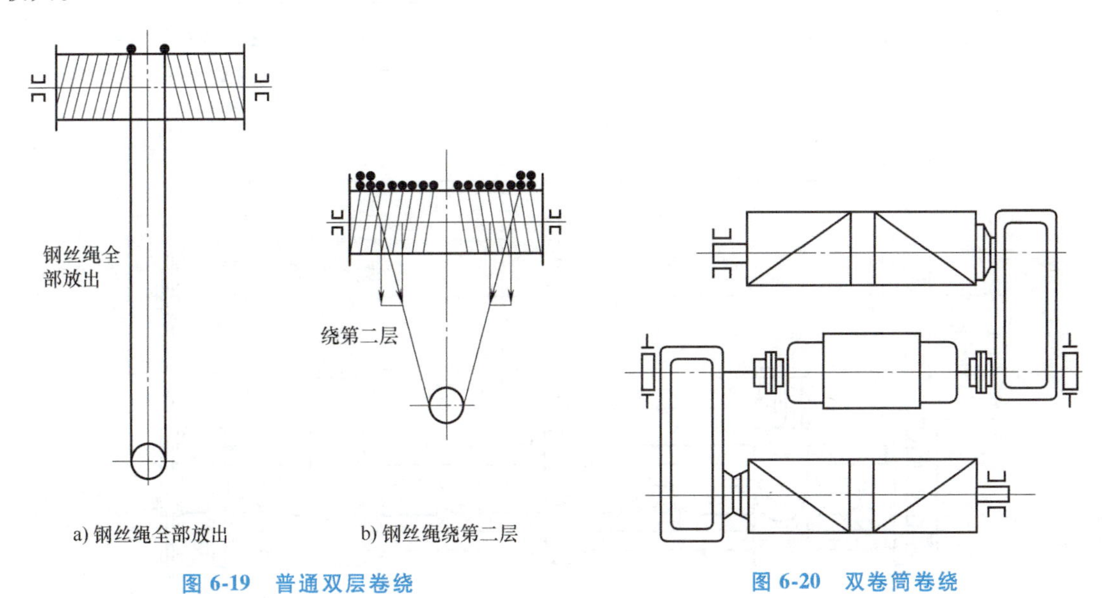

a) 钢丝绳全部放出　b) 钢丝绳绕第二层

图6-19 普通双层卷绕

图6-20 双卷筒卷绕

5. 同向双层卷绕

如图6-21所示，卷绕在卷筒上的内层钢丝绳作为外层钢丝绳的导向槽，内外层钢丝绳同时卷绕。这种方案钢丝绳排列整齐，磨损较小，效果较好。为避免钢丝绳相碰，两固定滑轮须错开一定距离。这种方案由于滑轮倍率减小，使卷筒受力增加，减速器传动比也要增大。

6. 多层卷绕

多层卷绕时为使钢丝绳在卷筒上排列整齐，通常采取以下措施：①卷筒壁开螺旋绳槽，保证第一层钢丝绳整齐排列；②采用压绳器（图6-22），压辊可为圆柱形或中间粗两头细的圆锥形；③采用排绳器。

图6-23所示为采用双向螺杆排绳器的多层卷绕。进出卷筒的钢丝绳由两个滚轮夹着导向。导向滚轮通过嵌入螺纹凹槽的螺母月牙板，可沿着螺杆移动。螺杆有左右双向螺纹凹槽，左右螺纹在螺杆两头互相衔接过渡形成封闭回路，因此导向滚轮可沿螺杆来回移动。螺杆通过链条链轮由卷筒带动旋转，卷筒旋转一周，钢丝绳沿轴向正好移动一个绳圈节距的距离。当钢丝绳绕完一层到达卷筒端部时，螺母月牙板也同时在螺杆头部从一个方向的螺纹过渡到另一方向的螺纹上去。这种方案的优点是可实现反复多层卷绕。缺点是月牙板等零件磨损较快，可用于使用不太频繁的起重机上。

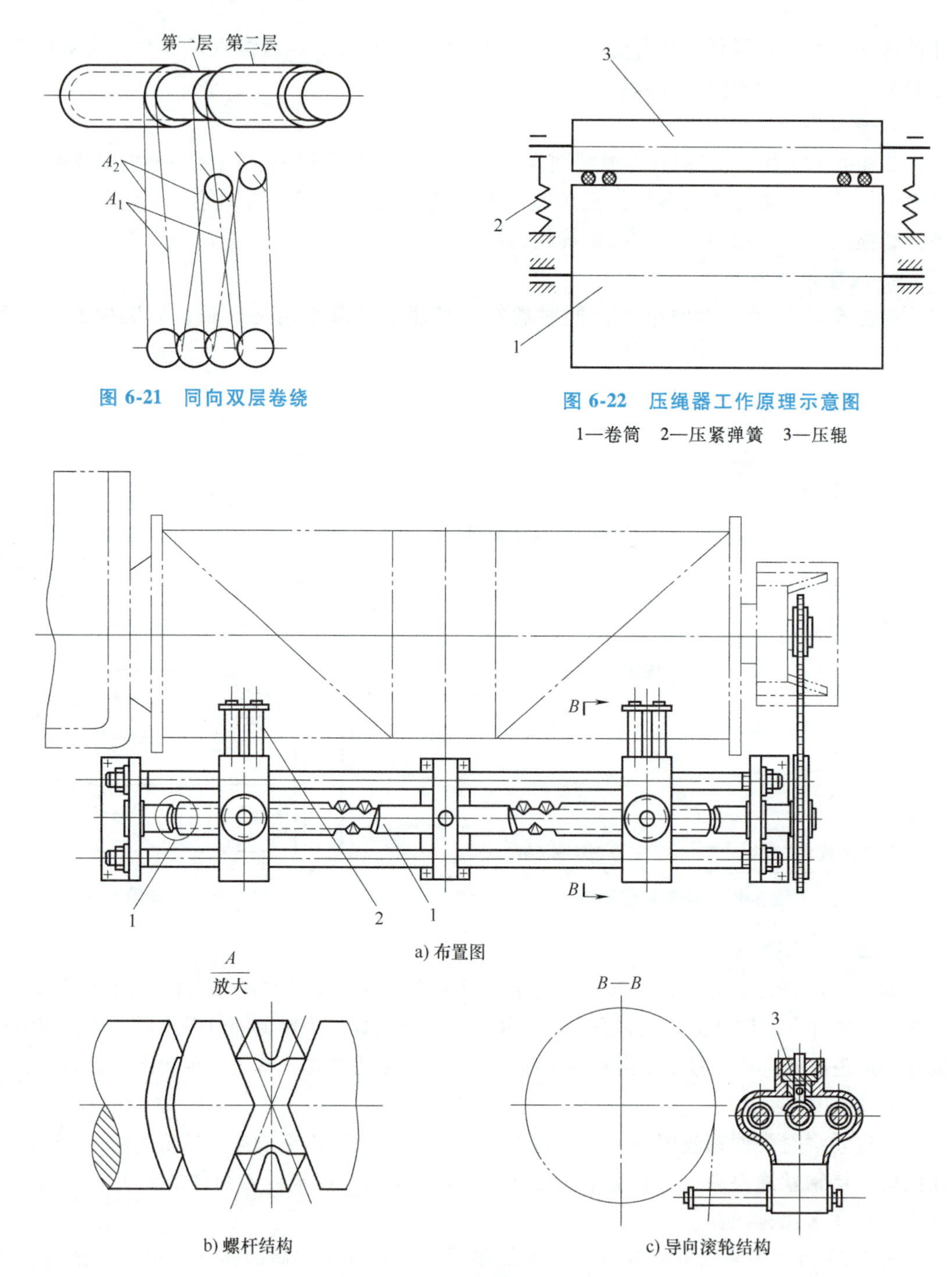

图 6-21 同向双层卷绕

图 6-22 压绳器工作原理示意图

1—卷筒 2—压紧弹簧 3—压辊

图 6-23 双向螺杆排绳器

1—双向螺杆 2—导向滚轮 3—月牙板

6.2 起升机构的设计计算

起升机构的设计计算是在给定了设计参数，并将机构布置方案确定后进行的。通过计算，选择机构中所需要的标准部件（如电动机、减速器、制动器、联轴器、钢丝绳等），对非标准零部件根据需要做进一步的强度与刚度计算。

6.2.1　电动起升机构计算

6.2.1.1　钢丝绳、滑轮、卷筒和取物装置的选择计算

在此略，详见前面的章节。

6.2.1.2　电动机的选择

1. 电动机静功率的计算

$$P_j = \frac{Qv}{1000\eta} \tag{6-1}$$

式中　P_j——电动机静功率（kW）；

Q——起升载荷（N）；

v——起升速度（m/s）；

η——机构总效率，$\eta=\eta_z\eta_d\eta_t\eta_e$。其中，$\eta_z$ 为滑轮组效率；η_d 为导向滑轮效率，见表 6-1；η_t 为卷筒效率，$\eta_t\approx\eta_d$；η_e 为传动效率，见表 6-2。采用闭式圆柱齿轮传动进行初步计算时，$\eta\approx0.8\sim0.85$。

表 6-1　与包角 α 有关的导向滑轮效率 η_d 值

α		15°	45°	90°	180°
η_d	滑动轴承	0.985	0.975	0.96	0.95
	滚动轴承	0.99	0.987	0.985	0.98

表 6-2　传动效率 η_e

常用传动形式	轴承形式	η_e
闭式双级圆柱齿轮传动	滚动	0.94~0.96
闭式三级圆柱齿轮传动	滚动	0.92~0.94
开式一级圆柱齿轮传动	滚动	0.92~0.94
	滑动	0.90~0.92
闭式双级锥齿轮传动	滚动	0.88~0.92
	滑动	0.85~0.90
开式一级锥齿轮传动	滚动	0.90~0.92
	滑动	0.88~0.90
一级行星摆线针轮传动	滚动	0.85~0.90
开式一级锥齿轮传动	单头	0.70~0.75
	双头	0.75~0.80
	三头	0.80~0.85

2. 电动机功率的选择

考虑起重机的类型、用途、机构工作级别和作业特点以及电动机的工作特性，按满载起升计算所得的静功率 P_j 应乘以稳态负载平均系数 G，由此得到稳态平均功率，按此功率选

择 JC 值和 CZ 值相吻合的电动机功率。

除电动葫芦外，起重机的起升机构一般使用绕线型异步电动机。绕线型异步电动机的稳态平均功率为

$$P_{w}=G\frac{Qv}{1000\eta} \tag{6-2}$$

式中 G——稳态负载平均系数，见表 6-3。

表 6-3 稳态负载平均系数 G

G_1	0.7	G_3	0.9
G_2	0.8	G_4	1.0

起重机起升机构的接电持续率 JC 值和稳态负载平均系数 G，如无具体资料时，可参考表 6-4 选取。

表 6-4 起升机构的 JC、CZ 和 G 值

起重机形式		用 途	主起升机构			副起升机构		
			JC(%)	CZ	G	JC(%)	CZ	G
桥式类型起重机	吊钩式	电站安装及检修用	15	150	G_1	15	150	G_1
		车间及仓库用	25	150	G_2	25	150	G_2
		繁重的工作车间、仓库用	40	300	G_2	25	150	G_2
	抓斗式	间断装卸用	40	450	G_2			
门式起重机	吊钩式	一般用途	25	150	G_2	25	150	G_2
门座起重机	吊钩式	安装用	25	150	G_2	25	150	G_2
	吊钩式	装卸用	40	300	G_2			
	抓斗式		60	450	G_3			

3. 电动机过载能力校验

起升机构电动机过载能力按下式进行校验：

$$P_{n}\geqslant\frac{H}{u\lambda_{M}}\frac{Qv}{1000\eta} \tag{6-3}$$

式中 P_n——在基准接电持续率时的电动机额定功率（kW）；

u——电动机台数；

λ_M——基准接电持续率时，电动机转矩的允许过载倍数（技术条件规定值）；

H——考虑电压降及转矩允差以及静载试验超载（试验载荷为额定载荷的 1.25 倍）的系数。绕线异步电动机取 $H=2.1$；笼型异步电动机取 $H=2.2$；直流电动机取 $H=1.4$。

4. 电动机发热校验

电动机发热校验公式为

$$P\geqslant P_{s} \tag{6-4}$$

式中 P——电动机工作的接电持续率 JC 值、CZ 值时的允许输出功率（kW）；

P_s——工作循环中，稳态平均功率（kW），其计算公式为

$$P_s = G\frac{Qv}{1000u\eta} \tag{6-5}$$

6.2.1.3 减速器的选择

1. 减速器传动比

起升机构传动比 i_0 按下式计算：

$$i_0 = \frac{n}{n_t} \tag{6-6}$$

式中 n——电动机额定转速（r/min）；

n_t——卷筒转速（r/min）。

单层卷绕卷筒转速 n_t 为

$$n_t = \frac{60av}{\pi D_0} \tag{6-7}$$

式中 a——滑轮组倍率；

D_0——卷筒卷绕直径（m），$D_0 = D+d$（D 为卷筒槽底的直径，d 为钢丝绳直径）。

按所采用的传动方案考虑传动比分配，选用标准减速器或进行减速装置的设计，最后根据 i_0 确定出减速器的实际传动比 i。

2. 标准减速器的选用

选用标准型号的减速器时，其总设计寿命一般应与它所在机构的利用等级相符合。一般情况下，可根据传动比、输入轴的转速、工作级别和电动机的额定功率来选择减速器的具体型号，并使减速器的许用功率［P］满足下式：

$$[P] \geqslant KP_n \tag{6-8}$$

式中 K——选用系数，根据减速器的型号和使用场合确定。

许多标准减速器有特定的选用方法。QJ 型起重机用减速器用于起升机构的选用方法如下：

$$[P] \geqslant \frac{1}{2}(1+\varphi_2)\times 1.12^{I-5}P_n \tag{6-9}$$

式中 φ_2——起升动载系数，见表 1-8；

I——工作级别，$I = 1 \sim 8$。

3. 减速器的验算

减速器输出轴通过齿轮连接盘与卷筒连接时，输出轴及其轴端将承受较大的，但作用时间较短的转矩和径向力，一般还须对此进行验算。

轴端最大径向力 F_{max} 按下式校验：

$$F_{max} = \varphi_2 S + \frac{G_t}{2} \leqslant [F] \tag{6-10}$$

式中 S——钢丝绳最大静拉力（N）；

G_t——卷筒重力（N）；

［F］——减速器输出轴端的允许最大径向载荷（N）。

减速器输出轴承受的短暂最大转矩应满足以下条件：

$$T_{max} = \varphi_2 T \leqslant [T] \tag{6-11}$$

式中　T——钢丝绳最大静拉力在卷筒上产生的转矩（N·m）；

$[T]$——减速器输出轴允许的短暂最大转矩（N·m），由手册或产品目录查得。

6.2.1.4　制动器的选择

制动器是保证起重机安全的重要部件，起升机构的每一套独立的驱动装置至少要装设一个制动器。吊运液态金属及其他危险物品的起升机构，每套独立的驱动装置至少应有两个制动器。起升机构制动器的制动转矩必须大于由货物产生的静转矩，在货物处于悬吊状态时应具有足够的安全裕度，制动转矩应满足下式要求：

$$T_z \geqslant K_z \frac{QD_0\eta}{2ai} \tag{6-12}$$

式中　T_z——制动器制动转矩（N·m）；

K_z——制动安全系数，与机构重要程度和机构工作级别有关，见表6-5。

表6-5　制动安全系数

<table>
<tr><th colspan="2">起升机构工作级别和使用场合</th><th>K_z</th></tr>
<tr><td colspan="2">M1～M4起升机构和一般起升机构</td><td>1.5</td></tr>
<tr><td colspan="2">M5、M6起升机构和重要起升机构</td><td>1.75</td></tr>
<tr><td colspan="2">M7起升机构</td><td>2</td></tr>
<tr><td colspan="2">M8起升机构</td><td>2.5</td></tr>
<tr><td rowspan="3">吊运液态金属或危险物品的起升机构机</td><td>在一套驱动装置中装两个支持制动器</td><td>≥1.25</td></tr>
<tr><td>两套驱动装置，刚性相连，每套装置各装一个支持制动器</td><td>1.25</td></tr>
<tr><td>两套以上驱动装置，刚性相连，每套装置装有两个支持制动器</td><td>≥1.1</td></tr>
<tr><td colspan="2">液压起升机构</td><td>1.25</td></tr>
</table>

根据计算所得的制动转矩选择制动器，制动器的类型和规格由手册或产品目录查得。

6.2.1.5　联轴器的选择

依据所传递的转矩、转速和被连接的轴径等参数选择联轴器的具体规格，起升机构中的联轴器应满足下式要求：

$$T = k_1 k_3 T_{\mathrm{II}\max} \leqslant [T] \tag{6-13}$$

式中　T——所传递的转矩的计算值（N·m）。

$T_{\mathrm{II}\max}$——按第Ⅱ类载荷计算的传动轴的最大转矩。对于高速轴，$T_{\mathrm{II}\max}=(0.7\sim0.8)\lambda_M T_n$；其中，$\lambda_M$为电动机转矩允许过载倍数；$T_n$为电动机额定转矩，$T_n=9550\frac{P_n}{n}$，$P_n$为电动机额定功率（kW），$n$为电动机的额定转速（r/min）。对低速轴，$T_{\mathrm{II}\max}=\varphi_2 T$；其中，$\varphi_2$为起升动载系数，$T$为钢丝绳最大静拉力作用于卷筒的转矩（N·m）；

$[T]$——联轴器许用转矩（N·m），由产品目录中查得；

k_1——联轴器重要程度系数。对起升机构，$k_1=1.8$；

k_3——角度偏差系数。选用齿轮联轴器时，k_3值见表6-6；选用其他类型联轴器时，$k_3=1$。

表 6-6　齿轮联轴器角度偏差系数 k_3

轴的角度偏差(°)	0.25	0.5	1	1.5
k_3	1.0	1.25	1.5	1.75

6.2.1.6　起动和制动时间验算

机构起动和制动时，产生加速度和惯性力。如起动和制动时间过长，加速度太小，会影响起重机的生产率；如起动和制动时间过短，加速度太大，会给金属结构和传动部件施加很大的动载荷。因此，必须把起动与制动时间（或起动加速度与制动减速度）控制在一定的范围内。

1. 起动时间和起动平均加速度验算

起动时间：

$$t_q = \frac{n[J]}{9.55(T_q - T_j)} \leqslant [t_q] \tag{6-14}$$

式中　T_q——电动机平均起动转矩（N · m），见表 6-7；

T_j——电动机所受的静阻力矩，按下式计算；

$$T_j = \frac{QD_0}{2ai\eta} \tag{6-15}$$

$[t_q]$——推荐起动时间（s），见表 6-8；

$[J]$——机构运动质量换算到电动机轴上的总转动惯量（kg · m），按下式计算；

$$[J] = 1.15(J_d + J_e) + \frac{QD_0^2}{40a^2 i^2 \eta} \tag{6-16}$$

式中　J_d——电动机转子的转动惯量（kg · m^2）。在电动机样本中查取，如样本中给出的是飞轮矩 GD^2，则按 $J = \frac{GD^2}{4g}$ 换算；

J_e——制动轮联轴器的转动惯量（kg · m^2）。

表 6-7　电动机平均起动转矩

电动机形式	T_q
起重用三相交流绕线式电动机	$(1.5 \sim 1.8)T_n$
起重用三相交流笼型电动机	$(0.7 \sim 0.8)T_{dmax}$
并激直流电动机	$(1.7 \sim 1.8)T_n$
串激直流电动机	$(1.8 \sim 2.0)T_n$
复激直流电动机	$(1.8 \sim 1.9)T_n$

注：电动机实际最大转矩 $T_{dmax} = (0.7 \sim 0.8)\lambda_M T_n$；电动机额定转矩 $T_n = 9550\frac{P_n}{n}$。

表 6-8　推荐起动时间 $[t_q]$

起升机构工作特性	$[t_q]$/s
安装用起重机(v<5m/min)	1
中小起重量通用起重机(v=10～30m/min)	1～1.5

（续）

起升机构工作特性	$[t_q]$/s
大起重量桥式、门式起重机（v=6~8m/min）	4~6
装卸桥（v=30~60m/min）	1~1.5
港口用门座起重机（v=30~80m/min）	1~2.5

中、小起重量的起重机，起动时间可短些；大起重量或速度高的起重机，起动时间可稍长些。起动时间是否合适，还可根据起动平均加速度来验算。

$$a_q=\frac{v}{t_q}\leqslant[a] \tag{6-17}$$

式中 a_q——起动平均加速度（m/s^2）；

$[a]$——平均升降加（减）速度推荐值（m/s^2），见表 6-9。

表 6-9 平均升降加（减）速度推荐值

起重机用途及种类	$[a]/(m/s^2)$
作精密安装用的起重机	0.1
吊运液态金属和危险品的起重机	0.1
一般加工车间、仓库及堆场用吊钩、电磁及抓斗起重机	0.2
港口用吊钩门座起重机	0.4~0.6
港口用抓斗门座起重机	0.5~0.7
冶金工厂中生产率高的起重机	0.6~0.8
港口用吊钩门式起重机	0.6~0.8
港口用装卸桥	0.8~1.2

2. 制动时间和制动平均减速度验算

1）满载下降制动时间。

$$t_z=\frac{n'[J']}{9.55(T_z-T_j')}\leqslant[t_z] \tag{6-18}$$

式中 n'——满载下降时电动机转速（r/min），通常取 $n'=1.1n$；

T_z——制动器制动转矩（N · m）；

T_j'——满载下降时制动轴静转矩（N · m），按下式计算；

$$T_j'=\frac{QD_0}{2ai}\eta \tag{6-19}$$

$[J']$——下降时换算到电动机轴上的机构总转动惯量（$kg\cdot m^2$），按下式计算；

$$[J']=1.15(J_d+J_e)+\frac{QD_0^2\eta}{40a^2i^2} \tag{6-20}$$

$[t_z]$——推荐制动时间（s），可取 $[t_z]\approx[t_q]$。

制动时间长短与起重机作业条件有关。作精密安装用的起重机，制动时间过短，会引起物件上下跳动，难以准确定位。制动时间过长，会产生“溜钩”现象，影响吊装工作。

2）制动平均减速度。

$$a_j = \frac{v'}{t_z} \leqslant [a] \tag{6-21}$$

式中　v'——满载下降速度（m/s），可取 $v'=1.1v$。

若无特殊要求，下降制动时，物品减速度不应大于表 6-9 的推荐值。

6.2.2　液压起升机构计算

液压起升机构大多采用高速液压马达驱动。机构中的钢丝绳、滑轮组、卷筒、减速器和制动器等的零部件的计算方法与电动起升机构相同。液压起升机构计算的特点是液压马达和液压泵的选择。

6.2.2.1　液压马达的选择

1. 满载起升时液压马达输出功率 P_m 的计算

计算公式如下：

$$P_m = \frac{\varphi_2 Q v}{1000\eta} \tag{6-22}$$

式中　φ_2——起升动载系数；因液压马达不具有电动机的过载能力，而马达工作压力又受系统压力限制，一般取 $\varphi_2=1.15\sim1.3$；

η——机构总效率；初步计算时，取 $\eta=0.8\sim0.85$。

2. 卷筒转速的计算及减速器的选择

单层绕卷筒转速 n_t 的计算方法同式（6-7）。卷筒多层绕时：

$$n_t = \frac{60av}{\pi[D+(2z-1)d]} \tag{6-23}$$

式中　z——钢绳在卷筒上的卷绕层数。

根据液压马达输出功率 P_m（减速器高速轴的输入功率）和卷筒转速 n_t（减速器低速轴转速），从减速器承载能力表中查找合适的传动比 i 和高速轴转速 n_h，选定减速器。

3. 满载起升时液压马达输出转矩 T_m 的计算

计算公式如下：

$$T_m = \frac{\varphi_2 Q[D+(2z-1)d]}{2ai\eta} \tag{6-24}$$

式中　i——减速器传动比。

4. 液压马达工作油压 p_m 的确定

根据系统工作压力，确定液压马达工作油压的计算公式为

$$p_m = p_b - \sum \Delta p \tag{6-25}$$

式中　p_b——液压泵输出压力（MPa）；

$\sum\Delta p$——从液压泵至液压马达的油路压力损失，包括阀的局部损失和管路沿程损失，初算时可取 $\sum\Delta p=1.0\sim1.5\text{MPa}$。

5. 液压马达排量 q_m 的确定

计算公式如下：

$$q_m = \frac{2\pi T_m}{(p_m - p_0)\eta_{m,m}} \tag{6-26}$$

式中 $\eta_{m,m}$——液压马达机械效率，$\eta_{m,m}=\dfrac{\eta_m}{\eta_{m,V}}$；$\eta_m$ 和 $\eta_{m,V}$ 分别为液压马达的总效率和容积效率，从液压马达技术性能表中查得，初步计算时可取 $\eta_{m,m}=0.9\sim0.950$；

p_m-p_0——液压马达工作压力差；p_0 为液压马达背压，$p_0=0.3\sim0.5\text{MPa}$。

6. 液压马达转速 n_m 和输入油量 Q_m 的计算

减速器选定后，其实际传动比与要求值不可能一致。要保证额定起升速度，必须使液压马达转速满足下式要求：

$$n_m=\frac{60aiv}{\pi[D+(z-1)d]}=\frac{Q_m}{q_m}\eta_{m,V} \tag{6-27}$$

由此得到满足起升速度要液压马达输入油量 Q_m 为

$$Q_m=\frac{60aivq_m}{\pi[D+(z-1)d]\eta_{m,V}} \tag{6-28}$$

7. 双泵合流时液压马达的最高转速 $n_{m,max}$ 的校核

起升机构作业时，为了提高轻载或空钩的起升速度，从而提高起重机的工作效率，采用双泵合流（除主液压泵外，再将另一液压泵的油量同时输给液压马达），提高液压马达转速。此时液压马达的转速最高为 $n_{m,max}$，其值须满足以下条件：

$$n_{m,max}=\frac{Q_{max}}{q_m}\eta_{m,V}\leqslant[n_{m,max}] \tag{6-29}$$

式中 $n_{m,max}$——液压马达在双泵合流时的最高转速（r/min）；

Q_{max}——双泵合流时输入液压马达的油量（m^3/min）；

$[n_{m,max}]$——液压马达允许的最高转速（r/min），从液压马达技术规格中查得。

6.2.2.2 液压泵的选择

1. 液压泵最大工作压力 p_b 的确定

计算公式如下：

$$p_b=\frac{2\pi T_m}{q_m\eta_{m,m}}+p_0+\sum\Delta p \tag{6-30}$$

液压泵工作压力决定于负载的大小。若一个液压泵向多个执行元件供油，应按系统中最大工作压力确定 p_b。选择液压泵时，应留有10%~25%（必要时可以更大）的压力裕量，以延长泵的寿命。

2. 液压泵流量 Q_b 的确定

计算公式如下：

$$Q_b=\frac{Q_m}{\eta_V} \tag{6-31}$$

式中 η_V——液压泵至液压马达之间的容积效率。

3. 液压泵所需功率 P_b 的确定

计算公式如下：

$$P_b = \frac{p_b Q_b}{1000\eta_b} \tag{6-32}$$

式中　η_b——液压泵的总效率，视液压泵类型而定；轴向柱塞泵为0.85~0.90，齿轮泵为0.7~0.8。

4. 液压泵转速的计算及液压泵驱动装置传动比 i_b 的确定

液压泵转速的计算公式如下：

$$n_b = \frac{Q_b}{q_b \eta_{b,V}} \tag{6-33}$$

液压臂架型起重机大都采用柴油机经减速或增速传动装置驱动液压泵，传动装置的传动比 i_b 为

$$i_b = \frac{n_z}{n_b} = \frac{n_z q_b \eta_{b,V}}{Q_b} \tag{6-34}$$

式中　n_z——柴油机工作转速；为延长柴油机寿命，保证柴油机可靠工作，推荐 $n_z=(0.8\sim0.85)n_0$，n_0 为柴油机的额定转速；

q_b——液压泵排量（m^3/r）；

$\eta_{b,V}$——液压泵容积效率；视液压泵类型而定，齿轮泵为0.75~0.9，轴向柱塞泵为0.9~0.98。

第 7 章 运行机构

运行机构主要用于水平运移物品，调整起重机工作位置，将作用在起重机上的载荷传递给其支承的基础。在每个工作循环中起重机都要吊重物运行，称为工作性运行，如普通桥式起重机和门式起重机的运行机构就属于工作性运行机构。在正常工作循环中起重机并不运行，只调整起重机的工作位置，则称为非工作性运行，如门座起重机、塔式起重机及缆式起重机等的运行机构就属于非工作性运行机构。

运行机构分为有轨运行机构和无轨运行机构两种。前者依靠刚性车轮沿着专门铺设的轨道运行，如桥式、门式、塔式和门座式起重机的运行机构；由于有轨运行范围比较固定，便于从电网上配电，故一般用电动机驱动。后者是指流动性大的轮式和履带式起重机的运行机构，可在普通路面上行驶；为满足经常转移作业场地的需要，一般采用内燃机作动力（本书对此不作阐述）。

运行机构包括运行支承装置和运行驱动机构两大部分。

7.1 运行支承装置

运行支承装置用来承受起重机的自重和外载荷，并将所有这些载荷传递到轨道基础上。运行支承装置主要包括均衡装置、车轮、轨道等。

7.1.1 均衡装置

台车的轴测图

起重机车轮的尺寸取决于轮压（车轮对轨道的压力）的大小，而轮压又受到轨道基础承载能力的限制。起重机在枕木支承的轨道上运行时，一般其允许轮压为 100~120kN。当起重量较大时，通常用增加车轮数目的方法来降低轮压。为使每个车轮的轮压均匀，采用均衡梁式的支承装置，如图 7-1 所示。对于车轮数目特别多的大型起重机，为了缩短车轮的排列长度，往往采用双轨轨道。这时均衡台车有四个车轮，上部铰点须采用球铰，如图 7-2 所示。

考虑制造、安装和维修的方便以及系列化的要求，常把车轮、轴、轴承等设计成车轮组件。桥式起重机大车与小车的车轮组大多采用角型轴承箱结构（图 7-3）。这种结构制造、安装都很方便，安装精度要求低，但构造较复杂，重量大，零件多。对在繁重条件下使用的起重机，为避免起重机歪斜运行时轮缘与轨道侧面接触，加剧车轮轮缘磨损和增加摩擦阻力，可采用带水平轮的车轮组（图 7-4）。在门式起重机和门座起重机的大车运行台车上，车轮组也可采用定轴的方式（图 7-5）。

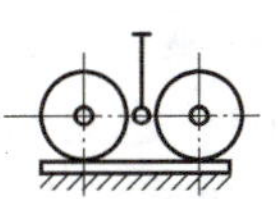

a) 双轮车轮组

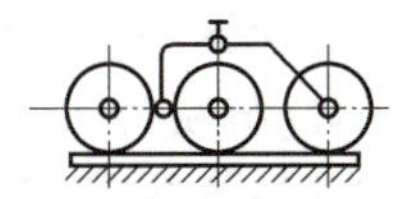

b) 带一个平衡梁的三轮车轮组

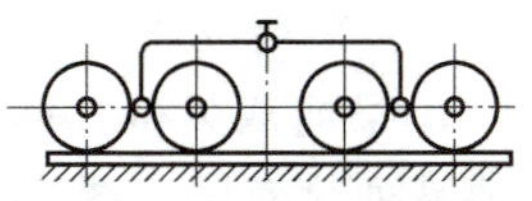

c) 带一个平衡梁的四轮车轮组

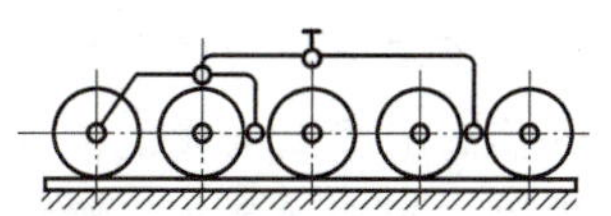

d) 带两个平衡梁的五轮车轮组

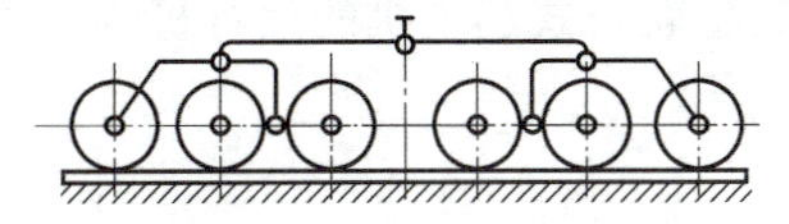

e) 带三个平衡梁的六轮车轮组

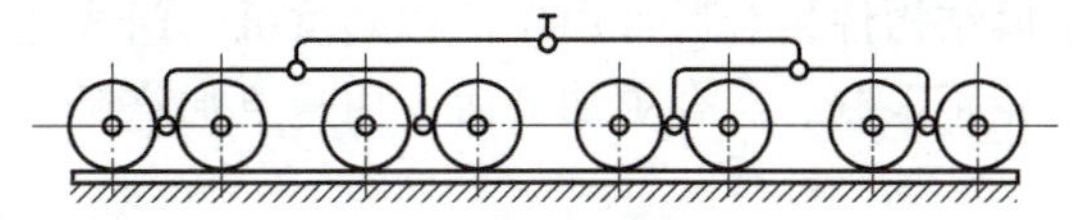

f) 带三个平衡梁的八轮车轮组

图 7-1　带各种平衡梁的车轮组

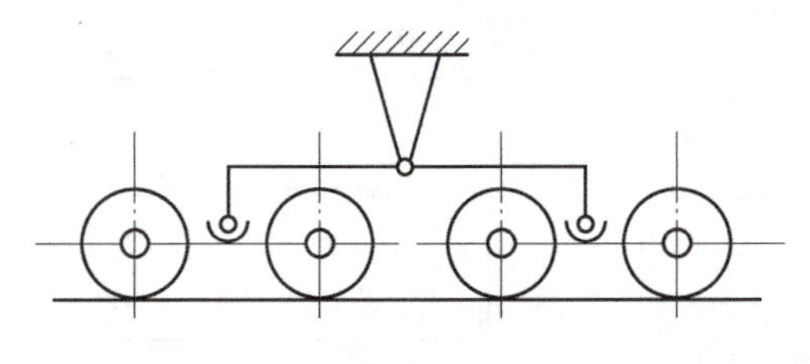

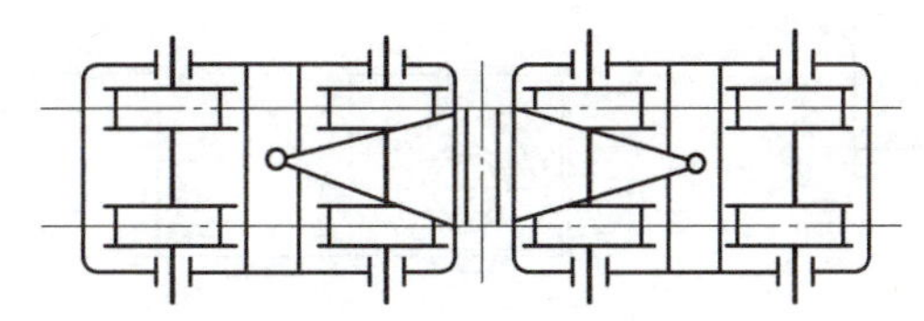

图 7-2　双轨四轮台车

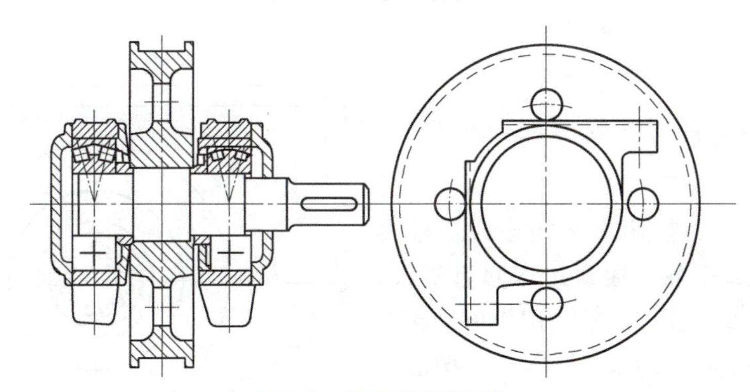

图 7-3　角型轴承箱结构

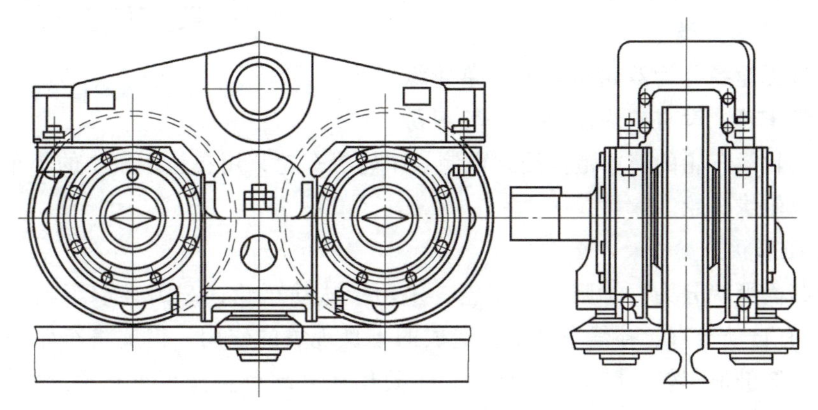

图 7-4　带水平轮的车轮组

为了实现起重机系列的模块化，可将电动机、制动器、减速器和车轮组成的驱动装置与端梁共同组成系列化的模块，用于单梁或双梁桥式起重机的运行机构（图 7-6）。也可将不同规格的驱动装置与标准轮箱组成系列化模块（图 7-7），这种轮箱根据需要可组装成台车，与金属结构件组合后可用作桥式起重机、门式起重机及其他轨行式起重机的运行机构。由于不受轮距限制，组合更加灵活，用途更加广泛。

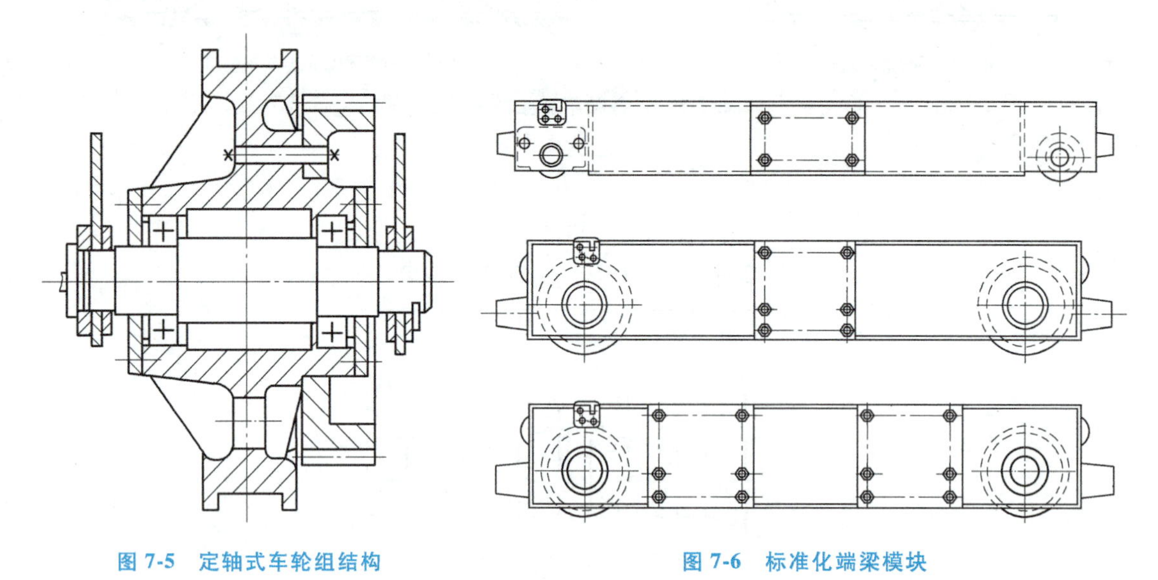

图 7-5 定轴式车轮组结构

图 7-6 标准化端梁模块

7.1.2 车轮

7.1.2.1 车轮的种类

1. 按用途不同分类

起重机用车轮，按用途不同分为三种类型：①轨上行走式车轮，通常用作起重机大、小车行走车轮；②悬挂式车轮，用作单梁起重机工字钢下翼缘上行走的车轮；③半圆槽滑轮式车轮，用在缆索式起重机上。

2. 按有无轮缘分类

车轮按有无轮缘分为双轮缘车轮、单轮缘车轮和无轮缘车轮。没有轮缘阻挡，车轮容易脱轨，因而无轮缘车轮的使用范围受到限制。单轮缘车轮只用在轨距较小的小车上，起重机上广泛采用双轮缘车轮。

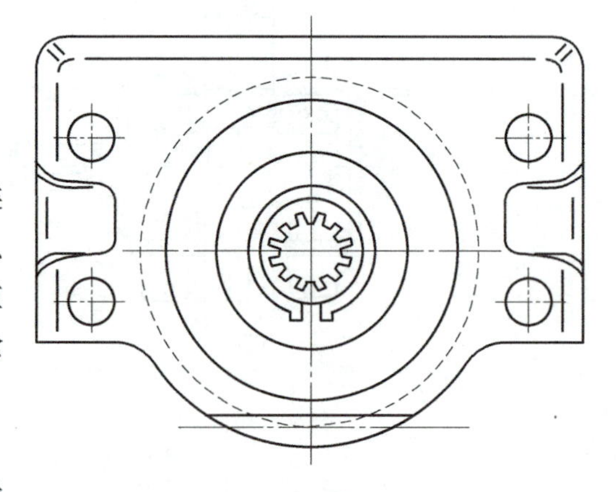

图 7-7 标准轮箱模块

3. 按踏面形状分类

车轮按踏面形状分为：①圆柱形车轮，多用于从动车轮；②圆锥形车轮，常用锥度为 1∶10，它具有自动走直、补偿车体走斜造成的不良现象的作用，但要将车轮的大端安装在轨道的内侧；③鼓形车轮，踏面为圆弧形，主要用在电葫芦悬挂小车和圆形轨道起重机上，具有减小附加阻力和磨损的功效。

7.1.2.2　车轮的计算

根据车轮踏面与轨道顶部接触情况的不同，可分为线接触和点接触。接触处是一直线（实际上是矩形面），称为线接触；接触处是一点（实际上是小椭圆面），称为点接触，如图 7-8 所示。圆柱形踏面的车轮与平顶轨道的接触为线接触（图 7-8a），圆柱形或圆锥形踏面的车轮与圆顶轨道的接触为点接触（图 7-8b、c）。理论上，线接触的受力情况较好，但实际上，往往由于机架变形和安装误差等因素的影响，线接触的应力分布并不均匀，从而形成不良的点接触，因而在起重机的运行机构中常用点接触的情况。

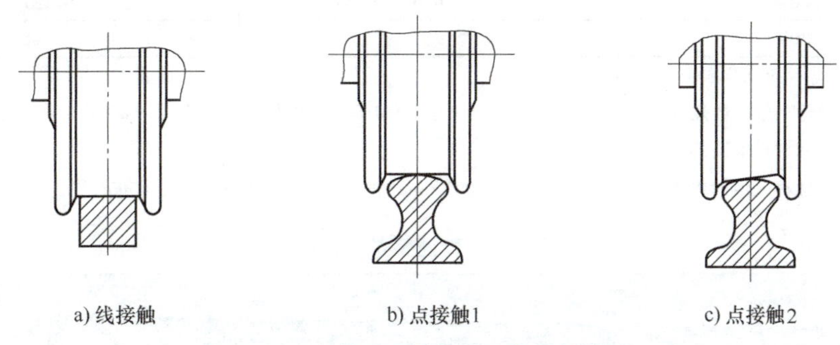

图 7-8　车轮踏面与轨道顶部接触情况

1. 载荷计算

起重机车轮所承受的载荷与运行机构传动系统的载荷无关，可直接根据其外载荷的平衡条件求得。车轮的疲劳计算载荷 P_c 可由起重机正常工作时的最大轮压和最小轮压确定：

$$P_c=\frac{2P_{max}+P_{min}}{3} \tag{7-1}$$

式中　P_{max}——起重机正常工作时的最大轮压（N）；

P_{min}——起重机正常工作时的最小轮压（N）。

2. 车轮踏面疲劳强度计算

按赫兹公式计算接触疲劳强度。

（1）线接触　按下式计算：

$$P_c \leqslant k_1 DLC_1C_2 \tag{7-2}$$

式中　k_1——与材料有关的许用线接触应力常数（N/mm^2），钢制车轮的 k_1 按表 7-1 选取；

D——车轮直径（mm）；

L——车轮与轨道有效接触长度（mm）；

C_1——转速系数，按表 7-2 选取；

C_2——工作级别系数，按表 7-3 选取。

（2）点接触　按下式计算：

$$P_c \leqslant k_2 \frac{R^2}{m^3} C_1C_2 \tag{7-3}$$

式中　k_2——与材料有关的许用点接触应力常数（N/mm^2），钢制车轮按表 7-1 选取；

R——曲率半径，取车轮和轨道曲率半径中之大值（mm）；

m——由轨道顶与车轮曲率半径之比（r/R）确定的系数，按表 7-4 选取。

车轮直径超过 1.25m 时，许用应力应降低。

表 7-1 系数 k_1 及 k_2 值

σ_b/(N/mm²)	k_1	k_2
500	3.8	0.053
600	5.6	0.1
650	6.0	0.132
700	6.6	0.181
≥800	7.2	0.245

注：1. σ_b 为材料的抗拉强度。

2. 钢制车轮一般应经热处理，踏面硬度推荐为 300～380HBW，淬火层深度为 15～20mm。在确定许用的 k_1、k_2 值时仍取材料未经热处理时的 σ_b。

3. 当车轮材料采用球墨铸铁时，应选用 $\sigma_b \geqslant 500\text{N/mm}^2$ 的材料；k_1、k_2 值按 $\sigma_b = 500\text{N/mm}^2$ 选取。

表 7-2 转速系数 C_1 值

车轮转速/(r/min)	C_1	车轮转速/(r/min)	C_1	车轮转速/(r/min)	C_1
200	0.66	50	0.94	16	1.09
160	0.72	45	0.96	14	1.0
125	0.77	40	0.97	12.5	1.00
112	0.79	35.5	0.99	11.2	1.12
100	0.82	31.5	1.00	10	1.13
90	0.84	28	1.02	8	1.14
80	0.87	25	1.03	6.3	1.15
71	0.89	22.4	1.04	5.6	1.16
63	0.91	20	1.06	5	1.17
56	0.92	18	1.07		

表 7-3 工作级别系数 C_2 值

运行机构工作级别	C_2
M1～M3	1.25
M4	1.12
M5	1.00
M6	0.9
M7、M8	0.8

表 7-4 系数 m 值

r/R	1.0	0.9	0.8	0.7	0.6	0.5	0.4	0.3
m	0.388	0.400	0.420	0.440	0.468	0.490	0.536	0.600

注：1. $\frac{r}{R}$为其他值时，m 值用内插法计算。

2. r 为两接触面曲率半径的小值。

7.1.2.3 车轮的安全使用

在钢轨上工作的车轮，出现下列情况之一时，应予以报废。

1）裂纹。

2）轮缘厚度磨损量达原厚度的50%。

3）轮缘厚度弯曲变形量达原厚度的20%。

4）踏面厚度磨损量达原厚度的15%。

5）当运行速度低于50m/min时，椭圆度达1mm；当运行速度高于50m/min时，椭圆度达0.5mm。

7.1.3 轨道

起重机轨道是用来支承起重机全部重量，保证其正常定向运行的。对轨道的技术要求如下。

1）轨顶表面能承受车轮的挤压。

2）地面有一定的宽度以减轻基础的承压。

3）应有良好的抗弯强度。

起重机所用的轨道有铁路钢轨（P型）、起重机专用钢轨（QU型）以及方钢或扁钢（图7-9）。前两种钢轨一般制成圆顶。使用经验表明，圆顶钢轨可以适应车轮的倾斜及起重机跑偏的情况，使用寿命长。起重机专用钢轨圆顶的曲率半径比铁路钢轨大，底面较宽，可以减小对基础的挤压应力，且截面的抗弯强度大，故轮压较大（260kN以上）时采用。对支承在钢结构上的小车运行轨道，通常采用轧制方钢或扁钢，轨顶是平的。钢轨的选用见表7-5。

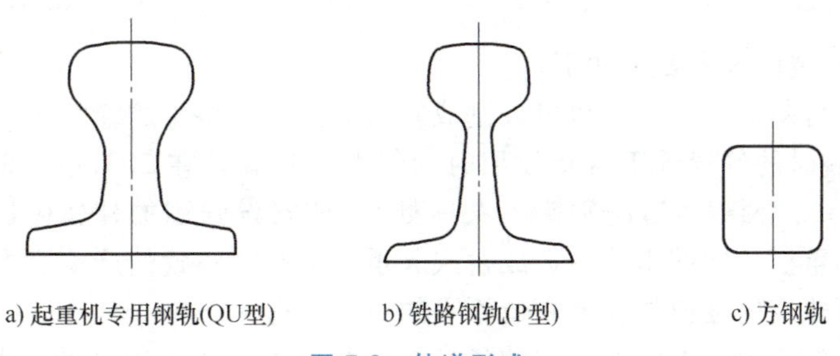

图7-9 轨道形式

表7-5 钢轨的选用

车轮直径/mm	200	300	400	500	600	700	800	900
起重机专用钢轨	—	—	—	—	—	QU70	QU70	QU80
铁路钢轨	P15	P18	P24	P38	P38	P43	P43	P50
方钢	40	50	60	80	80	90	90	100

各种轨道的尺寸及主要特性可查阅有关资料。当初步确定车轮直径和轨道型号后，还要验算接触疲劳强度和接触强度。

7.1.3.1 轨道的安装与固定

轨道的固定方法主要有以下四种：

1）用带螺栓的压板固定在金属梁上的轨道，如图 7-10 所示。

2）用钩条固定在金属梁上的轨道，如图 7-11 所示。这种装置的优点是可以调整轨道跨度上的误差和轨道的平直度。

3）用压板固定在钢筋混凝土梁上的轨道，如图 7-12 所示。

4）将轨道用压板压紧（压板则焊接在梁上），这种结构经济可靠，效果好，为目前普遍采用的方式。

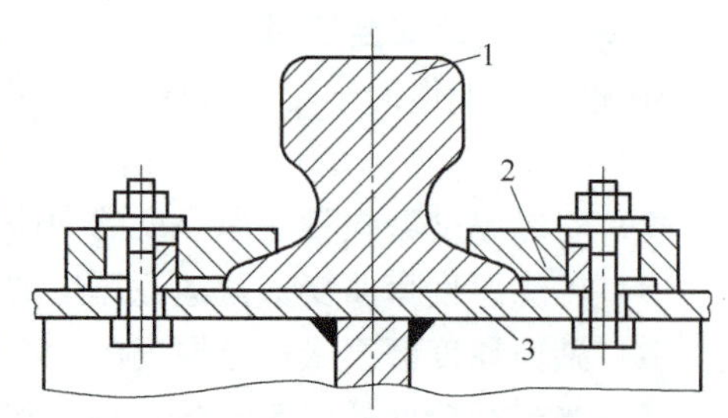

图 7-10 用带螺栓压板固定在金属梁上的轨道

1—轨道 2—压板 3—金属梁

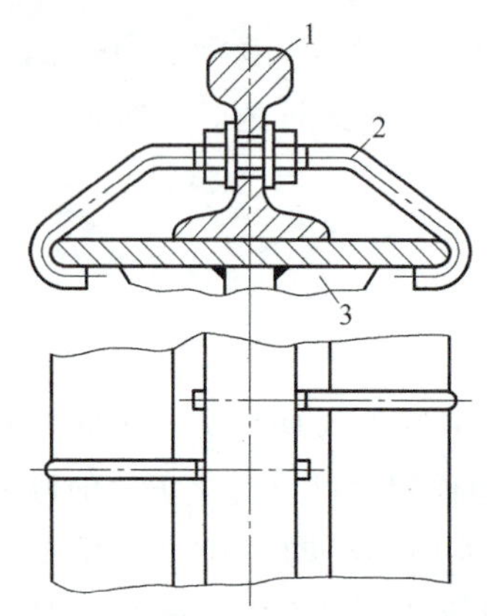

图 7-11 用钩条固定在金属梁上的轨道

1—轨道 2—钩条 3—金属梁

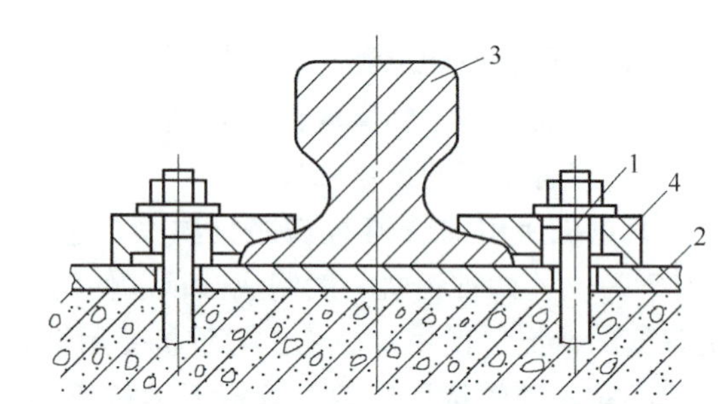

图 7-12 用压板固定在钢筋混凝土梁上的轨道

1—螺栓 2—平钢板 3—轨道 4—压板

7.1.3.2 轨道的检验

起重机轨道安装的技术要求如下。

1）轨道接头可制成直接头，也可以制成斜接头。一般接头的缝隙为 1~2mm，在寒冷地区冬季施工或安装时的气温低于常年使用时的气温，且温差在 20℃ 以上时，应考虑温度缝隙，一般为 4~6mm。两根轨道的端头（共四处），应安设强固的掉轨限制器（或焊接端头立柱），以防止起重机从两端出轨，造成桥式起重机从高空坠毁的严重后果。

2）接头处两轨道的横向位移或高低不平的误差不得大于 1mm。

3）两根平行的轨道，在跨度方向的各个同一截面上，轨面的高低误差在柱子处不得超过 10mm；在其他处不得超过 15mm。

4）同一侧轨道面，在两根柱子间的标高与相邻柱子间的标高误差不得超过规定值。

5）轨道跨度、轨道中心与承梁中心、轨道直线度误差等不得超过规定值。

轨道的安全检查包括检查轨道、螺栓、夹板有无裂纹、松脱和腐蚀。主要检查工具是线路轨道无损检测仪，如发现裂纹应及时更换。

7.2 运行机构的类型与构造

7.2.1 主动轮的布置方式

主动轮布置的位置及主动轮的数目应保证在任何情况下都有足够的主动轮轮压，否则，主动轮在起动或制动过程中，由于附着力不足将会出现打滑现象。通常主动轮占车轮总数的一半。对于运行速度低的起重机也可取车轮总数的 1/4，运行速度高的起重机可采用全部车轮驱动。主动轮的布置方案有以下几种。

1. 单面布置（图 7-13a）

由于主动轮在一侧轨道上，主动轮轮压之和变化较大，两侧车轮易跑偏，故应用很少。只用于轮压本身不对称的起重机。

2. 对面布置（图 7-13b）

在跨度小的桥架型起重机上用得较多，因为机构便于布置，能保证主动轮轮压之和不随小车位置变化而变化。不宜用于臂架型起重机，因为主动轮轮压之和随臂架位置变化较大。

3. 对角布置（图 7-13c）

由于臂架旋转时对角主动轮轮压之和通常变化不大，常用于中、小型旋转起重机上。

4. 四角布置（图 7-13d）

由于四角上的主动轮轮压之和基本不变，广泛用于大型、高速运行的各种起重机上。

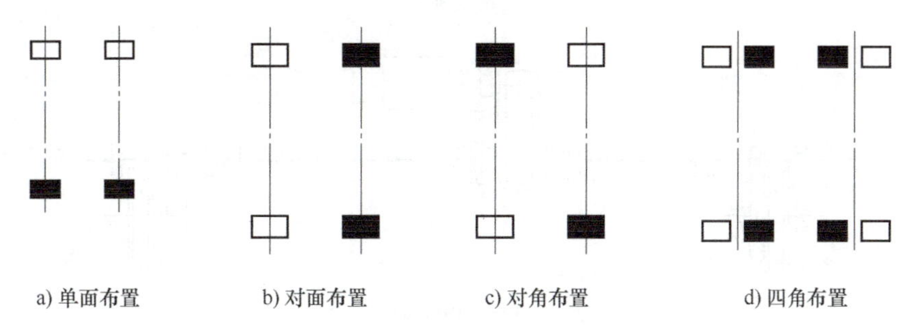

a) 单面布置　　b) 对面布置　　c) 对角布置　　d) 四角布置

图 7-13　主动轮布置位置示意图

7.2.2　驱动方式

引式小车

有轨运行机构的驱动装置一般由电动机、制动器、传动装置和车轮等组成。

根据布置不同，驱动方式有自行式和牵引式两种。自行式是机构直接装在运行部分上，依靠主动轮与轨道间的附着力运行，这种方式布置方便、构造简单，应用广泛。牵引式是驱动机构装在运行部分以外，通过钢丝绳牵引小车运行，一般只用于要求自重轻、运行速度高或运行坡度较大的小车，如用在缆索起重机、塔式起重机上的牵引小车的运行。

自行式运行机构有集中驱动和分别驱动两种形式。

集中驱动（图 7-14）是用一台电动机通过传动轴驱动两边的主动轮。这种机构可减少电动机与减速器的台数，但是需要复杂、笨重的传动系统，而且起重机金属结构的变形对传动零件的强度及寿命影响较大，成本高，维修不便。因此，一般只用在桥式起重机的小车和跨度小于 16.5m 的大车运行机构上。根据传动轴的转速不同，可分为低速轴驱动（图 7-14a）、高速轴驱动（图 7-14b）和中速轴驱动（图 7-14c）三种形式。采用集中驱动对走台的刚性要求高。低速轴驱动工作可靠，但由于低速轴传递的转矩大，轴径粗，自重也大。高速轴驱动的传动轴细而轻，但振动较大，安装精度要求较高，需要两套减速器，成本也高。中速轴驱动机构复杂。

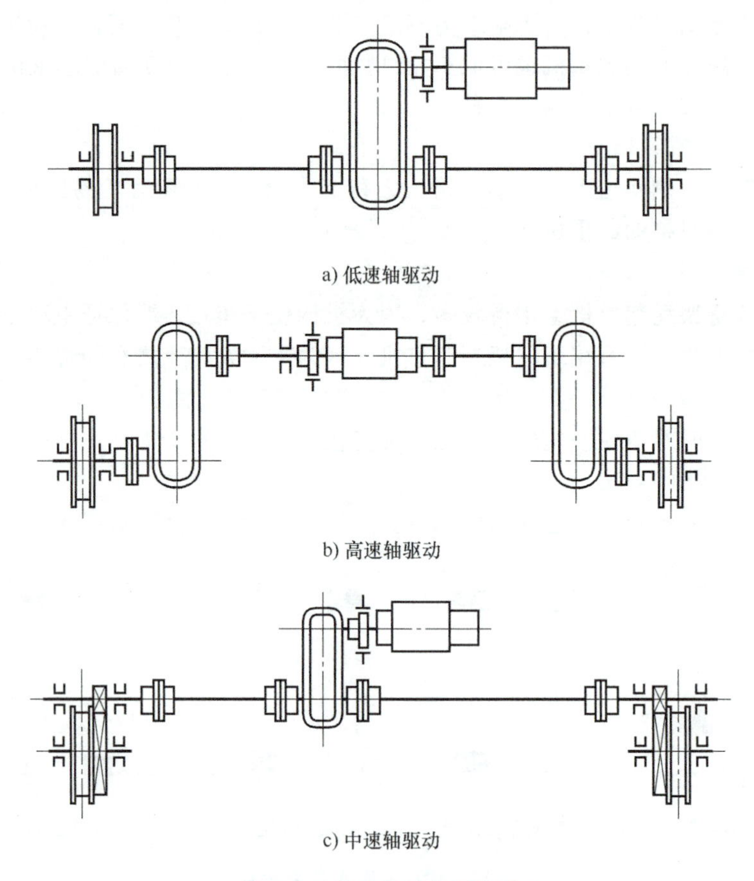

a) 低速轴驱动

b) 高速轴驱动

c) 中速轴驱动

图 7-14 集中驱动布置简图

现代起重机上广泛采用分别驱动（图 7-15），即两边车轮分别由两套独立的无机械联系的驱动装置驱动，省去了中间传动轴及其附件，自重轻；机构工作性能好，受机架变形影响小，安装和维修方便；可以省去长的走台，有利于减轻主梁自重。在起重机（大车）运行机构上得到了广泛采用。

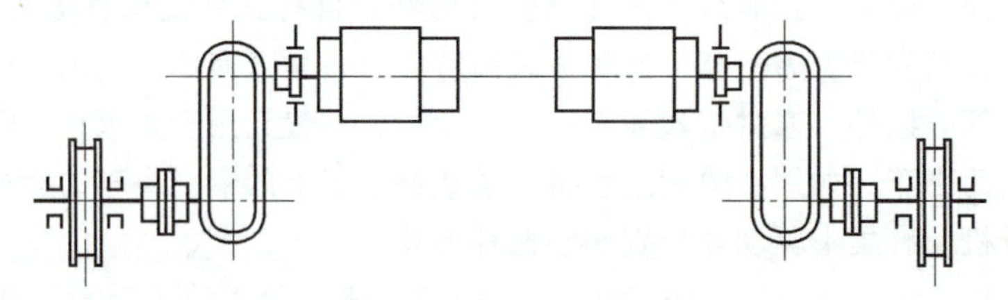

图 7-15 分别驱动布置简图

7.3 运行机构的设计计算

运行机构设计计算的内容包括电动机、减速装置和制动器的确定以及主动轮与轨道之间附着力的验算。设计的原始数据主要有：额定起升重量 Q、起重机或小车自重 G、运行速度 v、工作级别、用途及工作条件等。

7.3.1　运行阻力的计算

起重机（或小车）在稳定运行过程中所受的阻力称为静阻力。静阻力 F_j 由摩擦阻力 F_m、坡道阻力 F_p 和风阻力 F_w 三项组成，即

$$F_j = F_m + F_p + F_w \tag{7-4}$$

7.3.1.1　摩擦阻力 F_m

起重机或小车满载运行时的最大摩擦阻力为

$$F_m = (Q+G)\frac{2f+\mu d}{D}\beta = (Q+G)\omega \tag{7-5}$$

式中　Q——起升载荷（N）；

G——起重机或运行小车的自重载荷（N）；

f——滚动摩擦系数（mm），由表 7-6 查取；

μ——车轮轴承摩擦系数，由表 7-7 查取；

d——与轴承相配合处车轮轴的直径（mm）；

D——车轮踏面直径（mm）；

β——附加摩擦阻力系数，由表 7-8 查取；

ω——摩擦阻力系数，初步计算时可按表 7-9 选取。

满载运行时的最小摩擦阻力为

$$F_{m1} = (Q+G)\frac{2f+\mu d}{D} \tag{7-6}$$

空载运行时的最小摩擦阻力为

$$F_{m2} = G\frac{2f+\mu d}{D} \tag{7-7}$$

表 7-6　滚动摩擦系数 f

车轮材料	钢轨形式	车轮踏面直径/mm					
		100,160	200,320	400,500	630,710	800	900,1000
钢	平顶钢轨	0.25	0.3	0.5	0.6	0.7	0.7
	圆顶钢轨	0.3	0.3	0.6	0.8	1.0	1.2
铸铁	平顶钢轨		0.4	0.6	0.8	0.9	0.9
	圆顶钢轨		0.5	0.7	0.9	1.2	1.4

表 7-7　车轮轴承摩擦系数 μ

轴承形式	滑动轴承		滚动轴承	
轴承结构	开式	稀油润滑	滚珠和滚柱式	锥形滚子式
轴承摩擦系数	0.1	0.08	0.015	0.02

表 7-8 附加摩擦阻力系数 β

<table>
<tr><th colspan="2">车轮形状</th><th colspan="2">机构</th><th>驱动形式</th><th>β</th></tr>
<tr><td colspan="2">圆锥车轮</td><td colspan="2">桥式起重机大车运行机构</td><td>集中</td><td>1.2</td></tr>
<tr><td rowspan="9">圆柱车轮</td><td>有缘轮</td><td colspan="2" rowspan="2">桥式、门式和门座起重机的大车运行机构</td><td>分别</td><td>1.5</td></tr>
<tr><td>无缘轮</td><td>分别</td><td>1.1</td></tr>
<tr><td>有缘轮</td><td colspan="2">具有柔性支腿的装卸桥,门式起重机的大车运行机构</td><td>分别</td><td>1.3</td></tr>
<tr><td rowspan="2">有缘轮</td><td rowspan="2">双梁桥式、门式起重机的小车运行机构</td><td>滑线</td><td>集中</td><td>2.0</td></tr>
<tr><td>电缆</td><td>集中</td><td>1.5</td></tr>
<tr><td>有缘轮</td><td rowspan="4">偏心载荷单梁小车运行机构</td><td rowspan="2">滑线</td><td rowspan="2">—</td><td>1.6</td></tr>
<tr><td>无缘轮</td><td>1.5</td></tr>
<tr><td>有缘轮</td><td rowspan="2">电缆</td><td rowspan="2">—</td><td>1.3</td></tr>
<tr><td>无缘轮</td><td>1.2</td></tr>
<tr><td colspan="2" rowspan="2">圆锥车轮(单轮缘)</td><td colspan="2" rowspan="2">悬挂在工字梁上的小车运行机构</td><td>单边驱动</td><td>1.5</td></tr>
<tr><td>双边驱动</td><td>2.0</td></tr>
</table>

表 7-9 摩擦阻力系数 ω

车轮直径/mm	车轴直径/mm	滑动轴承	滚动轴承
200 以下	50 以下	0.028	0.02
200~400	50~65	0.018	0.015
400~600	65~90	0.016	0.01
600~800	90~100	0.013	0.006

注：计算电动机功率时，应将表中 ω 值加大 0.005；在曲线轨道上运行的塔式起重机 ω 值应加大 1 倍。

单主梁起重机垂直反滚轮式小车满载运行时的最大摩擦阻力为

$$F_m=(Q+G+R_h)\frac{2f+\mu d}{D}\beta+R_h\frac{2f+\mu d_1}{D_1} \tag{7-8}$$

式中 R_h——垂直反滚轮的轮压（N）；

d_1、D_1——垂直反滚轮的轴承内径和踏面直径（mm）。

单主梁起重机水平反滚轮式小车满载运行时的最大摩擦阻力为

$$F_m=(Q+G)\frac{2f+\mu d}{D}\beta+2R_e\frac{2f+\mu d_2}{D_2} \tag{7-9}$$

式中 R_e——水平反滚轮的轮压（N）；

d_2、D_2——水平反滚轮的轴承内径和踏面直径（mm）。

7.3.1.2 坡道阻力

计算公式如下：

$$F_P=(Q+G)\sin\alpha \tag{7-10}$$

式中 α——坡度角。

当坡度很小时，在计算中可用轨道坡度 i 代替 $\sin\alpha$，即

$$F_P=(Q+G)i$$

i 值与起重机类型有关。桥式起重机为 0.001，门式和门座起重机为 0.003，建筑塔式起重机为 0.005，桥架上的小车为 0.002。在臂架或桥架悬臂上运行的小车，i 值应由计算确定。

7.3.1.3　风阻力 F_w

露天工作的起重机要考虑起重机和起吊物品所受的风阻力，风阻力可参考风载荷的计算，见式（1-6）。

除以上三项基本运行阻力外，有时还须考虑特殊运行阻力，如加速运行时的惯性阻力为

$$F_g = 1.5\frac{(Q+G)}{g}a \tag{7-11}$$

式中　a——起动时的平均加速度（m/s^2），见表 7-10；

g——重力加速度（m/s^2）；

1.5——虑驱动力突变时对结构产生的动力效应。

对于在曲线轨道（弯道）上运行的起重机，曲线运行附加阻力 F_q 为

$$F_q = \zeta(Q+G) \tag{7-12}$$

式中　ζ——曲线运行附加阻力系数，一般须试验测定。对于塔式起重机，可取 $\zeta=0.005$。

表 7-10　运行机构加（减）速度 a 及相应的加（减）速时间 t 的推荐值

运行速度/(m/s)	行程很长的低速与中速起重机		通常使用的中速与高速起重机		采用大加速度的高速起重机	
	加(减)速时间/s	加(减)速度/(m/s^2)	加(减)速时间/s	加(减)速度/(m/s^2)	加(减)速时间/s	加(减)速度/(m/s^2)
4.00	—	—	8.0	0.50	6.0	0.67
3.15	—	—	7.1	0.44	5.4	0.58
2.50	—	—	6.3	0.39	4.8	0.52
2.00	9.1	0.22	5.6	0.35	4.2	0.47
1.60	8.3	0.19	5.0	0.32	3.7	0.43
1.00	6.6	0.15	4.0	0.25	3.0	0.33
0.63	5.2	0.12	3.2	0.19	—	—
0.40	4.1	0.098	2.5	0.16	—	—
0.25	3.2	0.078	—	—	—	—
0.16	2.5	0.064	—	—	—	—

7.3.2　电动机的选择

7.3.2.1　电动机的静功率

计算公式如下：

$$P_j = \frac{F_j v_0}{1000\eta m} \tag{7-13}$$

式中　v_0——初选运行速度（m/s）；

η——机构传动效率，可取 $\eta=0.85\sim0.95$；

m——电动机个数。

7.3.2.2 电动机初选

一般可根据电动机的静功率和机构的接电持续率值，对照电动机的产品目录选用。由于运行机构的静载荷变化较小，动载荷较大，因此所选电动机的额定功率应比静功率大，以满足电动机的起动要求。

对于桥架类型起重机的大、小车运行机构，可按下式初选电动机：

$$P=K_d P_j \tag{7-14}$$

式中 K_d——考虑到电动机起动时惯性影响的功率增大系数。室外工作的起重机，常取 $K_d=1.1\sim1.3$（速度高者取大值）；对于室内工作的起重机及装卸桥小车运行机构，可取 $K_d=1.2\sim2.6$（对应速度 30~180m/min）。

7.3.2.3 电动机的过载校验

运行机构的电动机必须进行过载校验。校验公式为

$$P_n \geqslant \frac{1}{m\lambda_{as}}\frac{F_j v}{1000\eta}+\frac{\sum Jn^2}{91280t_a} \tag{7-15}$$

式中 P_n——基准接电持续率时电动机额定功率（kW）；

λ_{as}——平均起动转矩标幺值（相对于基准接电持续率时的额定转矩）；对绕线型异步电动机取 1.7，笼型异步电动机取转矩允许过载倍数的 90%；

F_j——运行静阻力（N），按式（7-4）计算；风阻力按工作状态最大计算风压 q 计算，室内工作的起重机风阻力为零；

v——运行速度（m/s），根据 v_0 与初选的电动机转速 n 确定传动比 i（见“减速器的选择”），$v=\dfrac{\pi Dn}{60000i}$；

η——机构传动效率；

n——电动机额定转速（r/min）；

t_a——机构初选起动时间，可根据运行速度确定；一般情况下桥架型起重机大车运行机构 $t_a=8\sim10$s，小车运行机构 $t_a=4\sim6$s；

$\sum J$——机构总转动惯量（kg·m²），即折算到电动机轴上的机构旋转运动质量与直线运动质量转动惯量之和；计算公式为

$$\sum J=k(J_1+J_2)m+\frac{9.3(Q+G)v^2}{n^2\eta} \tag{7-16}$$

式中 J_1——电动机转子转动惯量（kg·m²）；

J_2——电动机轴上制动轮和联轴器的转动惯量（kg·m²）；

k——考虑其他传动件飞轮矩影响的系数，折算到电动机轴上可取 $k=1.1\sim1.2$。

7.3.2.4 电动机的发热校验

对工作频繁的工作性运行机构，为避免电动机过热损坏，应进行发热校验。电动机发热校验公式为

$$P\geqslant P_s \tag{7-17}$$

式中 P——电动机工作的接电持续率 JC 值、CZ 值时的允许输出容量（kW）；

P_s——工作循环中，负载的稳态功率（kW）；计算公式为

$$P_s = G\frac{F_j v}{1000m\eta} \tag{7-18}$$

式中　G——稳态负载平均系数，见表7-11。

表7-11　运行机构稳态负载平均系数 G

运行机构	室内起重机		室外起重机
	小车	大车	
G_1	0.7	0.85	0.75
G_2	0.8	0.90	0.80
G_3	0.9	0.95	0.85
G_4	1	1	0.90

7.3.2.5　起动时间与起动平均加速度

1. 起动时间

满载、上坡、迎风时的起动时间，计算公式为

$$t=\frac{n\sum J}{9.55(mT_{mq}-T_j)} \tag{7-19}$$

式中　T_{mq}——电动机的平均起动转矩（N·m）；

T_j——满载、上坡、迎风时作用于电动机轴上的静阻力距（N·m），计算公式为

$$T_j=\frac{F_j D}{2000i\eta} \tag{7-20}$$

式中　i——减速器的传动比。

起动时间一般应满足：对起重机，$t \leqslant 10$s；对小车，$t \leqslant 6$s。时间 t 也可参照表7-10确定。

2. 起动平均加速度

为了避免过大的冲击及物品摆动，应验算起动时的平均加速度，一般应在允许的范围内（参考表7-10）。计算公式为

$$a=\frac{v}{t} \tag{7-21}$$

式中　a——起动平均加速度（m/s^2）；

v——运行机构的稳定运行速度（m/s^2）；

t——起动时间（s）。

7.3.3　减速器的选择

7.3.3.1　减速器的传动比

机构的计算传动比为

$$i_0=\frac{\pi n D}{60000v_0} \tag{7-22}$$

按所采用的传动方案考虑传动比分配，并选用标准减速器或进行减速装置的设计，确定

出实际传动比 i。

7.3.3.2 减速器的选择

运行机构的减速器一般采用立式减速器，这样电动机和制动器就可以放在车架上面，便于安装维修，并且可以减小车架的平面尺寸。

选用标准型号的减速器时，其总设计寿命一般应与机构的利用等级相符合。在不稳定运转过程中减速器承受动载荷不大的机构，可按额定载荷或电动机额定功率选择减速器；对于动载荷较大的机构，应按实际载荷（考虑动载荷影响）选择减速器。

由于运行机构起、制动时的惯性载荷大，惯性质量主要分布在低速部分，因此起、制动时的惯性载荷几乎全部传递给传动零件，所以在选用或设计减速器时，输入功率应按起动工况确定。减速器的计算输入功率为

$$P_{j}=\frac{1}{z}\frac{(F_{j}+F_{g})v}{1000\eta} \tag{7-23}$$

式中 z——运行机构减速器的个数。

根据计算输入功率，可从标准减速器的承载能力表中选择适用的减速器。对工作级别大于 M5 的运行机构，考虑到工作条件比较恶劣，根据实践经验，减速器的输入功率取 1.8~2.2 倍计算输入功率为宜。

注意，许多标准减速器有自己特定的选用方法。

7.3.4 制动器的选择

运行机构的制动器，应安装在电动机的轴端。这是因为车体质量和惯性大，制动时高速轴能起一部分缓冲作用，以减少制动时的冲击。

运行机构的制动器根据起重机满载、顺风和下坡运行制动工况选择，制动器应使起重机在规定的时间内停车，制动转矩计算公式为

$$T_{z}=(F_{P}+F_{W2}-F_{m1})\frac{D\eta}{2000im'}+\frac{1}{m'+t_{z}}\left[0.975\frac{(Q+G)v^{2}\eta}{n}+\frac{k(J_{1}+J_{2})nm}{9.55}\right] \tag{7-24}$$

式中 F_{W2}——风阻力（N），按工作状态最大计算风压计算；

m'——制动器个数；

t_{z}——制动时间，参考表 7-10 选取。

对于露天工作的起重小车或无夹轨器的起重机，在驱动轮与轨道间有足够大的附着力的情况下，应使制动器满足以下条件：

$$T_{z}\geqslant 1.25\frac{D\eta}{2000im'}(F_{P}+F_{W2}-F_{m1}) \tag{7-25}$$

7.3.5 联轴器的选择

高速轴联轴器的计算扭矩 T_{c1} 应满足下式：

$$T_{c1}=n_{1}\varphi_{8}T_{n}\leqslant T_{t} \tag{7-26}$$

式中 n_{1}——联轴器安全系数，取 1.35；

φ_{8}——刚性动载系数，一般取 1.2~2.0；

T_{n}——电动机额定转矩（N·m）；

T_t——联轴器许用转矩（N·m）。

低速轴联轴器的计算转矩 T_{c2} 应满足下式：

$$T_{c2}=n_1\varphi_8 T_n i\eta\leqslant T_t \tag{7-27}$$

式中　i——电动机至低速联轴器的传动比；

η——电动机至低速联轴器的传动效率。

7.3.6　运行打滑验算

为了保证起重机运行时可靠地起动或制动，防止驱动轮在轨道上打滑，避免影响起重机的正常工作和加剧车轮的磨损，应分别对驱动轮作起动和制动时的打滑验算。

对于小车运行机构按空载运行工况验算。对于桥式起重机大车运行机构，验算空载小车位于桥架一端时轮压最小的驱动轮。对于门式起重机大车运行机构，按满载小车位于悬臂端时验算另一端轮压最小的驱动轮。对于回转类型起重机，验算满载时轮压最小的驱动轮。

1）起动时不打滑按下式验算：

$$\left(\frac{\varphi}{K}+\frac{\mu d}{D}\right)P_{\min}\geqslant\frac{2000i\eta}{D}\left[T_{\min}-\frac{500k(J_1+J_2)i}{D}a\right] \tag{7-28}$$

2）制动时不打滑，按下式验算：

$$\left(\frac{\varphi}{K}-\frac{\mu d}{D}\right)P_{\min}\geqslant\frac{2000i}{\eta D}\left[T_z-\frac{500k(J_1+J_2)i}{D}a_z\right] \tag{7-29}$$

式中　φ——附着系数，对室外工作的起重机取 0.12（下雨时取 0.08），室内工作的起重机取 0.15，钢轨上撒砂时取 0.2~0.25；

K——附着安全系数，可取 $K=1.05\sim1.2$；

μ——轴承摩擦系数；

d——轴承内径（mm）；

$P_{\min}$——驱动轮最小轮压（集中驱动时为全部驱动轮压）（N）；

$T_{\min}$——打滑一侧电动机的平均起动转矩（N·m）；

k——计及其他传动飞轮矩影响的系数，折算到电动机轴上可取 $k=1.1\sim1.2$；

J_1——电动机转子转动惯量（kg·m^2）；

J_2——电动机轴上带制动轮联轴器的转动惯量（kg·m^2）；

a——起动平均加速度（m/s^2），见式（7-21）；

T_z——打滑一侧的制动器的制动转矩（N·m）；

a_z——制动平均减速度（m/s^2）。

实践表明，对于带悬臂的门式起重机或装卸桥，以及某些自重较轻、运行速度较快的起重机或起重小车，其最小轮压的驱动轮往往不能通过打滑验算，这会增加车轮磨损，实际起动时间也将延长。对于不经常使用的起重机，允许产生暂短的打滑。为了使工作繁忙的起重机工作时车轮不打滑，应合理选择电动机，并尽可能降低加（或减）速度，选取合适的驱动轮数，必要时可以采取全部车轮驱动，冰雪天注意采取防滑措施，缓慢起动。

第8章 回转机构

回转机构是回转类型起重机的重要工作机构之一，它可以使起重机的回转部分相对于非回转部分做回转运动。起重机的回转机构能使被起吊重物绕起重机的回转中心做圆弧运动，实现在水平面内运输重物的目的。

回转机构由回转支承装置和回转驱动机构两大部分组成。回转驱动机构用以驱动回转部分相对于非回转部分做回转运动。回转支承装置用来将回转部分支持在非回转部分上，保证回转部分有确定的运动，并承受回转部分作用于其上的垂直力、水平力和倾覆力矩。

8.1 回转支承装置

回转支承装置简称回转支承，其类型较多，一般分为柱式与转盘式两大类。

8.1.1 柱式回转支承

柱式回转支承装置由带有上下支承的柱状构架支承起重机的回转部分。柱状构架不随起重机回转部分一起转动的称为定柱式；柱状构架随起重机回转部分一起转动的称为转柱式。

8.1.1.1 定柱式回转支承装置

定柱式回转支承装置结构简单，便于制造，回转部分转动惯量小，自重小，驱动功率也小，还有利于降低起重机的重心。受到柱子尺寸限制，承载能力小，用于上回转塔帽式塔式起重机。

定柱式回转支承装置如图 8-1 所示，其上支承 1 一般用一个径向轴承和一个止推轴承来承受水平力和垂直力；其下支承 4 用水平滚轮来承受水平力，滚轮通常装在起重机回转部分上，滚轮沿定柱 3 上的轨道滚动，但也有将滚轮装在定柱上，轨道装在起重机回转部分上的。

有的定柱式回转支承装置的上支承采用推力与自位向心滚子轴承组成的结构；下支承的滚轮成对装在均衡架上，以使两滚轮受力均匀。图 8-2a 所示为上支承构造示意图。它由一个推力轴承与一个自位径向轴承组成。推力轴承球面垫的球心应与自位径向轴承的球心重合。图 8-2b 所示为下支承构造示意图。由于定柱下部直径大，下水平支承通常制成滚轮的形式，滚轮装在转动部分上。图 8-2b 中有四个支点，每个支点有两个滚轮，装在均衡梁上。四个支点的位置根据受力情况布置。

8.1.1.2 转柱式回转支承装置

转柱式回转支承装置结构简单，制造方便，承载能力较大，应用较为广泛，适用于起升高度和工作幅度较大而起重机的高度尺寸没有严格限制的起重机（如塔式、门座起重机）。

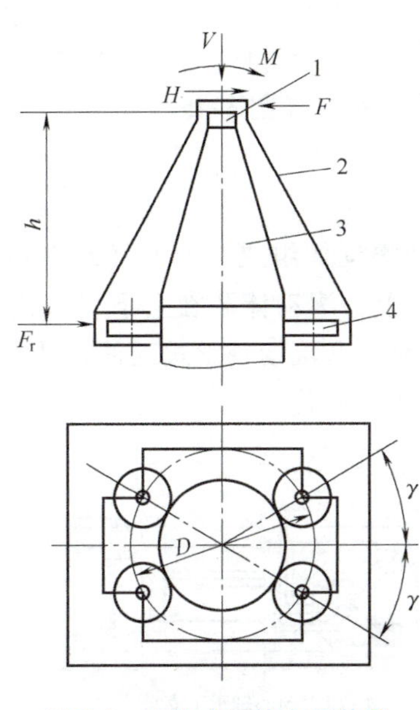

图 8-1　定柱式回转支承装置

1—上支承　2—回转部分　3—定柱　4—下支承

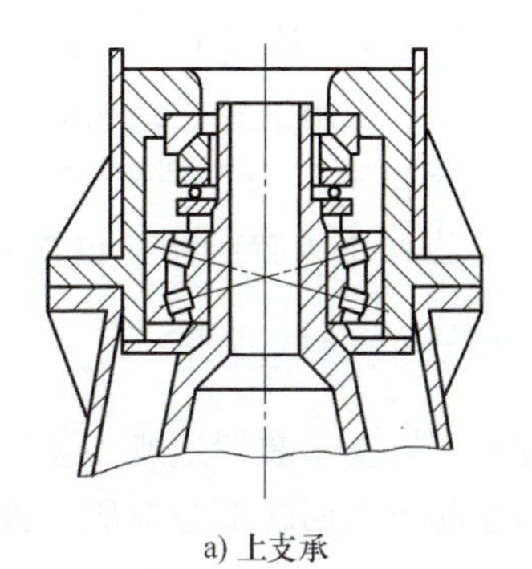

a) 上支承

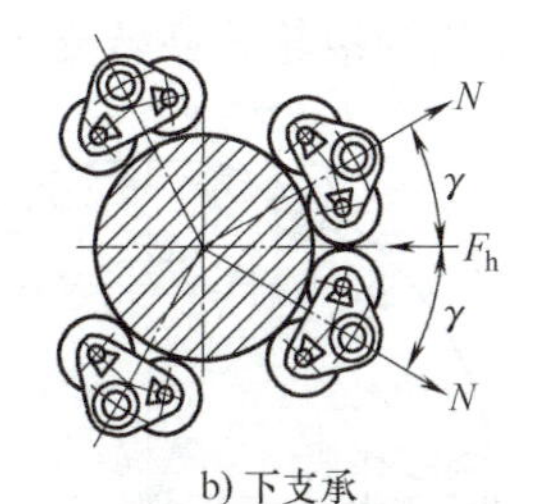

b) 下支承

图 8-2　定柱式上、下支承

转柱式回转支承装置的上支承采用水平滚轮。水平滚轮同样可安装在起重机非回转部分上（图 8-3a）或起重机回转部分上（8-3b）。通常采用后一种形式，因为这种安装形式能根据倾覆力矩作用方向合理布置滚轮。其下支承的结构与定柱式回转支承装置的上支承结构类似。有的起重机的上支承不采用水平滚轮，而采用一个大型向心推力轴承（图 8-3c），这就使下支承不承受垂直力，故下支承只须安装一个自位向心轴承。

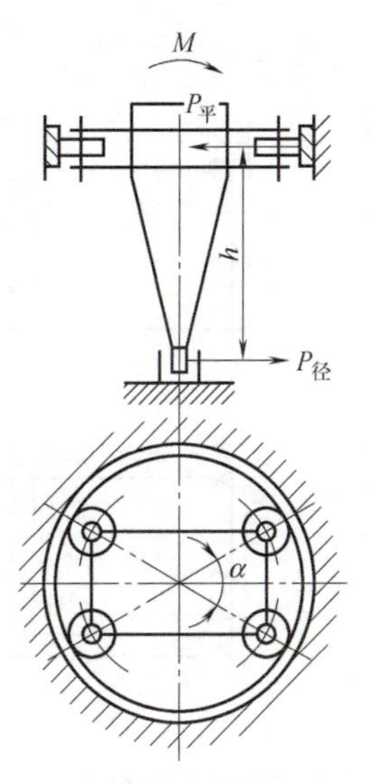

a) 滚轮装在转柱上

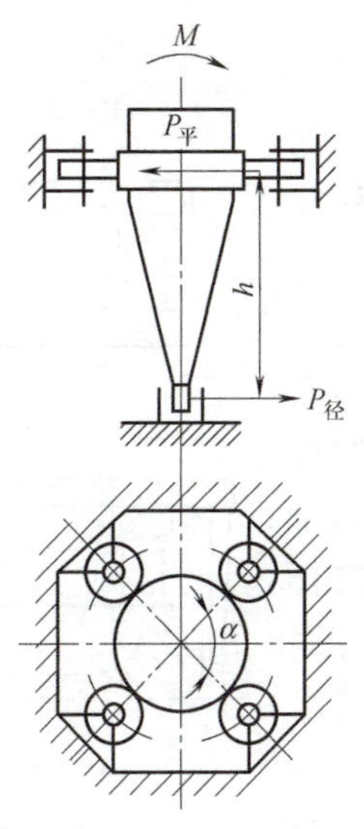

b) 滚轮装在固定部分上

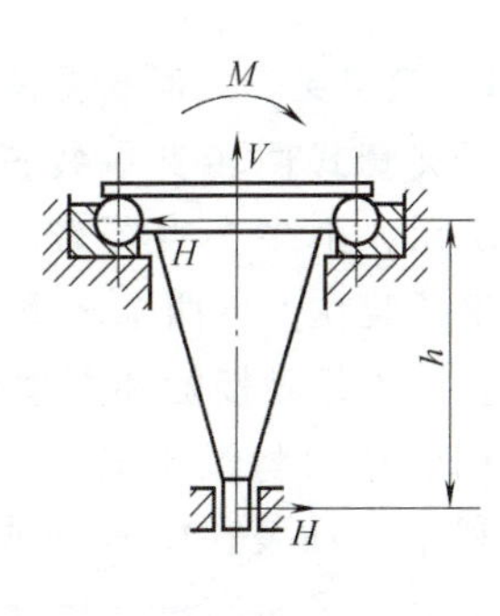

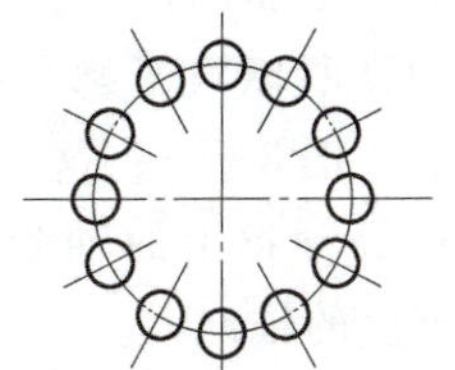

c) 上支承采用向心推力轴承

图 8-3　转柱式回转支承装置

图 8-4 所示为转柱式上、下支承的构造。转动心轴可以调整上支座滚轮与环形滚道之间的间隙。上支承采用滚轮式结构时下支承的构造如图 8-4b、c 所示。下支承的作用是承受回转部分的重量和水平力，一般采用有自动调位作用的推力轴承和径向球面轴承组合结构（图 8-4c）；当水平力较小时，也常采用单个径向推力轴承支承（图 8-4b）。

8.1.2 转盘式回转支承

转盘式回转支承装置通常由上下（或内外）转盘及滚动体组成。上下（或内外）转盘分别固定在起重机回转部分与固定部分（底架或门架）上，滚动体装在上下（或内外）转盘之间。根据滚动体的形式不同，分为滚轮式、滚子夹套式和滚动轴承式三种。过去中小吨位起重机上使用的滚轮式回转支承现在已多由滚动轴承式的取代。

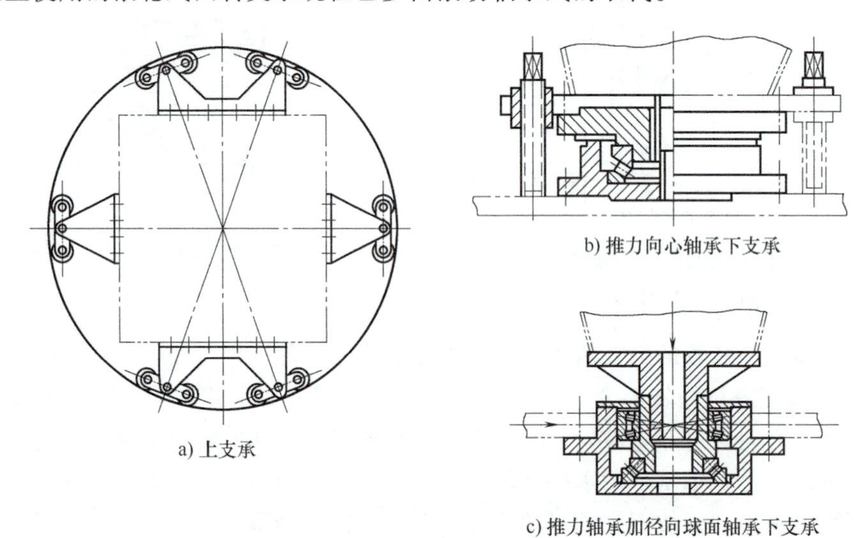

a) 上支承

b) 推力向心轴承下支承

c) 推力轴承加径向球面轴承下支承

图 8-4 转柱式回转支承装置的上、下支承

8.1.2.1 滚子夹套式回转支承装置

滚子夹套式回转支承装置的结构如图 8-5 所示，由多个直径较小的圆柱或圆锥形滚子装在上下两个环形滚道之间。为了防止滚子相互接触和产生运动干扰，必须采用保持架将滚子隔开。圆柱形滚子通常利用心轴装在由扁钢或槽钢制成的保持架上（图 8-6a）；圆锥形滚子由于有轴向分力，所以滚子都装在辐状拉杆的保持架上（图 8-6b），这些辐状拉杆固定在装于中心轴枢上的轴套上，以消除锥形滚子产生的轴向力。

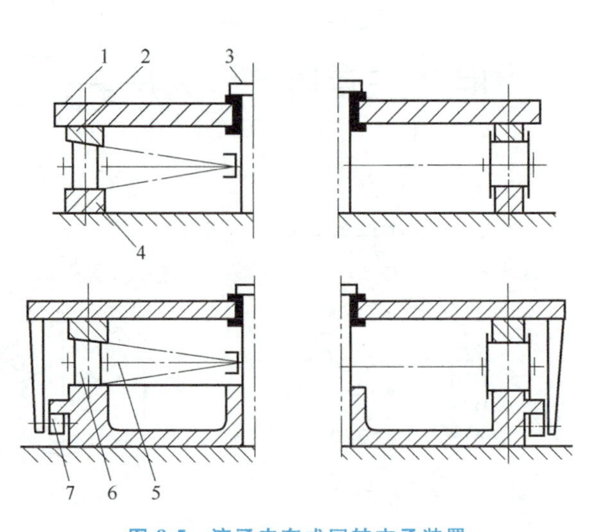

图 8-5 滚子夹套式回转支承装置

1—转盘 2—转动轨道 3—中心轴枢 4—固定轨道 5—拉杆 6—滚子 7—反滚子

滚子夹套式回转支承装置的对中与承受水平载荷，以及防止回转部分的倾翻，也是采用反滚子（图 8-5 中的 7）或

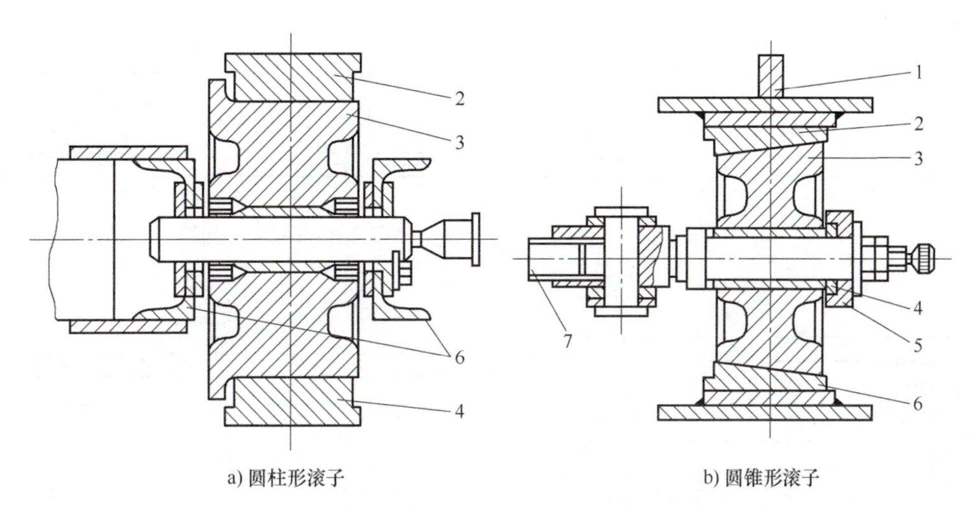

a) 圆柱形滚子　　b) 圆锥形滚子

图 8-6　圆柱形和圆锥形滚子构造

1—转盘　2—转动滚道　3—滚子　4—止推轴承　5—隔离架　6—固定滚道　7—辐状拉杆

采用带螺母的中心轴枢。

8.1.2.2　滚轮式回转支承装置

滚轮式回转支承装置的特点是起重机回转部分支承在由滚轮组成的三个或四个支点上。图 8-7 所示为滚轮装置的结构简图，常用作大型起重机的回转支承。滚轮的形状分为圆柱形（如图 8-7 的右面视图）和圆锥形（图 8-7 的左面视图）。圆柱形滚轮当内外端回转半径不同时，滚动时有速度差，使滚轮与滚道之间产生滑动，增大了运行阻力，加快了滚轮的磨损。锥形滚轮可以保证滚轮与滚道之间为纯滚动；但是滚道也要制成锥形或使滚轮轴与水平倾斜一角度，从而使制造困难；并且锥形滚轮会使滚轮在传递垂直压力时产生水平的轴向分力，因此在滚轮内要安装轴向止推轴承，以承受轴向分力。

回转运动的对中与承受水平载荷，通常采用中心轴枢或内外装的水平滚轮（图 8-7b）。为防止回转部分的倾翻，可采用滚子（图 8-7c），也可采用带螺母的中心轴枢。对于小型起重机，为了简化结构，一般将支承滚轮置于槽形滚道内（图 8-7d），使其兼起反滚子的作用。

8.1.2.3　滚动轴承式回转支承装置

滚动轴承式回转支承装置尺寸紧凑、性能完善，可以同时承受垂直力、水平力和倾覆力矩，密封和润滑条件好，回转阻力小，是应用最广的回转支承装置。但它对材料及加工工艺要求高，损坏后不便修复。因此，为保证轴承装置正常工作，对固定轴承座圈的机架，要求有足够的刚度。

这种回转支承装置实际上是一个扩大的滚动轴承，由内外座圈、滚动体及隔离体等组成。根据滚动体形状，这种回转支承装置可分为滚球式与滚柱式两类；根据滚动体排数又可分为单排、双排和三排等。起重机回转部分固定在大轴承的回转座圈上，而大轴承的固定座圈则与底架或门座的顶面固定连接。

图 8-8 所示为常用的四种滚动轴承式回转支承装置结构。

1. 单排四点接触球式回转支承（图 8-8a）

它由两个座圈组成，结构紧凑、重量轻、高度尺寸小。内外座圈上的滚道是两个对称的

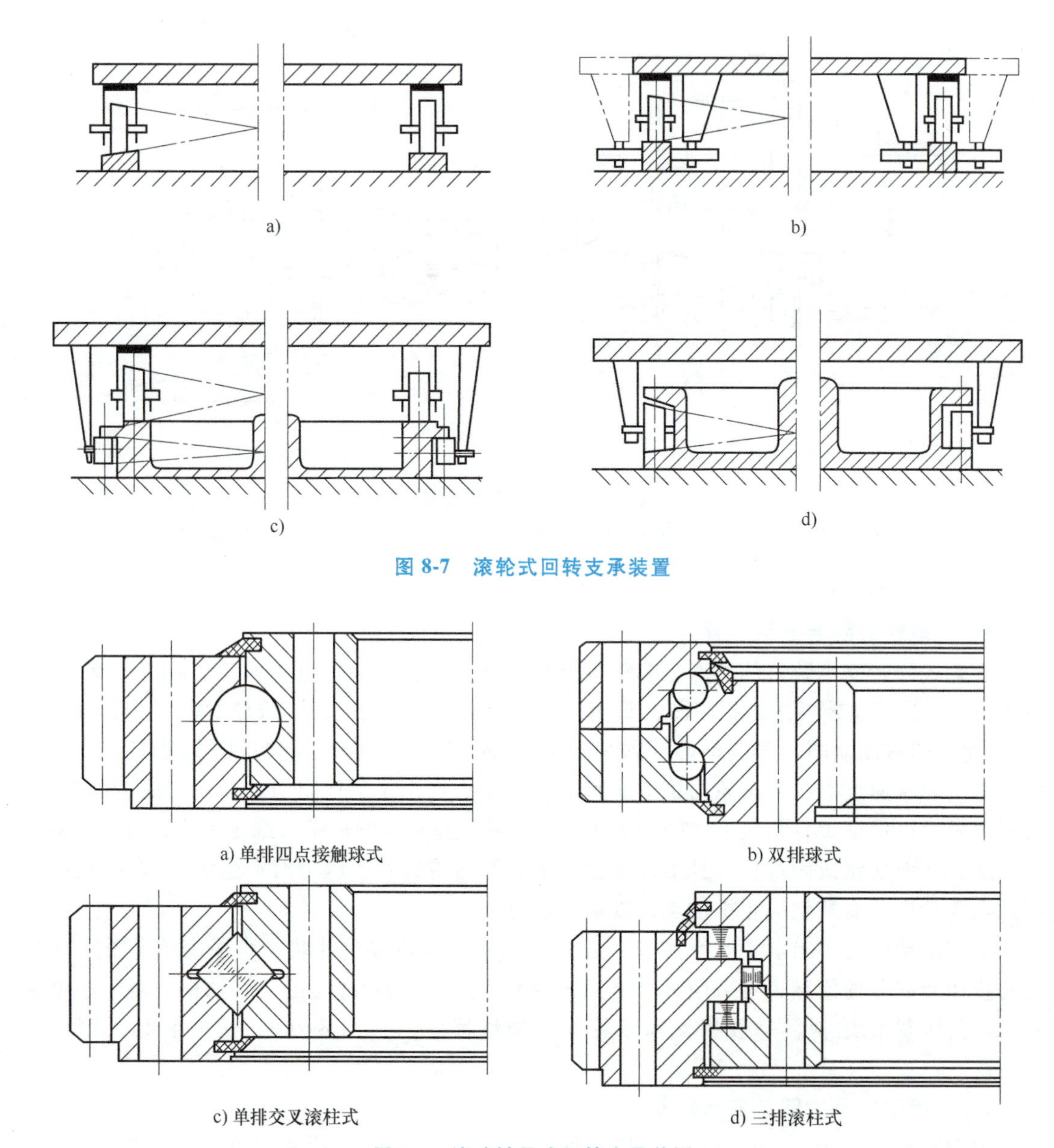

图 8-7 滚轮式回转支承装置

图 8-8 滚动轴承式回转支承装置

圆弧面，钢球与圆弧面滚道四点接触，能同时承受轴向、径向力和倾覆力矩。适用于中小型起重机。

2. 双排球式回转支承（图 8-8b）

它有三个座圈，采用开式装配，钢球和隔离块可直接排入上下滚道，上下两排钢球采用不同直径以适应受力状况的差异。滚道接触压力角较大（60°~90°），因此能承受很大的轴向载荷和倾覆力矩。适用于中型塔式起重机和汽车起重机。

3. 单排交叉滚柱式回转支承（图 8-8c）

它由两个座圈组成，滚柱轴线 1∶1 交叉排列，接触压力角为 45°。由于滚柱与滚道间是线接触，所以承载能力高于单排钢球式。这种回转支承制造精度高，装配间隙小，安装精度要求较高，适用于中小型起重机。

4. 三排滚柱式回转支承（图 8-8d）

它由三个座圈组成，上下及径向滚道各自分开。上下两排滚柱水平平行排列，承受轴向载荷和倾覆力矩，径向滚道垂直排列的滚柱承受径向载荷，是常用四种形式的回转支承中承载能力最大的一种，适用于回转支承直径较大的大吨位起重机。

8.2 回转驱动机构

回转驱动机构由驱动装置（原动机和传动装置）和回转驱动元件等组成。

回转驱动元件是指回转驱动机构的最后一级传动，它由大齿圈与行星小齿轮组成。通常情况下，大齿圈固定在起重机的底座上，行星小齿轮安装固定于回转平台上的回转驱动装置的立轴上（需要时，有的也将大齿圈固定在回转平台上，小齿轮固定在底座上）。大齿圈可做成外齿，也可做成内齿。大齿圈与行星小齿轮通常采用渐开线齿轮。当大齿圈直径太大时，为了制造简单，常采用由多根销轴组成的针齿轮，与针齿轮啮合的行星小齿轮为摆线齿轮。

驱动装置中的原动机，可以是电动机、液压马达或者某一根驱动轴，其选择是由起重机的动力源所决定的。目前，起重机多采用电力驱动和液压驱动。

8.2.1 电动回转驱动装置

目前在电动起重机上主要采用下列三种形式的回转驱动装置。

1. 卧式电动机与蜗轮减速器驱动（图 8-9）

它具有传动比大、结构紧凑的优点；缺点是传动效率低。常用于结构要求紧凑的中小型起重机上。

该驱动装置中极限力矩联轴器的作用是：①防止回转机构过载，保护电动机和驱动元件；②风力过大时，允许臂架被风吹至顺风方向，减小迎风面积，保证整机稳定性。其摩擦锥面与蜗轮内锥面靠弹簧 6 压紧，而将蜗轮的运动传给立轴 7。压紧弹簧张力用螺母调整，以得到要求传递的力矩值。当回转机构的回转力矩超过此力矩值时，极限力矩联轴器就打滑，使立轴 7 不随蜗轮一起转动。

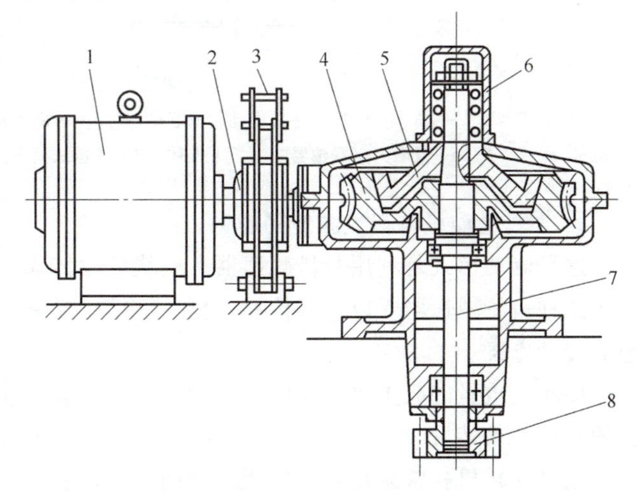

图 8-9 卧式电动机与蜗轮减速器驱动

1—卧式电动机 2—联轴节 3—制动器
4—蜗轮减速器 5—极限力矩联轴器
6—压紧弹簧 7—立轴 8—行星小齿轮

2. 立式电动机与立式圆柱齿轮减速器驱动（图 8-10）

其优点是平面结构紧凑，占据车架面积小，传动效率较高。它主要用在门座起重机上。为了增大传动比，有的采用三级齿轮减速的减速器。

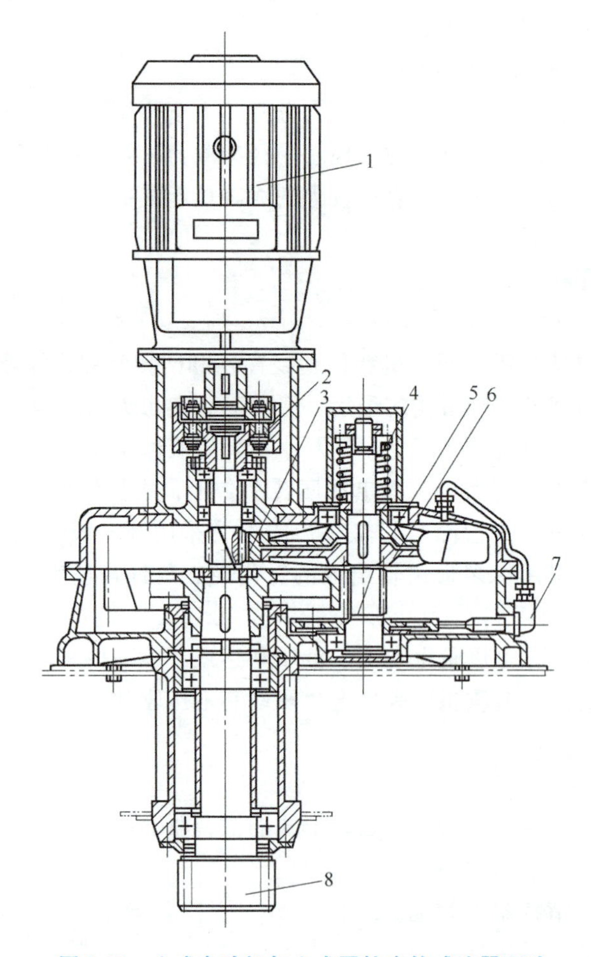

图 8-10 立式电动机与立式圆柱齿轮减速器驱动

1—立式电动机 2—带制动轮的联轴器 3—极限力矩联轴器的齿圈 4—压紧弹簧
5、6—极限力矩联轴器的上、下锥体 7—柱塞式润滑油泵 8—与大齿轮啮合的小齿轮

3. 立式电动机与行星减速器驱动

这种驱动形式是利用行星减速器、摆线针轮传动、渐开线少齿差传动或谐波传动等代替立式圆柱齿轮减速器，以获得传动比更大、结构更紧凑的驱动装置，是起重机回转机构较理想的传动方案。

中小起重量的起重机，其回转机构一般为一套驱动装置，大起重量起重机有时采用同规格的双套驱动装置。

电动回转机构常采用自动作用的常闭式制动器（塔式起重机和门座起重机例外）。塔式起重机和门座起重机一般采用可操纵的常开式制动器，以避免制动过猛，遇有强风时，能自动回转到顺风位置，减小倾翻的危险。

8.2.2 液压回转驱动装置

1. 高速液压马达与蜗杆减速器或行星减速器传动

该传动在形式上与电力驱动基本相同。液压驱动的小起重量起重机，通过液压回路和换向阀的合理配置，可以使回转机构不装制动器，同时保证回转部分在任意位置上停住，并避免冲击。高速液压马达的驱动形式，在轮式起重机上应用较广。

2. 低速大转矩液压马达回转机构（图 8-11）

低速大转矩液压马达，直接在液压马达轴上安装回转机构的小齿轮，如液压马达输出转矩不能满足传动要求，可以加装一级机械减速装置。该形式一般应用在一些小吨位汽车起重机上。

采用低速大转矩液压马达可以省去或减少减速装置，因此结构紧凑。但低速大转矩液压马达成本高，使用可靠性不如高速液压马达。

3. 液压回转驱动机构典型油路（图 8-12）

液压马达由换向阀控制旋转方向，双向缓冲阀的作用是避免回转机构起动或制动时产生过高的压力，保证机构动作平稳。缓冲阀的调整压力应略大于回路的额定工作压力。大吨位起重机回转惯性大，需要加装缓冲阀，小吨位起重机回转机构可以不装。

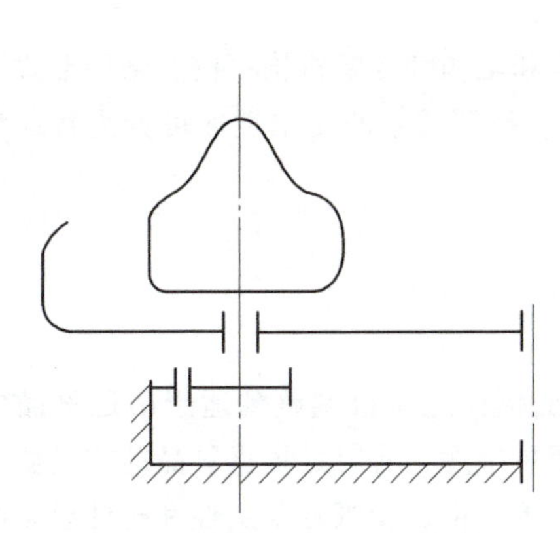

图 8-11　低速大转矩液压马达回转机构

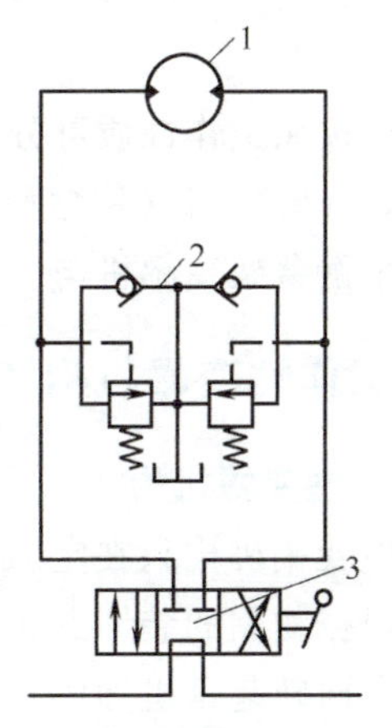

图 8-12　液压回转驱动机构典型油路

1—液压马达　2—双向缓冲阀　3—换向阀

第9章 变幅机构

9.1 变幅机构的类型与特点

起重机的变幅机构是用来改变起重机幅度的机构，可以扩大起重机的作业范围，改善起重机作业性能，提高生产率，当变幅机构与回转机构协同工作时，起重机的作业范围是一个环形空间。

变幅机构按照工作性质可分为非工作性变幅机构和工作性变幅机构；按照结构形式可分为运行小车式和臂架式（伸缩臂架式和摆动臂架式）；按照臂架的变幅性能可分为普通臂架变幅机构和平衡臂架变幅机构。

9.1.1 非工作性变幅机构和工作性变幅机构

1. 非工作性变幅机构

非工作性变幅机构只在空载条件下改变幅度。变幅使起重机调整到适于吊运物品的位置，有时是根据物品的装卸点和起重机位置的要求变更幅度，有时是根据物品的重量变更幅度。因为许多回转起重机如塔式起重机、门座起重机等，由于受倾翻稳定性和构件承载能力的限制，在吊运重物时必须将幅度调整到允许范围以内，物品搬运过程中，幅度不再改变，因此变幅过程属于非工作性的，称为非工作性变幅机构，也称为调整性变幅机构。起重机工作时，这种变幅机构变幅次数很少，变幅阻力较小，变幅时间对起重机的生产率影响小，可采用较低的变幅速度（吊钩水平移动速度为0.16~0.25m/s），以减小变幅机构的驱动功率。其特点是构造简单，自重轻。

2. 工作性变幅机构

工作性变幅机构能在带载的条件下实现起重机幅度的改变。为了提高起重机的生产率和更好地满足作业要求，常常需要在吊运重物时，改变起重机的幅度。这种变幅是在带载条件下进行的，其变幅过程是起重机工作循环的主要环节，这类变幅机构称为工作性变幅机构。工作性变幅机构的主要特点是变幅次数频繁，变幅时间对装卸生产率有直接影响，一般采用较高的变幅速度，通常为0.33~1.66m/s。工作性变幅机构工作机动性好，但机构驱动功率较大，变幅装置的构造复杂，重量大。

对于工作性变幅机构，由于带载变幅在增大幅度时容易引起超载，为了保证安全工作，通常都要求起重机装设起重力矩限制器。为了防止俯仰臂架时制动失效，工作性变幅机构要求装有可靠的制动安全装置，通常装设限速器或停止器。为减小工作性变幅机构的驱动功率，可采用吊重水平位移及臂架自身平衡系统。但是保持重物水平移动及臂架自身平衡系统的构造比较复杂，为了简化构造，有的工作性变幅机构并不采用吊重水平位移及臂架自重平衡系统。

9.1.2　运行小车式变幅机构和臂架式变幅机构

1. 运行小车式变幅机构（图 9-1）

运行小车式变幅机构是通过小车沿着水平臂架运行来实现变幅的。运行小车有自行式和绳索牵引式两种。为了减小臂架由于运行小车自重产生的弯矩，并减轻起重机自重，多采用绳索牵引式运行小车。运行小车式变幅机构在变幅时重物做水平移动，易于安装就位，给安装工作带来了方便，可节省由变幅时重物高度变化而消耗的能量，所需驱动功率小。变幅速度较快，幅度有效利用率大。其缺点是臂架承受较大的弯矩，结构自重大，在大起重量起重机上的应用受到限制，常用于中小型上回转式塔式起重机中。

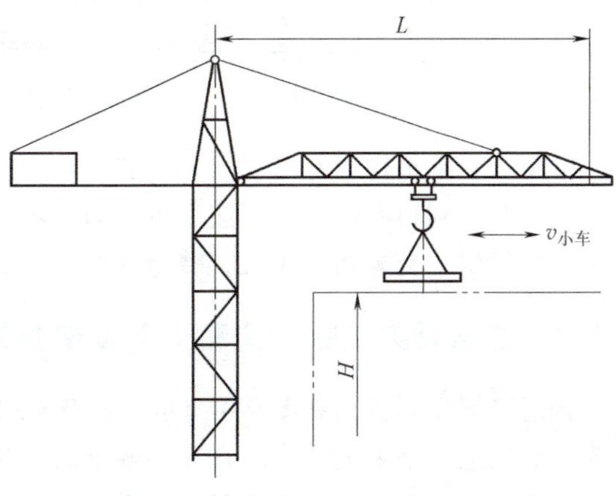

图 9-1　运行小车式变幅机构简图

2. 臂架式变幅机构

臂架式变幅机构分为臂架摆动式和臂架伸缩式两种。臂架摆动式变幅机构（图 9-2）是通过臂架在垂直平面内绕其铰轴俯仰摆动实现变幅的，可用钢丝绳滑轮组或变幅液压缸使臂架做俯仰运动。臂架伸缩式变幅机构是通过多节可伸缩臂架的伸缩来改变臂架度实现变幅的，可用液压缸或钢丝绳卷绕装置等来驱动伸缩运动。伸缩臂架包括各节臂架结构（图 9-3）及各节伸缩液压缸，当各级液压缸进油时，使活塞杆顶出，臂架长度逐渐增大，到活塞

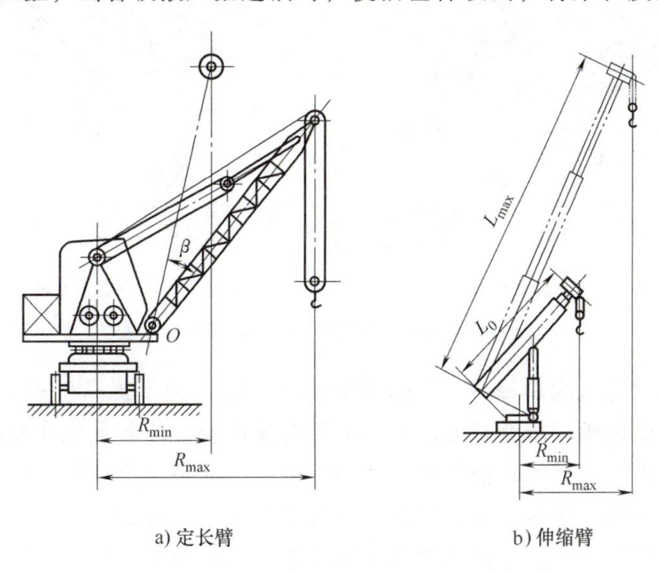

图 9-2　臂架摆动式变幅机构简图

杆全部顶出时，臂架达到最大长度。这种变幅系统的臂架既可摆动，也可伸缩，既能增加起升高度，也能改变幅度，具有使用简便灵活的特点，在轮式起重机和履带起重机中广泛使用。其实臂架伸缩的主要目的不是用来变幅，而是为了改变起重机的外形尺寸，增加起重机的机动性、灵活性，便于流动作业时伸出臂架以获得较大的起升高度，它一般不单独作为变幅机构使用。

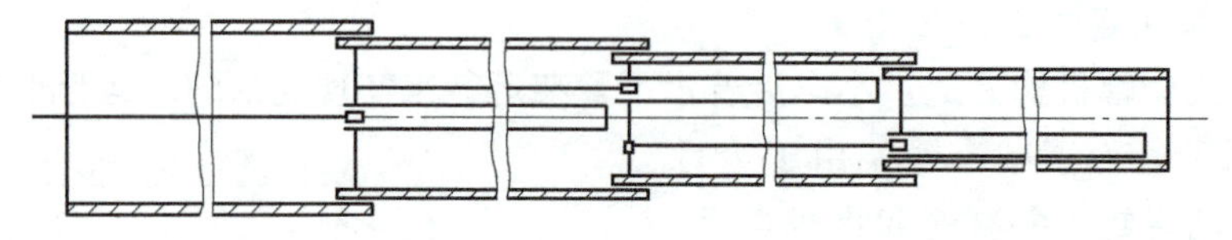

图 9-3　伸缩臂架机构简图

臂架式变幅机构起升高度大，拆装比较方便，广泛应用在各类旋转类起重机上。其缺点是幅度的有效利用率低，变幅速度不均匀，不带补偿装置变幅时重物不能做到水平移动，不便于安装就位，变幅功率较大，臂架有倾角，有时会与建筑物相碰，影响使用性能。

9.1.3　普通臂架变幅机构和平衡臂架变幅机构

普通臂架变幅机构如图 9-4 所示，在臂架摆动时，臂架的重心和物品的重心都要随幅度的改变而发生不必要的升降。在减小幅度时，物品和臂架的重心都要升高，为了克服物品重量和臂架自重升高时所引起的阻力，需要耗费额外的驱动功率。另外，变幅时物品自行升降的现象给货物装卸工作，特别是设备安装就位工作带来不便。在增加幅度时，则引起较大的惯性载荷，也影响起重机的使用性能。普通臂架变幅机构结构简单，一般用在塔式起重机或流动式起重机上，而且主要是非工作性变幅。

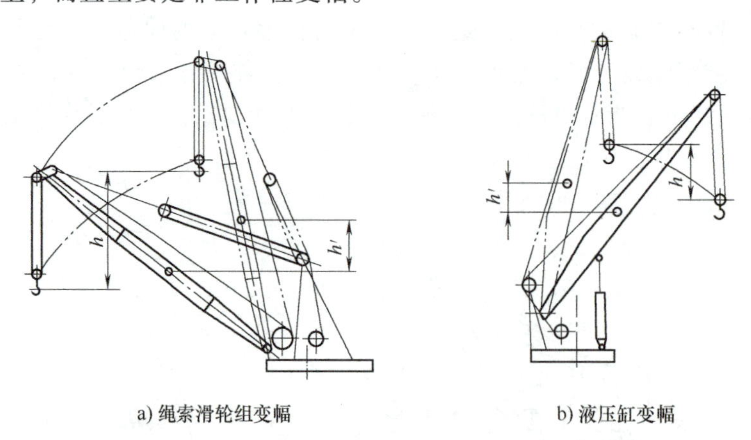

a) 绳索滑轮组变幅　　b) 液压缸变幅

图 9-4　臂架摆动时物品和臂架重心变化图

工作性变幅的起重机能在每一工作循环中实现变幅，为了提高生产率，节约驱动功率，改善操作性能，需要采用平衡臂架变幅，即通过合理的设计使起重机在变幅过程中物品的重心沿水平线或近似水平线移动，而臂架系统的重量由活动平衡重平衡，两者的合成重心也沿水平线移动或固定不动。平衡臂架变幅比普通臂架变幅结构复杂，但对于需要经常带载变幅的起重机来说，由此提高的性能足以弥补构造复杂、自重较大等缺点，因此在门座起重机及塔式起重机上的应用日益广泛。

9.2　平衡臂架变幅机构

9.2.1　平衡臂架变幅机构的类型

普通臂架变幅机构在变幅过程中，臂架和物品的重心都要升降，从而增大了驱动功率，降低了机构的操作性能。通过采取一定的措施，使臂架变幅机构在变幅过程中，物品的重心沿水平线或近似水平线移动，臂架的重心也能沿水平线移动或固定不动，这样的臂架变幅机构称为平衡臂架变幅机构。采取的措施分述如下。

9.2.1.1　绳索补偿法

绳索补偿法的特点是，物品在变幅过程中引起的升降依靠起升绳绕绳系统及时放出或收进一定长度的起升绳来补偿，从而使物品在变幅过程中沿水平线或接近水平线的轨迹移动。绳索补偿法有多种方案，常用的有补偿滑轮组、补偿滑轮和补偿卷筒三种。

1. 补偿滑轮组

图9-5所示为利用补偿滑轮组使物品水平变幅的工作原理图。其特点是在起升绳绕绳系统中增设一个补偿滑轮组，当臂架从位置Ⅰ转动到位置Ⅱ时，物品和取物装置一方面随着臂架端点的升高而升高，另一方面又由于补偿滑轮组长度缩短，放出钢丝绳，增加悬挂长度而下降。如果在变幅过程中的各个位置上，由于臂架端点上升而引起的物品升高值大致等于因补偿滑轮组缩短而引起的物品下降值，则物品将沿近似水平线的轨迹移动。

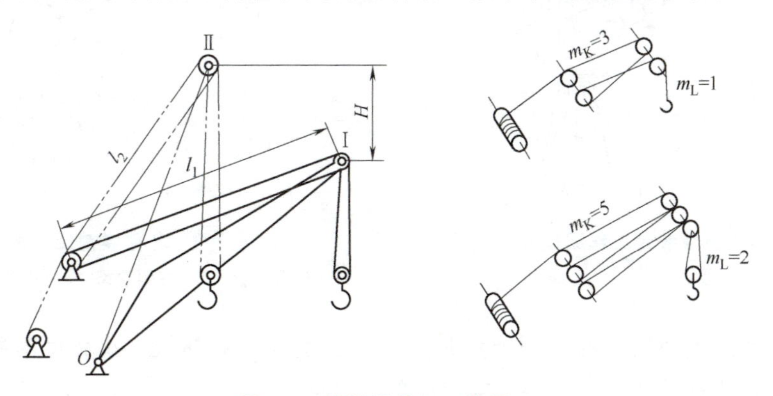

图9-5　补偿滑轮组工作原理

采用滑轮组补偿时，实现水平变幅应满足的条件是：

$$Hm_L=(l_1-l_2)m_K \tag{9-1}$$

式中　m_L——起升滑轮组的倍率（通常 $m_L \leqslant 2$）；

m_K——补偿滑轮组的倍率（常用 $m_K=3$）。

这种补偿法构造简单，臂架受力情况较好，容易获得较小的最小幅度。缺点是起升绳的长度大，磨损快，小幅度时物品摆动角度大，不宜用于大起重量起重机。

2. 补偿滑轮

图9-6所示为利用补偿滑轮使物品水平变幅的工作原理图。从卷筒出来的钢丝绳，经过装在摆动杠杆上的导向滑轮 B，然后通向臂架头部 A。装有补偿导向滑轮的杠杆通过拉杆与

臂架连接。在变幅过程中，补偿导向滑轮位置的变化，使从卷筒到臂架头部之间的钢丝绳长度的变化与吊钩随臂架头部的升降相补偿，即

$$AB+BC-(A'B'+B'C)\approx H \tag{9-2}$$

则吊钩就可以近似水平线轨迹移动。

与滑轮组补偿相比，起升绳的长度和磨损较小，摆动杠杆可以兼作对重杠杆。但臂架所受弯曲力矩较大，并难以获得较小的最小幅度。这种方案可用于吊钩及抓斗起重机，近年来在起重量较大的起重机上的应用日益增多。

3. 补偿卷筒

图 9-7 所示为补偿卷筒使物品水平变幅的工作原理图。将起升绳的另一端绕在一个由变幅机构驱动的补偿卷筒上，而补偿卷筒与变幅卷筒同轴。在变幅过程中，补偿卷筒放出或收进一定长度的起升绳，以补偿由于臂架摆动而引起的物品升降。实际上从工艺角度考虑，补偿卷筒常是圆锥形的，可近似地达到物品水平变幅。有时起升卷筒也可兼作补偿卷筒，与变幅卷筒通过离合器连接，以简化结构，便于整机布置。

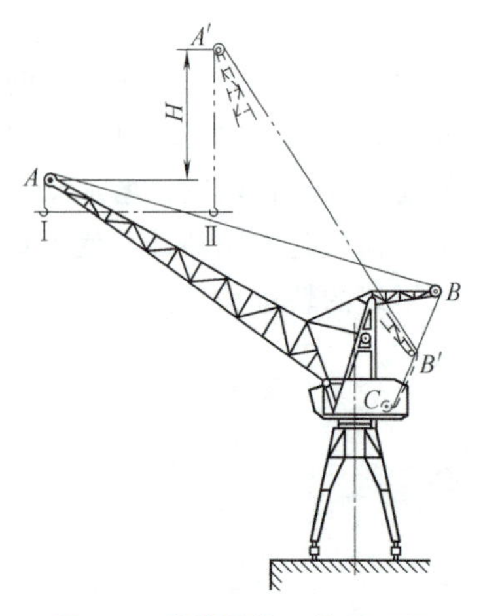

图 9-6 补偿滑轮工作原理图

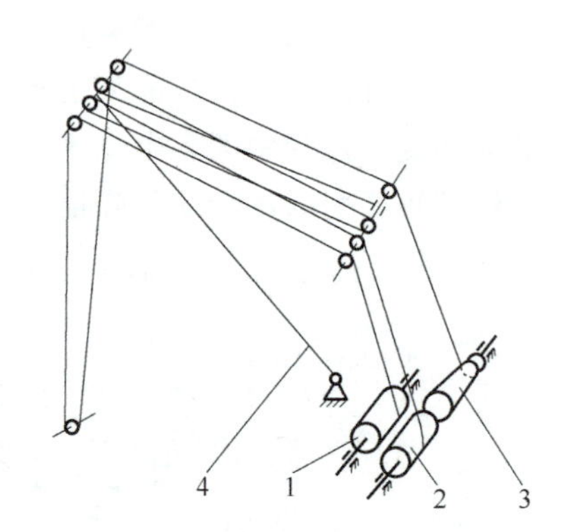

图 9-7 补偿卷筒工作原理图

1—起升卷筒 2—变幅卷筒 3—补偿卷筒 4—臂架

总之，各类绳索补偿法的共同缺点是起升绳长度大，磨损快，小幅度时物品悬挂长度大，摆动也大；优点是使用单臂架，构造简单，自重轻。

9.2.1.2 组合臂架补偿法

组合臂架补偿法是指在变幅过程中，物品的水平移动靠臂架端点沿水平线或接近水平线的轨迹移动来保证。

1. 四连杆式组合臂架

图 9-8 所示为采用刚性拉杆的四连杆式组合臂架的工作原理示意图。臂架系统是组合式的，它由臂架、象鼻梁和刚性拉杆三部分组成，连同机架一起构成一个平面四连杆机构。如果臂架系统的尺寸选择得适合，则在有效幅度范围内，象鼻梁的端点将沿着接近水平线的轨迹移动。当起升绳沿着拉杆或臂架到象鼻梁从其头部引出时，可满足物品水平变幅的要求。

这种方案的主要优点是物品悬挂长度减小，摆动现象减轻，起升绳的长度和磨损减小，起升滑轮组倍率的大小对补偿系统没有影响。其缺点是臂架系统复杂和自重大。这种方案在

港口及造船门座起重机上应用较多。

2. 平行四边形组合臂架

图 9-9 所示的平行四边形组合臂架，通过由拉杆、象鼻梁、臂架与连杆所构成的平行四边形，可保证吊重在变幅过程中严格地走水平线。但是，在工作过程中会产生物品偏摆，这给操作带来不便，而且会对电动机造成不稳定的载荷。

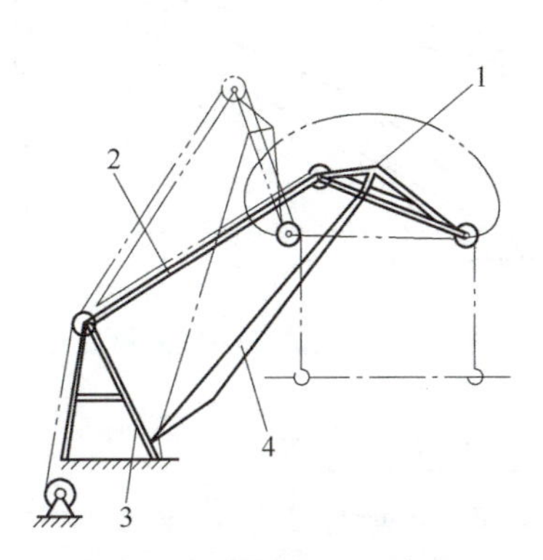

图 9-8　四连杆式组合臂架图
1—象鼻梁　2—拉杆　3—机架　4—动臂

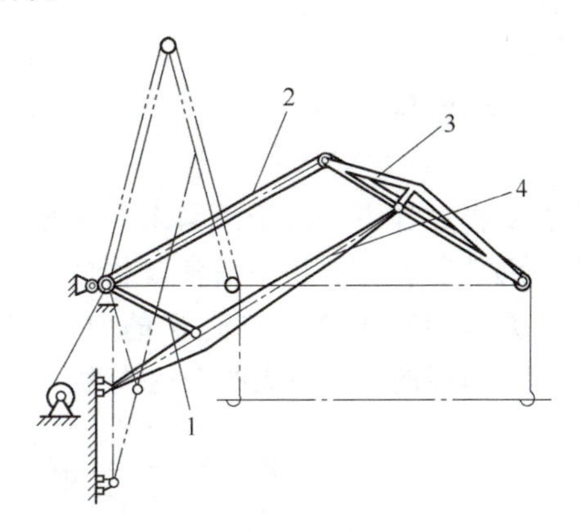

图 9-9　平行四边形组合臂架
1—拉杆　2—臂架　3—象鼻梁　4—连杆

9.2.2　平衡臂架变幅机构的设计计算

9.2.2.1　载重水平变幅系统的设计

1. 补偿滑轮组装置的设计（图 9-10）

根据工作需要和构造布置确定臂架长度 L、最大幅度 R_{max}、最小幅度 R_{min}、臂架铰点 O、起升滑轮组的倍率 m_L 和补偿滑轮组的倍率 m_K。在幅度为 R_{max} 时，臂架对水平线的夹角 φ_{min} 宜取为 20°~40°；幅度为 R_{min} 时，臂架对水平线的夹角 φ_{max} 宜取为 60°~80°。

用图解法确定补偿滑轮组定滑轮夹套的装设位置（图 9-10 中补偿点 A 的位置）。以一定的比例先作出两个臂架位置Ⅱ和Ⅲ，这两个位置以选择离 R_{max} 和 R_{min} 的距离各为 $R/4$ 时较为合适。在臂架端点以一定的比例作出物品自重载荷 F_Q 和补偿滑轮组对臂架的作用力 $S=F_Q\dfrac{m_K}{m_L}$，使它们的合力 F'、F''通过臂架铰点 O。由此，找出在图示Ⅱ、Ⅲ位置上，补偿滑轮组应有的轴线ⅡA 和ⅢA，两者的交点就是所求补偿点 A 的位置。一般 A 点的位置大约在 O 点上方稍向前偏的地方。

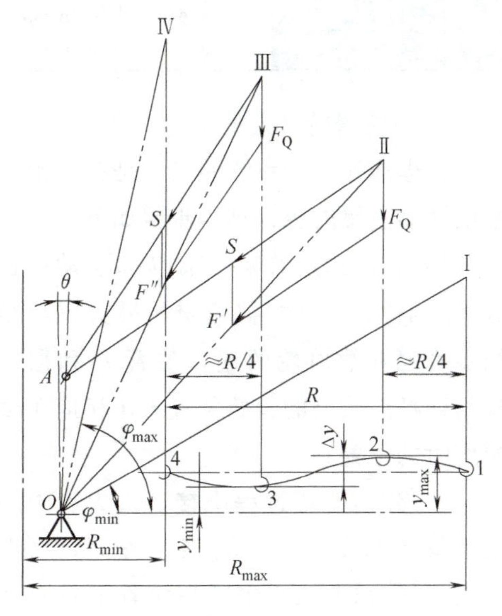

图 9-10　补偿点 A 的图解确定

下面介绍解析法，以便利用计算机代替手工作图（图 9-11）。

变幅过程中吊钩轨迹计算式为

$$\left.\begin{aligned}&y=L\left[\sin\varphi+t\sqrt{1+K^2-2K\sin(\varphi-\theta)}\right]-\frac{D}{m_L}\\&K=\frac{d}{L}\\&t=\frac{m_K}{m_L}\\&D=m_L l_Q+m_K l_K\end{aligned}\right\}\tag{9-3}$$

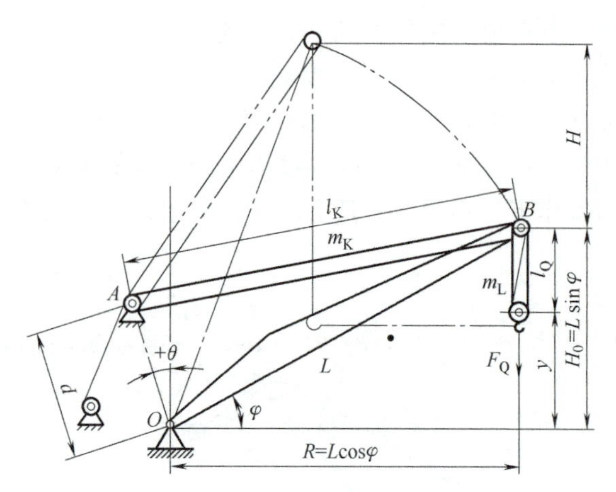

图 9-11 带补偿滑轮组的变幅装置轨迹计算图

在变幅过程中，由于吊钩未严格按照水平线移动所引起的功率消耗及构件受载情况，是以相对于臂架铰轴 O 的力矩 M_0 作为衡量指标的，该力矩的表达式为

$$M_0=F_Q\frac{d_y}{d_\varphi}=F_Q L\left[\cos\varphi-t\frac{K\cos(\varphi-\theta)}{\sqrt{1+K^2-2K\sin(\varphi-\theta)}}\right]\tag{9-4}$$

式中 F_Q——物品自重载荷。

从臂架平衡来看，在变幅过程中控制 M_0，即控制$\frac{d_y}{d_\varphi}$的数值，使之趋向于最小较为合理。对最常用的 $t=3$ 的补偿滑轮组变幅装置，根据不同的臂架摆角范围，按限制臂架力矩为最小的方法进行计算，所得的 θ 与 K 的最佳值列于表 9-1 中。

表 9-1 臂架力矩为最小时的 θ 与 K 值（$t=3$）

最佳参数		θ	K	θ	K	θ	K
φ_{max}		70°		75°		80°	
φ_{min}	20°	-6. 3°	0. 304	-5. 0°	0. 300	-4. 4°	0. 298
	25°	-5. 6°	0. 300	-4. 8°	0. 297	-3. 9°	0. 294
	30°	-5. 0°	0. 296	-4. 2°	0. 293	-3. 3°	0. 2
	35°	-4. 5°	0. 292	-3. 6°	0. 288	-2. 9°	0. 285

2. 补偿滑轮装置的设计（图 9-12）

合理选择杠杆系统的尺寸是补偿滑轮装置设计的主要内容，具体步骤如下。

1）初步选定臂架铰轴 O 和摆动杠杆支点 O_1 的位置，并根据给定的最大尾部半径初步确定补偿滑轮的起始位置 B 和摆动杠杆与连杆的铰点的起始位置 F（相应于最大幅度时的位置）。

2）作出变幅过程中接近最大、中间和接近最小幅度的三个臂架位置 OA、OA' 和 OA''。吊钩在上述三个臂架位置上位于同一水平线所必须满足的条件为

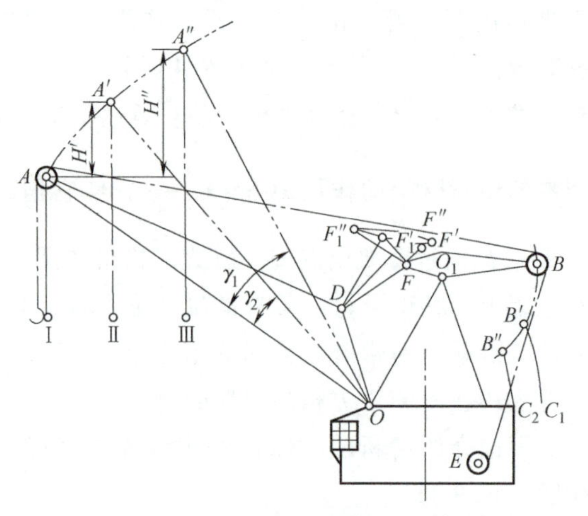

图 9-12 补偿滑轮装置设计简图

$$\left.\begin{aligned}AB+BE-(A'B'+B'E)=H'\\AB+BE-(A''B''+B''E)=H''\end{aligned}\right\}\tag{9-5}$$

3）确定相应于三个臂架位置的摆动杠杆位置 $B'O_1F'$ 和初始位置 $B''O_1F''$ 在步骤1）已经给定。B' 和 B'' 一方面应落在以 O_1 为圆心，O_1B 为半径的圆弧 $BB'B''$ 上，另一方面又应分别落在以 E、A' 为焦点，$AB+BE-H'$ 为长轴的椭圆 C_1 上和以 E、A'' 为焦点，$AB+BE-H''$ 为长轴的椭圆 C_2 上。作出圆弧 $BB'B''$、椭圆 C_1 和 C_2，则 $BB'B''$ 与 C_1 和 C_2 的交点即为所要确定的 B' 和 B''。B' 和 B'' 的位置确定以后，摆动杠杆的另外两个位置 $B'O_1F'$ 和 $B''O_1F''$ 也就确定了。

4）确定臂架与连杆的铰接点 D。在臂架和摆动杠杆与连杆的铰接点 F、F' 和 F'' 之间的相对位置保持不变的条件下，使第Ⅱ和第Ⅲ个臂架位置连同 F' 和 F'' 绕 O 点逆时针方向到第Ⅰ个臂架相重合的位置上，这时 F' 和 F'' 相应地转到了 F_1' 和 F_1''。作 FF_1' 和 FF_1'' 的中垂线，这两个中垂线的交点就是所要确定的臂架与连杆的铰接点 D。

作出吊钩在变幅过程中的实际轨迹，检验其是否合乎要求。这种装置的轨迹分析计算法与前一种类似。

3. 四连杆式组合臂架装置的设计（图9-13）

这里介绍起升绳沿平行于臂架或拉杆轴线引出的常用方案。设计前，最大幅度 R_{max}、最小幅度 R_{min} 和起升高度 H 等主要工作参数是给定的。

根据起重机总体布置和构造上的要求初步选定臂架铰点 O 的位置，从而确定了 f 和 H_0。

计算幅度以象鼻梁头部滑轮轴线为准，当起升滑轮组倍率大于1时，计算幅度与实际幅度是符合的；当倍率为1时，则计算幅度应比实际幅度缩进一段头部滑轮半径的距离。

1）初定臂架长度 R 和象鼻梁前臂长度 L。作图时建议取 $\gamma_2=\gamma_3=5°\sim10°$，$\gamma_1=10°\sim25°$，$\alpha_1=40°\sim50°$。$\gamma_2$ 取值过小时，起升绳可能由于偏摆而从头部滑轮绳槽脱出。γ_1 取值过小时，将使象鼻梁头部轨迹的水平性能下降。

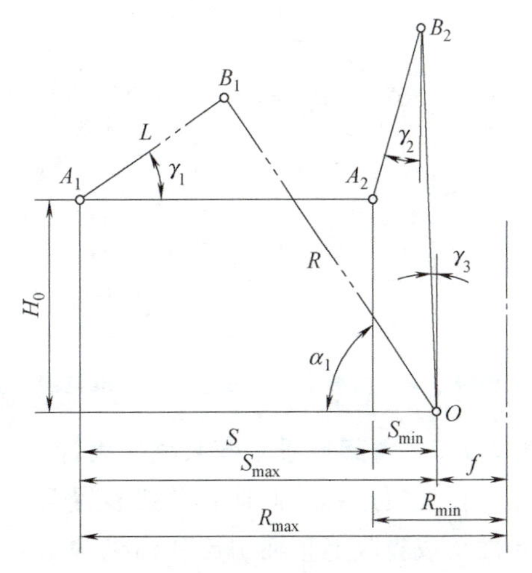

图9-13 确定臂架长度 R 和象鼻梁前臂长度 L 的计算简图

对最小幅度位置，从 O 点作与垂直线夹角为 γ_3 的臂架位置线，从 A_2 点作与垂直线夹角为 γ_2 的象鼻梁位置线，相交于 B_2 点，得

$$R=OB_2,L=A_2B_2\tag{9-6}$$

根据 R 和 L，画出最大幅度时的所在位置 OB_1 和 B_1A_1，对照上述角度推荐值，检验 γ_1 与 α_1 是否合适，如不合适，可修改重作。

2）根据设计经验，取象鼻梁后臂长度 l（图9-14）为

$$l=(0.3\sim0.5)L$$

作出最大、最小和中间幅度的当个臂架和象鼻梁的位置，建议中间幅度取在离最大计算幅度 $(0.2\sim0.25)S_1$ 处，并使象鼻梁的端点都在同一水平线上。

3）按象鼻梁后臂长度，可定出象鼻梁尾部端点 C 的位置。有时由于结构布置的需要，将铰点 B 相对于象鼻梁轴线 AC 下移一段距离，即 C 点不在 AB 的延长线上，而是稍向上偏。

将三个位置上的象鼻梁尾部端点依次连接起来，得 C_1C_2 和 C_2C_3 线，作 C_1C_2 和 C_2C_3 的中垂线，其交点即为所求的拉杆铰点 O_1，而 O_1C 即为所求的拉杆长度 r（图 9-17）。

应当检验 O_1 点的位置是否能满足起重机总体布置的要求；并且还须作出象鼻梁端点的实际轨迹线和未平衡物品力矩变化图，以校验两者是否满足要求。

4）未平衡物品力矩按下式计算（图 9-15）。

$$M_Q = F_Q \frac{DA \cdot OB}{PB} \tag{9-7}$$

式中 F_Q——起升载荷。

用作图法为变幅装置确定一组合适的尺寸组合，工作量很大，精确度也低，因此现在起重机设计可以采用解析法在计算机上进行计算。

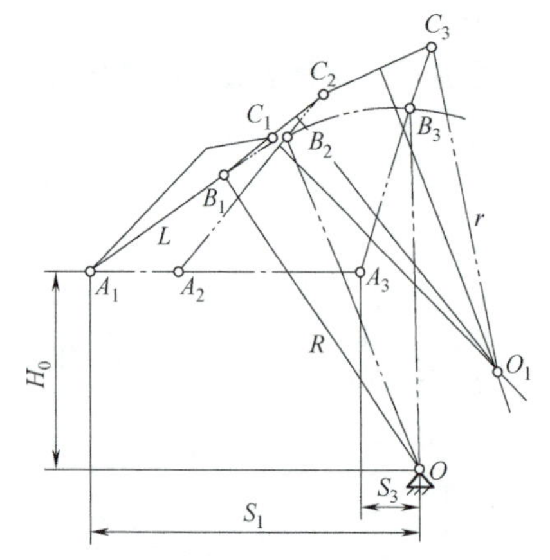

图 9-14 确定拉杆长度 r 及铰点 O_1 位置的计算简图

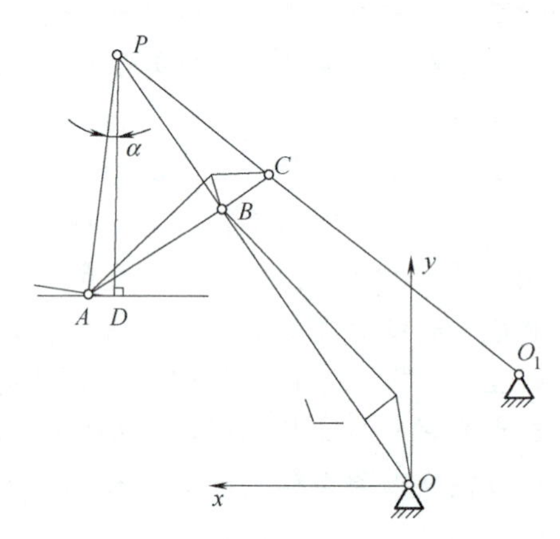

图 9-15 未平衡物品力矩计算图

9.2.2.2 臂架自重平衡系统的设计

在变幅过程中俯仰式臂架装置系统的重心应避免发生升降现象，以免由于重心升降时需要做功或吸收能量而引起变幅机构驱动功率的增大，臂架系统的自重要用对重加以平衡。对重或是直接装在臂架上，或是通过杠杆系统或挠性件与臂架相连接。

臂架对重对于回转部分的整体平衡有着重要影响，因此应使对重远离回转轴线，并且随着臂架收幅而使对重逐渐靠拢回转轴线。

1. 臂架自重平衡的形式

1）尾部对重。将对重直接布置在臂架尾部的延长端上（图 9-16），并使对重重力 F_e 和臂架重力 F_b 的合成重心正好位于臂架铰轴口上，即

$$F_e = F_b \frac{r_1}{r_2} \tag{9-8}$$

整个臂架系统的重心在臂架铰轴口上固定不变，达到完全平衡，但对整个回转部分的平衡是不利的。对重在臂架侧面分左右两翼夹着机房，限制了它的宽度。

2）杠杆式活动对重（图 9-17）。这种装置可将对重向回转部分尾部后移。如果杠杆系统成平行四边形，则同样还能保持上述臂架尾部对重的关系而达到完全平衡。

一般都采用非平行四边形的杠杆系统，这样能增大对重的升降行程，减少对重的重量，充分发挥对重对起重机稳定性所起的作用。

2. 平衡系统对重计算

以杠杆式活动对重为例加以说明。

1）确定杠杆系统尺寸。根据构造条件，选定对重杠杆支点 O_1 的位置，按给定的最大尾部半径 r，定出对重杠杆的后臂长度（图9-17）。一般地，臂架的铰接点 a 也是预先给定的（通常变幅牵引构件的铰接点也布置于同一位置）。按臂架处于最大幅度以及对重位于行程最高点时，直接选定 b 点位置，部的尺寸也随之确定。校验相应于臂架最小幅度时的对重位置，如不符合要求，则调整 b 点位置，再重新校验。对重的行程尽量要大，就可以减小对重重量。通常对重杠杆后臂的摆角在铰点水平线以下不超过90°范围。如果臂架在最大幅度时，对重越过水平位置而上翘，则对重重量由于行程加大而减得更小，但臂架系统的平衡性能将会下降。

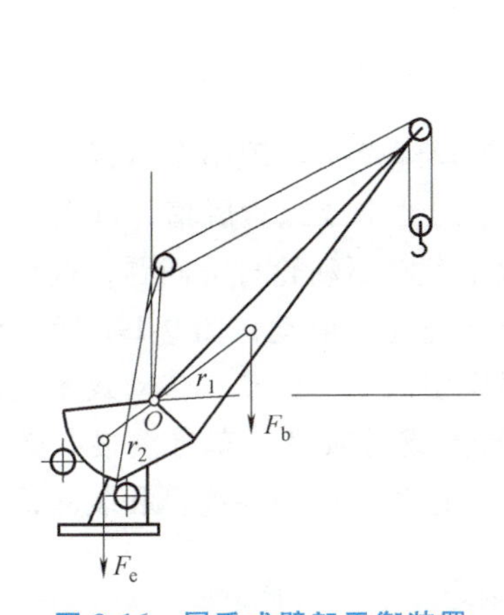

图9-16 尾重式臂架平衡装置

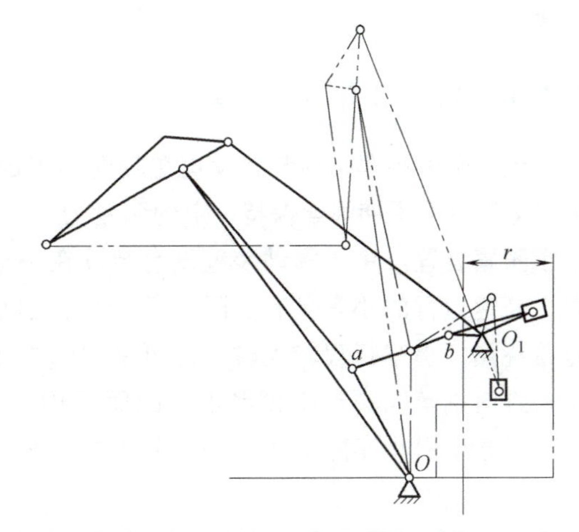

图9-17 杠杆式活动对重装置

2）计算对重重量。对重应与臂架重力 F_b、象鼻梁重力 F_n 以及拉杆重力 F_d 的一半（如不计杠杆系统自重重力）相平衡。

如图9-18所示，F_n 和 $0.5F_d$ 按杠杆力臂分解为 F_{n1}、F_{n2} 和 F_{d1}、F_{d2}，作用力 $F_{n2}-F_{d2}$ 引起拉杆力 F 以及通过象鼻梁与臂架铰轴的合力 F_N。臂架装置重力相对于臂架铰轴 O 的力矩为

$$M_b=F_b l_b+(F_{n1}+F_{d1})l_n \pm F_N e \tag{9-9}$$

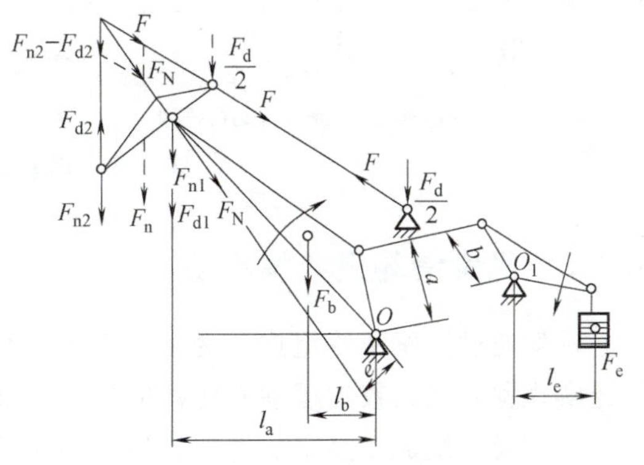

图9-18 摆动对重的平衡简图

力 F_N 的方向相对臂架铰轴有可能偏向后面。

对重相对于铰轴 O 产生力矩：

$$M_e=F_e l_e \frac{a}{b} \tag{9-10}$$

臂架装置未平衡力矩：

$$M_{nb}=M_b-M_e \tag{9-11}$$

作出整个变幅过程中臂架力矩的变化曲线，在幅度的某中间位置，由 $M_b=M_e$ 的条件，

作出对重重力 F_e，然后再作出变幅过程中的对重力矩 M_e 与未平衡力矩 M_{ab} 的变化曲线，调节对重重力 F_e，达到 $|+M_{nbmax}|=|-M_{nbmax}|$，从而可得该杠杆系统绝对值最小的 M_{nb}。精确计算时，须计入杠杆系统的重力。设计时要求达到 $M_{nbmax}<0.1M_b$。

臂架平衡系统的设计也可采用力法或能量法在计算机上进行计算。

9.3 变幅驱动机构

不同结构形式的变幅机构，其驱动机构有所不同。运行小车式变幅机构大多采用绳索牵引小车来驱动。臂架式摆动变幅机构的驱动机构有绳索滑轮组、液压缸、齿轮齿条、螺杆和曲柄连杆等形式。臂架伸缩式变幅机构采用绳索滑轮和液压缸等驱动形式（详见第 11 章吊臂）。

9.3.1 绳索牵引小车驱动

绳索牵引小车驱动装置设置在起重小车的外部，靠钢丝绳牵引实现小车运行（图 9-19）。小车运行时为了使绳索保持一定的张紧力，以免引起小车的冲击或绳索脱槽，可采用弹簧或液压张紧装置。由于驱动装置没有装设在小车上，因此不存在驱动轮打滑问题，这对于坡度大、高速运行的小车具有实际意义。牵引小车一般采用普通卷筒驱动，图 9-19b 所示为牵引绳卷绕图，小车行程较大时，也可采用摩擦卷筒。绳索牵引式小车驱动，传动效率较低，工作频繁时钢丝绳磨损比较严重，因而只用于运行坡度较大或对减轻小车自重很有必要的场合。绳索牵引小车除了用在塔式起重机小车式变幅机构上以外，也用在缆机和装卸桥上。

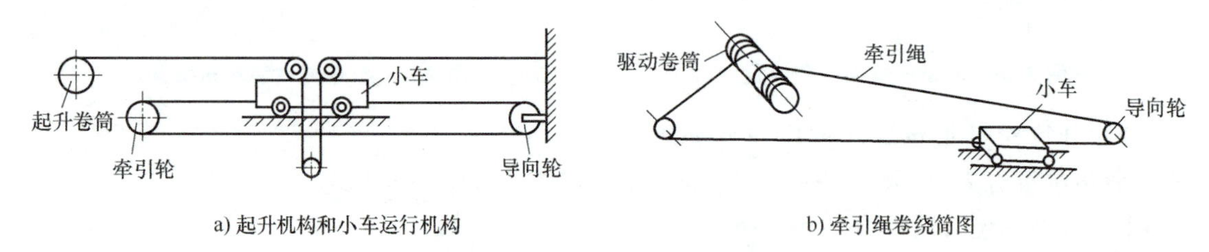

a) 起升机构和小车运行机构　　b) 牵引绳卷绕筒图

图 9-19　绳索牵引小车驱动装置

9.3.2 绳索滑轮组变幅驱动

臂架通过绳索滑轮组连到变幅卷筒上，依靠卷筒收放钢丝绳实现臂架绕其铰轴摆动而变幅的目的（图 9-20）。

绳索滑轮组驱动是定长臂架，以及臂节可拆装的桁架式臂架变幅驱动机构的主要形式。由于钢丝绳是挠性件，只能承受拉力，在小幅度时受大风的作用和物品突然掉落的惯性载荷的作用，臂架会有后倾的可能，需要装设防倾安全装置。防倾装置设在臂架前方时可采用拉索或折叠式拉杆，设在臂架后方时则采用伸缩式撑杆。绳索滑轮组变幅机构在增大幅度时靠臂架自重和物品重量自动下落。为了吸收臂架下

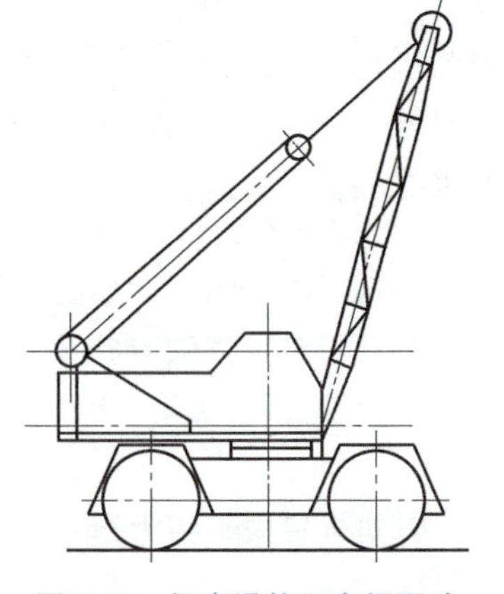

图 9-20　绳索滑轮组变幅驱动

落时的势能，控制落臂速度，电力驱动时可以采用电气制动；液压驱动时，依靠油路中的平衡阀限速；必要时要装设限速器和限位缓冲器，以保证变幅工作的安全可靠性。

绳索滑轮组变幅的优点是构造简单，工作可靠，臂架受力好而且可以放至很低位置，能采用标准卷扬机作为驱动装置，总体布置也较方便。缺点是效率低、臂架容易晃动、绳索易磨损。

9.3.3　液压缸变幅驱动

液压缸变幅机构结构紧凑，自重轻，可调速，工作平稳，但对制造精度和密封防漏要求高。要使臂架保持在某个幅度位置上时，还须依靠闭锁装置（图 9-21）。根据变幅力大小，可采用双缸或单缸。臂架变幅液压缸有前倾式、后倾式和后拉式三种布置方式，它们的简图和特点见表 9-2。

另外，变幅驱动形式还有齿条驱动、螺杆驱动，以及目前已很少采用的扇形齿轮驱动和曲柄连杆驱动。

齿条驱动是指齿条由小齿轮驱动，齿条带动臂架摆动。大尺寸的齿条常制作成针齿条的形式，其制造和维修简单。这种驱动形式结构较紧凑、自重轻，但起动和制动时有冲击，齿条工作条件差，易磨损。

螺杆驱动通常都由螺母驱动螺杆，推动臂架实现变幅。螺杆机构尺寸紧凑，传动平稳无噪声。对螺杆传动须特别注意密封和润滑，目前都采用伸缩式密封套管来防护螺杆。螺杆螺母的传动效率低，一般采用多线螺纹。如果采用滚珠丝杠来代替一般的传动螺杆，传动效率可以显著提高。

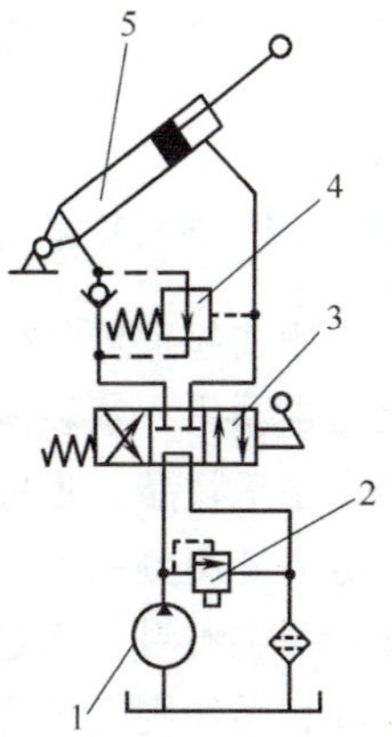

图 9-21　变幅油路图
1—液压泵　2—安全阀　3—换向阀　4—平衡阀　5—液压缸

在变幅驱动机构中，设有多种安全保护装置。为了减缓变幅起动和制动时的冲击并消除振动，常在机构与臂架之间的连接构件上装设弹簧或橡胶的缓冲与减振装置。为限制臂架的变幅行程和速度，须装设终点开关限速器和制动器等。驾驶室应装有幅度指示器、起重力矩限制器等。

表 9-2　变幅液压缸布置简图和特点

形式	简　图	特　点
前倾式	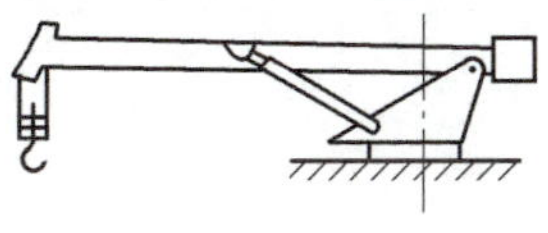	变幅推力小,可采用小直径液压缸 臂架悬臂部分短,臂架受力有利 臂架下方有效空间小
后倾式	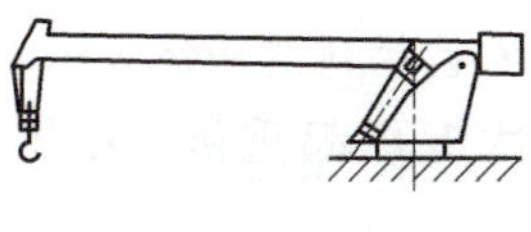	液压缸后移,对起重机稳定有利 需要的变幅推力大 臂架悬臂部分长,臂架受力不利 臂架下方有效空间大
后拉式	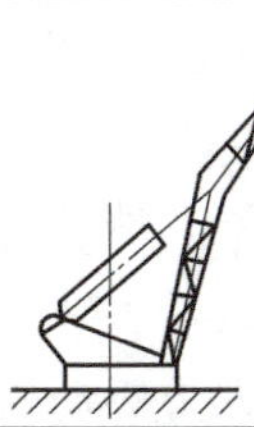	主要用于定长桁架式臂架,臂架前方有效空间大

第10章 桥式类型起重机

10.1　桥式起重机

10.1.1　桥式起重机的用途和组成

桥式起重机是生产车间、料场、电站厂房和仓库中为实现生产过程机械化与自动化，减轻体力劳动，提高劳动生产率的重要物品搬运设备。它通常用来搬运物品，也可用于设备的安装与检修等其他用途。桥式起重机安装在厂房高处两侧的吊车梁上，整机可以沿铺设在吊车梁上的轨道（在车间上方）纵向行驶。而起重小车又可沿小车轨道（铺设在起重机的桥架上）横向行驶，吊钩则做升降运动。因此它的工作范围是其所能行驶地段的长方体空间，正好和一般车间的形式相适应，也有少数起重机的工作空间是圆柱体空间。

环行运动的桥式起重机

普通桥式起重机主要由两大部分组成：

1）大车。大车由桥架及大车运行机构组成。桥架是由主梁（沿跨度方向）和端梁组成的“金属构架”。它支承整个起重机的自重和起升载荷，同时又是起重机大车的车体，在其两侧的走台上，安装有大车运行机构和电气设备。大车运行机构用来驱动大车的行走。在起重机的大车上一般还有驾驶室，用来操纵起重机和安装各机构的控制设备。

2）小车。小车由起升机构和小车运行机构、小车架及安全保护装置等组成。

10.1.2　桥式起重机的种类

桥式起重机的类型较多，常见的有以下三种形式。

通用桥式起重机：取物装置为吊钩，适用于各种物料的搬运，通用性强。

抓斗式桥式起重机：取物装置是抓斗，用于大批量散粒物料的搬运。

电磁吸盘式桥式起重机：取物装置为电磁吸盘，为专用起重机，用于铁磁性物料的搬运。

普通桥式起重机，按主梁数目可分为单梁和双梁，按驱动方式可分为电动和手动。

1. 手动单梁桥式起重机

起重机的桥架由一根主梁和两根端梁构成。主梁为工字钢梁，端梁通常由对置的槽钢组成，行走车轮安装在端梁之中。起升机构为手拉葫芦，挂在可以沿工字钢梁下缘行走的小车架上。起升及行走机构均由人在地面拽引链条来驱动。由于是人力驱动，只能用在起重量不大、速度低、操作不频繁的场合。

2. 手动双梁桥式起重机

桥式起重机的工作机构都是由人在地面上拽引环形链来驱动，目前已很少应用。

3. 电动单梁桥式起重机（图 10-1）

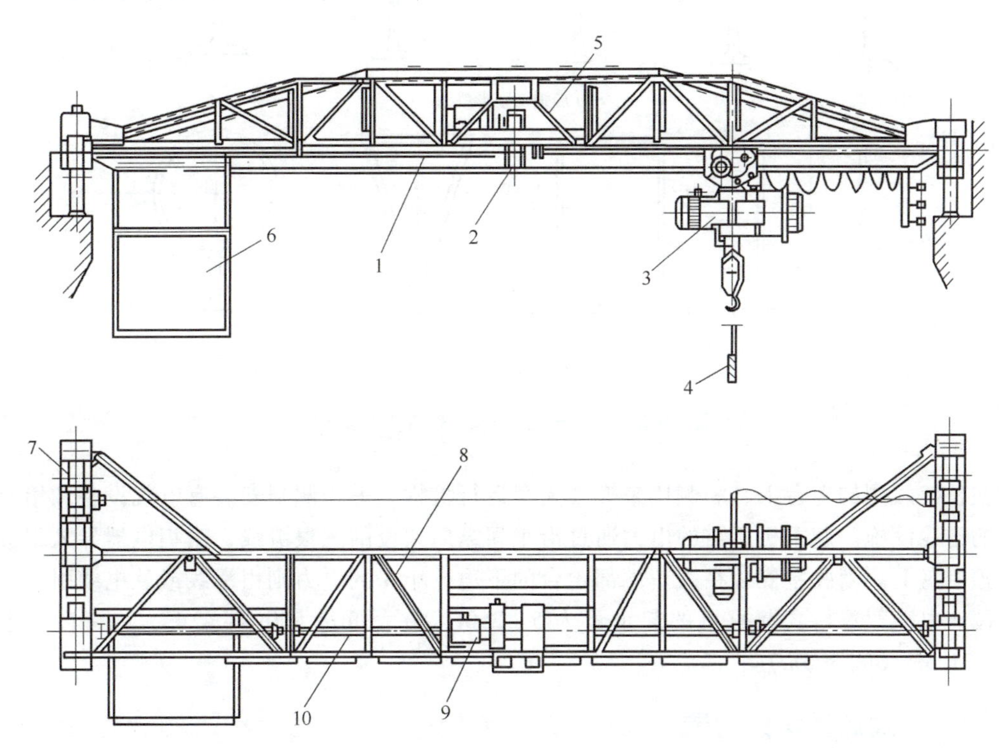

图 10-1　电动单梁桥式起重机（桁架式）

1—工字钢主梁　2—减速器　3—运行式电动葫芦　4—电缆按钮盒　5—垂直辅助桁架
6—驾驶室　7—端梁　8—水平桁架　9—电动机　10—传动轴

电动单梁起重机和手动单梁式相类似，只是起升机构为电动葫芦，大运行机构采用电力驱动，故起重量及工作速度均比手动式大，应用广泛。由于受载大，工作速度高，所以对单工字钢主梁进行了加固，在工字钢主梁上又增加了垂直辅助桁架和水平辅助桁架。也有采用箱形主梁的，单主梁断面如图 10-2 所示。

起重机大车运行机构，一般采用集中驱动方式，当起重机的跨度大于 16.5m 时，采用分别驱动方式。电动葫芦的电动小车沿工字钢梁下缘行驶。

起重机的操纵有两种方式：一种是用按钮盒操纵，适用于运行速度低、行程不太长、地面无障碍的场合；另一种是采用安装在桥架上的驾驶室操纵，适用于运行速度较高的场合。整台起重机由软电缆供电。

电动单梁起重机的优点是自重小，对厂房的负荷小，整体高度小，耗电少，结构简单，安装和维修方便，价格低廉。缺点是起重量不能太大。

4. 电动双梁桥式起重机（图 10-3）

电动双梁桥式起重机的各个工作机构均为电力驱动。起重小车在桥架主梁上方铺设的轨道上行驶。其桥架是双主梁结构形式。

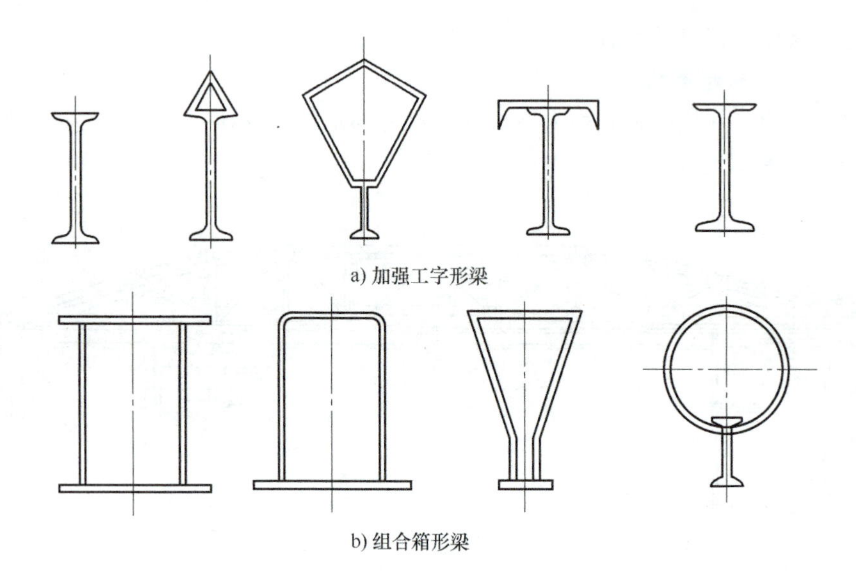

a) 加强工字形梁

b) 组合箱形梁

图 10-2 现代电动单梁起重机主梁断面

在桥架两侧的走台上，一侧用来安装大车运行机构，另一侧则安装有电气设备和给小车供电的滑线设施。起重机所需的电力通过沿车间纵向架设的三根滑线，由集电器导入驾驶室内的控制盘上。驾驶室安装在大车端部走台的下边。小车的电力则由滑线或软电缆引入。

国产电动双梁桥式起重机的起重量为 5~250t，最大可达 500t 甚至更大；跨度一般为 10.5~31.5m（间距 3m）。

10.1.3 桥式起重机的构造

10.1.3.1 桥式起重机小车

桥式起重机小车（又称行车）主要由起升机构、小车运行机构和小车架三大部分组成，另外还有一些安全保护装置。图 10-4 所示为 5t 起重机小车结构图。图 10-5 所示为 30/5t 双梁桥式小车结构图。下面分别介绍其主要组成部分。

1. 起升机构

起升机构由电动机、传动装置、卷筒、制动器、滑轮组及吊钩装置等组成。由于这些零件结构和组合方式的不同，可以有很多种结构形式。

桥式起重机的滑轮组一般均为双联滑轮组，相应的卷筒也是左右对称双螺旋槽的卷筒，或普通双联卷筒。

由于制造和安装的误差以及车架受载后变形，使传动件轴线之间容易产生偏心和歪斜，故在桥式起重机上应当采用弹性联轴节。过去一直采用齿式联轴节，补偿效果好，只是加工复杂，磨损大。现代桥式起重机，采用了梅花形弹性联轴节，如图 10-6 所示。联轴节由左右爪形盘和塑料芯构成。塑料芯用聚氨酯塑料压制成梅花形，按直径不同，分为六、八、十瓣，有较好的弹性变形能力，用它来传递动力，可以减少冲击和弥补轴的偏斜和不同轴误差，效果较好。这种联轴节结构简单，补偿量大，耐冲击，减振耐磨，无噪声，寿命长，安装维护较方便，是目前推广使用的一种联轴节。

在桥式起重机上，一般采用块式制动器，通常装在减速器的高速轴上。

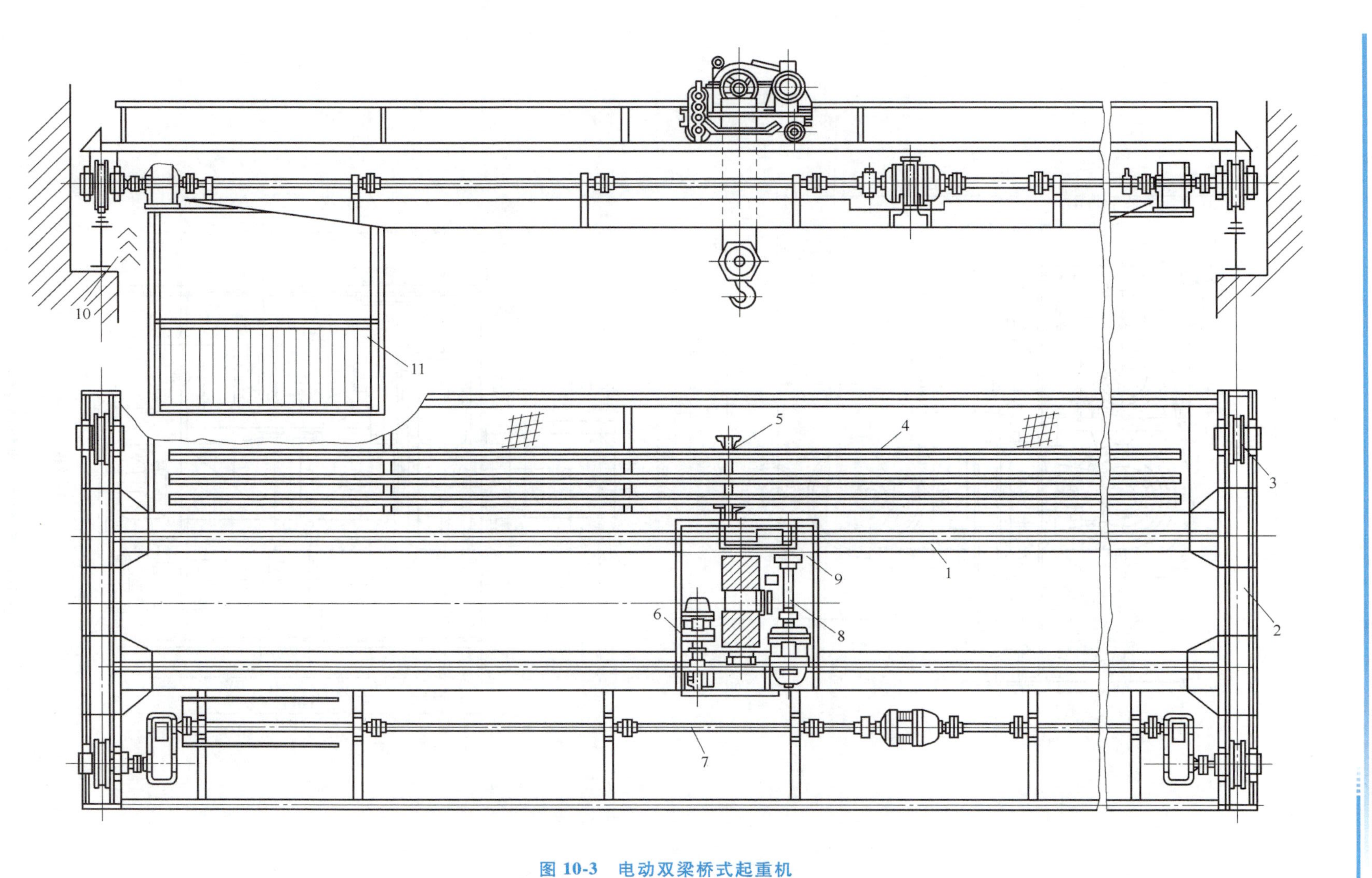

图 10-3　电动双梁桥式起重机

1—主梁　2—端梁　3—大车车轮　4—小车滑线　5—集电器架　6—小车运行机构　7—大车运行机构　8—起升机构　9—小车　10—大车滑线　11—驾驶室

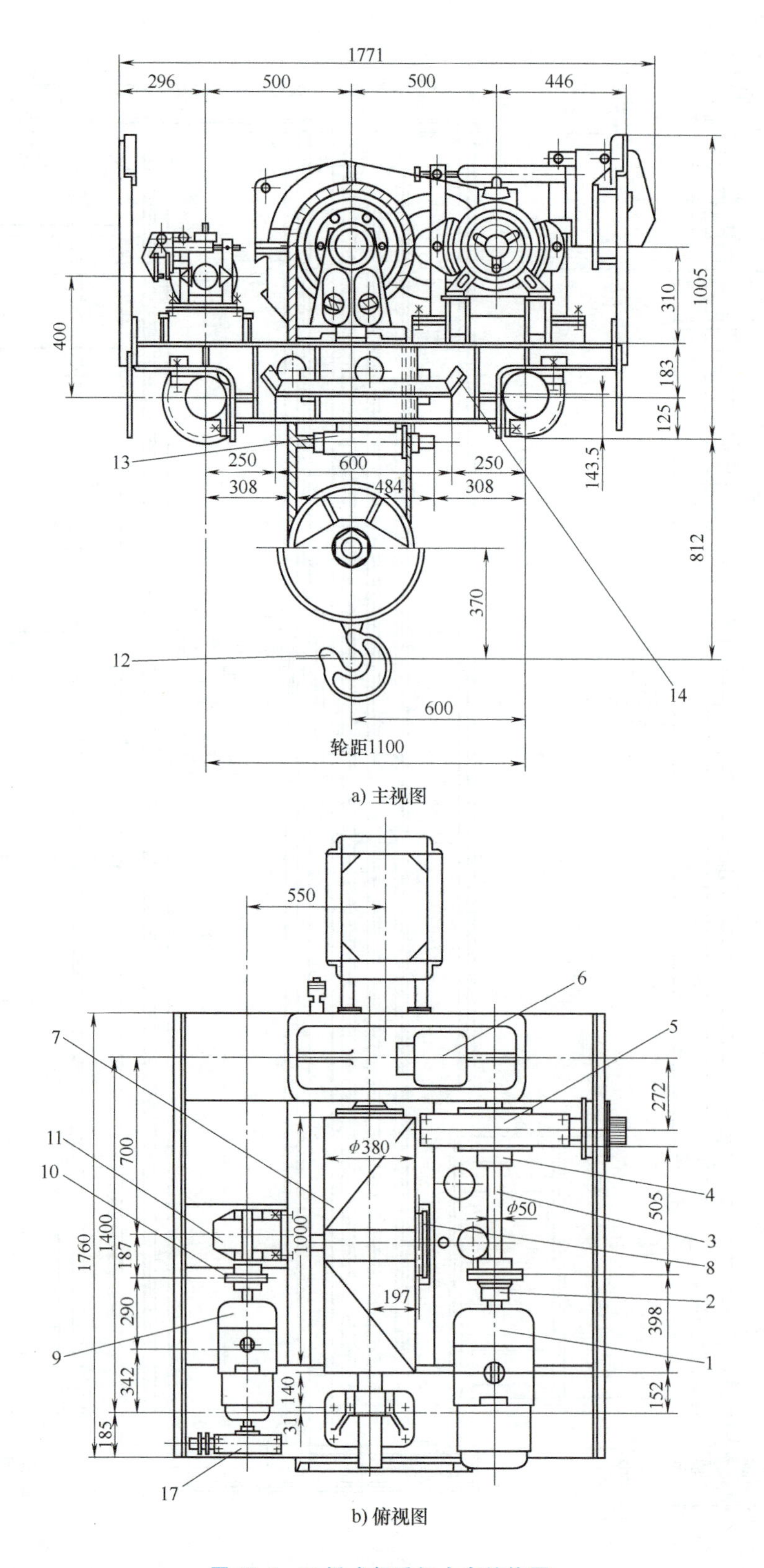

a) 主视图

b) 俯视图

图 10-4 5t 桥式起重机小车结构图

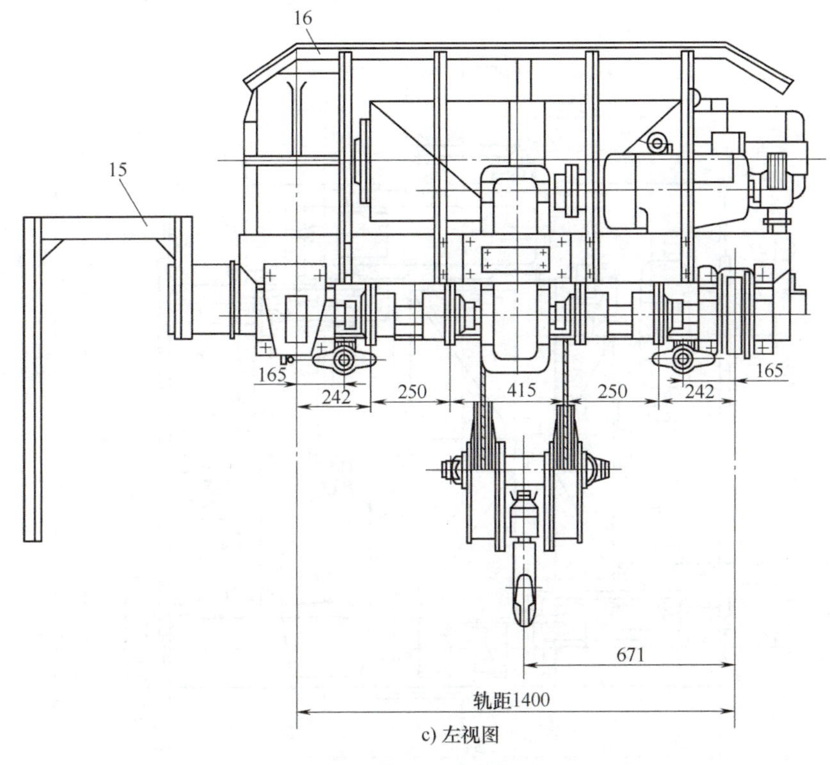

c) 左视图

图 10-4　5t 桥式起重机小车结构图（续）

1—起升电动机　2—半齿联轴节　3—浮动轴　4—带制动轮的半齿联轴节　5、17—制动器　6—减速器　7—卷筒　8—平衡滑轮　9—运行电动机　10—全齿联轴节　11—运行减速箱　12—吊钩　13—缓冲器　14—撞尺　15—滑线架　16—栏杆

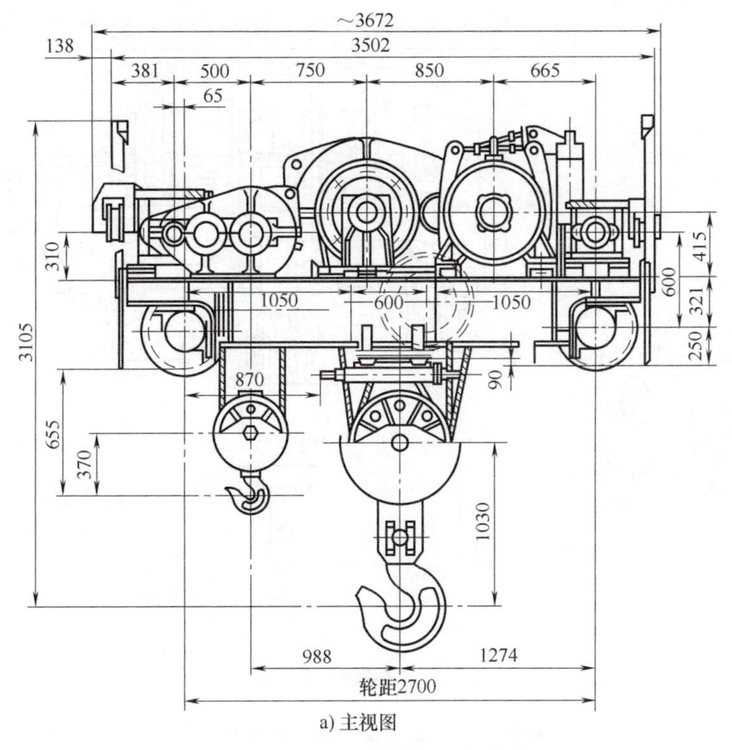

a) 主视图

图 10-5　30/5t 双梁桥式小车结构图

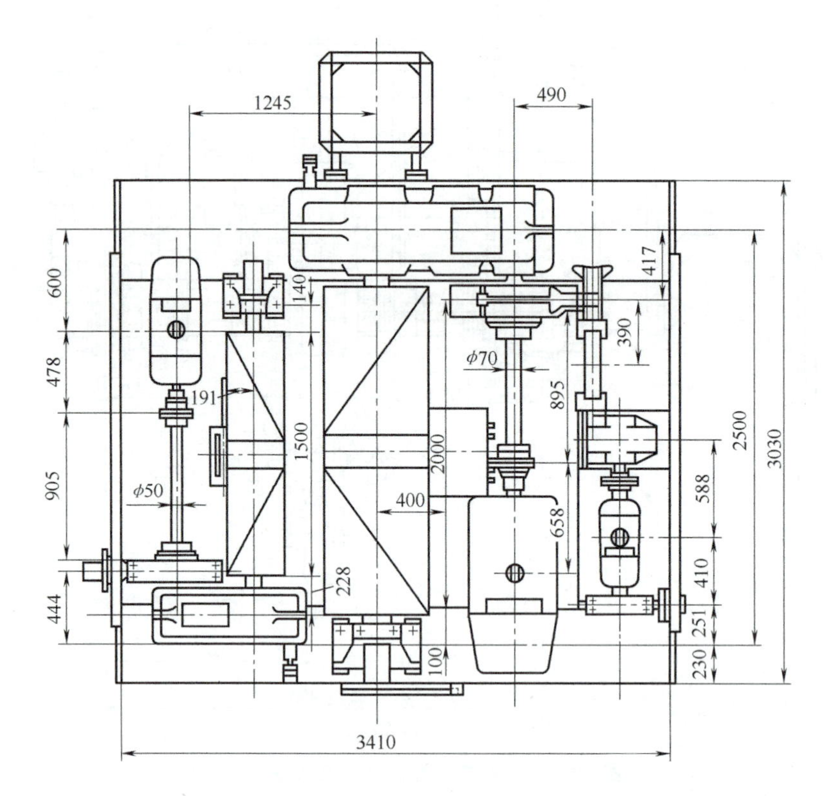

b) 俯视图

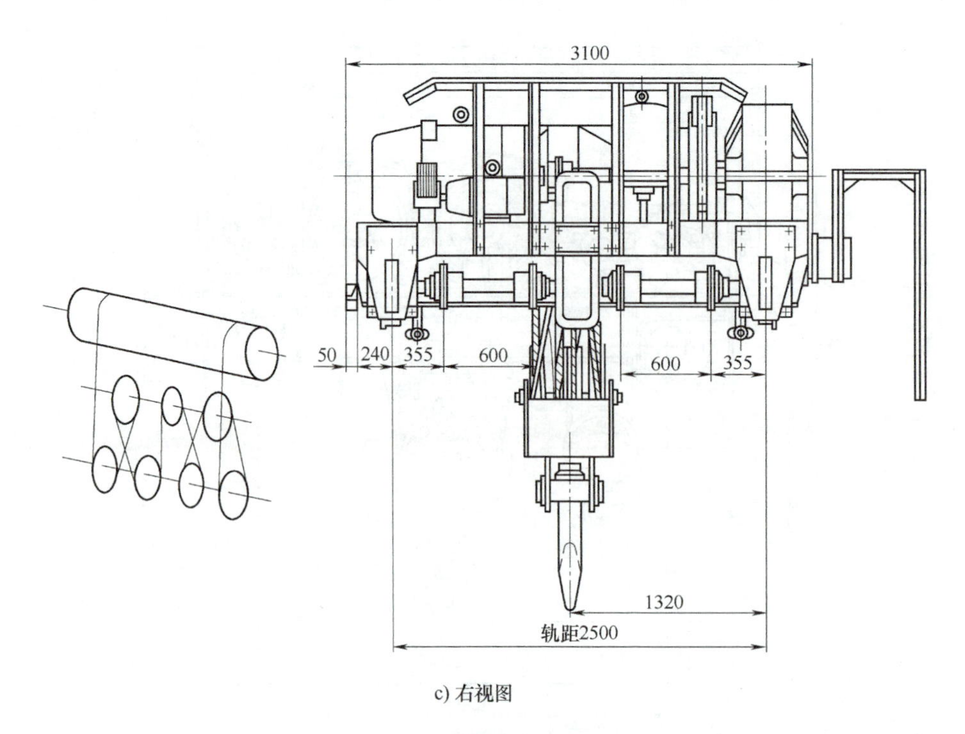

c) 右视图

图 10-5 30/5t 双梁桥式小车结构图（续）

2. 小车运行机构

在中小吨位的桥式起重机中，小车有四个行走轮。车轮与轴承组成一个单元组合件（带角形轴承箱的车轮），整件安在小车架的下面，这样便于在高空作业中装卸。采用立式减速箱，电动机和制动器就可以放在小车架上面，便于安装维修工作的进行，也可减小小车架的平面尺寸，使结构紧凑。

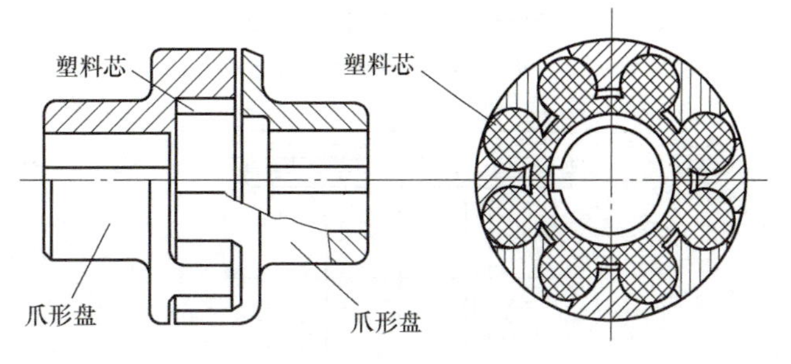

图 10-6　梅花形弹性联轴节

目前广泛采用的小车运行机构的形式如图 10-7 所示，机构中减速器放在两个车轮的中间，这样每边的传动轴只传递总力矩的一半。通过半齿联轴节和中间浮动轴来传动（两段浮动轴可以等长，也可以一长一短）。也有把立式减速箱靠近一个车轮，用一个全齿联轴节直接与车轮连接（只采用了一段浮动轴）。它便于安装，也有较好的浮动效果。考虑到小车车架变形的影响，在小车轨距大的场合，高速级也增加一段浮动轴，以提高其补偿效果（图 10-7b）。

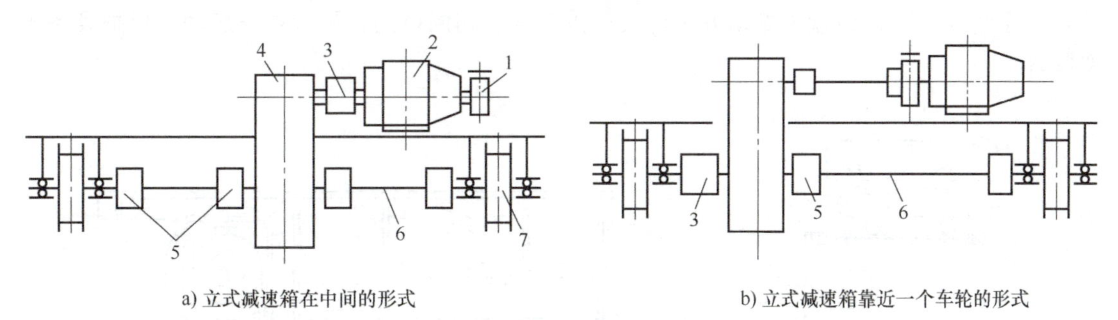

a) 立式减速箱在中间的形式　　b) 立式减速箱靠近一个车轮的形式

图 10-7　小车运行机构

1—制动器　2—电动机　3—全齿联轴节　4—减速箱　5—半齿联轴节　6—浮动轴　7—车轮

3. 小车架

小车架要承受全部起重量和各个机构的自重，应有足够的强度和刚度，同时又要尽可能地减轻自重，以降低轮压和桥架受载。现代起重机的小车架均为焊接结构，由钢板或型钢焊成。根据小车上受力分布情况，小车架由两根顺着其轨道方向的纵梁及其连接的横梁构成刚性整体，如图 10-8 所示。纵梁的两端留有直角形悬臂，以安装车轮的角形轴承箱。

4. 安全装置

安全装置主要有重量限制器、限位开关、撞尺及缓冲器、栏杆及排障板等。

（1）限位开关（又称行程开关或终点断电器）　限位开关主要用来限制吊钩、小车和大车的极限位置。当这些机构运行到极限位置时，能自动切断电源，防止操作失误造成的事故。常用的有杠杆式和丝杠式。

1）杠杆式限位开关（图 10-9）。在限位开关盒体的外面，伸出一个短轴肩，在轴肩上固定有弯形杠杆，其一端为重锤 1，另一端用一绳索悬挂有另一重锤 2，在重锤 2 上装有一环套 3。此环套 3 套在起升钢丝绳的外面，正常情况不妨碍钢丝的运动。由于重锤 2 的力矩

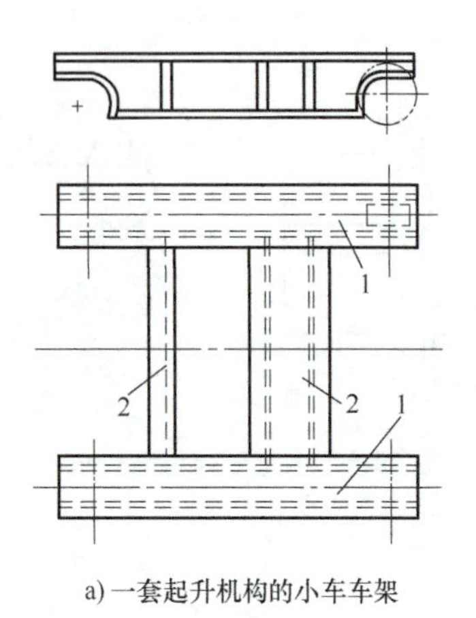

a) 一套起升机构的小车车架

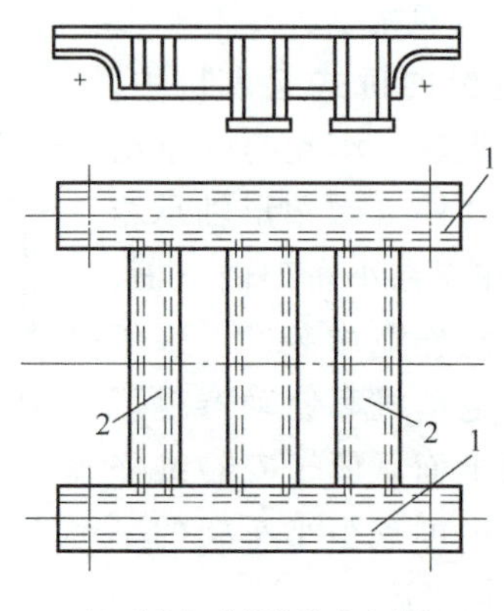

b) 两套起升机构的小车车架

图 10-8 小车车架的构成

1—纵梁 2—横梁

大于重锤 1 产生的力矩，所以弯形杠杆顺时针方向转至极限位置。但当吊钩上升至最高极限位置时，吊钩挂架上面的撞板就抬起重锤 2，弯形杠杆在另一端重锤 1 的作用下逆时针方向旋转一个角度，从而使盒内微动开关电气触点分开，切断电路，吊钩停止运动，保护设备不受损坏。

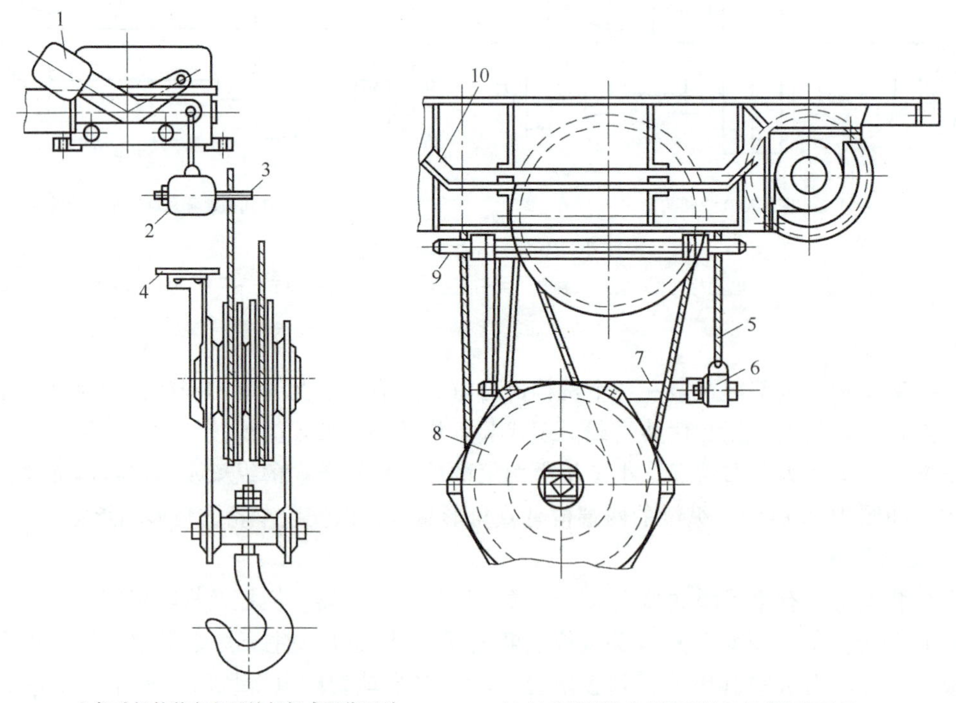

a) 起升机构装有套环的杠杆式限位开关　　b) 起升机构装有带连杆的杠杆式限位开关

图 10-9 杠杆式限位开关

1、6—重锤 2—用绳索悬挂在杠杆上的重锤 3—环套 4—撞板 5—悬挂在弯杠杆上的钢丝绳 7—杠杆 8—吊钩夹套 9—缓冲器 10—撞尺小车运行机构的限位开关（图10-10）也是悬臂杠杆式，安装在小车轨道两端。在小车上安装有撞尺（图10-9），当小车开至极限位置时，撞尺刚好压住限位开关的摇臂，迫使摇臂转动，从而切断电源，保证小车及时制动，不会冲出轨外。

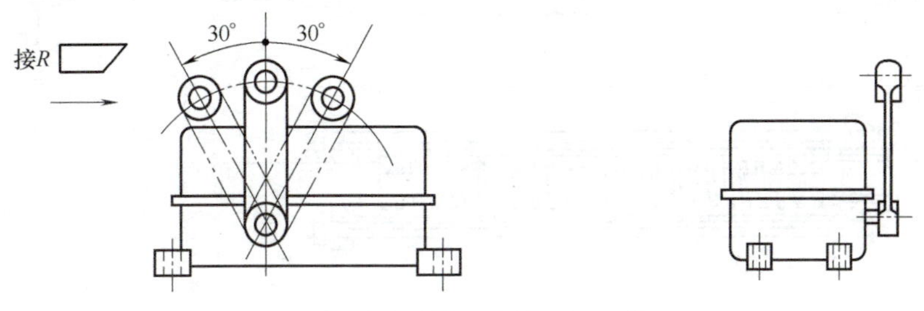

图10-10　运行机构的限位开关

2）旋转丝杠式限位开关（图10-11）。丝杠式限位开关主要工作零件为螺杆及滑块，螺杆上面套有带螺纹的滑块11，滑块又套在导柱9上，因而它不能转动。螺杆的一端用联轴节与卷筒连接。当螺杆由卷筒带动旋转时，滑块11只能沿螺杆左右移动。当卷筒旋转至相当于吊钩最高极限位置时，滑块也刚好移动到右端极限位置压迫限位开关14，使之断电，因而起升起构停止运动。滑块在螺杆上的相对位置可以调整，限位高度可以通过螺钉12来调节。这种限位开关较重锤式轻巧，由于它安装在小车架上卷筒轴的端部，所以装配、调整、维护均很方便，目前应用广泛。

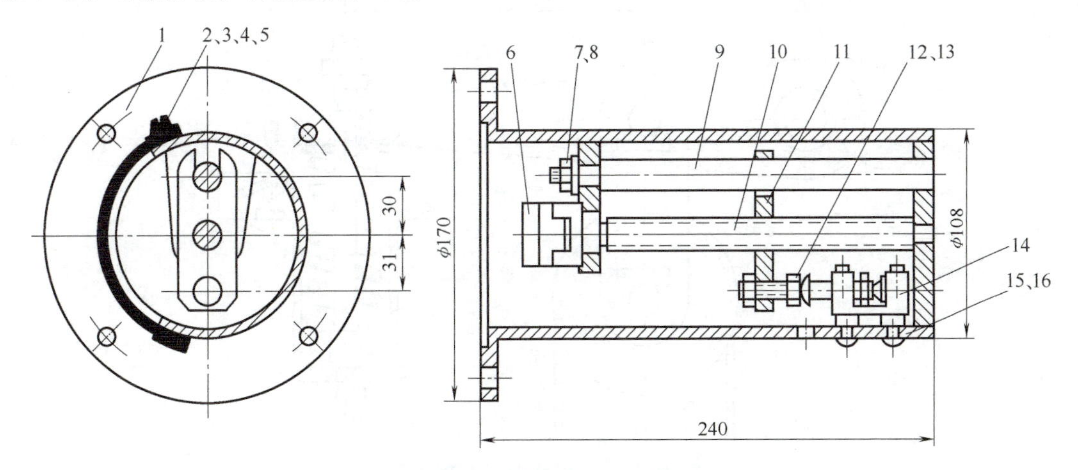

图10-11　旋转丝杠式限位开关

1—壳体　2—弧形盖　3、12—螺钉　4—压板　5—纸垫　6—十字联轴节　7、13—螺母　8—垫圈　9—导柱　10—螺杆　11—滑块　14—限位开关　15、16—螺栓、螺母

（2）挡铁、缓冲器和排障板　为了预防限位开关失灵，在大车桥架轨道的两个极限位置，装有弹簧式缓冲器和挡铁，用此来阻止小车前进和吸收撞击时小车的动能。

缓冲器安装在小车架上（图10-9b），其构造如图10-12所示。当小车运动速度不高时，也可以用木块或橡胶块进行缓冲。

排障板装在小车车轮外面的车架上，用来推开轨道上可能存在的障碍物。

（3）起重量限制器　起重量限制器的作用是防止起吊的货物超过起重机的额定起重量。当起吊货物超出规定值时，限制器发出信号，并停止起升机构的运转。

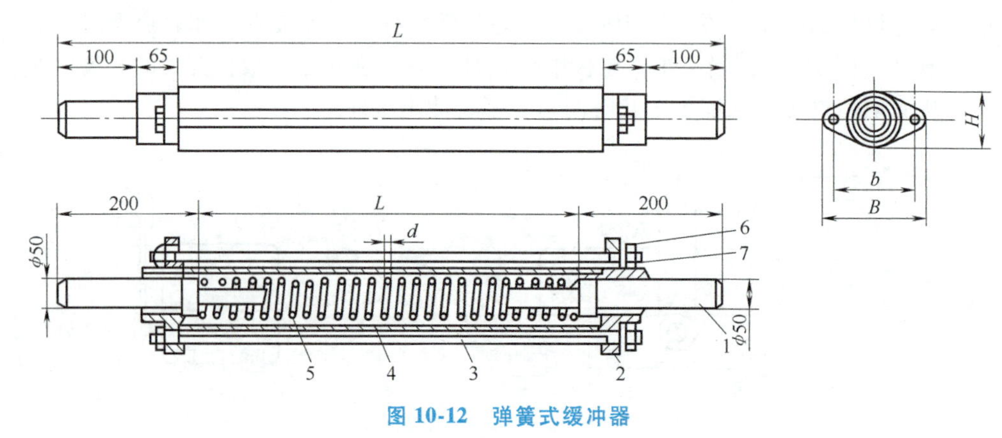

图 10-12 弹簧式缓冲器

1—撞头 2—凸缘 3—螺栓 4—套筒 5—弹簧 6、7—螺母及垫圈

起重量限制器主要有机械式和电子式两种类型。图 10-13 所示是机械式的，将吊重直接或间接地作用在杠杆上，超重时便产生机械动作切断电源。它由杠杆、弹簧及限位开关等组成。当起重机正常工作时，货物重量小于额定起重量，$Ra<Nb$，杠杆不动；当超载时，$Ra>Nb$，杠杆向下移动，压下开关，使机构断电，停止起吊，从而保护了设备，防止安全事故发生。机械式限制器结构简单，但体积和自重大，通常只用在中小起重量的起重机上。

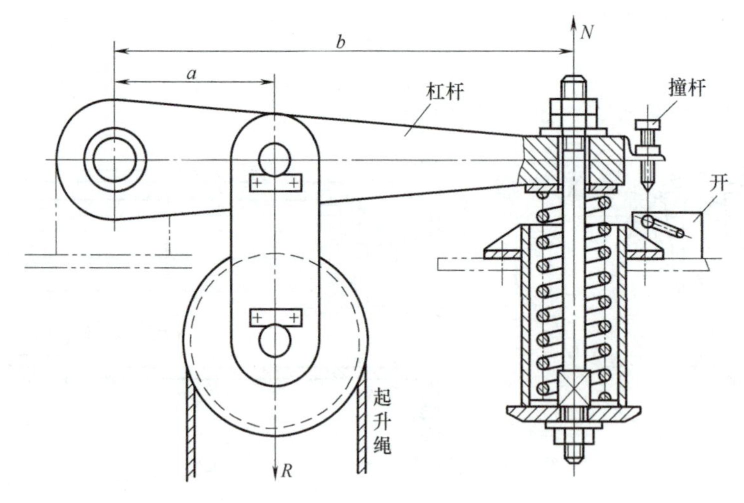

图 10-13 机械式起重量限制器

10.1.3.2 桥架

桥架是桥式起重机的金属结构。它支承着小车，允许小车在它上面横向行驶；同时又是起重机行走的车体，可以沿铺设在厂房上面的轨道行驶。

桥架由主梁及端梁构成。由于主梁形式较多，因而有不同形式的桥架。桥架要满足强度、刚度和稳定性的要求，还要自重和外形尺寸要小，加工制造简单，适合大批量自动化生产、运输、存放和使用维修方便、成本低等。以下介绍几种常见的桥架形式。

1. 工字钢桥架

其主梁由一根（或两根）工字钢构成，两端支承在端梁上，端梁的断面为双槽型钢组成的“[ ]”形，或用钢板弯焊成的“□”形。为了增加工字钢的承载能力，也可以在工字钢上加焊加强杆件；为增加水平刚性，在侧面加焊水平加强杆件或水平桁架，并兼作走台。单工字钢桥架只用在单轨葫芦小车上，双工字钢桥架可以作为手动或电动双梁起重机的桥架。小车轨道即铺设在工字钢顶上。这种桥架结构简单、加工方便，但承载能力差，刚度也小，只能用在跨度和起重量都不大的场合。

2. 桁架式桥架

桁架式桥架是应用较早的一种桥架形式，由两根主梁和两根端梁组成。两根主梁都是空间四桁架结构。由主桁架、副桁架及上下水平桁架组成。各个桁架均由不同型号的型钢（角钢、槽钢等）焊接而成。小车轨道铺设在主桁架上，所以主桁架上承受大部分的垂直载荷。上下水平桁架承受水平力，并可保证桥架水平方向的刚性。在水平桁架上铺有花纹钢板充当走台，走台钢板同时也加强了水平桁架的承载能力。在走台上面安装大车运行机构和电气设备。

端梁由槽钢或钢板构成封闭的“］［”形，大车车轮安装在槽钢之中，由于车轮的轴线低于电动机的轴线，所以在运行机构中要用一级开式齿轮来驱动（也可以将运行机构安装在下水平桁架上，车轮和电动机可以调整到同一水平面上，但运行机构安装在闭式桁架内，安装维护均不太方便）。通常起重机均把车轮安装在轴承箱上，整体安装在端梁上，这就要求端梁形式能够与其配合。

桁架式桥架自重小，风阻力也小，节省钢材。但其外形尺寸大，要求厂房建筑高度大，加工量大。

3. 箱形梁桥架

箱型梁结构的桥式起重机

整个桥架由两根（或一根）箱形的主梁和两根支承主梁的端梁构成。

主梁（图 10-14）由上下盖板及左右腹板焊接而成，断面为封闭的箱形。小车运行轨道安装在上盖板上。根据轨道在主梁上安装位置的不同，箱形主梁结构可分为以下几种形式。

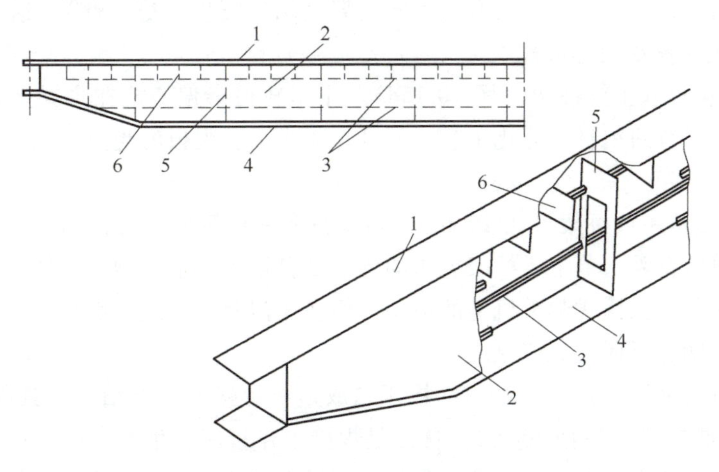

图 10-14　箱形主梁结构

1—上盖板　2—腹板　3—水平加强角钢　4—下盖板　5—长加劲板　6—短加劲板

1）双主梁正轨箱形桥架（图 10-15a）小车轨道安装在主梁正中。为了防止上盖板变形，在箱形主梁内部，每隔一定间隔加焊了“长加劲板”及“短加劲板”（图 10-14）。桥架的刚度由两根主梁来保证。在两主梁外侧设有走台，一侧走台上安放大车运动机构，另一侧走台上安装有电气设备。走台增加了桥架的整体刚度，便于起重机的维修。但加大了桥架的自重和对主梁的附加转矩，所以在一些新设计的桥架中，有的取消了走台，有的则减小了走台的宽度。

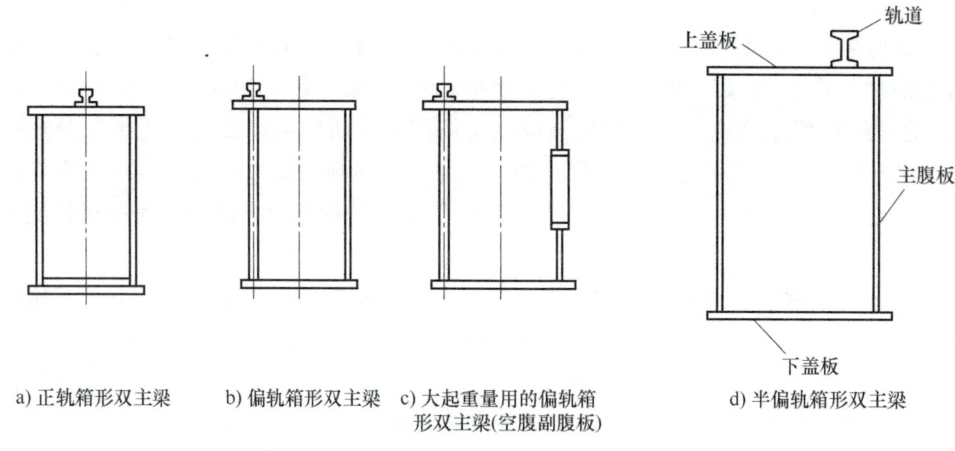

图 10-15 箱形主梁的各种形式

从主梁受力来考虑，主梁纵向外形以抛物线为优，但制造较费工，故一般将两端做成斜线段式。国内生产的 5~125t 桥式起重机大多为这种正轨双主梁形式。

2）箱形双主梁偏轨桥架（图 10-15b、c）。小车轨道放在双主梁内侧的腹板上方（主腹板上）。它的主要优点是最大限度地减少了桥架的辅助构件，充分地利用了材料。由于轨道有了主腹板的支承，改善了上盖板的受力条件，因此可以减少主梁内部短加劲板的数目和减小主梁焊接时的变形，有利于提高主梁的加工质量和生产率。为了减轻主梁的自重，有时在腹板上开许多窗口，并在窗口上镶有板条式框架（增加腹板的稳定性），这种结构为“空腹箱形”多用在大起重量的起重机上。

3）半偏轨箱形双主梁桥架（图 10-15d）。小车轨道半偏心放在主梁上。它的优点基本与偏轨双梁相似，节约钢材，简化工艺，而且也减小了主腹板的受力。这种形式国内外均已在采用。

4）偏轨箱形单主梁桥架（图 10-16）。桥架只有一根箱形主梁，小车运行轨道也只有一根，小车即沿单轨行驶。单主梁桥架突出的优点是自重小，节约钢材；缺点是对起重机维修不方便，因而限制了在桥式起重机上的使用。但在龙门起重机上，因单主梁结构货物容易通过支腿，视野开阔，反而得到广泛应用。

端梁通常有两种形式：一种是用钢板压制成形再焊接的箱形结构。其断面为“[ ]”形或“[|”形（即“[”型钢加侧板）。优点是焊接工作量小，生产率高，适合作中小型桥式起重机的端梁。车轮安装部位的轴孔，直接在端梁上镗孔。另一种为四块钢板焊接而成的箱形断面结构，配以带角形轴承箱的车轮组。这种端梁焊接工作量大，生产率低（图 10-17）；但承载能力强，稳定性好。

端梁与主梁的连接方式　一般有焊接方式和法兰盘连接方式两种。

1）焊接方式。用连接板焊接方式把主梁与端梁永久性地连接在一起，如图 10-18 所示。

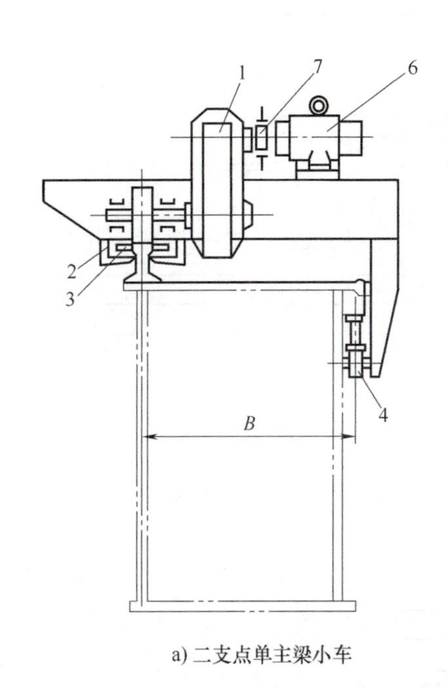

a) 二支点单主梁小车

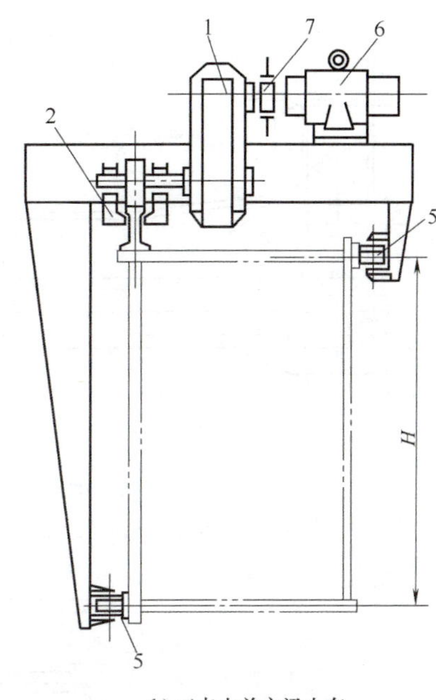

b) 三支点单主梁小车

图 10-16　偏轨箱形单主梁及小车运行机构简图

1—减速器　2—安全钩　3—水平轮　4—垂直反滚轮　5—水平反滚轮　6—电动机　7—制动器

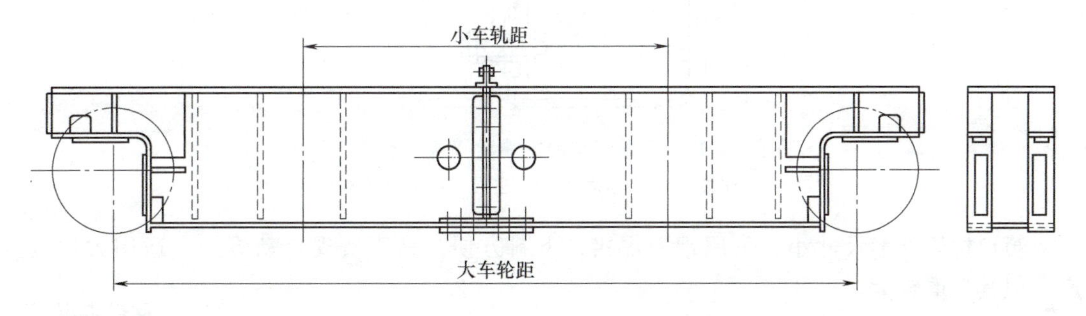

图 10-17　箱形端梁的结构

图 10-18a 所示为把主梁的肩部放在端梁上，用连接板 2、3、4 焊接。图 10-18b 所示为把主梁上下盖板直接延伸搭接在端梁上并焊为一体，再用角撑板 5 和垂直连接板 4 焊接而成。

为了运输方便，常将端梁制成两段（或三段），每段各和一主梁焊接在一块，整个桥架便分割成两个工字形构件，在使用安装时，再用精制螺栓连接在一起，如图 10-17 所示。接头处的下盖板用连接板及螺栓连接，顶面和侧面用角钢法兰盘连接。经长期使用证明，这种连接方式制造简单，装卸方便，成本低，安全可靠，目前仍是中小型桥式起重机端梁的主要分割形式。

2）法兰盘连接方式。在主梁的两端，用法兰盘和高强度螺栓与端梁连接，如图 10-19 所示。这样，整个桥架分割成主梁、端梁各两根，简称“四梁结构”。主梁与端梁各作为独立部件，便于运输与存放，安装时现场连接。

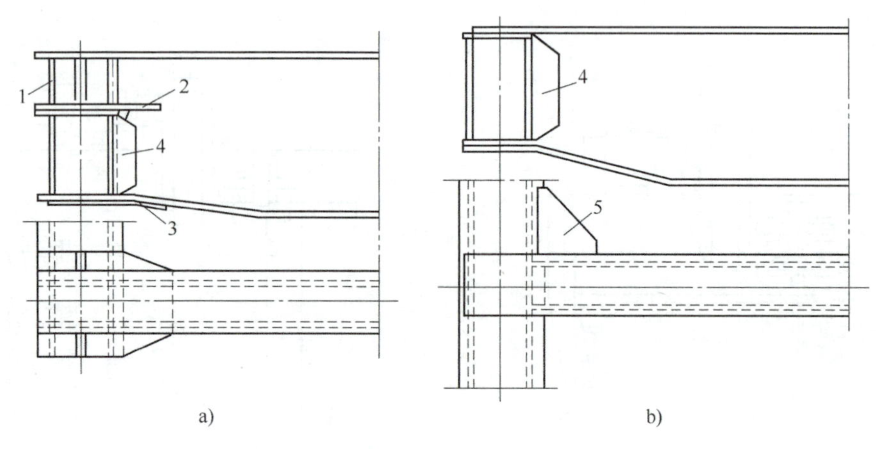

图 10-18 主梁与端梁的连接（焊接）

1—箱形主梁支承肩部 2、3—水平连接板 4—垂直连接板 5—角撑板

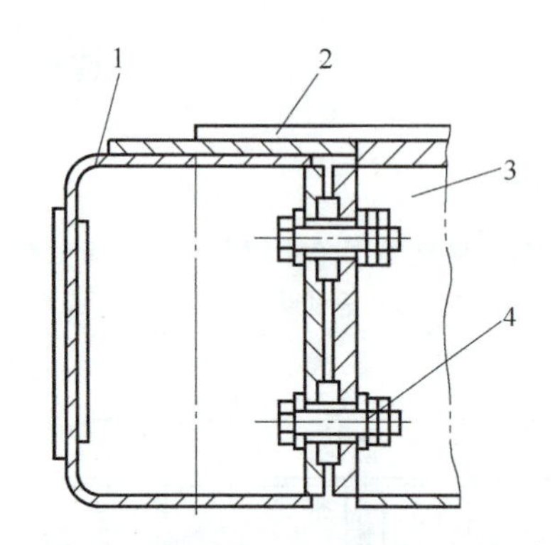

图 10-19 四梁结构的主端梁“法兰盘连接”

1—端梁 2—小车钢轨 3—主梁 4—高强度螺栓

箱形桥架外形尺寸小，采用钢板焊接，下料方便，易于实现自动焊接，适用大批量生产，但其自重较大。

10. 1. 4 山东丰汇 FHQD200 电动双梁桥式起重机

QD200 桥式起重机

1. 整机特点和应用

FHQD200 电动双梁桥式起重机是山东丰汇设备技术有限公司自主设计制造的新型桥式起重机，以先进的模块化设计理论为指导，采用计算机辅助设计等新技术、新材料和新工艺制造，是具有高度通用化和标准化的新一代桥式起重机，具有自重轻、尺寸小、轮压低、界限尺寸小，维修简便、耗能低、使用可靠、寿命长和操作简单等优点。

2. 技术参数

见表 10-1。

3. 结构组成

FHQD200 电动双梁桥式起重机如图 10-20 所示，主要由桥架、运行机构、小车、电气控制系统等部分组成。

表 10-1　FHQD200 电动双梁桥式起重机主要技术参数

主要参数和用途				
额定起重量		200t/50t	跨度	34m
整机工作级别		A5	起升高度	16m/18m
大车基距		8700mm	小车轨距	3260mm
整机功率		160kW	主钩左右极限	2500mm/2500mm
最大轮压		334kN	整机重量	152.08t
主要结构形式				
主体结构形式		箱型结构	防爆形式	—
操纵方式		操作室	—	—
主起升吊具形式		“山”形吊钩	副起升吊具形式	单钩
工作结构主要特性				
主起升机构	倍率	8	电动机型号	YZPF280M-6
	速度	0~1.9m/min	功率	75kW
	相应额定起重量	200t	工作级别	M5
	减速器型号	B4SH16-160-B	传动比	i=156.082
	卷筒直径	740mm	定滑轮直径	630mm
	钢丝绳型号	6×36WS+IWR-1870-ϕ32（左、右旋各一）	钢丝绳直径/长度	ϕ32/2×170m
副起升机构	倍率	4	电动机型号/数量	YZR250M2-6
	速度	5.8m/min	功率	45kW
	相应额定起重量	50t	工作级别	M5
	减速器型号	H3SH12-90-B	传动比	i=90.798
	卷筒直径	680 mm	定滑轮直径	450mm
	钢丝绳型号	6×36WS+IWR-1870-ϕ22（左、右旋各一）	钢丝绳直径/长度	ϕ22/2×96m
大车行走	速度	0~31.6m/min	功率	8×3kW
	工作级别	M5	—	—
	减速机型号	FA87	传动比	86.1
	大车车轮踏面直径	600mm	适应轨道	QU100
小车行走	速度	0~22.6m/min	功率	2×4kW
	工作级别	M5	—	—
	减速机型号	FA107	传动比	141
	小车车轮踏面直径	700mm	小车轨道	□120×80
适用工作环境				
电源	电压	380V		
	频率	50Hz		
工作环境温度		-20~40℃		

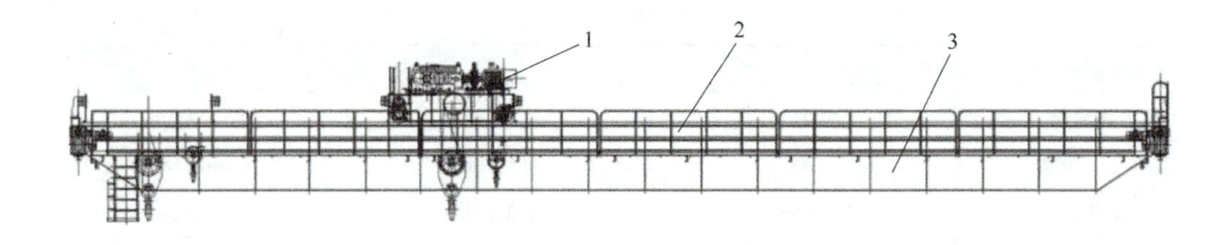

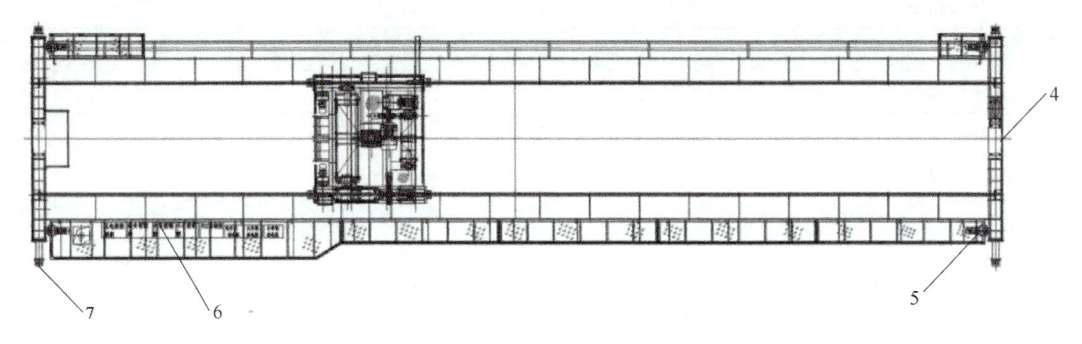

图 10-20 FHQD200 电动双梁桥式起重机

1—小车运行机构 2—平台栏杆 3—桥架 4—端梁 5—大车运行机构 6—电气控制系统 7—防撞装置

（1）桥架 桥架的金属结构由双主梁、端梁、连系梁和平台栏杆组成，两主梁通过连系梁销轴连接，如图 10-21 所示。

主梁采用正轨箱型梁结构，轨道通过焊接固定在主梁上；两端缓冲器挡板通过螺栓与主梁端部缓冲器连接座连接。连系梁采用焊接箱形结构。

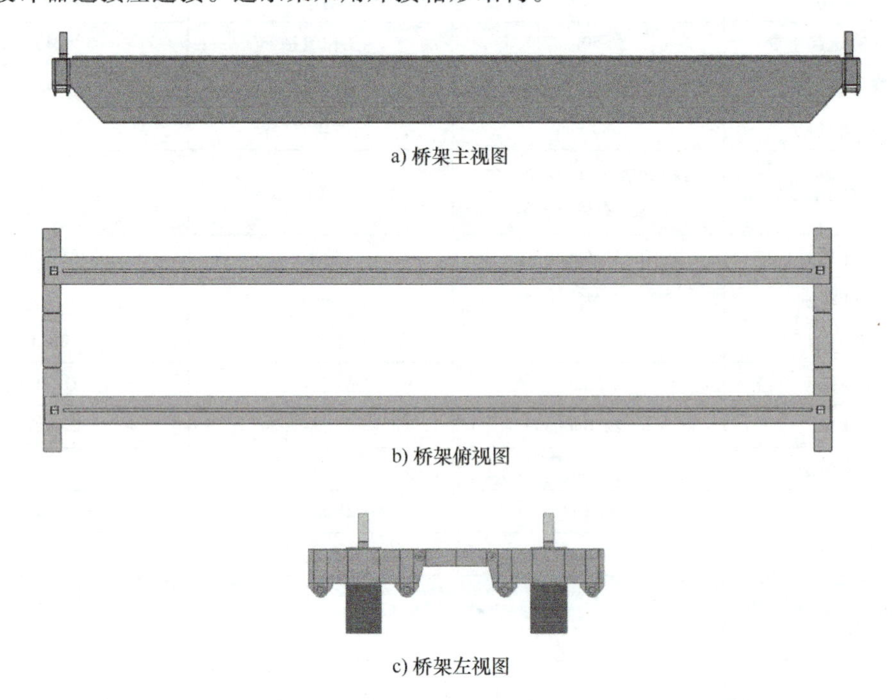

a) 桥架主视图

b) 桥架俯视图

c) 桥架左视图

图 10-21 桥架

（2）小车　小车由小车架、主副起升机构和小车运行机构组成。小车架是支托和安装起升机构和小车运行机构等部件的机架。主副起升机构包括电动机、制动器、减速器、卷筒、滑轮组和平衡梁。主副起升机构的电动机均为国产优质品牌电动机，使用寿命长，调速运行平稳，具有特有电磁设计技术、冷却方式先进等特点。所有减速机均采用国产优质品牌，模块化结构，可靠性高，技术先进，性能卓越。

起重机小车架采用整体焊接形式，其中端梁采用焊接箱形结构，中间梁上焊有主起定滑轮组支座、主副平衡梁支座，端部梁上焊有副起升电动机支座、减速器支座、副起定滑轮组支座，如图10-22所示。车轮组通过无挂角形式轴承箱与小车架端梁两端连接，如图10-23所示。

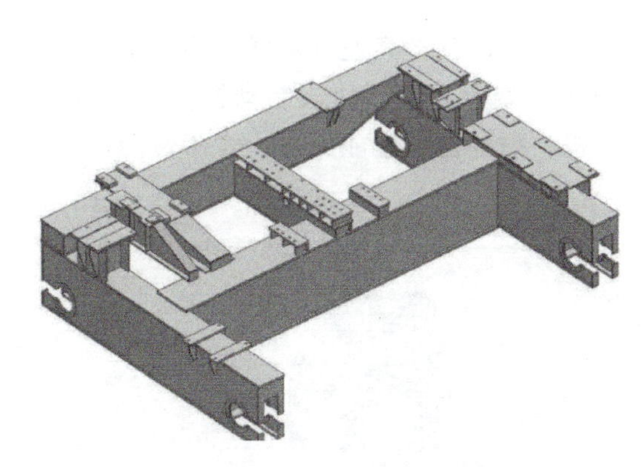

图10-22　小车架

图10-23　车轮组与小车架端梁的连接

（3）大车行走台车　大车行走台车为箱型焊接结构，采用无挂角轴承箱形式，通过轴销与大车端梁相连接，如图10-24所示。

（4）吊钩　起重机吊钩有主钩吊钩总成和副钩吊钩总成，如图10-25所示，有防止滑脱功能的安全扣。主钩为双钩形式，副钩为单钩形式。滑轮轮毂为热轧焊接形式，使用寿命长，安全可靠性高。

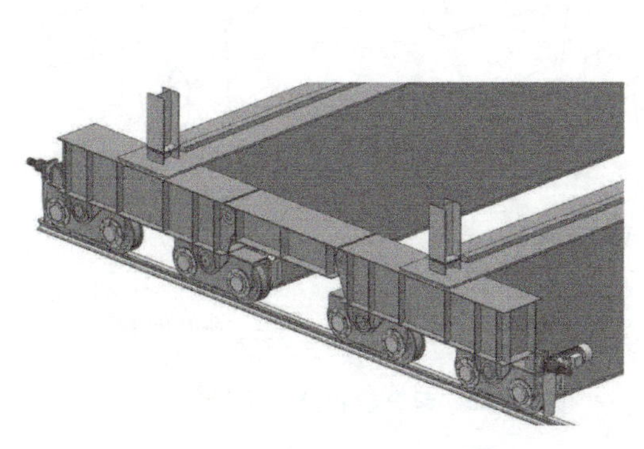

图10-24　大车行走台车及运行机构

a) 主吊钩总成

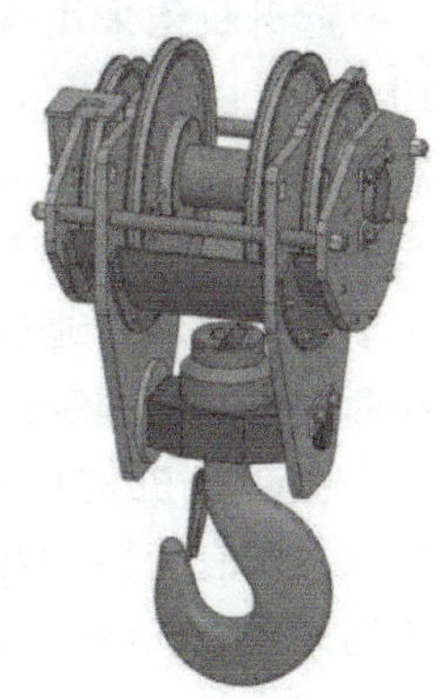

b) 副吊钩总成

图10-25　吊钩

（5）大、小车运行机构　大、小车运行机构均采用驱动、制动、传动于一体的“三合一”驱动单元，如图10-26所示，其减速器为硬齿面减速器，电动机为制动电动机。大车运行台车的端部、小车运行端梁的端部均安装有液压缓冲器；大、小车运行机构均采用变频调速控制系统；大车移动供电采用滑线形式，小车移动供电采用电缆滑车形式；大、小车运行机构性能优良，可靠性高，运行平稳。

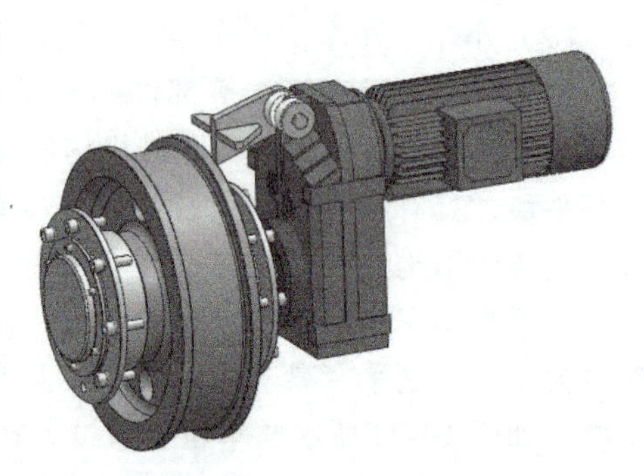

图 10-26 大、小车运行机构

（6）电气控制系统　电气控制系统除副钩外，各机构均采用变频调速，可实现无级变速及低速平稳起动、制动，运行平稳，吊物就位精度高。

（7）主、副起升机构　起升机构由电动机、减速器、制动器、联轴器和卷筒等组成，如图 10-27 所示。减速器采用国产知名品牌减速器，可靠性高，性能优良；高速轴端联轴器为新型梅花形弹性联轴器，缓冲吸振性好，寿命长；制动器采用新型电力液压块式制动器，制动可靠，故障率低；电动机选用国产优质品牌起重专用电动机，耐冲击，性能可靠，寿命长。

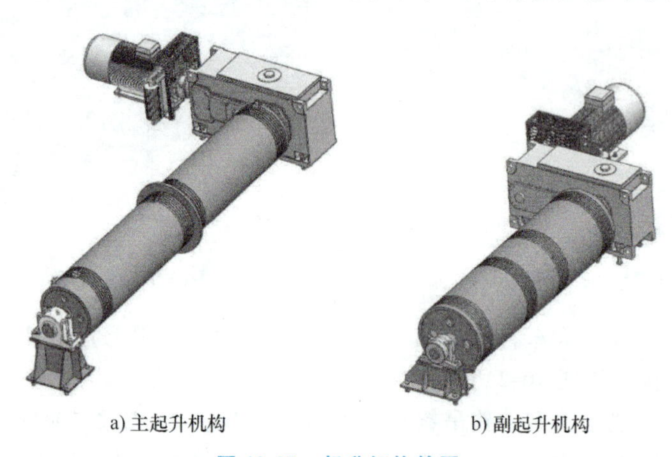

a) 主起升机构　　b) 副起升机构

图 10-27 起升机构简图

起升机构采用钢丝绳卷绕方式（图 10-28），由起升电动机通过硬齿面减速器驱动卷筒，带动钢丝绳进行吊钩上升或下降，钢丝绳的末端由楔形接头固定于平衡梁两端，通过平衡梁的摆动调整卷筒左右两侧缠绕区的不同步。

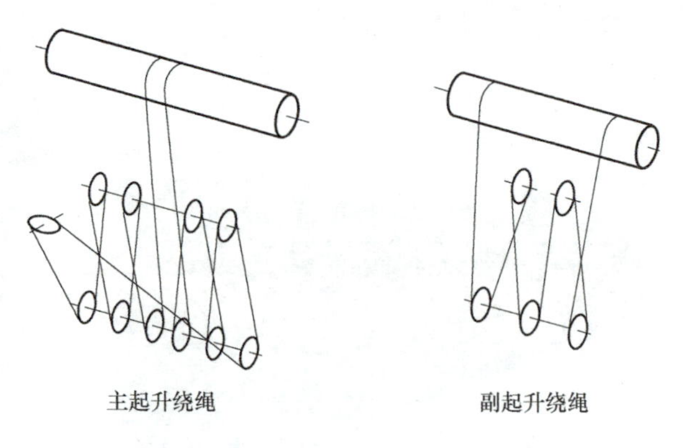

主起升绕绳　　副起升绕绳

图 10-28 起升机构绕绳示意图

主起升机构电动机采用变频电动机，并配有变频调速控制系统。副起升机构采用绕线电动机。

起升机构带有自制动系统，有可靠的制动系统及终点行程限位装置，且电气制动在先，机械制动在后。

（8）电气控制系统　电控系统除副钩外，各机构均采用变频调速，可实现无级变速及低速平稳起动、制动，运行平稳，吊物就位精度高。

操作方式：操作室内联动台操作。

控制方式：主起升和大小车运行机构均采用变频调速控制，副起升机构采用串电阻调速控制，并采用能耗制动。

（9）操作室　起重机带有随机移动保温操作室，操作室采用钢骨架、双层夹胶玻璃门窗，配有冷暖空调，并具有应急照明。

操作室内配有联动台，用以控制起重机的相应动作（包括起升、行走等），以及各种功能键和按钮（如急停等）。

（10）安全装置与接地　起重机具有完善的限位、联锁等安全保护功能，在起重机桥架上设有报警用电铃，由设在联动台上的脚踏开关控制。另外具有短路、过电压、欠电压、过电流、零位等常规配电保护等。具有故障诊断和报警功能。

对起重机来说，系统的安全性、可靠性是十分重要的。在选型和系统设计时，采取了多重联锁安全保护方案，具体如下：

1）漏电、短路、过电流、欠电压、缺相、零位等保护。

2）防误上电和紧急停车保护。联动台设有钥匙开关和自锁急停开关，若钥匙开关不打开，则整机不能上电；当紧急停车开关按下时，调速系统自行断电。

3）超载限制器提供起升机构重量超载保护。当起重量超载时，超载限制器发出预报警，超过额定起重量 105%时，相应起升机构自动停止起吊。

4）各机构设有行程限位开关，可有效保证各运行机构在终点前停止运行。

5）起重机所有带电部分的外壳，均可靠接地，以免发生意外的触电事故。

6）副起升机构带有能耗制动功能。

10.2　龙门起重机

龙门起重机也称龙门式起重机或门式起重机，俗称龙门吊，其外形结构如图 10-29 所示。龙门起重机是桥架通过两侧支腿支承在地面轨道（或地基）上的桥架型起重机，能沿着铺设在地面上的轨道行驶。龙门起重机适用于露天料场、仓库码头、车站、建筑工地、水电站等场地，主要用于运输和起吊安装作业。

龙门起重机

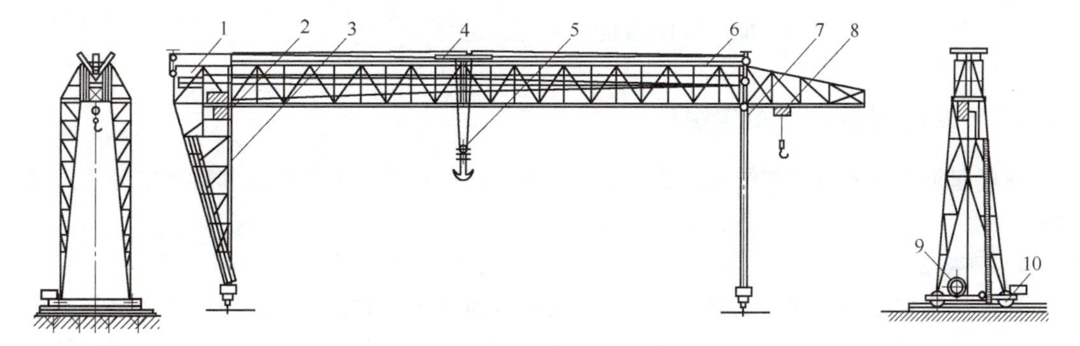

图 10-29　龙门起重机结构示意图

1—主梁　2—操作室　3—刚性支腿　4—起重小车　5—起重吊钩　6—小车轨道　7—柔性支腿　8—电动葫芦　9—卷扬机构　10—大车行走机构

10.2.1 龙门起重机的分类

龙门起重机的形式很多。按照不同的分类方法，有下述几种：

按主梁数量，可分为单主梁和双主梁。

按取物装置，可分为吊钩、抓斗、电磁吸盘等。

按结构形式，可分为桁架式、箱形梁式、管形梁式、混合结构式等。

按支腿平面内的支腿形状，可分为L形、C形单主梁龙门起重机和八字形、O形、半门形等双梁龙门起重机，如图10-30所示。

按支腿与主梁的连接方式，可分为两个刚性支腿、一个刚性支腿与一个柔性支腿两种结构形式，柔性支腿与主梁之间可采用螺栓、球形铰和柱形铰连接或其他方式的连接。

按用途，可分为一般用途、造船用、水电站用、集装箱用以及装卸桥等。

此外，还可分为单梁或双梁，单悬臂、双悬臂或无悬臂，轨道式或轮胎式等。

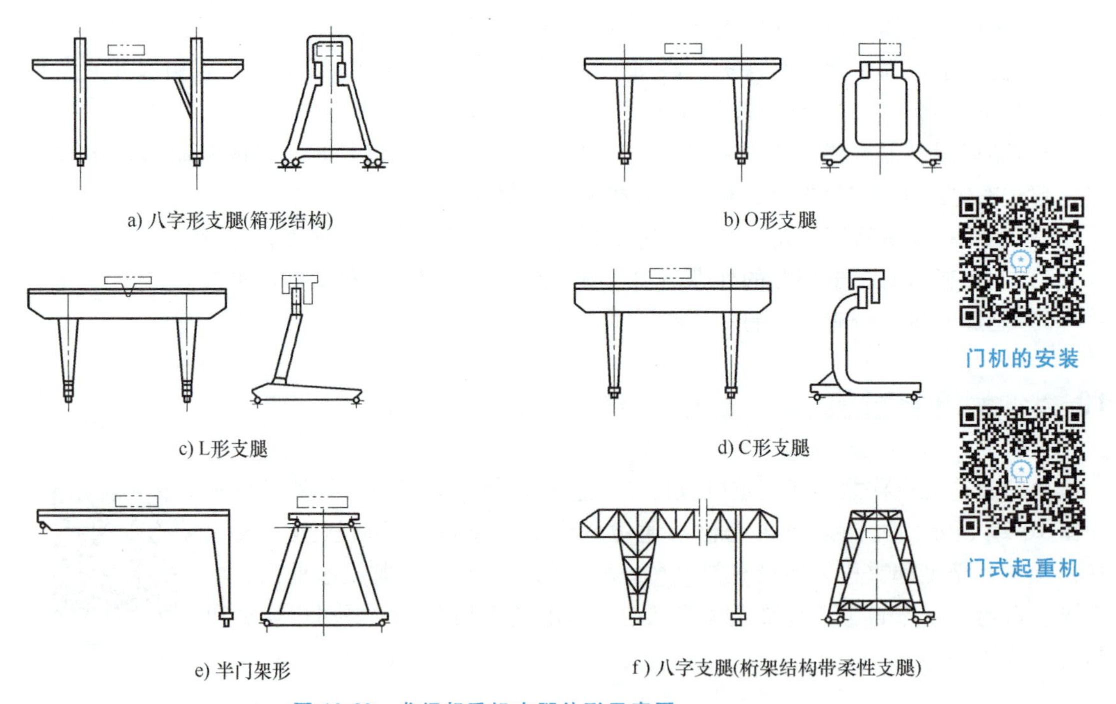

图10-30 龙门起重机支腿外形示意图

10.2.2 龙门起重机的结构组成

龙门起重机主要由门架结构、载重小车、大车运行机构、电气设备和驾驶室等几大部分构成。

1. 门架结构

门架结构主要是主梁和支腿。主梁用以支承载重小车，并且通过支腿沿轨道运行。小型龙门起重机采用单梁，大型的则用双梁。主梁的结构常用箱形和桁架式两种，箱形梁结构简单，便于制造，但迎风面积大，运行阻力大，且自重大，不利于节省钢材。支腿的构造，大型机上一般一侧用刚性支腿，另一侧用柔性支腿（图10-29），以减轻其自重，补偿跨度误差。

2. 载重小车

双主梁龙门起重机的载重小车与桥式起重机小车基本相同。单主梁常用电动葫芦作载重小车，但单主梁的龙门起重机不是用普通的电动葫芦作载重小车。由于吊钩需要放置在主梁的外侧（即侧向悬挂的方式），所以小车形式也相应有了变化，如图 10-16 所示，除了沿轨道行驶的车轮外，增加了防止倾翻和导向的水平或垂直滚轮。

3. 大车运行机构

大车运行机构同桥式起重机，多采用分别驱动。因为是露天作业，其支腿下部装有夹轨器（图 10-31）或压轨器。在起重机不工作或遇有大风时，用夹轨器夹紧轨道，防止起重机被风吹动造成事故。

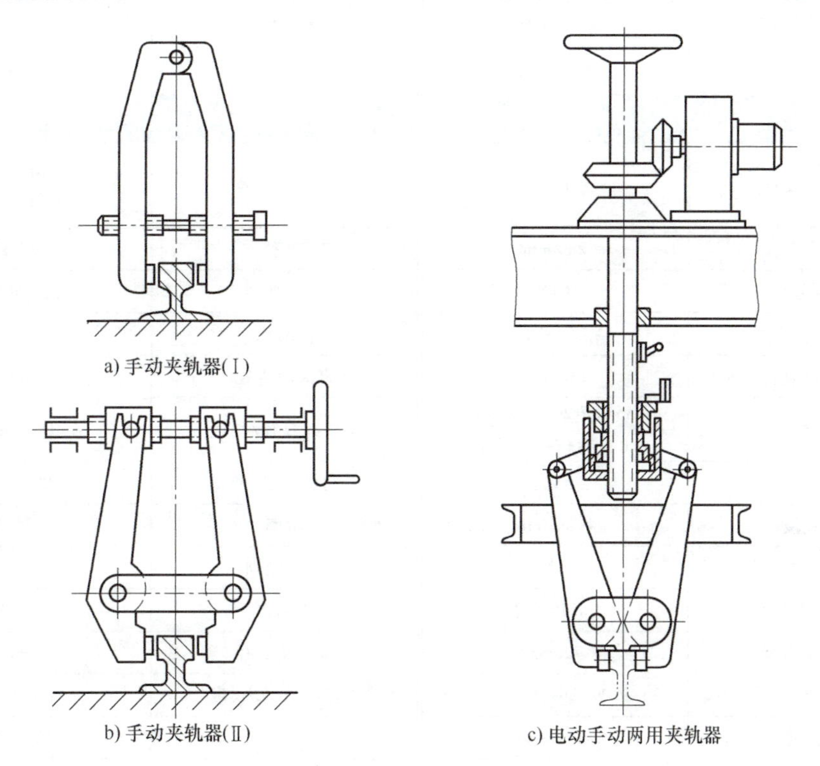

图 10-31　夹轨器

10.2.3　山东丰汇 FHMG400t 门式起重机

MG400 门式起重机

1. 整机特点和应用

FHMG400t 门式起重机是山东丰汇设备技术有限公司自主设计制造的 MG 系列起重机产品。该系列起重机整体结构采用无缝钢管桁架结构，具有重量轻、结构紧凑、迎风面积小、安装拆卸方便、外形简洁美观等特点，操作室及操作机构按照人机工程学原理设计制造、操作方便、视野开阔，具有运行平稳、安全可靠、作业效率高等特点，桥架采用模块化设计，通过简单的桥架组合，即可实现两种跨度的互换。

2. 技术参数

见表 10-2。

表 10-2 FHMG400t 门式起重机主要技术参数

主要参数和用途				
额定起重量		400t	跨度	33m
整机工作级别		A4	主钩起升高度	18m
大车基距		8000mm	小车轨距	5000mm
整机功率		391kW	主钩左右极限位置	2994mm/3554mm
最大轮压		600kN	整机重量	384t
主要结构形式				
主体结构形式		箱型结构	防爆形式	—
操纵方式		操作室+无线	吊具形式	“山”形吊钩
工作结构主要特性				
主起升机构	起升高度	18m	电动机型号	QABP355M6-B 1488r/min/1
	起升速度	2m/min	功率	200kW
	额定起重量	400t	工作级别	M4
	减速器型号	ML4PSF130	传动比	$i=180$
	卷筒直径	1382mm	定滑轮直径	660mm
	钢丝绳型号	35×P7-200G(WA)(右旋+左旋)旋)	钢丝绳直径/长度	ϕ30/270m+270m
副起升机构	起升高度	19m	电动机型号/数量	QABP315M8A
	速度	4.2m/min	功率	75kW
	额定起重量	75t	工作级别	M5
	减速器型号	M3PSF70	传动比	80
	卷筒直径	726mm	定滑轮直径	590mm
	钢丝绳型号	35×P. WS36+IWRC-200G	钢丝绳直径/长度	ϕ24/250m
大车行走机构	速度	22.6m/min	功率	12×5.5kW
	工作级别	M5	传动比	121.46
	减速机型号	KA107TDV132S4/BMG	适应轨道	QU120
	车轮踏面直径	600mm	—	—
小车行走机构	速度	22.6m/min	功率	4×7.5kW
	工作级别	M4	传动比	117.94
	减速机型号	FA107GDV132M4/BM	小车轨道	QU120
	小车车轮踏面直径	600mm	—	—
适用工作环境				
电源	电压	380V	风压 非工作风压	600Pa
	频率	50Hz	风压 工作风压	150Pa
环境温度		-10~45℃		

3. 结构组成

FHMG400t门式起重机的结构组成如图10-32所示。主要组成部分有：桥架（含电动葫芦轨道梁）、支腿、行走梁、运行机构、电动葫芦、电气控制系统及安全装置等。

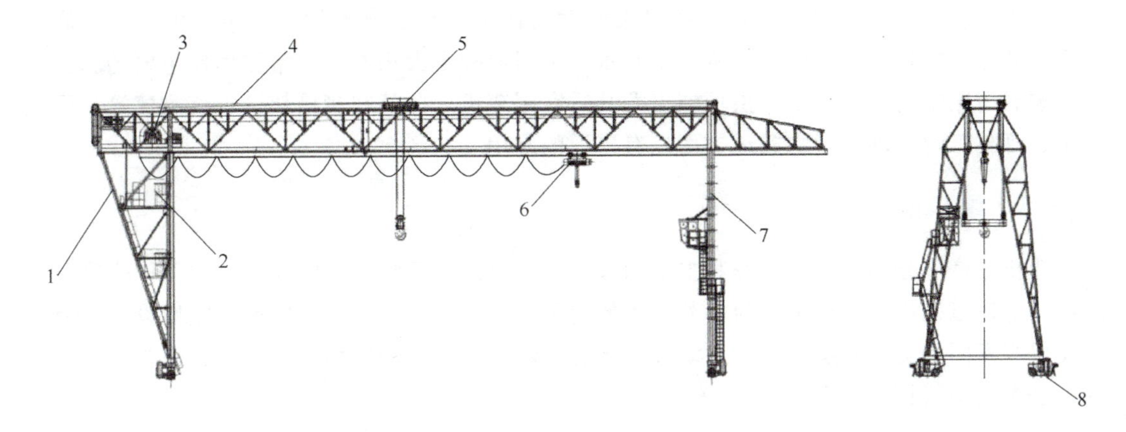

图10-32　FHMG400t门式起重机

1—刚性支腿　2—驾驶室　3—牵引机构　4—桥架　5—运行机构　6—电动葫芦　7—柔性支腿　8—行走梁

主桥架各节主弦均采用竖法兰连接，主桥架与桥架悬臂段主弦采用圆法兰连接，桥架腹杆也采用圆法兰连接，所有竖法兰连接板均能互换，如图10-33所示。桥架主弦及桥架两侧腹杆连接螺栓均采用M24铰制孔用螺栓，桥架上弦水平腹杆连接螺栓采用M20铰制孔用螺栓。

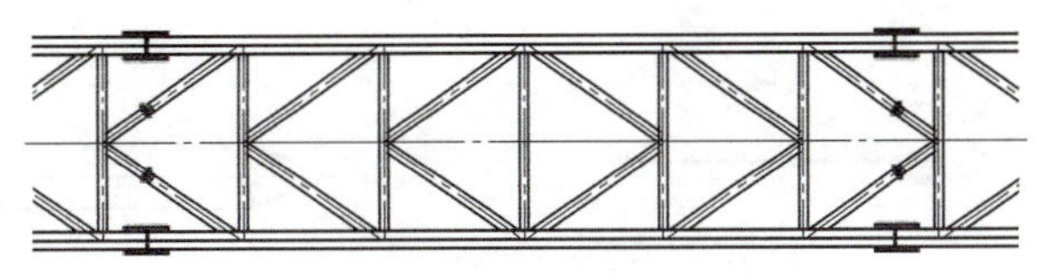

图10-33　主桥架

主桥架可通过不同的组合，即可实现两种跨度的互换。完整的桥架组合为42m跨度，去掉桥架中间节Ⅱ（10m段），即可组合为32m跨度。用户可根据现场条件自由选择使用任一种跨度，当采用32m跨度时，起升钢丝绳固定在悬臂端部。在42m跨度时，用户可根据现场使用要求确定是否安装悬臂。

主起升及小车牵引机构均安装在桥架刚性腿段端部平台，主起升机构在下层平台，小车牵引机构在上层平台，如图10-34所示。主起升及牵引卷扬机均采用进口内藏行星减速机，卷扬机具有重量轻、体积小、无需维护及高可靠性等优点。

图10-34　主起升及小车牵引机构的安装位置

电气系统采用联合操作台集中控制方式，主钩、牵引小车电气控制采用转子切电阻调速方式，大车运行机构采用变频调速方式，便于操作和维护。

配置的安全装置主要有主起升机构重量限制器、起升高度限位、落钩限位、大/小车运行限位、缓冲器、电动葫芦起升高度限位、门限位，大车设有新型的夹轨（扫轨）器等。

10.3 缆索起重机

缆索起重机（简称缆机）是一种以柔性钢索作为大跨度支承构件，兼有垂直运输和水平运输功能的特种起重机械。缆机在水利水电工程混凝土大坝施工中常被用作主要的施工设备，峡谷河床中的拱坝及重力拱坝施工尤其适宜用缆机。此外在渡槽架设、桥梁建筑、码头施工、森林工业、港口货物搬运方面也有广泛的应用。

10.3.1 缆机的分类

缆机有许多分类方法，如按其主索的数量分为单索、双索及四索缆机；按工作速度分为高速、低速缆机等。但缆机作为一种专用的起重设备，其根本特点是因地制宜地设置，所以按缆机主索两端支点的运动情况来划分，最能反映其本质上的区别，由此可将缆机分为以下六种基本类型（图 10-35）。

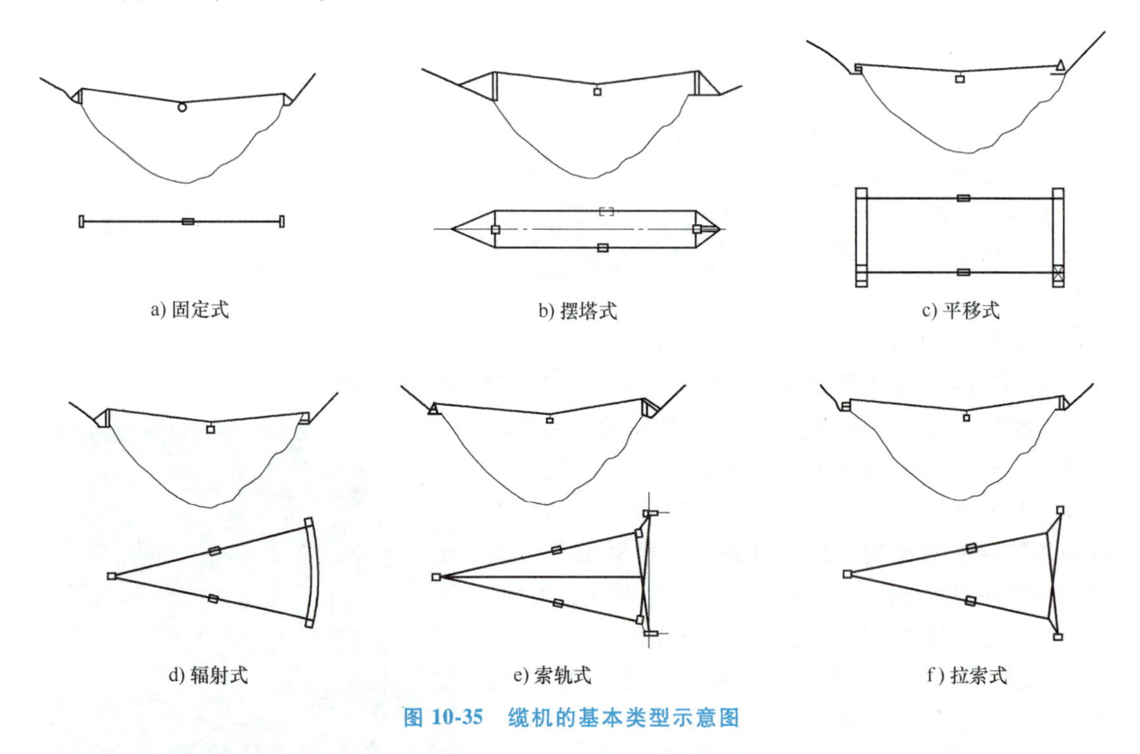

图 10-35 缆机的基本类型示意图

1. 固定式缆机（图 10-35a）

固定式缆机主索两端的支点固定不动，其工作的覆盖范围只有一条直线。它主要用于吊运器材、安装设备、转料及局部浇筑混凝土等，还用于碾压混凝土筑坝施工，在山区桥梁施工中使用固定式缆机者较多。固定式缆机由于支承主索的支架不带运行机构，其机房可设置于地面上，因而构造最简单，造价低廉，基础及安装工作量也最少，在施工工地还可以灵活调度，迅速搬迁，用于某些临时吊运工作。

2. 摆塔式（摇摆式）**缆机**（图 10-35b）

摆塔式缆机是为了扩大固定式缆机的覆盖范围所作的改进形式。其支承主索的桅杆式高塔根部铰支于地面的球铰支承座上，顶部后侧用固定纤索拉住，而左右两侧通过绞车用活动纤索牵拉，绞车将左右活动纤索同时一收一放，便可使桅杆塔向两侧摆动。两岸桅杆塔一般是同步摆动，其覆盖范围为一狭长矩形，称为双摆塔式缆机；也有一岸为摆动桅杆塔，另一岸为固定支架，其覆盖范围为一狭长梯形，称为单摆塔式缆机。如果单摆塔式缆机的固定支架采用低矮的锚固支座，则造价可降低不少。

桅杆塔摆动角度增大时，将使各工作索从塔顶滑轮导出的偏角增大，并导致起吊重物时过度摇晃。因此，摆动的角度不宜过大，一般最大摆角应控制在每侧8°~10°，当采用适当的支索器且缆机低速工作时，最大摆角也有可能达到14°~17°。

摆塔式缆机适用于坝体为狭长条形的大坝施工，有时可以几台并列布置；有的用来在工程后期浇筑坝体上部较窄的部位，可用来浇筑溢洪道，还广泛用于桥梁等施工。这种机型与固定式缆机相比构造复杂、造价高、基础及安装工作量比较大。

3. 平移式缆机（图10-35c）

平移式缆机是各种缆机中应用较广的一种典型构造形式。其支承主索的两支架均带有运行机构，可在河道两岸平行铺设的两组轨道上同步移动。一岸的支架带有工作绞车、电气设备及机房等，称为主车或主塔；另一岸的支架称为副车或副塔。平移式缆机的覆盖面为一矩形，只要加长两岸轨道的长度，便可增大矩形覆盖面的宽度，扩大工作范围，并可根据工程规模的需要在同组轨道上布置几台缆机。与辐射式缆机相比，平移式缆机的轨道能够接近岸边布置，从而采用较小的主索跨度。但平移式缆机在各种缆机中基础准备的工程量最大，当两岸地形条件不利时，较难经济地布置。其机房必须设置在移动支架上，构造比较复杂，比其他机型造价要昂贵得多。

4. 辐射式（单弧移式）缆机（图10-35d）

辐射式缆机可以说一半是固定式一半是平移式。在一岸设有固定支架，而另一岸设有在大致上以固定支架为圆心的弧形轨道上行驶的移动支架。其机房（包括绞车及电气设备等）一般设置在固定支架附近的地面上，各工作索则通过导向滑轮引向固定支架顶部，因此习惯上，也称为固定支架为主塔，而移动支架为副塔。在构造上主塔和固定式缆机支架的不同在于主塔顶部设有可摆动的设施，而副塔和移动式缆机的不同在于副塔的运行台车具有能在弧形轨道上运行的构造。

辐射式缆机的覆盖范围为一扇形面，特别适用于拱坝及狭长条形坝型的施工。辐射式缆机常可用一座固定支架配二至三座移动支架，即所谓“一主二副”或“一主三副”的形式。其布置灵活性大，基础工程量小，造价低，安装及管理方便。

5. 索轨式缆机（图10-36e）

索轨式缆机的特点是以架空的钢索（称为轨索）来代替地面轨道支承主索的头部（大车)，并用绞车牵引索来实现大车沿轨索的运行。如在一岸设置轨索，而在另一岸设置固定支架，可称为“单索轨式”，其工作情况类似辐射式缆机，覆盖范围接近一梯形面。如在两岸均设轨索，则为“双索轨式”，工作情况类似平移式缆机，覆盖范围为一矩形或梯形面。

索轨式缆机轨索两端用固定支架支承（其固定支架与辐射式缆机的支架相同)，避免了构筑地面轨道基础的麻烦，并且支架的位置并不要求严格地平行对称，因而可以适应各种复杂的地形条件，布置灵活性很大。但其主索跨距较大时，将使吊重工作时的跳动剧增，限制了小车的运行速度，所以很难设计出大型的索轨式缆机。

6. 拉索式缆机（图 10-35f）

其构造原理与索轨式相近，唯一区别在于不另用索轨而让大车牵引索直接支承主索末端，所谓大车已不是带车轮的“车”，而只是带主索接头和工作索导向滑轮组并与大车牵引索连接的一个部件。

由于拉索式缆机的大车牵引索要承受很大的拉力，因而可达到的起重量较小，一般起重量不超过 4.5t，即配用 1.5m^3 吊罐，跨距可达 200m，大车运动速度在 8m/min 以内。这种机型也有单拉索式与双拉索式之分。其构造简单，造价比同参数的索轨式缆机低，适用于小型工程。

10.3.2 缆机的一般构造

图 10-36 所示为平移式缆机的结构示意图。它主要由支架、索道系统、支索器（承马）、起重小车、吊钩组和机房等组成，其中索道系统包括承载索（主索）、起重索、小车牵引索、承马牵引索及过江控制电缆等组件。

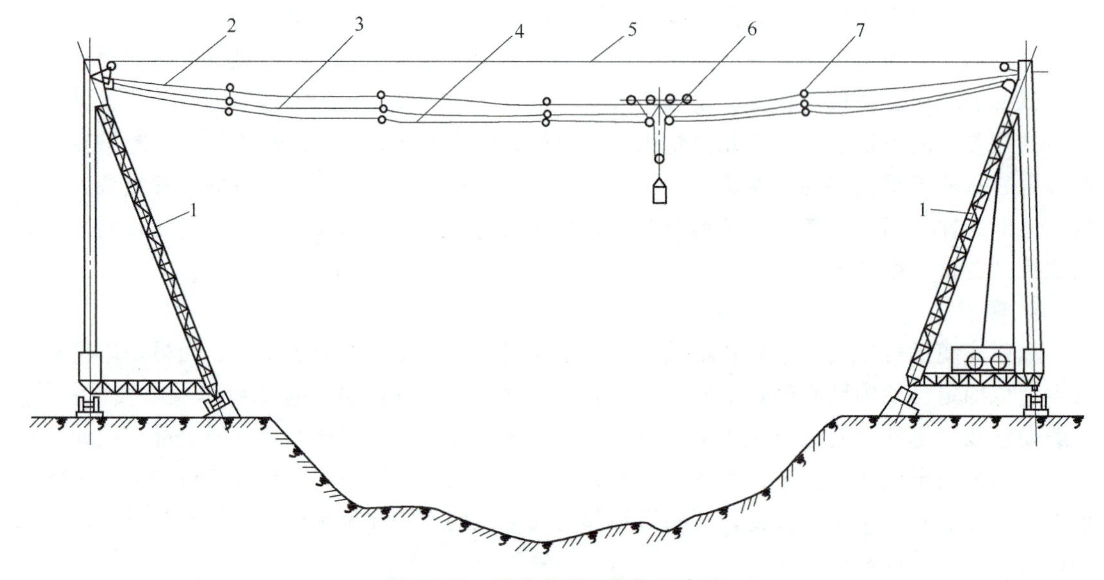

图 10-36 平移式缆机结构示意图

1—支架 2—承载索 3—小车牵引索 4—起重索 5—过江控制电缆 6—起重小车 7—承马

10.3.2.1 支架

缆机的支架也称为塔架，用于支承主索（拉板）。一般将主索（拉板）支点至地面或支架前腿轨道面的高度称为“塔高”。多数缆机的主索支点以上还有一段刚架（其高度不计在塔高之内），用来支承牵引索用的导向滑轮。

1. 固定支架

用于固定式和辐射式缆机的固定支架可根据主索支点设计高程的要求和地形、地质条件，采取以下不同的构造形式。

1）主索支点设置于低矮的支座上，支座用锚固的方法固定于地面岩石上，其塔高为 10m 以下。

2）主索支点设置于不太高的刚性塔架（或一片三角形构架后加柔性或刚性拉杆）的顶

部，其塔高约10m。

3）主索支点设置于桅杆状的受压杆件顶部，其桅杆的根部铰接于固定在地面的支座上，而顶部用若干纤索拉向侧面和后面的地面锚固点。桅杆一般为桁架式的矩形断面塔架，不太高时也可用箱形结构。这种支架适用于塔高达数十m的情况。

2. 活动支架

用于辐射式和平移式缆机的活动支架，有下面几种形式。

1）无塔架支承车。这种支架形式适用于轨道平台沿河侧为较陡峭山坡的地形。其主索支承点设置在较前腿轨面略高或略低处，并向河侧外伸。所谓支架实际上是装有运行机构的车架，其“塔高”很小，甚至为负值，可以不用或只用少量配重，如图10-37所示。我国近年来生产的缆机多数采用了这种支架形式，取得了很好的经济效益。

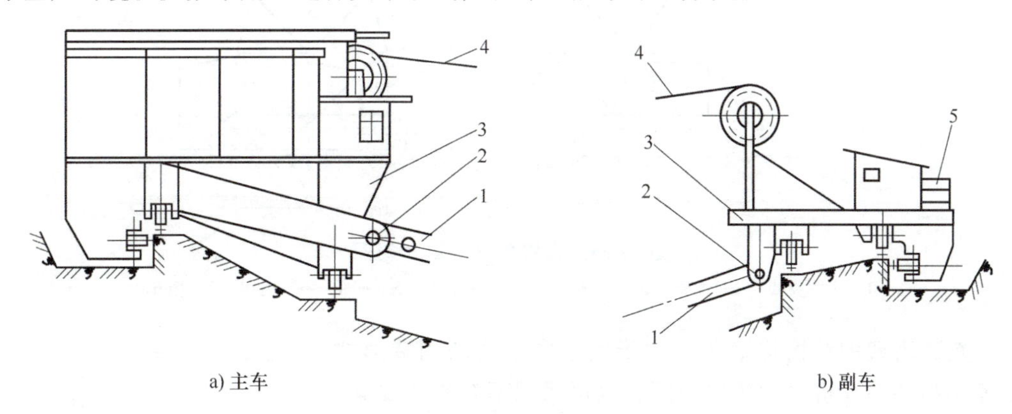

图10-37 无塔架支承车简图

1—主索拉板 2—主索支点 3—车架 4—牵引索上支 5—配重

2）低塔架。这种支架形式对地形的适应性优于无塔架支承车。其主索支点设置在前腿上方，塔高一般为3~5m。主塔的机房可设置在塔架之上，所用配重较大，如图10-38所示。

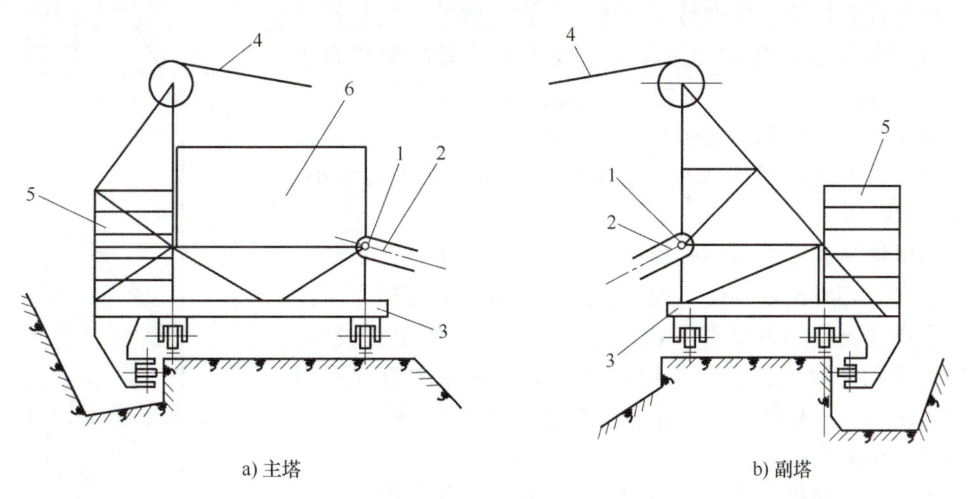

图10-38 低塔架简图

1—主索支点 2—主索拉板 3—塔架 4—牵引索上支 5—配重 6—机房

3）高塔架。这种支架是传统的构造形式，适用于较平坦的地形，否则基础开挖量过大。其主索支点设置在支架后腿上方，塔高为 10~60m，主塔机房设置在呈立方锥体形的塔架内部。高塔架的轨距较大，一般为塔高的 0.45~0.6 倍，所需配重多达数百吨，如图 10-39 所示。

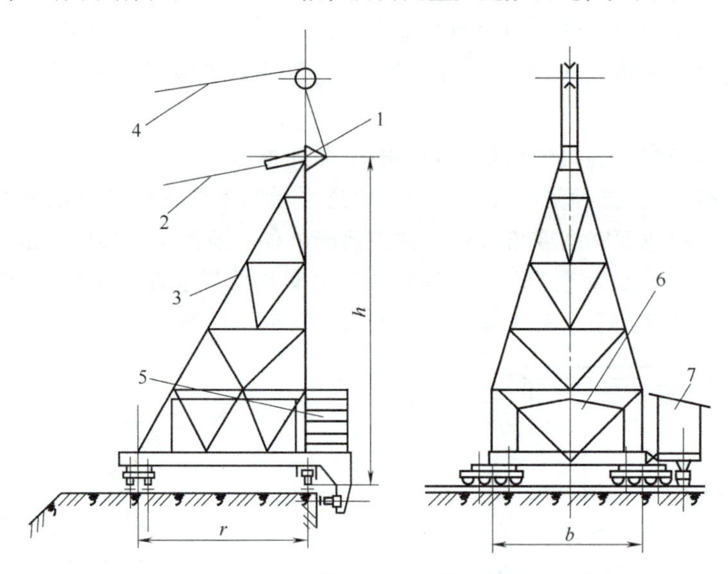

图 10-39 高塔架（主塔）简图

1—主索支点 2—主索 3—塔架 4—牵引索上支 5—配重 6—机房 7—拖车

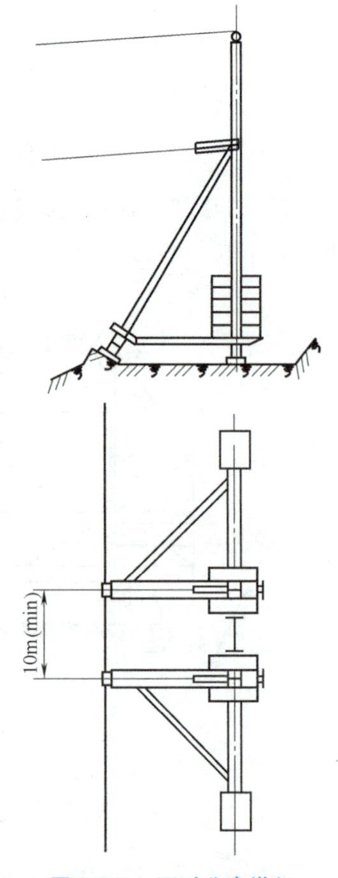

图 10-40 不对称高塔架

一般高塔架的结构均采用对称于主索中心线的构造形式。为了缩小相邻两缆机主索的中心距，也可采用不对称的支架形式（多用于副塔），如图 10-40 所示。

4）A 字架和纤索配重车。这种支架形式特别适用于两岸地势平坦，而要求主索支承点特高的情况。其构造为一片 A 字形的构架支承于单线轨道上，向山侧后倾约 10°，并在主索支点背面用纤索拉住，纤索另一端固定于在山侧的一组平行轨道上与 A 字架同步行驶的配重车上。配重车装有配重块和水平台车，用以承受纤索的巨大拉力，起活动地锚的作用，其塔高可达 60~90m。相邻两机的 A 字架可以分别支承在前后两条单线轨道上，驶近时互相错开，从而使主索中心距大为缩小，如图 10-41 所示。

与同样塔高的刚性高塔架相比，这种形式自重轻，基础工程量小，安装相对比较方便。此外，国产缆机的无塔架主车或高塔架高塔在支架一侧带有半挂式拖车，用来设置电气设备，以减轻其振动。因此，总的外形尺寸相对于主索中心线不对称，而有左机、右机之分，在布置轨道上应做考虑。

10.3.2.2 索道系统

索道系统是缆机实现水平运输、垂直运输，保证缆机正常运行的主要部件，其造价约占缆机总造价的 70%。

1. 承载索（主索）

缆机的承载索有单索、双索和四索三种应用形式。随着钢

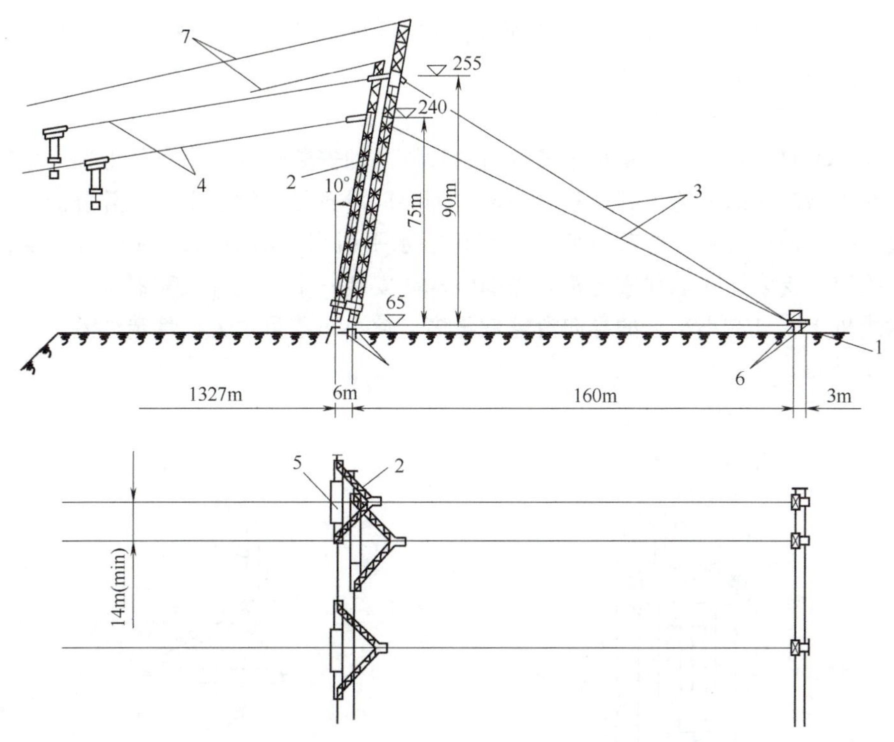

图 10-41　A 字架和配重车简图

1—配重车水平轨　2—A 字架主塔　3—纤索　4—主索　5—机房　6—垂直轨　7—牵引索上支

索制造能力的提高，近年来国内外生产的缆机基本上已改用单主索形式。与双索和四索相比，单主索可使缆机构造简单、重量减轻，而且可以减小主索的弯曲应力和磨损。

对于承担临时任务的缆机，可以用普通钢丝绳作主索；而对长期工作的大型缆机，则必须用密封钢丝绳作主索。为了调整主索的垂度，必须在主索拉板上设置张紧机构，以便调整主索系统的总长度，大多装在副塔一侧。进口的德国缆机和国产部分缆机都采用液压缸张紧，其调整长度约 1m。近年来生产的国产缆机已改用由专用绞车和滑轮组构成的钢丝绳张紧机构，其调整范围加大，调整长度可达 6m，并且还可以给主索的安装带来方便。

2. 起重索

起重索是缆机起升机构所用钢丝绳，它通过起升驱动机构、起重小车和吊钩组，实现重物的垂直吊运。

3. 小车牵引索

小车牵引索是缆机小车运行机构所用钢丝绳，它通过运行驱动机构，实现起重小车和重物的水平移动。

4. 承马牵引索

承马牵引索的作用是牵引驱动承马，通常一根承马牵引索上固定两个承马（分别安装在起重小车两侧），一台缆机有多根承马牵引索，在承马驱动机构的带动下，实现各承马牵引索按一定速比移动，使各承马在起重小车与缆机两支架之间均布。

10.3.2.3　承马

承马又称为支索器，是缆机的关键部件之一。它支承在承载索上，用来承托各种工作索，防止其因跨距太大产生过大的垂度而导致相互缠结。缆机常用的承马（支索器）形式大致有以下四种。

1. 固定不张开式（图 10-42）

承马固定于双主索上，起重小车可自由通过承马的安装位置。小车的上部、中部、下部都装有绕起重索的导向滑轮，起重索由中部左侧导向滑轮的下槽水平引入并绕向上部侧导向滑轮，按箭头绕向最后绕过中部右侧导向滑轮后水平引出。图 10-42b 所示为起重索绕向的俯视图。固定式支索器在承载索上每相隔 60~80m 安装一个。这种支索器维护简单，但只能用于双索缆机上，且在小车上的导向滑轮数量多，使小车重量增大、稳定性差。小车运行速度一般不超过 6m/s。

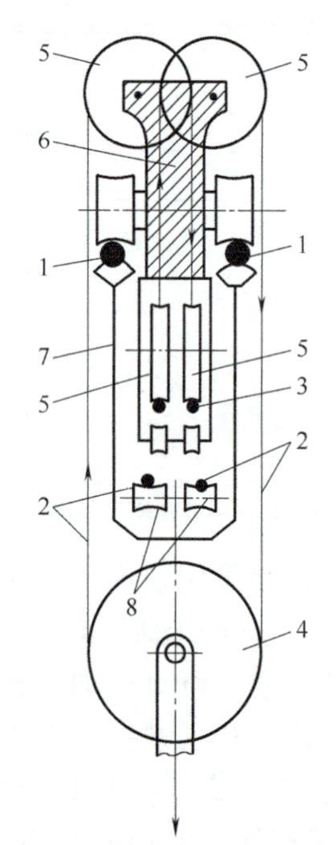

a) 起重小车在支索器中间通过时起重索的绕向

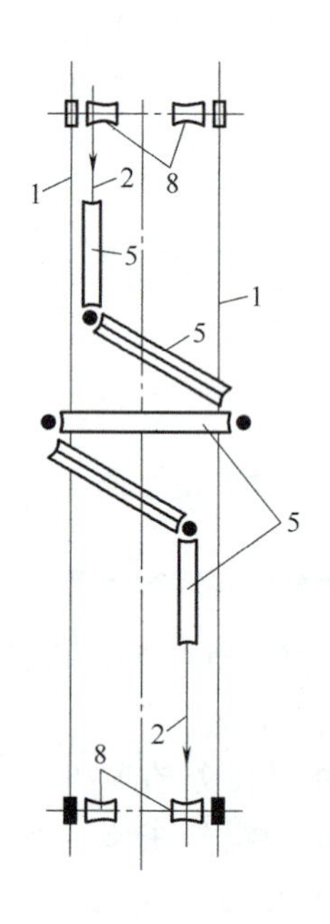

b) 起重索绕过起重小车上的导向滑轮的俯视图

图 10-42 固定不张开式承马结构示意图

1—主索 2—起升索 3—牵引索 4—吊钩滑轮 5—小车起升索导向滑轮 6—小车架 7—承马架 8—托辊

2. 固定张开式（图 10-43）

支索器可固定在单索或双索缆机的承载索上，当小车靠近支索器时，其导向架迫使支索器张开，小车可从支索器内腔通过。小车通过后由支索器上弹簧的力使支索器闭合。这种支索器构造也比较简单，但对弹簧质量要求较高，小车运行速度不宜超过 7m/s。

3. 自行式（图 10-44）

由一根牵引索借助摩擦作用通过支索器上的摩擦轮及一套链式传动机构使其顶部的车轮在承载索上运行。不同位置的支索器上传动机构所取的速比不同，因而支索器在承载索上的移动速度也不同。小车离两侧支架（塔架）越近，各支索器相距越小。当小车靠近支索器时，小车上的撞块使链式传动松弛，支索器便可收集在小车一侧。这种支索器自重较大，有时会打滑而须调整维护，但小车运行速度可达 11m/s。

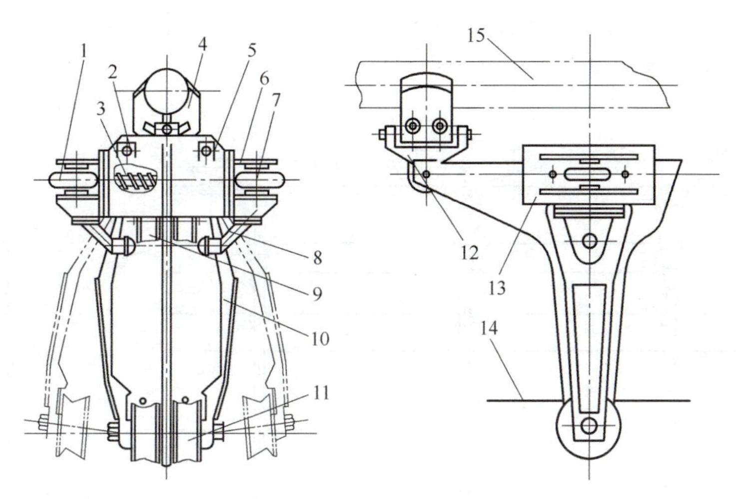

图 10-43 固定张开式承马结构示意图

1—定压轮 2—摆臂 3—复位弹簧 4—夹索装置 5—承马支架 6—连杆 7—动压轮 8—半球辊 9—上托辊 10—张开叉腿 11—下托辊 12—连接架 13—盖 14—工作索 15—主索

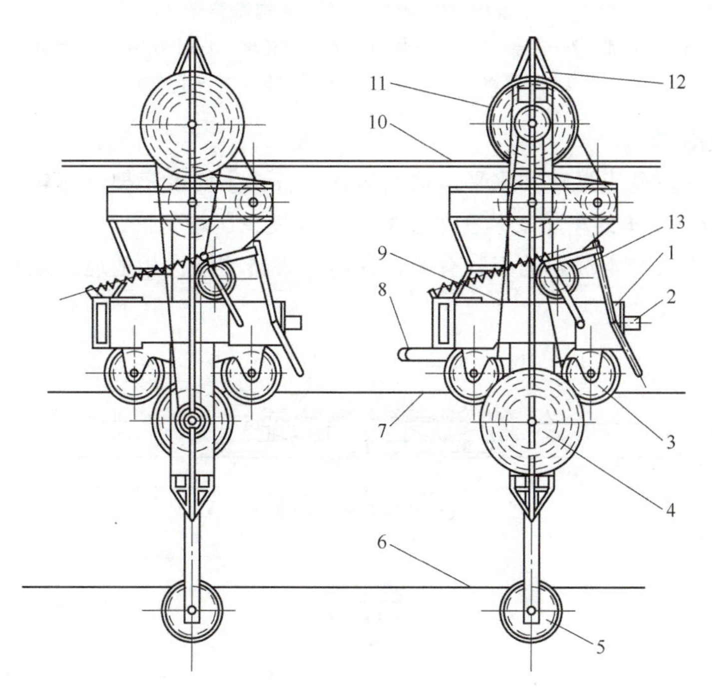

图 10-44 自行式承马结构示意图

1—承马架 2—缓冲器 3—压轮 4—链轮和摩擦滑轮 5—托辊 6—起升索 7—牵引索 8—撞块 9—链条 10—主索 11—行走轮 12—上支架 13—张紧轮

4. 牵引式（图 10-45）

在小车两侧相对应位置上的支索器由一根钢丝绳牵引而移动，牵引支索器的钢丝绳称为承马索。承马索是由设在支架（塔架）上并与牵引索的导向滑轮制成一体的宝塔形摩擦轮（也称摩擦滚筒），借助摩擦作用而驱动的。由于宝塔形的摩擦轮直径大小不同，因而牵引支索器的速度也不同。这种支索器工作最可靠，但要设置若干根（一般不超过 4 根）承马索，使绳索卷绕系统复杂化。支索器一般在小车前后各设置 4 个，因而缆机的跨度不能超过 800m，而小车的运行速度也不宜超过 8m/s。

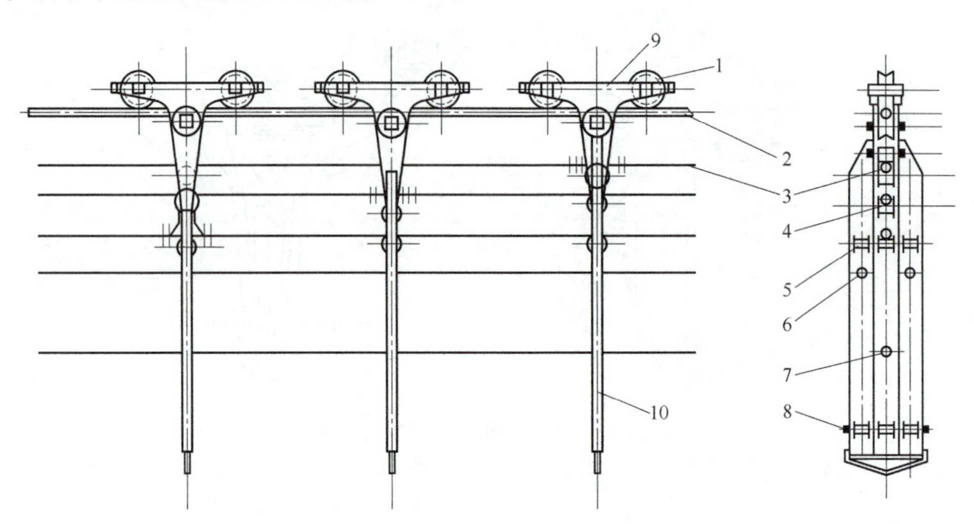

图 10-45　牵引式承马结构示意图

1—行走轮　2—主索　3—承马索　4—承马索托辗　5—上托辗　6—牵引索
7—起升索　8—下托辗　9—承马架　10—下支架

10. 3. 2. 4　起重小车

起重小车是完成垂直运输和水平运输的运载设备，主要由车架、车轮组、起升滑轮组等组成（图 10-46）。小车的车轮安装在平衡梁上，以使轮压均匀。

小车的结构形式与承载索的根数有关，并与支索器的结构相适应。起重小车的行走是由牵引索牵引的。

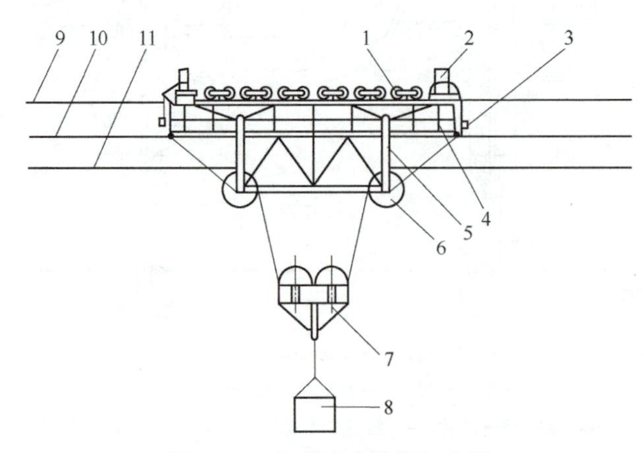

图 10-46　起重小车结构示意图

1—车轮组　2—润滑装置　3—缓冲器　4—走台栏杆　5—车架　6—起升滑轮组
7—吊钩组　8—吊罐　9—承载索　10—牵引索　11—起重索

10. 3. 2. 5　起升绞车

缆机的起升绞车在构造上和一般起重机的起升机构基本相同，由电动机经过减速装置带动卷筒旋转，一般采用带槽卷筒，单层卷绕。在起升高度较大的情况下，为使起升索在较长的卷筒两端引出时偏角不致过大，必须设置排绳装置，使起升索的引出方向始终不变。排绳装置设置在卷筒的上方或下方，由卷筒轴经过万向节与链轮链条带动并排的两根长螺杆转动，再由长螺杆上的螺母推动排绳滑轮按需要的排绳速度前进或后退，其传动原理如图 10-47 所示。

10.3.2.6　牵引绞车

缆机的牵引绞车通过摩擦带动封闭的环形牵引索，牵引小车运动。小跨度的缆机可采用摩擦卷筒，大跨度的缆机采用多槽摩擦轮和张紧滑轮。

牵引绞车的传动原理如图 10-48 所示，由直流电动机经减速器带动摩擦轮转动，牵引索绕过各绳槽和张紧滑轮。由于采用的是钢质摩擦轮，绳槽与牵引索之间的摩擦系数较小，为了能通过摩擦传递足够的牵引力，一般要用 5~6 个绳槽。

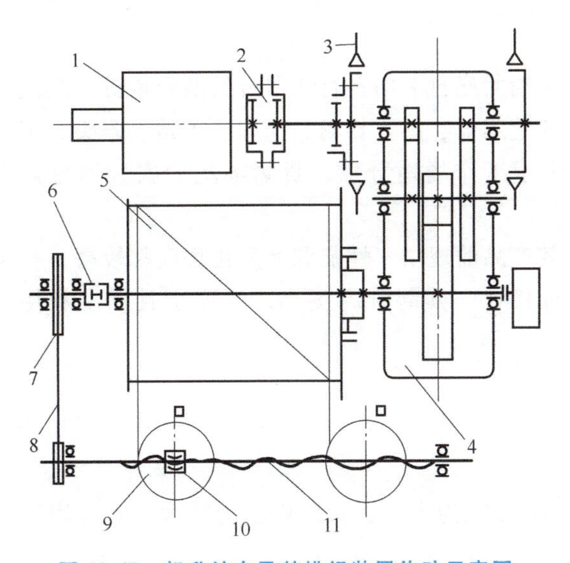

图 10-47　起升绞车及其排绳装置传动示意图

1—电动机　2—齿形联轴器　3—制动器　4—减速器　5—卷筒　6—万向节　7—链轮　8—链条　9—排绳滑轮　10—螺母　11—长螺杆

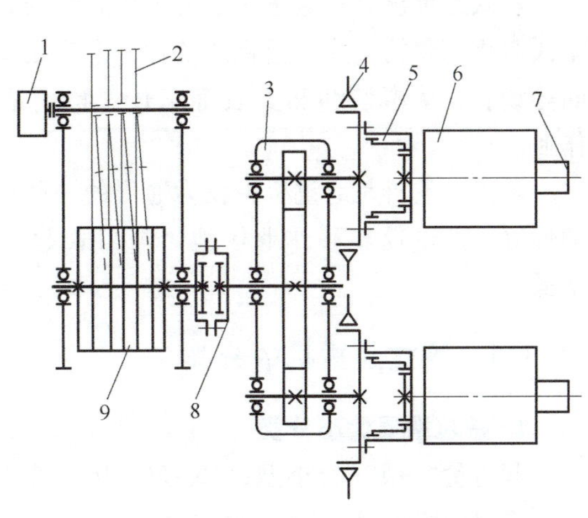

图 10-48　牵引绞车传动示意图

1—信号发送装置　2—张紧滑轮　3—减速器　4—制动器　5—带制动盘联轴器　6—电动机　7—测速发电机　8—齿形联轴器　9—摩擦轮

10.3.2.7　大车运行机构

缆机的大车运行机构用来支承支架在轨道上行走，主要由垂直台车或斜轨台车、水平台车及平衡架组成，其构造原理和一般轨道式起重机的行走台车基本相同。主动台车由交流电动机经减速器和开式齿轮带动车轮转动。国产高塔架缆机的前腿均采用了双轨台车，以缩短大车运行机构的长度。

第11章 臂架型起重机

11.1 轮式起重机

轮式起重机是指起重作业的工作装置安装在轮胎底盘上的自行式回转类型起重机，是汽车式起重机和轮胎式起重机的统称，广泛用于建筑工地、露天货场、仓库、车站、码头、车间等场合，从事装卸和安装等工作，特别适用于工作场地分散、货物零星的安装和装卸作业。

轮式起重机是起重机中较为通用的一种，其产品的规格、性能和系列化程度都较高，机动性好，可迅速转移作业场地。与塔式起重机相比，其起升高度小，幅度小且幅度利用率低。

11.1.1 轮式起重机的分类

1. 按起重量大小分类

起重量 3~12t 为小型；16~50t 为中型；65~125t 为大型；125t 以上为特大型。常用轮式起重机的起重量在 16~45t 之间。

2. 按臂架形式分类

按臂架形式可分为桁架臂式和箱形伸缩臂式两种。

桁架臂多用钢丝绳滑轮组变幅，自重轻，可接长到数十 m，起重性能好；但其基本臂（起重机最短时的工作吊臂）不宜过长，以便于行驶转移；现在也将桁架吊臂做成折叠式，在转移时折叠成短臂，便于行驶，到工地后迅速撑开，投入作业。

箱形伸缩臂多用液压缸变幅，各节伸缩臂平时缩在基本臂内，便于车辆高速行驶，工作时可以及时逐节外伸或收缩，以改变起升高度和幅度，并能进入仓库、厂房和伸入窗口工作，十分便捷，因而得到广泛的应用，但是由于受到结构、材料、自重和行驶尺寸等限制，箱形臂不能太长，吊臂自重大，大幅度时起重性能差。目前伸缩式箱形臂也可设置折叠式副臂，以完善其作业性能。

3. 按底盘的特点分类

按底盘的特点可分为汽车式起重机和轮胎式起重机。两者在结构、性能和用途方面有很多相同之处，汽车式起重机采用通用载重汽车底盘或专用汽车底盘，轮胎式起重机则采用特制的轮胎底盘。汽车式起重机行驶速度高（多在 60km/h 以上），可迅速转移作业场地，行驶性能符合公路法规的要求，作业时必须伸出支腿，一般不能吊重行走。轮胎式起重机能在坚实平坦的地面吊重行走，一般行驶速度不高。汽车式起重机和轮胎式起重机的主要区别见表 11-1。

表 11-1　汽车式起重机和轮胎式起重机的区别

项目	汽车式起重机	轮胎式起重机
底盘来源	通用汽车底盘或加强了的专用汽车底盘	起重机专用底盘
行驶速度	汽车原有速度，可与汽车编队行驶（≥50km/h）	≤30km/h（越野型可高于 30km/h）
发动机位置	中、小型的用汽车原有发动机；大型的在回转平台再设一台发动机，供起重机构用	一个发动机，设在回转平台上，或设在底盘上
驾驶室位置	除汽车原有驾驶室外，在回转平台上再设一操纵室，操纵起重作业	通常只有一个驾驶室，设在回转平台上
外形	轴距长、重心低，适于公路行驶	轴距短，重心高
起重性能	使用支腿吊重，主要在侧方、后方工作	全周作业，并能吊重行驶
行驶性能	转弯半径大，越野性差，轴压符合公路行驶要求	转弯半径小，越野性好（越野型）
支腿位置	前支腿位于前桥后	支腿一般位于前、后桥外侧
使用特点	能经常做较长距离的转移	不经常做长距离转移，工作地点固定

全地面起重机是将起重机系统安装在特制轮式底盘上的起重设备。具有油气悬架、多轴转向、蟹行和多轴驱动等特点，对狭小和崎岖不平或泥泞场地具有很好的适应性。比汽车起重机具有更高的机动性和起重性能，在大型吊装场合具有得天独厚的优势，目前在大型设备吊装和城市基础设施建设等方面，正逐步取代大吨位汽车起重机。

4. 按传动装置的形式分类

按传动装置的形式不同，可分为机械传动式、电力-机械传动式和液压-机械传动式三种。

1）机械传动式的传动装置，现已逐步被其他传动形式取代。

2）电力-机械传动式（简称电力传动式）传动系统简单，布置方便，操纵轻巧，调速性好。现有电动机虽易于配套，但不易获得直线伸缩动作，故仅在大型的桁架臂轮胎式起重机中采用。

3）液压-机械传动式（简称液压传动式）结构紧凑，传动比大，传动平稳，操纵省力，元件尺寸小、重量轻，获得广泛应用。

11.1.2　轮式起重机的组成

轮式起重机由上车和下车组成，一般把取物装置、起重臂架（吊臂）、配重和上车回转部分统称为上车，而其余部分皆称为下车。图 11-1 所示为轮式起重机组成图。

（1）取物装置　轮式起重机取物装置主要是吊钩（抓斗等作为附属装置）。

（2）起重臂（常称吊臂或臂架）　它是用来支承起升钢丝绳、滑轮组的钢结构，可俯仰和伸缩以改变工作幅度，直接装在上部回转平台上。起重臂可以在基本臂基础上接长或伸长。必要时还可在起重臂的顶端上装一杆件以扩大作业范围，这种杆件称为副臂。

（3）上车回转部分　上车回转部分是起重机上可以回转的部分，它包括装在回转平台上的除了吊臂、配重、吊钩以外的全部机构和装置。

（4）下车行走部分　下车行走部分是起重机的底盘，是上车回转部分的基础。其上装有起重机的行走机构，它不包括装在车架上的支腿。

（5）回转支承部分　回转支承部分安装在下车底盘上，是用来支承上车回转部分的。它包括回转支承装置的全部零件（回转小齿轮除外）和固定回转支承装置的副车架（如果有副车架）。所谓副车架，是在汽车车架上再装上一个加强的机架，它承受起重时的全部载荷。

（6）支腿　轮式起重机在车架上装有支腿。工作时，支腿外伸撑地，并能将整个起重机抬起离地；行驶时，支腿收回。

（7）配重　在起重机平台尾部常挂有一定重量的铁块（或其他材料的重块），以保证起重机的稳定。大型起重机在行驶时，可将配重卸下，用其他车搬运。中、小型起重机的配重包含在上车回转部分内。

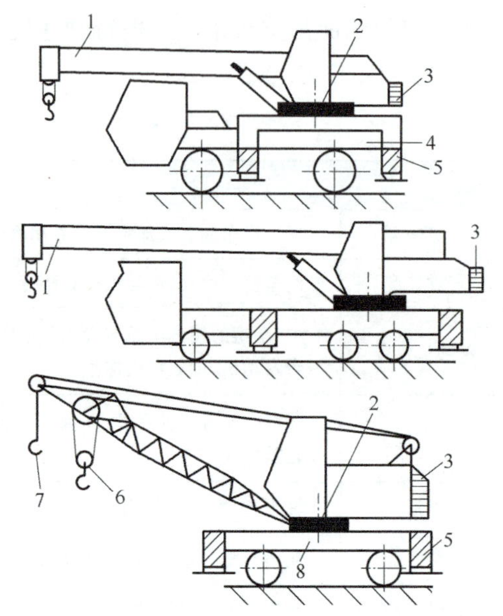

图 11-1　轮式起重机组成图

1—吊臂　2—回转支承装置　3—配重　4—车架　5—支腿　6—主吊钩　7—副吊钩　8—下车

11.1.3　吊臂

11.1.3.1　吊臂的结构

轮式起重机的吊臂有桁架式和箱形两种。

桁架式吊臂可由角钢、钢管或异形钢管制成，通常用钢丝绳牵拉吊臂顶部实现变幅，故吊臂是以受压为主的双向压弯构件。桁架式吊臂常分为几段，即基本臂根节段、基本臂顶节段（在大型起重机中顶节段做得很短，仅是个定滑轮组件）和中间插入节段。中间插入节段有很多节，按需要逐节插接加长。所谓基本臂长度是指无插接节段时的最短工作吊臂的长度，它一般由行驶条件决定。桁架臂根部的铰点都有一定的宽度，以增加整体的稳定性，一般装在回转支承装置的滚道上，使铰点上的力直接传给支承装置。为使变幅绳的受力不至于过大，固定变幅机构定滑轮的支架（也称人字架）要离吊臂根部铰点处远一些、高一些，因此一般布置在平台尾部并有一定高度。在中、小型轮式起重机中，人字架的最高点限在4m以下，故人字架本身高度常在2.5m左右。大型起重机为便于公路行驶，人字架常做成伸缩式或折叠式，起重时伸起，高度可达3.5m以上，行驶时缩回，可到2m左右。为防止吊臂在风载作用下或突然失重时向后倾翻，必须设有保险杆或保险钢丝绳，以防止吊臂向后倾倒。保险杆是可伸缩的，套管中设有弹簧，上端与吊臂铰接（铰点位于根节段，离平台约2m），下端铰接在回转平台上，如图11-2所示。

箱形吊臂由钢板焊接而成，是伸缩式的，其变幅是用刚性的变幅液压缸来实现，故吊臂是以受弯为主的双向压弯构件。伸缩式吊臂有多节，节数视起升高度而定。其基本臂可做成直臂形，也可做成折臂形。折臂形的基本臂使臂根部铰点位置降低，使转台部分易于布置，故常采用。吊臂与转台间的铰点一般置于回转中心的后方，因为若置于前方，则变幅液压缸只能设置在后，这样固然能使液压缸受力较好，但受整车尺寸布置的限制。

11.1.3.2 人字架

桁架式吊臂的人字架主要用来安装变幅滑轮组的定滑轮、支承吊臂，并将变幅力传至转台上。起重机的人字架一般由两片与转台铰接的三角形支腿和横梁组成。三角形支腿由前、后支杆铰接而成。两片支腿间用横梁连接，横梁上安装变幅机构的定滑轮组。

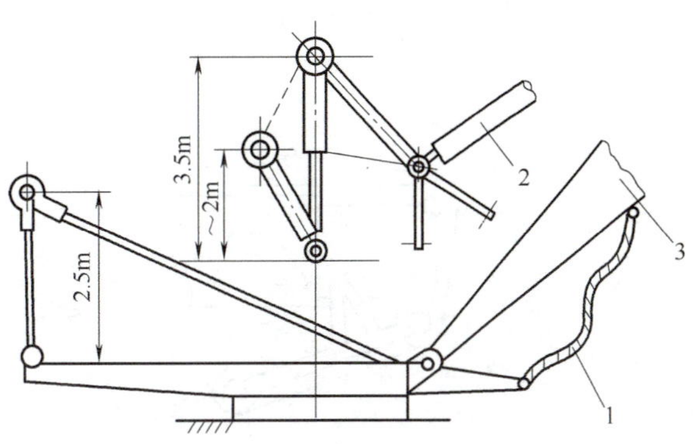

图 11-2 桁架式吊臂起重机的人字架图

1—保险绳 2—保险杆 3—桁架式吊臂根节段

人字架根据其三角形支腿的形式可分为锐角三角形、直角三角形和钝角三角形三种，另外，还有组合人字架（图 11-3）。

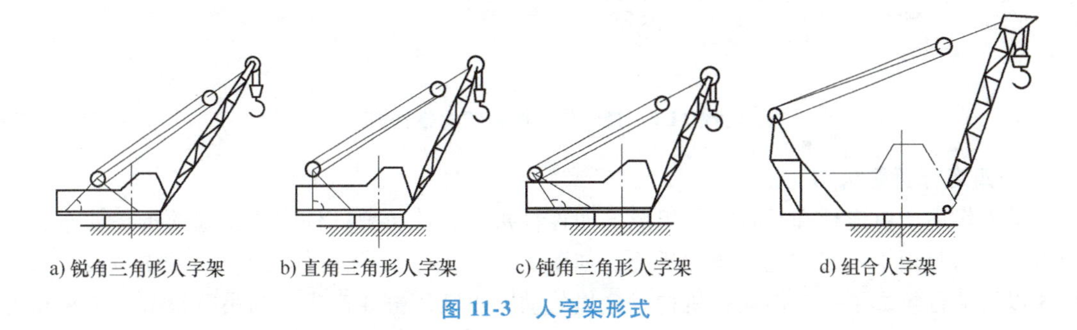

图 11-3 人字架形式

在变幅拉力角（变幅滑轮组轴线与吊臂轴线夹角）相同条件下，锐角三角形人字架的高度较大，杆件长，但支杆受力较小；直角三角形人字架的高度较低，杆件较短，但支杆受力较大；钝角三角形人字架的高度最小，杆件最短，但支杆受力最不利。在轮式起重机上，一般采用直角三角形人字架较多。对大起重量的轮式起重机主要从降低最大变幅拉力考虑，不受外形高度限制，但为了保证起重机的通过性能，通常采用组合式人字架（图 11-3d）或伸缩式人字架（图 11-2），在运输状态时可将副架拆下或缩回。

11.1.3.3 吊臂折叠机构

有的桁架式吊臂和箱形吊臂的副臂是可折叠式的，通过一套折叠机构实现吊臂的折叠。折叠机构根据对折叠杆件的带动方法不同可分为下面三种类型。

1. 直接折叠机构

动力直接作用于折叠机构，如图 11-4 所示。动力经主臂直接作用于副臂上，使副臂完成折叠动作，其动力是由伸缩机构产生的。目前有许多箱形伸缩式吊臂的起重机具有这种折叠形式的副臂。

2. 挠性传递折叠机构

动力通过挠性构件作用于折叠杆件。如图 11-5 所示，动力由起升绳作用于副臂上。在图 11-5a 所示位置时，副臂靠自重下转，起升绳起控制下降速度的作用。在图 11-5b 所示位置时，副臂在起升绳作用下，向上转动到图 11-5c 所示位置。这种形式的副臂在轮式起重机上也常采用。

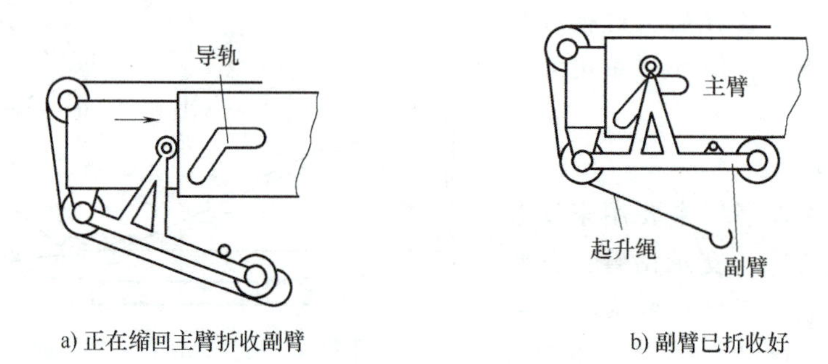

a) 正在缩回主臂折收副臂　　b) 副臂已折收好

图 11-4　直接式副臂折叠机构

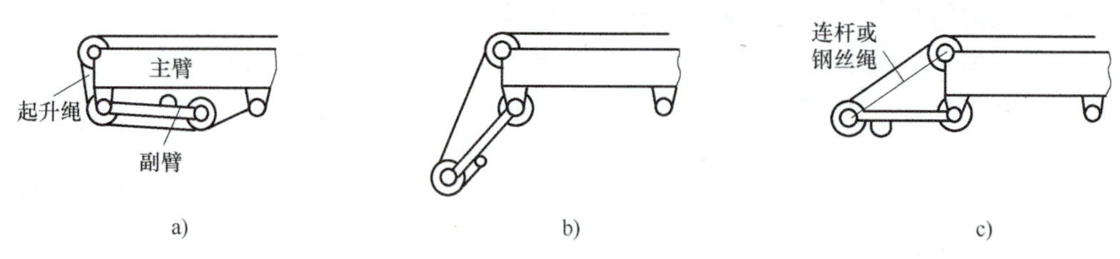

a)　　b)　　c)

图 11-5　挠性传递的副臂折叠机构

3. 四连杆折叠机构

动力作用于由连杆和折叠杆件组成的四连杆机构，使折叠杆件完成预定的折叠动作。这种折叠机构常用于桁架式主吊臂的折叠。如图 11-6 所示，吊臂根节段 1、吊臂中节段 2 和连杆 3 以及平台组成了一个四连杆机构。这里的动力由液压缸 4 产生，当吊臂根节段 1 在动力作用下转动时，吊臂中节段 2 就按照铰点 A 和铰点 B 所限定的轨迹运动，从而完成吊臂的展开或收回动作。由于这种吊臂不易变幅，所以应用范围受到了限制。

图 11-7 所示为具有三个臂节的二级折叠式吊臂。图中省略了一、二节臂的折叠方式。二、三节臂的折叠动力，是由一、二节臂的折叠动作产生的。这个动力由钢丝绳传到三节臂上，从而使三节臂也能完成折叠动作。显然，用同样的原理也可以设计三级或三级以上的折叠机构。

11.1.3.4　吊臂伸缩机构

箱形吊臂是多节伸缩臂，各节臂的伸缩通过吊臂伸缩机构实现。吊臂伸缩机构种类很多，可以按驱动形式和各节臂间的伸缩次序关系进行分类。

1. 按驱动形式不同分类

按驱动动力形式不同，可分为液压、液压-机械和人力驱动三种。采用液压驱动时，执行元件选用液压缸，利用缸体和活塞杆的相对运动推动吊臂的伸缩。通常 n 节吊臂相应地要有 $n-1$ 个液压缸。有的三节臂伸缩机构为了减轻重量，利用吊臂之间伸缩的比例关系，采用钢丝绳滑轮组实现第三节臂的伸缩，以代替一个液压缸，这就形成了液压-机械驱动形式。

液压驱动伸缩吊臂的优点在于可以实现无级伸缩以及不同程度上实现带载伸缩，扩大了起重机在复杂使用条件下的使用功能，但伸缩机构本身的重量降低了使用性能，所以在某些情况下可以取消伸缩机构，代之以人力驱动或采用挺杆、绳索等器件，而辅之以人工安装插销等方法伸缩吊臂。显然，这种情况只能是在非工作状态下进行吊臂伸缩。

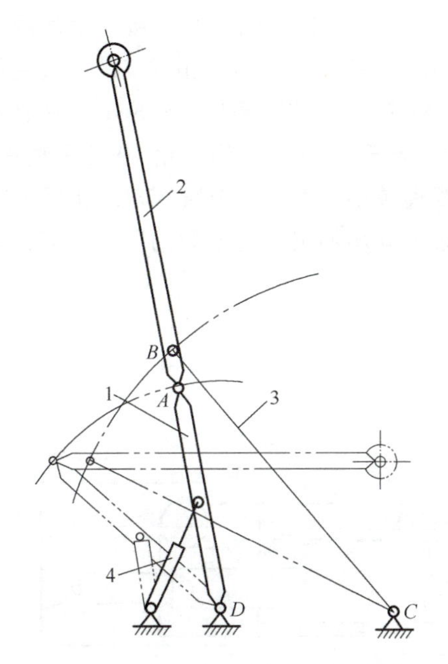

图 11-6 液压式四连杆折叠机构图

1—吊臂根节段 2—吊臂中节段

3—连杆 4—液压缸

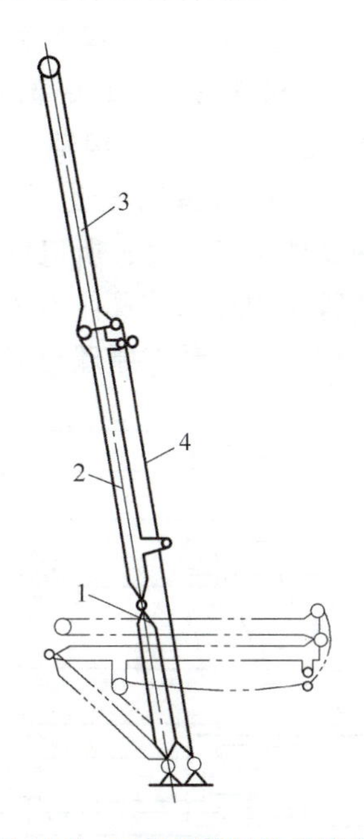

图 11-7 二级折叠机构示意图

1—吊臂根节段 2—吊臂折叠段

3—吊臂顶节段 4—钢丝绳

2. 按伸缩次序关系分类

三节或三节以上吊臂，各节臂的伸缩次序关系可分为下面三类。

（1）顺序伸缩 顺序伸缩是指吊臂在伸缩过程中，各节伸缩臂必须按一定的先后顺序完成伸缩动作。为使各节伸缩臂伸出后的载荷与起重量特性相适应，大多数机构是按图 11-8 所示顺序，即 2-3-4 的顺序伸出；并按相反的顺序，即 4-3-2 的顺序缩回。

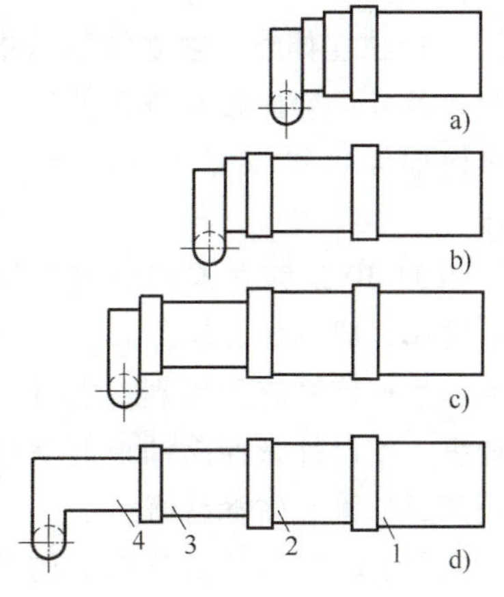

图 11-8 顺序伸缩机构工作示意图

1—基本臂 2—第二节臂

3—第三节臂 4—第四节臂

可利用电磁换向阀、单向顺序阀、特制的顺序动作阀、多级液压缸以及一个液压缸再加上人力辅助等方式实现顺序伸缩吊臂。

（2）同步伸缩 同步伸缩是指吊臂在伸缩过程中，各节伸缩臂同时以相同的行程比率进行伸缩。由于吊臂自重及其重心位置直接影响起重机的起重性能，而伸缩方式不同，吊臂重心位置不同，并且伸缩方式对吊臂的受力的影响也不一样。综合考虑伸缩方式对吊臂受力和起重性能的影响，目前同步伸缩要优越于顺序伸缩，是广泛应用的一种伸缩方式。

实现吊臂同步伸缩的方式有多种，如利用同步阀、液压缸串联、液压-机械方式等。图 11-9 所示为采用一个单级液压缸和一套钢丝绳滑轮系统的同步伸缩机构。

图 11-9a 中，活塞杆与基本臂由销轴 9 铰接。缸体与二节臂由销轴 8 铰接。钢丝绳 2 绕过平衡滑轮 10 和滑轮 1，其头部由销轴 4 与三节臂相连。钢丝绳 6 绕过滑轮 7，一头由销轴 5 与基本臂相连，另一头由销轴 3 与三节臂相连。滑轮 7 装在二节臂上，滑轮 1 装在缸体头部，平衡滑轮 10 装在基本臂上。当缸体带动二节臂伸出时，滑轮 1 到滑轮 10 的距离增加。因为钢丝绳 2 的长度不变，所以销轴 4 到滑轮 1 的距离减小，即在二节臂相对基本臂伸出的同时，三节臂也相对二节臂伸出了同样的距离，实现了同步伸出。三节臂的同步缩回，是由钢丝绳 6 完成的。其动作原理与同步伸出完全相同。

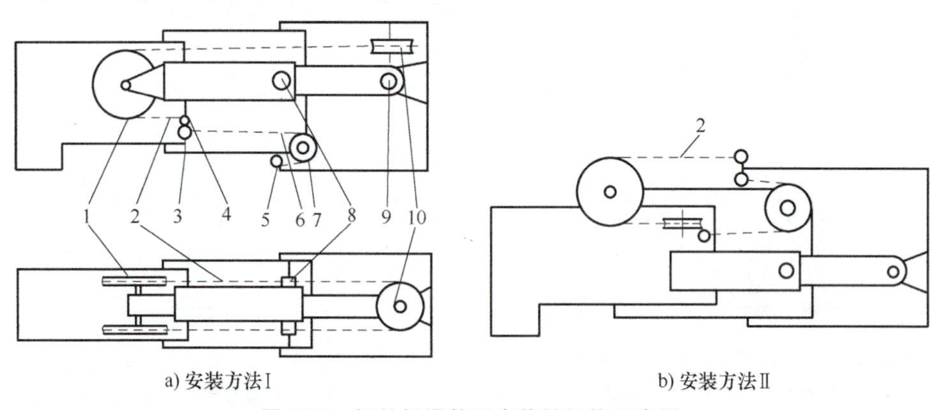

图 11-9　钢丝绳滑轮同步伸缩机构示意图

1、7、10—滑轮　2、6—钢丝绳　3、4、5、8、9—销轴

图 11-9b 是上述机构的另一种安装方法。这里钢丝绳 2 的长度减小了，但第三节臂的断面尺寸将受到影响。另外，前一方案中液压缸承受 2 倍的伸缩压力，而后一方案中，第二节臂承受吊臂轴压力。

（3）独立伸缩　独立伸缩是指吊臂在伸缩过程中，各节臂均能独立进行伸缩。显然，独立伸缩机构同样也可以完成顺序伸缩或同步伸缩的动作。

图 11-10 是独立式伸缩机构原理图。该系统构造简单，成本低，但需要设置高压软管和软管卷筒。根据该系统的原理，也可以采用电液换向阀操纵，或设计带伸缩油道的液压缸等方法，以取消高压软管和软管卷筒。

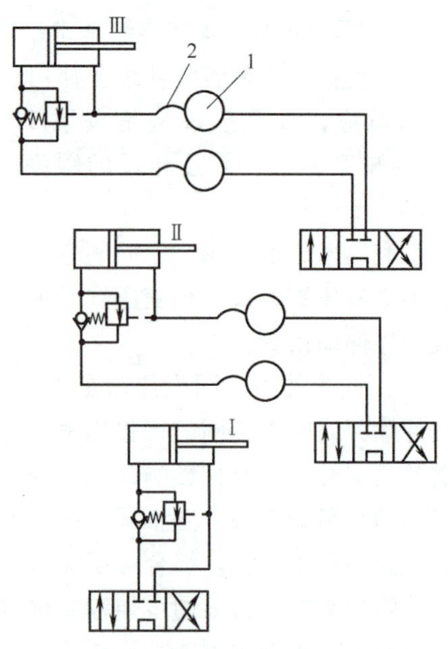

图 11-10　独立式伸缩机构原理图

Ⅰ、Ⅱ、Ⅲ—伸缩液压缸　1—软管卷筒　2—软管

实际上，三节和三节以上的伸缩机构，往往是上述几种伸缩机构的综合。三节伸缩臂时，往往采用一个液压缸加上滑轮组系统的同步伸缩机构。超过三节伸缩臂时，常用两个液压缸加上滑轮组系统的伸缩机构，或采用三个液压缸的伸缩

机构。五节伸缩臂时，最后一节的伸缩可用手动的或简单的插销式或连杆式的伸缩机构，以减轻吊臂重量，增加大幅度时的起重能力，提高起重机的起重性能。

11.1.4　支腿

轮式起重机都装有可以收放的支腿。其作用是增大起重机的横向尺寸和起重机的稳定性，保证起重机在起重作业时不倾翻，提高起重能力，同时保护轮胎和钢板弹簧。

起重机一般装有四个支腿，前后左右两侧分置。为了补偿作业现场地面的倾斜和不平，增大起重机的抗倾覆稳定性，支腿应能单独调节高度。支腿要求坚固可靠，收放自如。工作时支腿外伸着地，起重机被抬起；行驶时支腿收回，减小外形尺寸，提高通过性能。

轮式起重机的支腿必须做成可伸缩的。支腿的收放有手动和液压两种驱动形式。用人力收放支腿，笨重费力，使用不便。现代轮式起重机都采用液压驱动的支腿，常见的支腿按照结构特点不同有以下几种：

1. 蛙式支腿

蛙式支腿的工作原理如图 11-11 所示。每个支腿的收放动作由一个液压缸完成。

图 11-11a 所示为普通式支腿，液压缸推动支腿绕车架上的销轴 A 转动实现支腿的收放动作。支腿的运行轨迹，除垂直位移外，在接地时还有水平位移。此水平位移引起摩擦阻力，增大了液压缸的推力。

图 11-11b 所示为滑槽式支腿，在支腿摇臂上开有曲线滑槽，当支腿盘着地后产生水平滑移时，液压缸活塞头部沿槽外滑，使力臂从 r 增大到 R，从而使液压缸推力减小，改善了普通式支腿在接地后水平位移的缺点。

图 11-11c 所示为连杆式支腿，液压缸推力只用于使车架抬起，车架一经抬起，支腿的支承反力直接由支腿摇臂、撑杆和活动套传给车架，支腿液压缸不再受力。

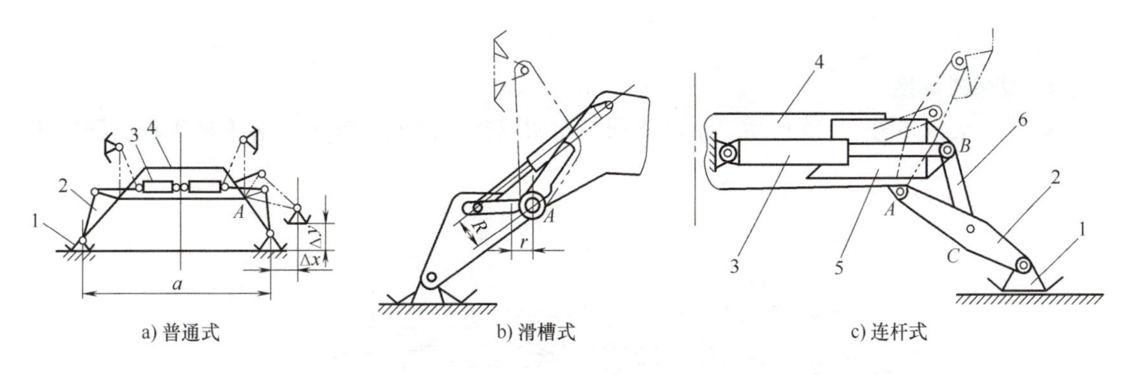

a) 普通式　　b) 滑槽式　　c) 连杆式

图 11-11　蛙式支腿

1—支腿盘　2—支腿摇臂　3—液压缸　4—车架　5—活动套　6—撑杆

蛙式支腿结构简单，液压缸数量少（一腿一缸），重量轻。但每个支腿在高度上单独调节困难，不易保证车架水平，而且支腿摇臂尺寸有限，因而支腿跨距不能太大，宜在小型起重机中使用。

2. H 形支腿

H 形支腿如图 11-12 所示，每一支腿有水平外伸液压缸和垂直支承液压缸。为保证足够的外伸距离，左右支腿的固定梁前后错开。H 形支腿外伸距离大，每个腿可以单独调节，对作业场地和地面的适应性好，广泛用于大、中型起重机上。缺点是重量大，支腿高度大，影响作业空间。

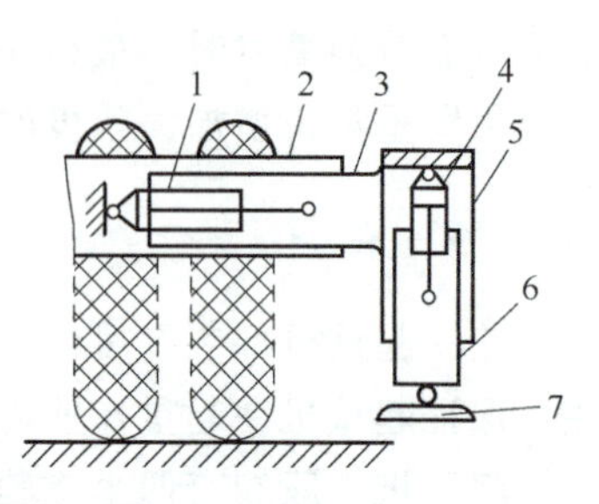

图 11-12 H 形支腿

1—水平液压缸 2—固定梁 3—活动梁 4—垂直液压缸 5—立柱外套 6—立柱内套 7—支腿盘

3. X 形支腿

X 形支腿如图 11-13 所示，此支腿的垂直支承液压缸作用在固定腿上，每个腿能单独调节高度，可以伸入斜角内支承。X 形支腿铰轴数目多，行驶时离地间隙小，垂直液压缸的压力比 H 形支腿高，在打支腿时有水平位移，现已逐渐被 H 形支腿取代。

4. 辐射式支腿

辐射式支腿（图 11-14）用于大型轮式起重机。支腿直接装在回转支承装置的底座上，起重机上车所受的全部载荷，直接经过回转支承装置传到支腿上，无须先经过车架大梁再传给支腿。这种结构方式，可以避免由于支腿反力过大而要求车架加大断面、增加自重，可以减轻整个底盘重量。

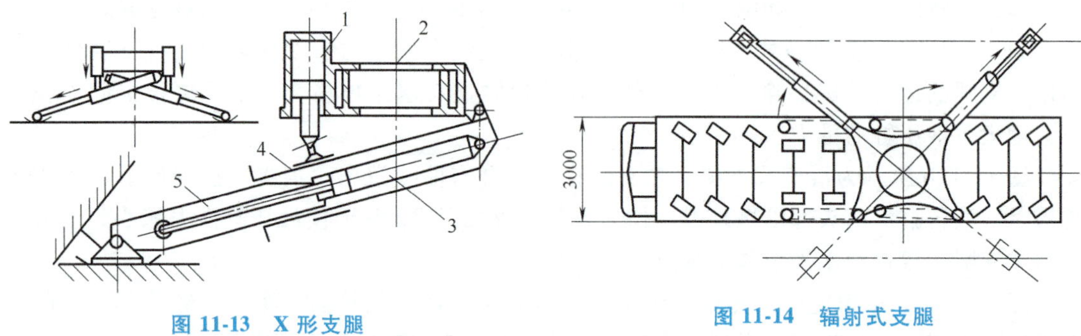

图 11-13 X 形支腿

1—垂直液压缸 2—车架 3—伸缩液压缸 4—固定腿 5—伸缩腿

图 11-14 辐射式支腿

5. 铰接式支腿

铰接式支腿如图 11-15 所示，活动支腿与车架铰接，由人力或水平液压缸实现支腿的水

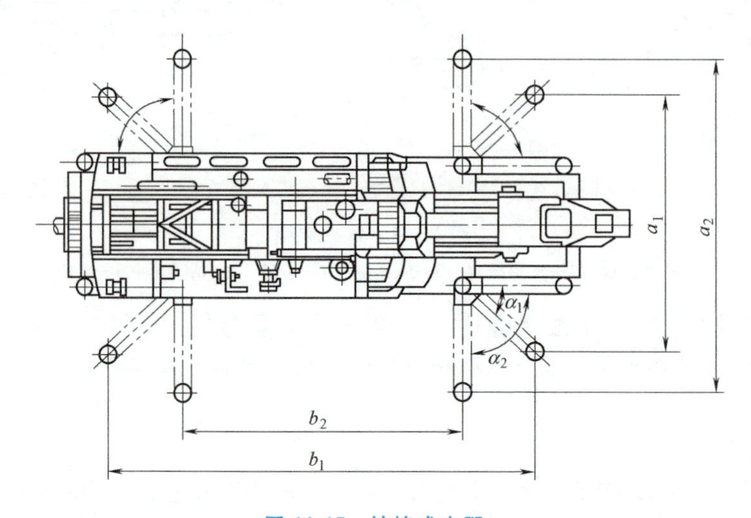

图 11-15 铰接式支腿

平摆动（收拢或放开），收腿时活动支腿紧靠车架大梁两侧，放开时根据需要支腿与车架形成不同的夹角，从而改变跨距，以适应不同场地和不同作业性能的要求。这种支腿的垂直支承液压缸如同 H 形支腿，但整体刚度比 H 形支腿好，不会因伸缩套筒之间的间隙而引起车架摆动现象。

11.2　履带式起重机

履带式起重机是将起重作业的工作装置安装在履带底盘上，行走依靠履带装置的起重机。履带与地面接触面积大，平均接地比压小，故可在松软、泥泞的路面上行走，特别适用于地面情况恶劣的场所。还具有转弯半径小，爬坡能力强、起重性能好、可带载行走等优点，在交通建设、电力建设、石油化工和市政工程等方面得到广泛使用。

履带式起重机的牵引系数高，约为轮式起重机的 1.5 倍，爬坡能力强，可在崎岖不平的场地上行驶。履带支承面宽，稳定性好，作业时不须设置支腿。大型履带起重机为了提高作业稳定性，将履带装置设计成可横向伸展的，工作时可以扩大支承宽度，而行走时又可缩小，以改善通过性能。履带式起重机上的吊臂一般是固定式桁架臂。因其行驶速度很慢（1~5km/h），且履带易啃坏路面，所以转移作业场地时须通过铁路平车或公路平板拖车装运。履带底盘笨重，用钢量大，与同功率的轮式起重机相比，履带底盘约占整车重量的 50%，价格也较贵。

11.2.1　履带式起重机的发展趋势

1. 大型化

近年来小型履带式起重机已逐步被机动灵活的伸缩臂汽车式起重机和轮胎式起重机所取代，但起重量大于 90t 的大型履带式起重机，由于接地比压小，爬坡能力大，稳定性好，又能带负荷移动，所以仍得到迅速发展。目前已有千吨级以上产品的生产企业和产品，如起重量达 3600t 的三一重工 SCC86000 履带起重机。

随着建设工程规模的扩大，工程施工及设备安装的最小吊装单元的尺寸和重量均越来越大，履带起重机的起重能力、起升高度和幅度也相应增大，已有 4000t 级的产品。

2. 专业化

为满足市场需求，生产企业开发了风电专用履带起重机。例如，QUY500t 履带起重机，其重型固定副臂专用于风电行业，适用于 2~2.5MW 风机安装。无需超起配置，在风电吊装工况即可实现 80m 塔筒高度下的 110t 起重量，及 90m 塔筒高度下的 95t 起重量，微动性能好；具备重心检测装置，用于实现检测整机重心及显示接地比压，打破了传统单一依靠力矩控制稳定性的方法，让操作人员在非吊重作业状态（如崎岖道路行走时）也能准确掌握整机重心状态，确保人身安全。

3. 智能化、信息化与可视化

由于起吊的单件自重和高度越来越大，被吊物品造价昂贵，因而对起吊的安全性与可靠性提出了越来越严格的要求。履带式起重机对吊物升降和臂架俯仰也采用了自动监控，并装有完善的起升高度、臂架角度及起重力矩等显示及限制装置。

控制系统，实现了操作与指挥者了解起重机的作业状态，各种的信息状态与预警显示，如作业状态信息（起重量、幅度、高度、臂长组合、配重大小与位置等）、机构运行状态信息（卷扬速度、出绳长度、系统压力等），并提供故障诊断信息。

液压系统控制方面，已从全开式系统发展成为开闭式结合系统和全闭式系统。从液液控制发展成为电液比例控制和电子控制，实现了全功率匹配控制与负荷传感控制及动作的微动性控制。对于大吨位起重机，多卷扬机构、多行走机构的同步协调控制，配重随起重力矩的移动控制及主副臂变幅机构的协调起臂控制都得以应用与推广。

4. 一机多用

为提高设备的适应性和利用率，除采用吊钩或抓斗的基本形式外，还可以增加一些附件或更换个别部件，变成能适应多种用途的设备，如打桩机、挖掘机等。另外，和轮式起重机一样，在大型履带起重机上通过增设组合臂架和增大平衡重，变成塔臂式装置形式，用于吊装少量特重件和扩大工作范围。

11.2.2 履带式起重机的种类

按吨位大小，履带起重机可分为小吨位（≤50t）、中吨位（50~300t）、大吨位（300~1000t）和超大吨位（1000t 及以上）几种。

按臂架结构形式，履带起重机可分为桁架臂式和伸缩臂式两种。前者是履带起重机臂架的常规形式，后者是结合汽车（全地面）起重机伸缩臂而衍生的变型产品，一般在中小吨位使用较多，便于臂架长度变化，并可带载行走。

按是否有超起装置，履带起重机可分为标准型和超起型。前者是履带起重机的标准配备，后者为了提升产品的利用率，增设了必要的部件，如超起桅杆、超起配重及液压元件与机构传动部件等，实现了起重能力的提升，通常用于大吨位产品中。

按传动方式，履带起重机可分为机械式和液压式。机械式履带起重机是较早使用的一种传动方式，随着液压技术的不断发展与应用目前更多使用的是液压式履带起重机。

按动力源方式，履带起重机可分为发动机式、电动机式和混合动力型三种。由于履带起重机一般都在野外作业，因此普遍采用柴油发动机作为动力源。如果长时间固定在一个工作地点，并能提供充足的电源，也可将电动机作为动力源。目前，从节能减排与环保角度出发，市场上也出现了混合动力式的履带起重机，即发动机与电动机混合使用。

11.2.3 履带式起重机的工作

履带起重机可以实现对重物的升降和水平移动。重物升降移动是通过起升机构或变幅机构改变臂架角度来实现的。重物的水平移动可以通过变幅机构改变臂架角度来实现，也可以通过回转机构将重物以回转中心为圆心进行圆周方向的移动。另外，履带起重机的优势在于可实现带载行走，可以通过行走机构使重物随着起重机一起移动。

履带起重机一般具有较大的起重量和工作幅度，因此必须具备良好的抗倾覆稳定性，这体现了杠杆原理。如图 11-16 所示，当前方吊有重物时，会相对履带前端的“支点”（倾覆线）产生倾覆力矩，履带起重机的自重会相对支点产生抗倾覆力矩，阻止其向前倾覆。因此为使起重机的起重性能高，履带起重机必须具备合理的自重与重心位置，才能保证整机在吊载时不倾覆。

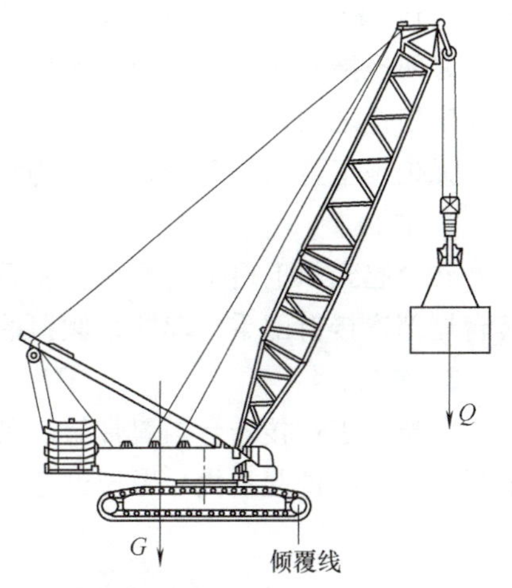

图 11-16 履带式起重机工作原理

G—履带起重机自重 Q—起重量

11.2.4 履带式起重机的结构组成

履带式起重机从上至下可分为臂架、转台、车架和履带架几大承载结构部件，还包括配重及附属配件等。工作机构主要有起升机构、变幅机构、回转机构和行走机构，此外还有超起变幅机构、穿绳卷扬机构、防后倾机构等。

1. 臂架

臂架可分为主臂、固定副臂和塔式副臂三种，可组合成主臂作业形式、固定副臂作业形式和塔式副臂作业形式，如图 11-17 所示。

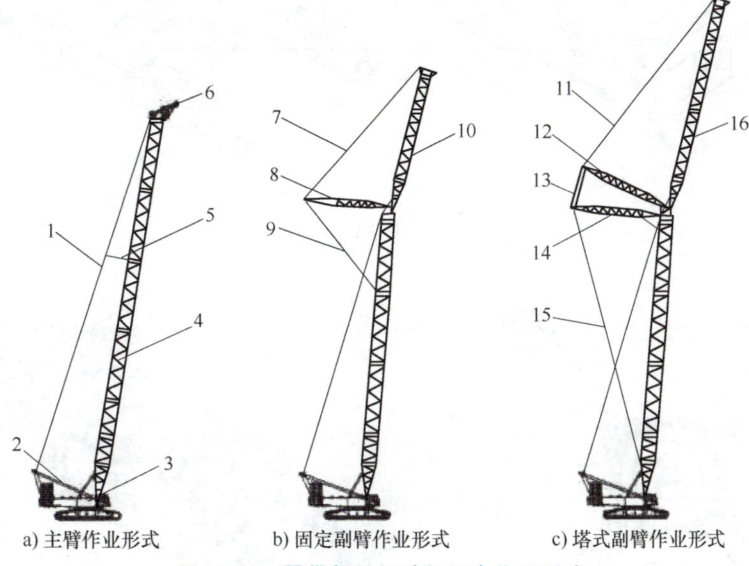

图 11-17 履带起重机臂架组合作业形式

1—拉板 2—桅杆 3—转台 4—主臂 5—腰绳 6—鹅头 7—副臂前拉板 8—撑杆 9—副臂后拉板 10—固定副臂 11—塔式副臂前拉板 12—塔式副臂前撑杆 13—副变幅绳 14—塔式副臂后撑杆 15—塔式副臂后拉板 16—塔式副臂

1）主臂作业形式。主臂根部与转台通过销轴铰接连接，头部与变幅拉板或索具连接，实现主臂的工作角度变化。主臂的截面尺寸相对较大，因此可以承受较大的起升载荷。为防止突然卸载而引起的主臂后仰现象，在主臂与转台之间连接有防后倾装置。

2）固定副臂作业形式。其副臂与主臂在作业时没有相对转动，副臂随主臂转动而转动。但副臂可以有几种安装角度（副臂轴线相对主臂轴线的夹角），如 15°、30°等。副臂根部与主臂头部通过销轴铰接，两者之间连接有撑杆与前、后副臂变幅拉板或索具。撑杆与主、副臂之间连接有防后倾杆件，防止突然卸载而引起的副臂后仰现象。副臂的截面尺寸较小，更多用于小起升载荷、大幅度的作业场合，如火电维修、海洋平台安装等。

3）塔式副臂作业形式。其副臂与主臂有相对转动，主臂的工作角度一般为离散值，如

65°、75°、85°等。副臂可实现工作角度连续变化。在主臂和副臂之间连接有两个撑杆，两撑杆之间连接有副臂变幅绳，实现副臂相对主臂的工作角度变化。副臂的截面尺寸介于主臂与固定副臂之间，用于起升高度大、载荷较大的作业场合，如风电的吊装。

无论是主臂还是副臂，其结构组成基本相同，都由空间矩形截面桁架结构组成。

2. 转台

转台起到承上启下的作用，将臂架和变幅机构传递来的载荷通过回转支承传递给下车。转台尾部连接有配重，起防止倾覆的作用。转台上放置机构与动力装置。

3. 车架

车架用于连接转台与履带架。其形式一般为H形，考虑到运输的方便性，也有做成放射形。对大吨位起重机，考虑到运输尺寸与重量的限制，常做成分体式，如图11-18所示。

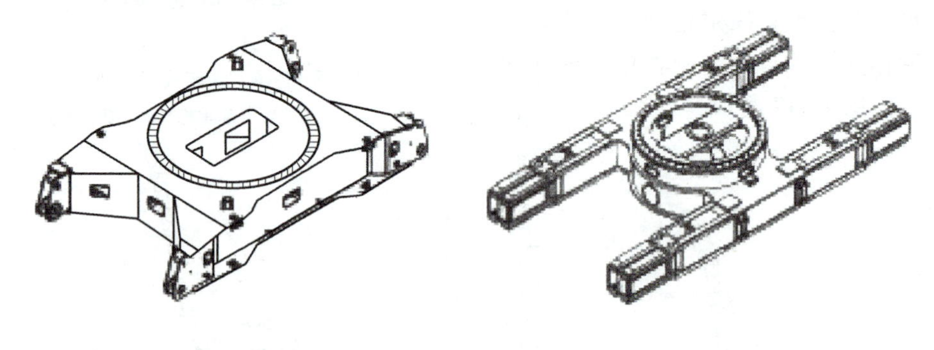

a) H形车架

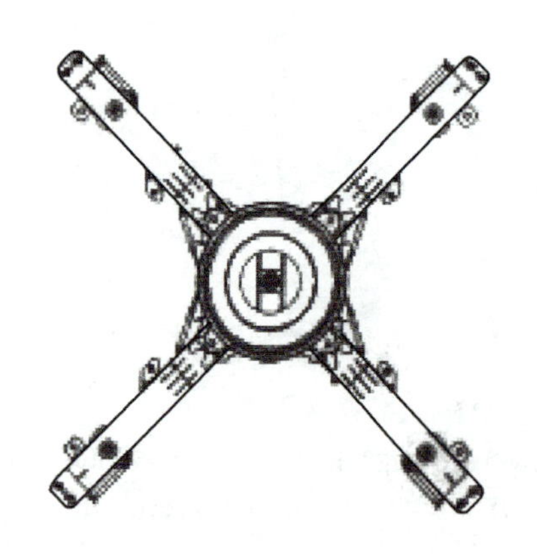

b) 放射形车架

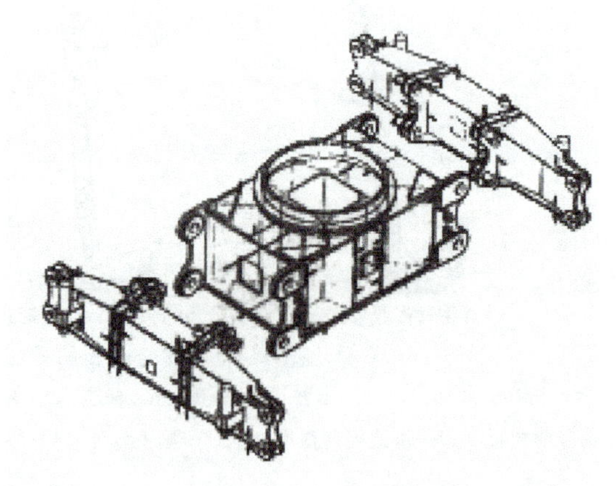

c) 分体式车架

图11-18 车架结构形式

车架的上面安装有回转支承的部件，要求车架具有足够的刚度与强度。为提高整机抗倾覆稳定性，也有在车架前、后安装车身压重的。

车架与履带架的连接，小吨位起重机一般采用搭接方式，大吨位起重机一般采用铰接方式。

4. 履带架

履带架将车架传递来的载荷最终传递到地面，起到支承整机的作用。履带架两端连接有驱动轮和从动轮，履带板与履带架的上平面通过拖链轮及耐磨铁块连接。驱动轮、从动轮、拖链轮和履带板形成了俗称的“四轮一带”。

5. 超起结构

在标配履带起重机的基础上，通过增加必要的结构来实现起重能力的提高，这种结构称为超起结构。

超起结构有利于实现更大化的起重能力和充分发挥结构的承载能力。一方面要改善臂架结构受力，使起重机在小幅度下提升起重能力；另一方面为充分发挥大幅度下的结构强度，增加配重以提高抗倾覆稳定能力。

超起结构由超起桅杆与超起配重组成，如图 11-19 所示。超起桅杆位于桅杆与主臂之间，长度要长于桅杆，可以改善变幅拉板的力臂，从而改善臂架轴线受力，提升臂架的承载力。在超起桅杆头部增加超起拉板，用于提升所增加的超起配重，显然超起配重是用于提高起重机抗倾覆稳定性的，从而提升大幅度下的起重能力。

图 11-19　超起变幅结构

1—超起配重　2—桅杆　3—超起桅杆

超起配重可以是悬浮式配重，也可以是小车式配重。悬浮式配重情况下，以回转支承为支点，平衡起重机起升载荷引起的倾覆力矩，类似跷跷板，因此悬浮式配重的大小要有比较精准的估算，既要防止过轻出现倾覆现象，也要防止过重出现不能离地、上车无法回转的现象。小车式配重情况下，由于小车可随回转支承在地面上转动，因此当配重较重时，也可以实现上车的整体回转，因此其对配重的重量要求不是很严格。但为实现随回转支承的转动，一般小车设计为可自行式，否则回转支承承担的载荷与力矩较大。小车若采用轮胎方式，由于轮胎承载力不高，需要有支腿协助轮胎转向与支承空载时的配重重量。也有采用履带自行式小车，接地比压小，但由于原地转弯阻力大，一般需要有独立的动力单元来驱动。

6. 起升机构

起升机构用于垂直升降重物，可分为主起升机构和副起升机构及鹅头起升机构三种，如图 11-20 所示。主、副起升机构用于提升多倍率的重物，鹅头起升放置在臂架头部，用于快速提升小倍率较轻重物。

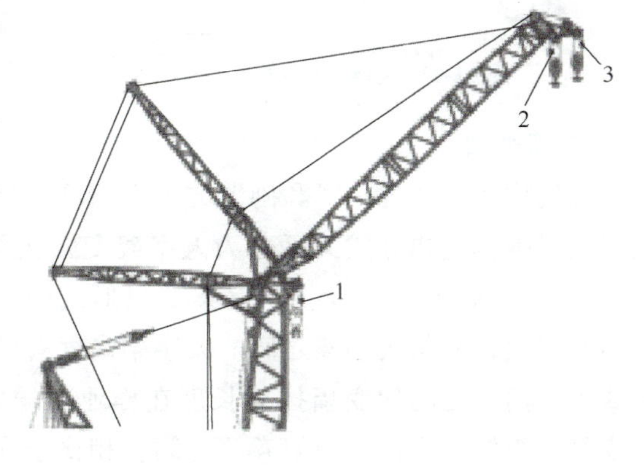

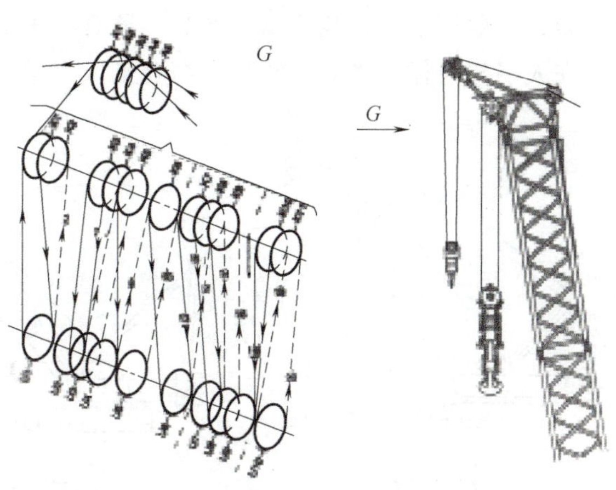

图 11-20　起升机构

1—主起升机构　2—副起升机构　3—鹅头起升机构

无论是主起升机构、副起升机构还是鹅头起升机构，其组成是相同的，都是由吊钩组、起升钢丝绳、起升滑轮组、卷筒、减速机三件套组成。起升绳通常选用非旋转式多股钢丝绳，减速机选用行星减速机，一般内藏于卷筒中。卷筒可实现多层缠绕，为防止乱绳，通常采用折线型绳槽，如图 11-21 所示。当单机构不能满足起升载荷要求时，往往采用双机构或多机构同步实现，即多组起升钢丝绳缠绕在同一吊钩组上，此吊钩组可以是组合式，图 11-22 所示为 1600t 级的吊钩组。

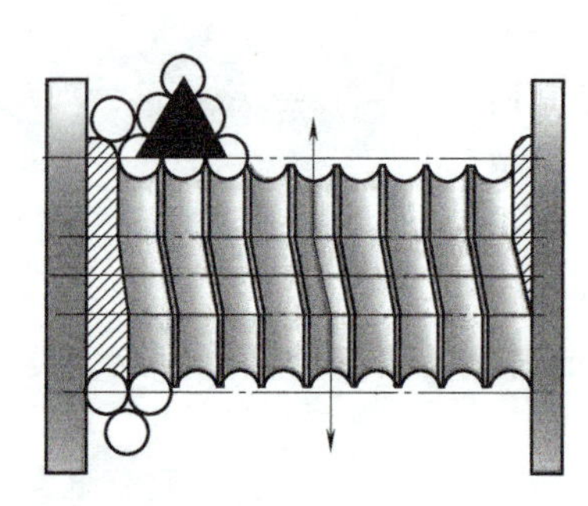

图 11-21 折线型绳槽

图 11-22 1600t 级吊钩组

7. 变幅机构

变幅机构用于实现主臂和副臂的工作角度变化，分为主变幅机构和副变幅机构两种。主变幅机构根据其变幅方式又可分为人字架变幅机构、桅杆变幅机构和人字架-桅杆组合变幅机构三种，如图 11-23 所示。人字架变幅形式中，人字架不随臂架工作角度的变化而变化，变幅绳在变幅拉板与人字架之间。人字架高度有限，因此一般用于中小吨位产品中。桅杆变幅形式中，两者之间的变幅拉板长度在作业时固定，因此桅杆随臂架工作角度的变化而变化。变幅绳缠绕在桅杆与变幅卷筒之间。相比于人字架变幅形式，桅杆长度较大，改善了臂架受力，一般用于中大吨位以上产品。还有一种变幅形式是人字架和桅杆组合形式，变幅绳缠绕在人字架与桅杆之间，此形式综合了人字架变幅和桅杆变幅的优势，但使用时要注意避

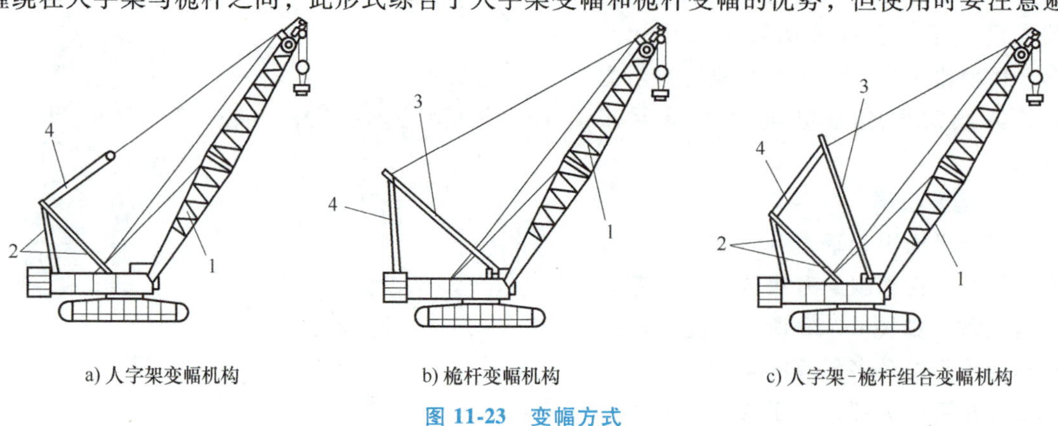

图 11-23 变幅方式

1—臂架 2—人字架 3—桅杆 4—变幅绳

免两者发生干涉情况。

变幅机构中的卷筒可以是单联式，也可以是双联式，由变幅拉板或索具、变幅绳及减速机等组成，与起升机构类似。

8. 回转机构

回转机构用于实现转台以上部件的 360°回转动作，主要由回转支承、回转小齿轮、减速机等组成。回转原理是大小齿圈的啮合原理，可以是外啮合式，也可以是内啮合式。如果单机构不能满足驱动要求，还可采用多机构驱动方式。

回转支承一般滚动轴承式，有四点球式、交叉滚子式和三排滚子式三种形式，前两者一般用于小吨位产品，后者用于大吨位产品，承载载荷力矩能力强，同时可以承受一定的水平（径向）载荷。由于回转支承将集中承受较大的垂直载荷和弯矩，因此对连接转台和车架部位的局部结构刚度要求较高。

9. 行走机构

行走机构用于实现整机直线行驶与转向行驶，由“四轮一带”和减速机等组成。其工作原理是驱动轮与履带板啮合实现转动，通过履带板将旋转运动转换为直线运动。

10. 其他机构

其他机构包括穿绳卷扬机构、防后倾机构和超起变幅机构。

1）穿绳卷扬机构。对于中大吨位起重机，钢丝绳直径大，进行人工穿绳费时费力，可采用穿绳卷扬机构实现半自动化穿绳。穿绳卷扬机构的钢丝绳直径小，因此首先通过人工将此钢丝绳缠绕到滑轮组之间；然后将绳头与作业用的起升或变幅钢丝绳连接后，通过穿绳卷扬机构的收绳运动，自动带动起升或变幅钢丝绳缠绕在滑轮组之间。

2）防后倾机构。防后倾机构，以往采用机械式，随着科学技术的发展，现已发展为蓄能器式或液压缸式，这样可以更好地控制防后倾的载荷，提高防后倾的效果。主臂、副臂和超起桅杆都设有防后倾装置。一般在超过允许的最大工作角度时，防后倾机构能起到阻止臂架后仰的作用。考虑其行程不需过长，一般会在转台或臂架上设有滑道。在臂架工作角度较小时，防后倾机构可不必伸出过长，在滑道里运行即可，滑道起到导向作用。

3）超起变幅机构。增加超起结构后，需要增加超起变幅机构，其变幅绳置于超起桅杆和主臂变幅拉板之间，实现主臂的工作角度变化。变幅卷筒置于超起桅杆上，原主变幅机构的变幅绳仍置于桅杆与主变幅卷筒之间，用于实现桅杆的工作角度变化，以控制和调整与超起配重间的载荷分配。超起变幅机构的组成与前述的变幅机构相同。

11.3　门座起重机

11.3.1　门座起重机的用途与特点

门座起重机用于冶金、电站建设和工厂、车站、港口等场合的安装及装卸工作，也是水利水电工程混凝土大坝施工用的主要设备。

门座起重机的金属结构，大都制成易于拆装的拆拼式结构，能方便地拆装转移，以便于更换施工场地；底部门架高大且具有较大的刚度，便于下方布置和通过其他运输车辆；机构工作速度高，生产率高；由于门座起重机的门架和臂架尺寸大，其起升高度和工作幅度较大，起重能力较强；水电施工用门座起重机兼具有浇筑混凝土与安装设备的双重功能；多采用高压供电，由地面拖曳电缆通过电缆绞盘供电上机，再由机上的变压器降压供给各机构用电。

11.3.2 门座起重机的总体结构与分类

门座起重机（图11-24）由下部门架及上部回转部分组成，整机可沿地面轨道运行。门架一般采用箱形结构，其内部净空间较大，可以允许运输车辆从其下部穿过，对于高架门座起重机，也可制成桁架结构。上回转部分由臂架系统、回转支承装置、回转平台、机房和操作室等组成。

门座起重机的臂架系统是最有特征的部分，按臂架系统的作用及结构形式的不同，门座起重机可分为以下三种。

11.3.2.1 普通滑轮组变幅的单臂架门座起重机

这种门座起重机在变幅时，重物还将发生向上或向下移动，变幅速度小，变幅机构是非工作性的。下面介绍两种普通滑轮组变幅的单臂架门座起重机。

1. DMQ540/30型门座起重机

DMQ540/30型门座起重机（图11-24a）具有37.5m长的刚性起重臂，可以在18～37m幅度范围内全回转，最小幅度时的起升高度为37m。为满足工作的需要，起重机吊钩能延伸到轨面下进行起重作业。轨距为7m，在门架下方可同时通过两列窄轨（762mm）机车，以

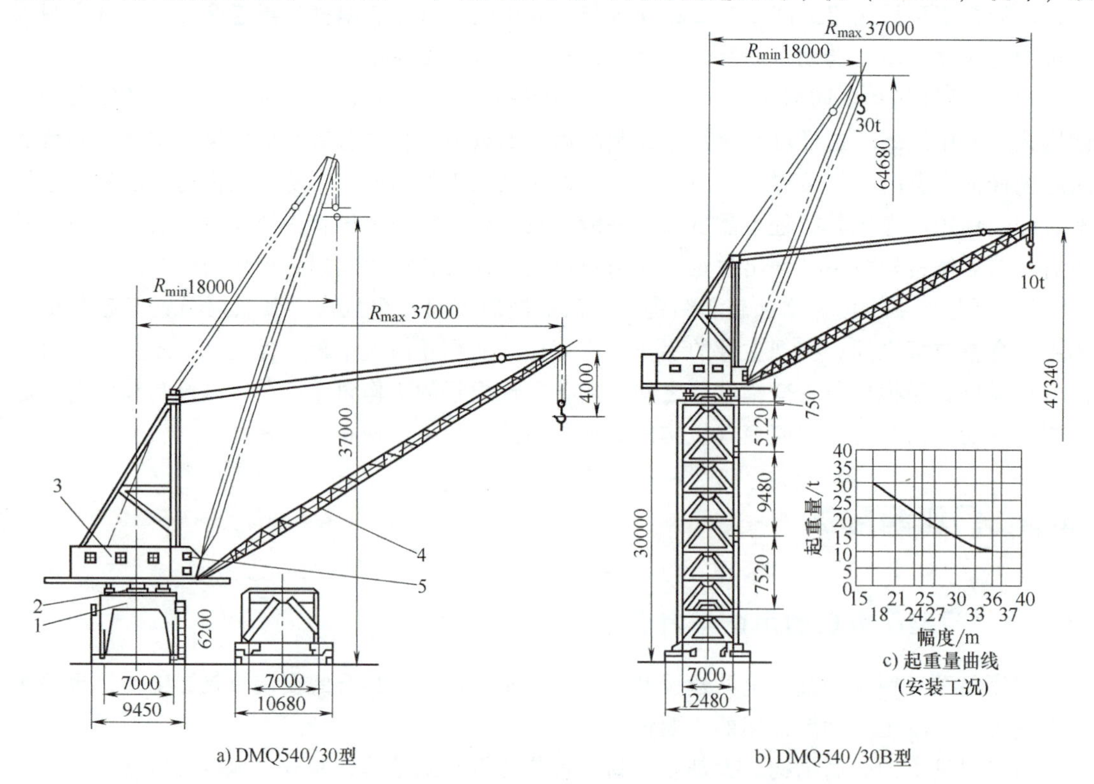

图11-24 DMQ540/30型和DMQ540/30B型门座起重机

1—门架 2—回转支承装置 3—机房 4—臂架 5—操作室

配合运输作业。高压电缆绞盘容缆量为 50m，相应的起重机运行范围为 100m。

为扩大使用范围，将门架加高至 30m 即可成为另一种机型——DMQ540/30B 型的高架门座起重机（图 11-24b）。它是用增加标准构架这种积木式的组合形式来实现变形的，对原机型的机电设备未做重大变动。用户可将已有的 DMQ540/30 型门座起重机改装为高架门座起重机，使设备兼有高低门架两种起重性能，以满足不同的工作需要。

该机的单臂架钢丝绳变幅系统，不能带载荷变幅。其回转支承为不带反钩滚轮的台车转盘式支承，回转机构采用蜗杆减速器驱动。鉴于其上部回转部分（包括配重）自身平衡，因而也可以不装门腿及大车运行机构，方便地设置于地面作为固定式起重机使用。

该机具有构造简单紧凑、装卸转移方便、自重轻、造价低等优点，在大型工程施工中得到广泛应用。

2. MQ600/30 型高架门座起重机

MQ600/30 型高架门座起重机（图 11-25）为圆筒型塔身，直径为 3.37m，每节管柱长 9.65m，可以根据所需高度进行组装。上部采用交叉滚子轴承作回转支承，下部采用交叉十字形箱形结构门架，在门架下方可通过一列火车或两列窄轨机车。大件结构采用拆拼形式，高强度螺栓连接。起重机工作所需的高压电源由电缆绞盘引入，电缆绞盘最大收放量为

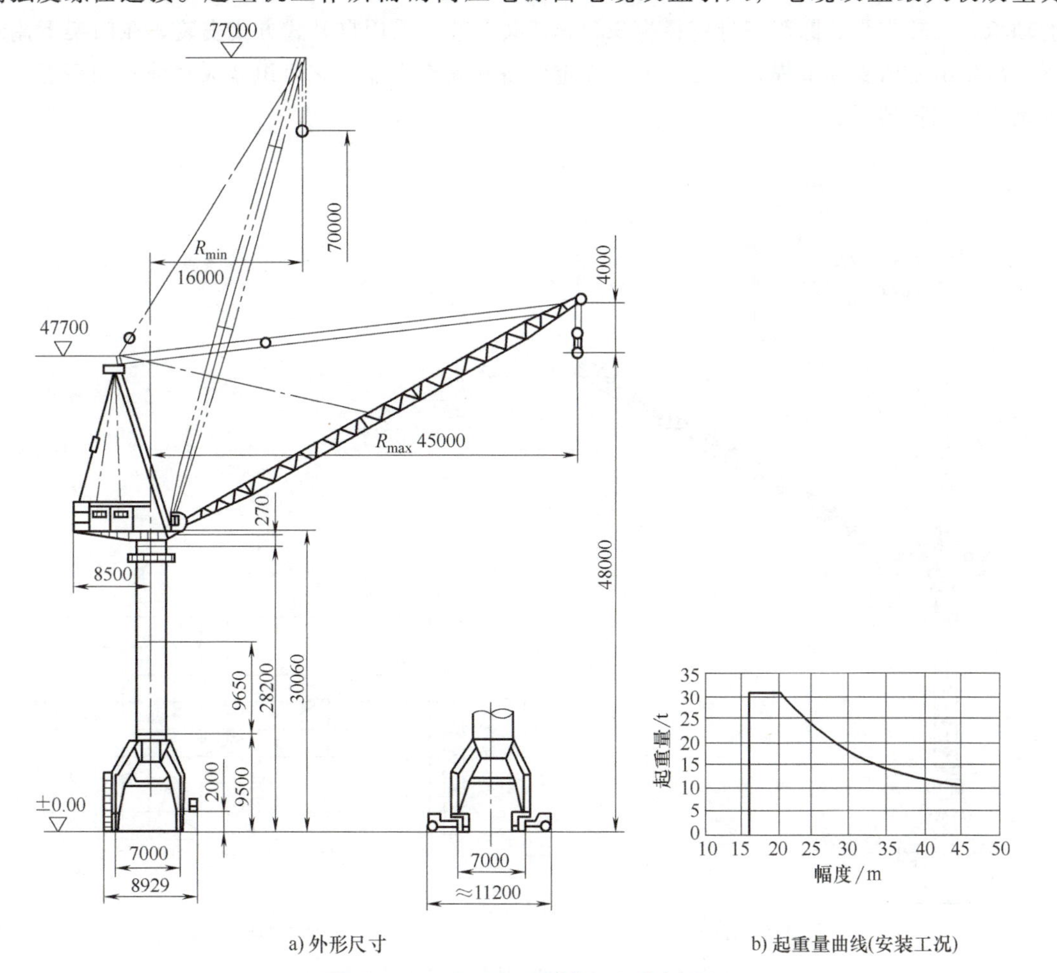

a) 外形尺寸　　b) 起重量曲线(安装工况)

图 11-25　MQ600/30 型高架门座起重机

75m，起重机运行范围为150m。运行台车装有转向支承，可以在曲线轨道上运行。

该机可以在45~16m幅度范围内全回转工作。最小幅度时的起升高度可达70m。起重机吊钩也可延伸到轨面下进行起重作业，当额定起重量为10t时，总起吊范围为120m。为适应建筑构件和机电设备等大件吊装，可以改变起升钢丝绳的绕法，以增大起重能力。当幅度为20~16m时，额定起重量可达30t。

该机回转驱动机构用涡流制动器调速，起、制动都很平稳，单臂架的钢丝绳变幅系统无水平补偿，不能带载荷变幅，而以大车运行作为主要工作机构。

该机结构简单紧凑，外形美观，自重较轻，登机用的螺旋盘梯藏于圆筒塔架内部，减少了装拆运输时的工作量。但其上部构件不能“自升自装”，组装成高塔架形式时不够方便。

11.3.2.2 补偿变幅的单臂架门座起重机

带有补偿变幅机构的门座起重机，在变幅过程中采用补偿起升机构钢丝绳长度的办法，使所吊重物做近似水平移动，以达到降低变幅功率、提高生产率的目的。以下介绍两种该类型的门座起重机。

1. MQ1000型高架门座起重机

MQ1000型高架门座起重机（图11-26）采用圆筒形塔身的高门架，上部采用三排滚子的轴承式回转支承。圆筒塔身直径为3.36m，共七节，采用自升式方式安装。在门架下用绞车、滑轮组将塔身逐节提升，无需大型起重设备和高空作业。它可组装成六种不同高度，以满足不同工程的需要。

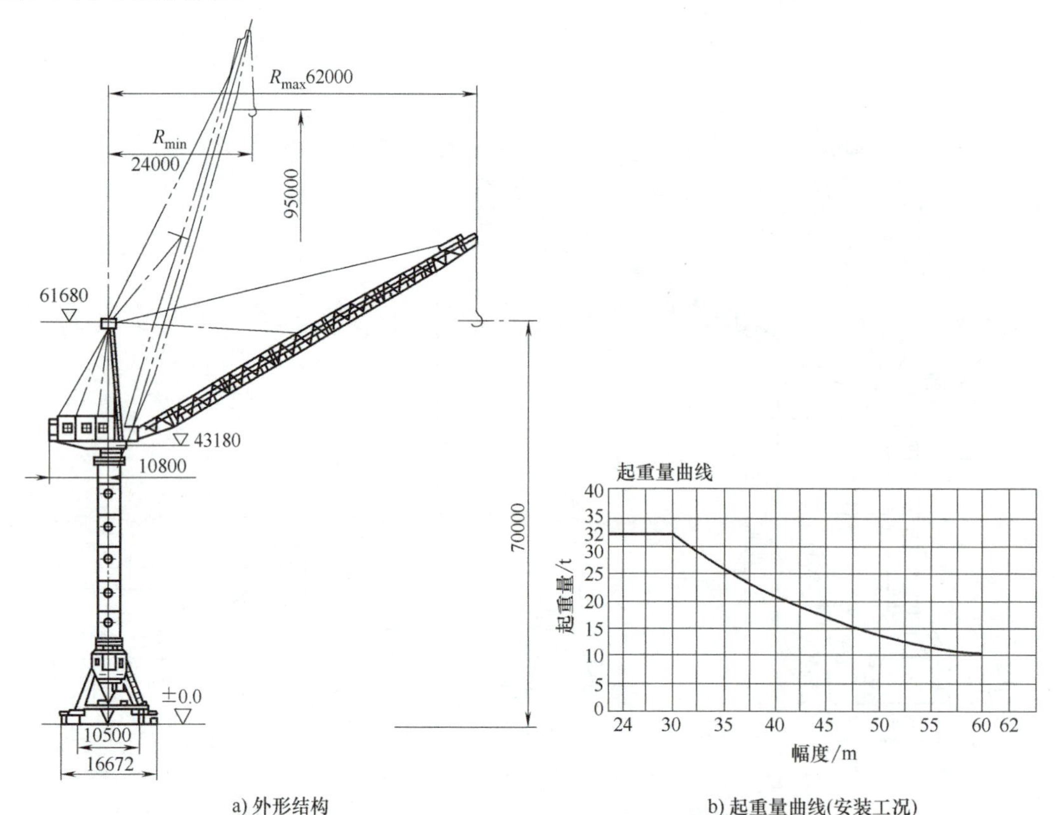

a) 外形结构　　b) 起重量曲线(安装工况)

图11-26 MQ1000型高架门座起重机

该机起重臂为管桁架结构，分段用销轴连接，具有互换性，可拆除中间段，以改变起重臂长度。门架采用大件拼装的方式，高强度螺栓连接。变幅系统采用滑轮组补偿，变幅时吊重水平移动，可以带载变幅，变幅速度较快。在起重、变幅、回转机构中均采用涡流制动器调速，起、制动平稳可靠。

该机在改变起重、变幅钢丝绳的绕法后，幅度 24～30m 内的最大额定起重量可达 32t，最大起升高度为 95m，可满足设备安装工作的需要。

2. SDMQ1260/60 型门座起重机

SDMQ1260/60 型门座起重机（图 11-27）采用了下转柱式结构。门座由环梁、撑杆和门架三部分组成。环梁是内径为 5. 62m 的大圆环，断面为 H 形，其内壁有一圈经过加工的水平滚轮滚道。在环梁下方内圈装有针销大齿盘用于回转啮合驱动。撑杆为箱形断面杆件。门架为板梁式矩形空间结构，具有较好的抗扭性能。在门架四角门腿上分别装有四套分别驱动的运行机构，可以在直线或曲率半径为 150m 以上的轨道上运行。在门架下面可并排通过两列火车。该机结构全部采用拆拼式，用精制铰孔螺栓连接。

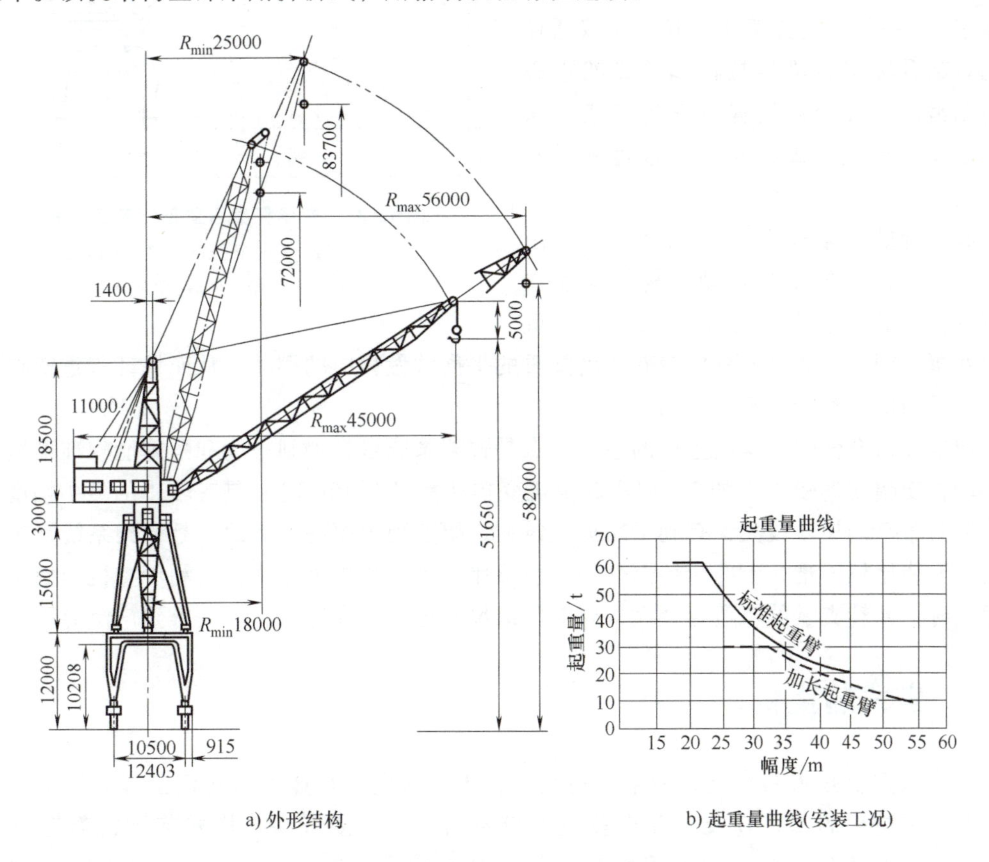

图 11-27　SDMQ1260/60 型门座起重机

该机变幅系统采用卷筒补偿法。变幅绳与起升绳的一端固定在同一变幅卷筒上，但出绳方向相反，当变幅绳收紧时起升绳放出来补偿吊钩的上升，使吊钩做近似水平移动，从而获得较快的变幅速度。

该机配备收放量为 100m 的电缆绞盘，起重机运行范围为 200m。为扩大起重范围，该机起重臂有两种组合长度，方便使用。

该机的技术参数比较适中，对工程施工具有较好的通用性。其不足是装拆时必须具备大型吊装设备条件，给装拆转移带来一定的不便。

11.3.2.3 四连杆组合臂架门座起重机

图 11-28 所示为四连杆组合臂架门座起重机，它由上部旋转部分和下部运行的门架两大部分组成。

门架是箱形结构，门架顶面是支承滚轮的圆环形轨道。门架与转台之间采用滚轮式回转支承装置。

门机上部回转部分包括转台、机房、驾驶室、固定配重以及臂架系统、平衡系统、三角支架、变幅机构等。

臂架系统包括起重臂 1、刚性拉杆 2 和象鼻架 3，并与三角支架 4 一起组成双摇杆机构。起升绳平行刚性拉杆和象鼻架中心引向动滑轮，在变幅过程中三角支架 4 做水平运动，保证了重物在变幅过程中做水平移动。

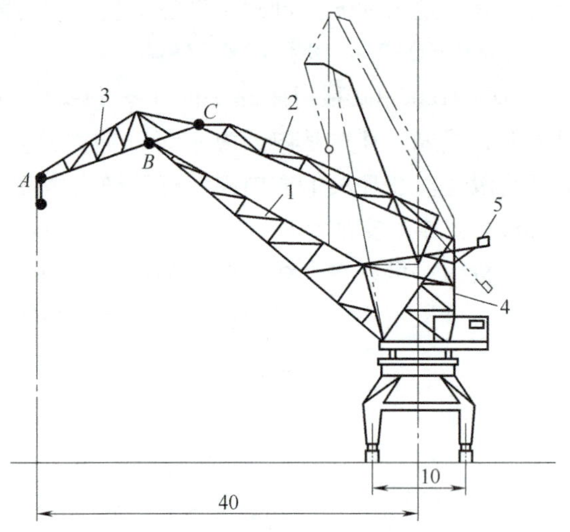

图 11-28 四连杆组合臂架门座起重机

1—起重臂 2—刚性拉杆 3—象鼻架 4—三角支架 5—活动配重

起重臂的变幅采用齿轮-齿条传动，由装在三角支架上的变幅传动机构带动连在起重臂上的齿条做往复运动，以实现起重机的变幅。同时，通过连杆使装有活动配重的平衡臂做相应的摆动，从而保证起重臂在不同位置上活动配重都能起平衡作用。

四连杆组合臂架门座起重机的主要特点是臂架系统自身得到平衡和吊重能较准确地沿水平移动，变幅功率较小（如 20t 门座起重机变幅功率只有 15kW）；具有较小的最小幅度，臂架以下的净空间尺寸较大，有利于靠近建筑物，幅度利用率高。其缺点是臂架系统复杂，自重大，安装比较困难；上部回转部分的平衡重比较大，整机重心高，不利于整机的稳定；起重量大时，回转支承的轨道直径大，要求门架尺寸也大，在港口、码头得到广泛应用。

11.4 塔式起重机

塔式起重机是水利水电、冶金、石油、化工、火电等行业大型建设工程的施工，现代工业与民用建筑施工，以及工业企业机电设备吊装的主要设备。塔式起重机都有一个直立的塔身，在塔身的上部安装着臂架，其起升高度大，操作方便，可以转移工作场地，全周回转，幅度大并且利用率较高。在施工中塔式起重机较其他类型的起重机更能靠近建筑物。塔式起重机起重能力的不断增加和整机性能的不断完善，使建筑施工、安装施工工艺得到了进一步发展，如建筑构件大型化、建筑构件预制装配化、机电设备出厂大型化、机电设备整体吊装大型化等。塔式起重机的应用对加快施工速度、缩短工期、降低工程造价起着重要的作用。

11.4.1　塔式起重机的类型与构造

塔式起重机根据其结构和使用条件的不同，一般可分为上回转塔式起重机、下回转塔式起重机、自升附着式塔式起重机和扳起式塔式起重机四类。

11.4.1.1　上回转塔式起重机

上回转塔式起重机的塔身不转，回转部分装在塔顶上部。按回转支承的形式，回转部分的结构可分为塔帽式、转柱式和转盘式三种。

1. 塔帽式塔式起重机

图 11-29 所示为塔帽式塔式起重机结构示意图。它有上、下两个支承，上支承为水平及轴向止推支承，承受水平载荷及垂直载荷；下支承为水平支承，只承受水平力。这种形式的起重机的回转部分比较轻巧，转动惯量较小，但由于上、下支承间距有限，能承受的不平衡力矩较小，所以经常用在中、小型塔式起重机上。

2. 转柱式塔式起重机

图 11-30 所示为转柱式塔式起重机示意图。起重臂装在转柱上，它也有上、下两个支承，但与塔帽式相反，上支承只承受水平力，下支承既承受水平力又承受轴向力。转柱式结构由于塔身和转柱重叠，金属结构重量大，但因上、下支承间距可以做得较大，能承受较大的力矩，故常用在大中型塔式起重机上。

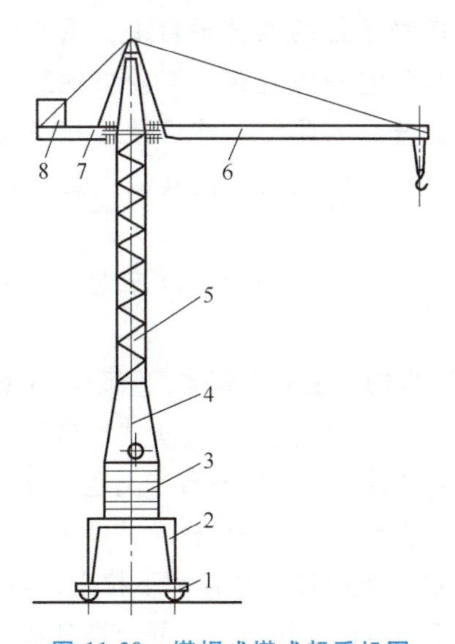

图 11-29　塔帽式塔式起重机图

1—行走台车　2—底架　3—压重室　4—机器房、操纵室
5—塔身　6—起重臂　7—平衡臂　8—平衡重

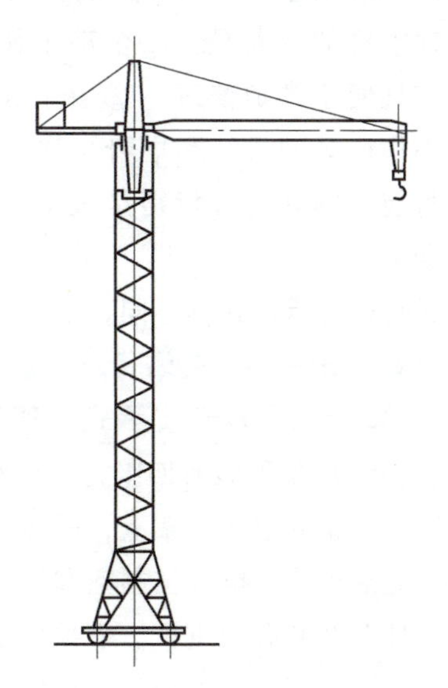

图 11-30　转柱式塔式起重机

3. 转盘式塔式起重机

图 11-31 所示为转盘式塔式起重机结构示意图。起重臂装在回转平台上，回转平台用轴承式回转支承与塔身连接。转台上装有人字架（或称回转塔顶），用以改善变幅钢丝绳的受力。这种形式构造比较紧凑，金属结构无重叠部分，故重量较轻。轴承式回转支承工作平稳，所需驱动功率小。

上回转塔式起重机一般都是由下部支架、塔身、起重臂、平衡臂，以及大车运行机构、起升机构、回转机构和变幅机构组成。平衡臂用来安装变幅机构和平衡重，平衡重的作用在于改善塔身受力状况，减小弯矩。平衡重在设计时，使起重机在满载状况下塔身承受的前倾弯矩接近空载时塔身承受的后倾弯矩。起重机下部的配重可用来降低起重机的重心，保证起重机的整体稳定性，所以起重机的平衡重和配重在起重机的安装过程中不能随意增加或减少。

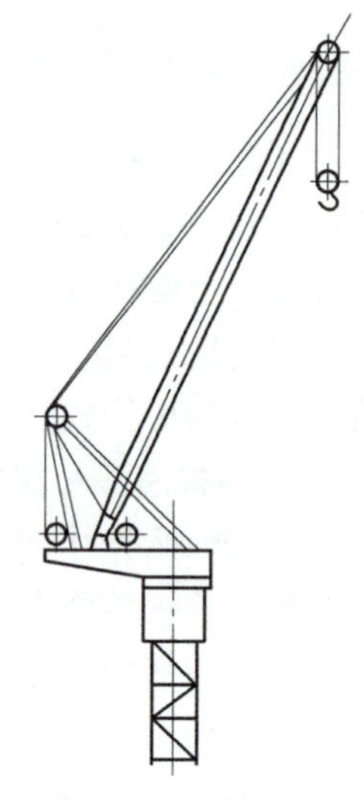

图 11-31 转盘式塔式起重机

上回转塔式起重机底部轮廓尺寸较小，占地空间较小，基本上不影响建筑材料和安装设备的堆放；塔身不回转，转动惯量小；为了便于安装和提高工作效率，上回转塔式起重机大都配有自动顶升机构（见 11.4.1.3），可以方便地增加塔身高度，同时也便于改装成附着式起重机，适应多种形式的建筑安装要求。

上回转塔式起重机通常有固定式和运行式两种，运行式塔式起重机多为轨道运行式。

11.4.1.2 下回转塔式起重机

下回转塔式起重机的塔身或相当于塔身的加长转柱随起重机臂架系统一起旋转。下回转塔式起重机的特点是：①全部工作机构均安装在塔身下部的回转平台上，重心低，稳定性好，且便于维护修理。②由于起重臂、塔身及驾驶室一齐旋转，驾驶员视野好，便于安全操作。③起重臂和塔身可以折叠或部分可以折叠，因此便于整机运输和快速转移场地。目前下回转塔机特别是大中型的下回转塔机得到广泛应用，但其缺点是回转支承装置复杂。

根据回转支承形式的不同，下回转塔式起重机可分为转盘支承式和加长转柱式两种。

1. 转盘支承式下回转塔式起重机

图 11-32 所示为转盘支承式下回转塔式起重机的结构示意图。该机下部为-门型支架（又称门架），门架下装有四组行走台车（大车行走机构）；回转支承为转盘式回转支承，大型回转针式齿轮固定在门架上，回转驱动机构安装在回转台车上；回转台车上还装有主副起升机构、变幅机构、电气控制室和操作室等；塔身下部装有自动顶升机构，并固定于回转台车上，塔身上部装有起重臂、塔顶和水平梁；塔顶、水平梁通过上拉杆和下拉索，与塔身、回转台车连接成相对固定的一个整体，用来克服起升重物时的前倾力矩，并使塔身基本上只承受上部压力载荷，不承受任何弯矩作用。

由于这种机型省去了平衡臂，并将配重安装在回转台车上，降低了起重机的重心位置，提高了整机的稳定性，减小了顶升机构的负荷，提高了顶升机构的效率；自动顶升机构即可以方便快捷地完成塔身加高作业，同时降低了整机初装时的安装高度，在安装过程中可以利用移动式起重机（汽车起重机、履带起重机等）进行堆积木式的顺序安装，减少了高空作业的工作量，提高了整机的组装速度。

为了满足大型水电和火电工程机电设备和建筑物构件吊装作业的需要，该机型已初步形成系列化，目前有 QTS630、QTS1320、QTS2240、QTS3200 四种型号。

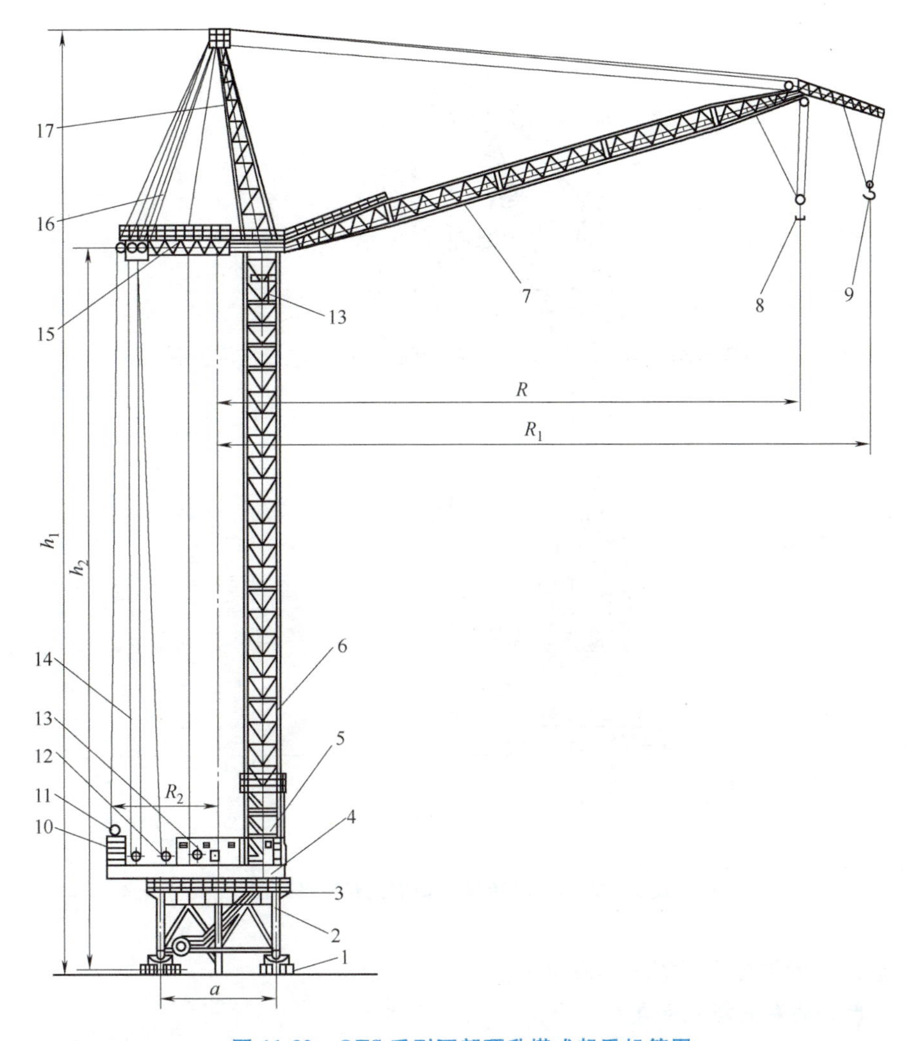

图 11-32　QTS 系列下部顶升塔式起重机简图

1—大车运行机构　2—门架　3—回转支承　4—回转台车　5—顶升装置　6—塔身　7—臂架　8—主钩　9—副钩　10—配重　11—副起升机构　12—变幅机构　13—主起升机构　14—下拉索　15—水平梁　16—上拉杆　17—塔顶

2. 加长转柱式下回转塔式起重机

图 11-33 所示为加长转柱式下回转塔式起重机的结构示意图。该机下部是一个门架，门架下装有四组行走台车（一般为双轨台车）；塔身高度较低，转柱长度加大，对整台起重机而言，加长的转柱也起到了塔身的作用。转柱有上、下两个支承，其上部支承（支承在塔身顶部支承环梁上）只承受水平载荷；转柱的下端固定在回转台车上，回转台车通过滚轮式转盘支承支承在门架上，该支承既承受水平载荷，又承受垂直载荷。回转台车上装有起重机回转机构、主副起升机构、变幅机构、电气控制设备和操作室。

由于转柱较长，且其既承受上部垂直载荷，又承受弯矩，受力状况不好，为了保证其具有良好的强度和刚度，转柱的断面尺寸较大；转柱的两个支承间距较大，使转柱和塔身的重叠部分过长，在降低起重机重心位置、增强整机稳定性的同时，也增加了机体的重量，耗费

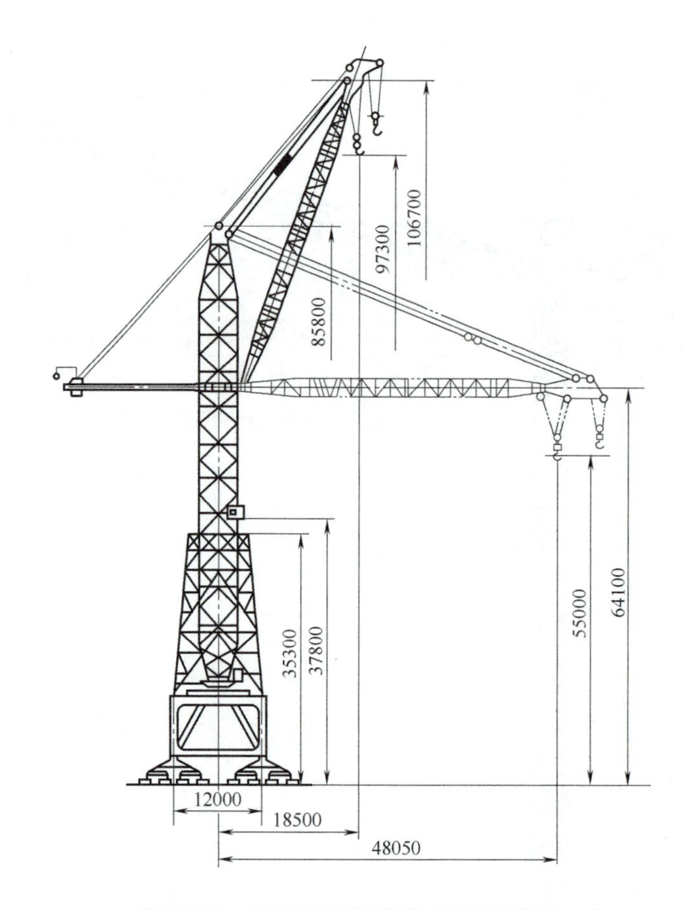

图 11-33 QT2100/100 型塔式起重机简图

大量的钢材，一般用在重型塔式起重机中。

11.4.1.3 自升附着式塔式起重机

随着高层和超高层建筑的不断增加，普通上回转、下回转形式的塔式起重机已不能满足大高度吊装工作的需要。因为这两种塔式起重机塔身高度太大时，其钢结构过于笨重，起重机的安装也会出现困难，所以一般建筑高度超过 50m 时，建筑施工用塔式起重机必须采用自升附着式。自升附着式塔式起重机的塔身依附在建筑物上，并随着建筑物的升高逐渐爬升。

自升附着式塔式起重机按其结构形式的不同分为内部爬升式和外部附着式两类。

1. 内部爬升式塔式起重机（图 11-34）

内部爬升式塔式起重机安装在建筑物内部（电梯井、楼梯间等），利用一套爬升机构使塔身沿建筑物逐步上升。它的构造和普通上回转塔式起重机基本上相同，只是增加了一套爬升机构。爬升机构的工作原理如图 11-35 所示。图中底座 1 固定于塔身 3 底部，在它的四个角上各有一伸缩支腿 2。塔身爬升时，该支腿缩进，爬升完毕，支腿伸出并固定在建筑物上。爬升机构安装在底座上，底座和导向套架 6 之间用一套爬升钢丝绳滑轮组 4 连接。当起重机用自身吊钩把导向套架向上提拉到塔身上部，并伸出导向套架上的四个支腿 5，使导向套架固定于建筑物后，开动爬升机构，塔身便被爬升滑轮组拉起，整台起重机开始爬升。为

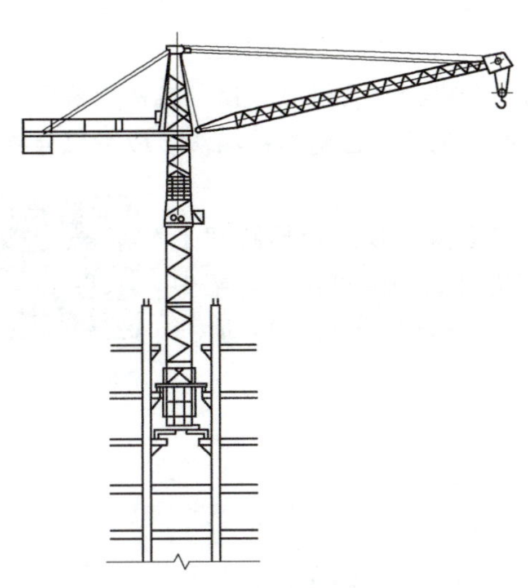

图 11-34　内部爬升式塔式起重机

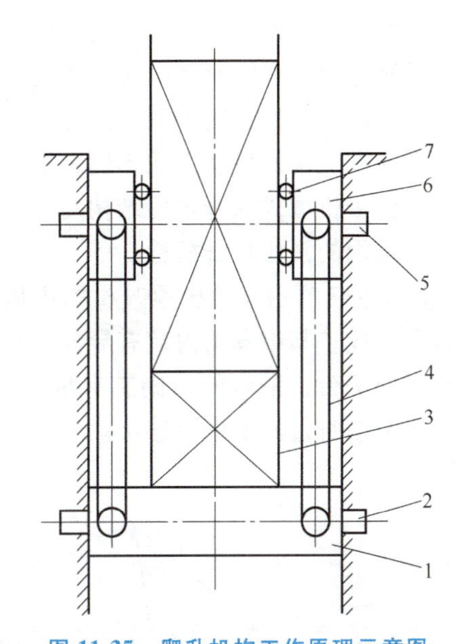

图 11-35　爬升机构工作原理示意图

1—底座　2—伸缩支腿　3—塔身　4—爬升钢丝绳滑轮组　5—套架支腿　6—导向套架　7—导向滚轮

了保持爬升时的稳定并减小阻力，导向套架和塔身之间设有导向滚轮 7，其间隙能够调整。起重机正常工作时，导向套架和底座都固定于建筑物上。

因为起重机安装在建筑物内部，所以内部爬升式塔式起重机的幅度可以设计得小一些，它不占用建筑物外围空间；它利用建筑物向上爬升，爬升高度不受限制；塔身可以做得很短，结构比较轻、造价较低。但是因为起重机全部重量都压在建筑物上，建筑结构需要加强，增加了建筑物的造价。

2. 外部附着式塔式起重机（图 11-36）

外部附着式塔式起重机安装在建筑物的一侧，它的底座固定在专门的基础上，沿着塔身设有若干附着装置，使起重机依附在建筑物上，以改善塔身受力。它是由普通上回转塔式起重机发展而来，塔身上装有顶升机构。为了附着的需要，塔身除标准节外，设有附着节和调整节。调整节做得比正常标准节要短，以便调整建筑物附着点与附着节位置的高度差。附着装置由附着杆、抱箍和附着杆支承座等部件组成，它使塔身和建筑物连成一体，提高了塔身的承载能力。有

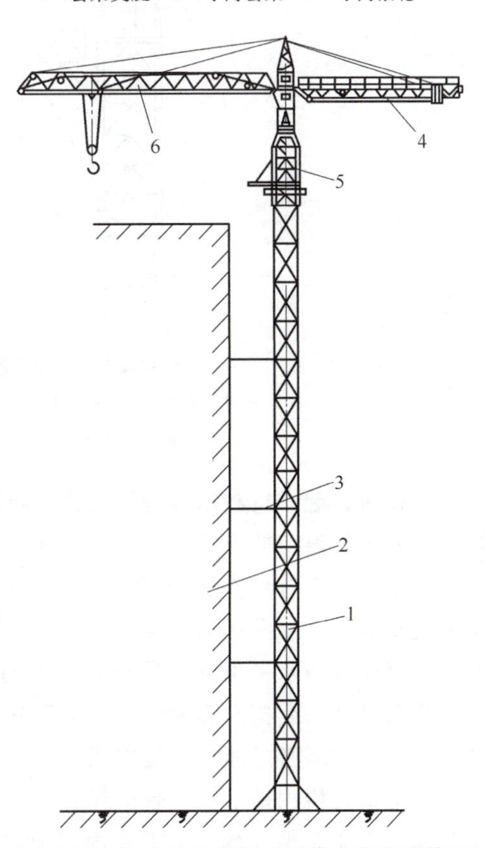

图 11-36　FZQ1250 型固定式塔式起重机简图

1—塔身　2—建筑物　3—附着装置　4—平衡臂　5—顶升机构　6—起重臂

的机型上部平衡重能沿平衡臂移动，起重机不工作时，平衡重内移，以减小非工作状态塔身所受的后倾弯矩。在塔身接高时，通过平衡重移动，使上部回转部分重心靠近起重机回转中心，从而使顶升平稳并减小顶升阻力。

根据顶升机构的传动方式不同，塔式起重机的顶升机构分为机械式顶升机构和液压式顶升机构。由于机械式顶升机构结构复杂，工作效率低，近几年已基本被淘汰。以下仅介绍国内外广泛采用的液压顶升机构。

塔机升降机构

如图 11-37 所示，液压顶升机构由塔身过渡节、套架、顶升液压缸和工作平台等组成。其中套架内装有导向滚轮，滚轮和塔身的间隙可调，套架中部装有工作平台，平台的一侧装有滑道或小车，供塔身待加节水平移动用，套架顶部和塔身过渡节固定连接。

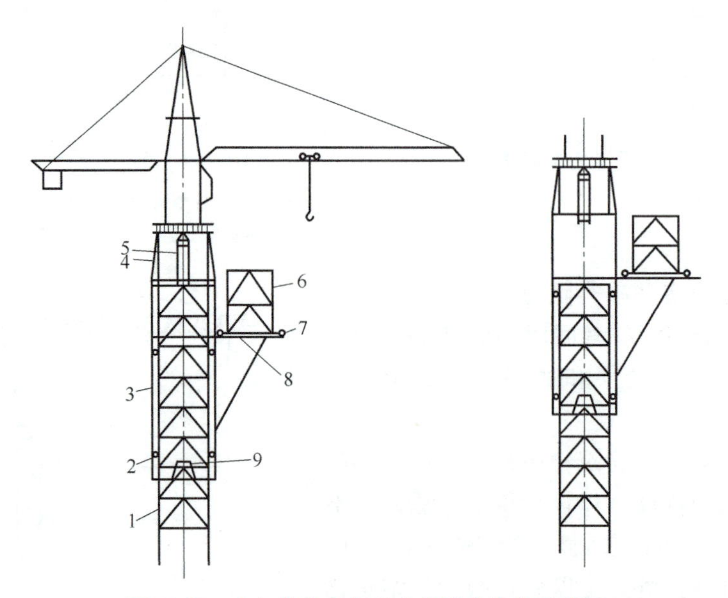

图 11-37 上加节套架爬升式的顶升机构示意图

1—塔身 2—导向滚轮 3—套架 4—过渡节 5—顶升液压缸
6—待加节 7—小车 8—工作平台 9—支承插销

工作时，起重机利用自身的吊钩，将塔身待加节吊运到工作平台的滑道或小车上。拆开塔身和塔身过渡节的连接，起动顶升液压缸，使套架连同起重机臂架系统一起上升，当套架上的支承销孔上升到支承位置后（此时塔身和塔身过渡节之间的距离略大于待加节高度）穿入支承插销，反向起动顶升液压缸使活塞杆收回，此时起重机上部的重量全部由支承插销承担。将待加节水平推到安装位置，并与塔身下部连接牢固。重复以上过程可继续加高塔身。当塔身加高到指定高度后，起动顶升液压缸，将套架向上提起，抽出支承插销后，将套架放下，并与塔身过渡节连接牢固。

以上顶升机构是上加节套架爬升式的顶升机构，采用了单液压缸。还有套架固定（即塔身爬升）下加节式的。套架有内套架式的和外套架式的。对重型塔式起重机，尤其是顶升机构设置在塔身下部的起重机，还采用了多液压缸顶升机构（4 个或 6 个液压缸），为了便于待加节的水平移动，还设置了水平放置的液压缸（一般为两个，对称安装）。

11.4.1.4　扳起式塔式起重机

图 11-38 所示为 DBQ 型扳起式塔式起重机的结构示意图。该机下部为一门架，门架下部有四组行走台车（双轨台车），门架上部为滚轮式回转支承装置和回转台车；回转台车上装有回转驱动机构、起升机构、变幅机构和起重机臂架系统。起重机臂架系统由扳起架、主臂（塔身）、主撑臂、副臂（起重臂）、副撑臂和起升、变幅、起扳滑轮组等组成。

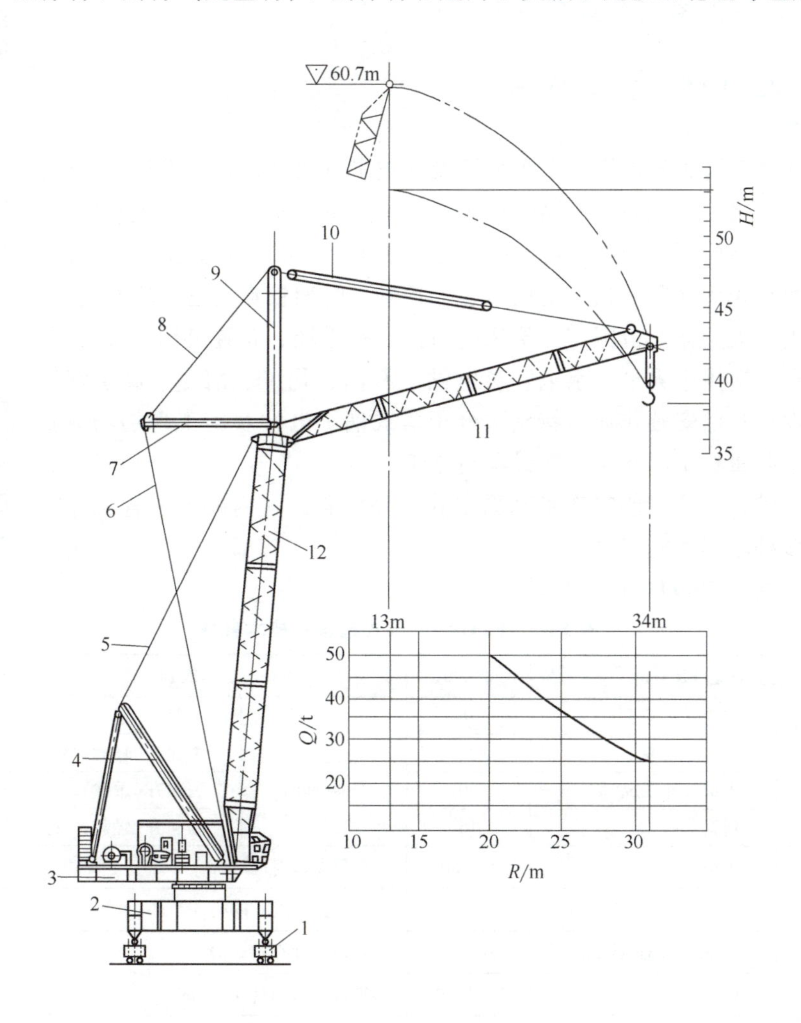

图 11-38　DBQ 型扳起式塔机

1—行走台车　2—门架　3—回转台车　4—扳起架　5—主臂拉索　6—主撑臂拉索　7—主撑臂
8—撑臂定位拉索　9—副撑臂　10—变幅滑轮组　11—副臂　12—主臂

该机型的特点是：整个臂架系统可以在地面组装好后，起重机依靠自身的扳起机构整机扳起，同时在遇到狂风时，可及时将臂架系统放到地面以保证安全。由于臂架系统可以在地面组装，在起重机拆装过程中不需要重型起重机配合，用一般的移动式起重机即可完成拆装过程，同时也减少了拆装过程中的高空作业量，提高了工作效率。通过主臂拉索的作用，使主臂（塔身）成了单纯的受压杆件，不承受任何的弯矩作用，所以主臂的断面尺寸相对较小，重量较轻。起重机的回转采用了下回转的构造形式，起重机的大部分机构和电气设备都装在回转台车上，这样既降低了起重机的重心位置，又给设备的检修带来了方便。

为了扩大适用范围，这类机型还可以根据需要选用不同长度的主臂和副臂，组装成多种应用形式（塔式工况）。还可以不装副臂，直接用主臂工作（主臂工况），相当于一台门座式起重机。

FZQ2200
三维动画

11.4.2 山东丰汇塔式起重机简介

11.4.2.1 FZQ2200 动臂塔式起重机

1. 整机特点和应用

FZQ2200 动臂塔式起重机是山东丰汇设备技术有限公司自主设计制造的附着自升式塔式起重机系列产品之一。该系列产品采用国际先进的进口机构和高强度材料，其多项技术填补国内空白，综合性能达到国际先进水平，首台样机于 2010 年通过山东省科学技术厅科技成果鉴定。该产品采用动臂变幅、上回转、上顶升、臂架铰点后置、塔身附着方式，具有起升高度高、起重量大、作业范围广、抗风能力强、自重轻、布置灵活、安拆便捷、转场及安拆费用低等特点。适用于火电、水电、核电站、石油、化工、冶金、高层钢结构等大型建设项目的安装作业。特别适合于塔式锅炉电站及施工现场场地狭小，其他类型起重机难以布置的建设项目施工。

FHFZQ1700
风电专用塔机

FZQ2200 塔式起重机能实现基础固定式、外附着式、内爬式三种工作方式，以适用多种不同的施工对象。

2. 技术参数（表 11-2）

表 11-2 FZQ2200 塔式起重机技术参数

额定起重力矩/kN·m		22000	工作级别		A4
额定起重量/t	主钩	100	起升速度/(m/min)	主起升(重载)	0~5.5
	主钩最大幅度时	32.8		主起升(轻载≤30t)	0~8.5
	主钩特殊工况时*	30		副起升(重载)	0~15.4
	副钩	16		副起升(轻载≤7t)	0~25
工作幅度/m	主钩	10~50	全程变幅时间/min		12.7
	主钩特殊工况时	7~10	回转速度/(r/min)		0~0.16
	主钩额定起重量 100t 时	10~22	回转角度/(r/min)		全回转
	副钩	10.4~58	机台尾部回转半径/m		15.86
起升高度/m	主钩	~141.7	液压顶升速度/(m/min)		0.4
	副钩	~145	每一次顶升行程/m		1.675~1.676
最大臂架铰点高度/m		92.5	总功率/kW		270
整机自重/t					527.9
工作条件					
电源:三相五线制 380V50Hz					
计算风压/(N/m²)	工作状态	250	允许环境温度/℃	工作时最低	-20
	非工作状态	800		使用地区最低	-40
	顶升安装时	100		电气设备使用	+0~+40
允许工作湿度		1%~80%	允许工作海拔高度		不超过 2000m（超过 1000m 时应对电动机容量进行校核）

3. 结构组成

FZQ2200 动臂式塔式起重机的结构组成，如图 11-39 所示。主要由底架（或行走门架、或预埋节）、塔身、顶升套架、承座、机台、人字架、起重臂、变幅机构、起升机构、回转机构、附着装置、液压顶升装置、标准节引入装置、安全防护装置和电气控制系统等组成。

底架采用十字箱形梁、球铰支腿结构，支腿可 360°任意旋转布置。基础只承受压力，不参与塔机平衡，无需永久混凝土基础，处理成本低。

塔身为管桁结构，采用大截面主弦、小截面塔身、“K”形腹杆、分段整体焊接方式，整体运输不超限。塔身由基础节、标准节和附着节组成，其截面尺寸相同。标准节、附着节为标准件制作，可任意位置互换。塔身各节采用“哈夫”式快装抱瓦连接，安拆十分便捷。

塔机采用固定式人字架、铰接式后机台，结构简单，重量轻。

起重臂采用细晶粒超高强度合金钢管制造，自重轻，起重臂根铰点采用调心滚柱轴承，安拆方便，维护简单。

塔身接高或降低，采用液压上顶升的方式，标准节/附着节的提升、下降、水平移动由辅助卷扬机、标准节引入装置完成。

回转机构采用行星式短伸轴减速器，结构紧凑，回转支承为三排滚柱式支承轴承。

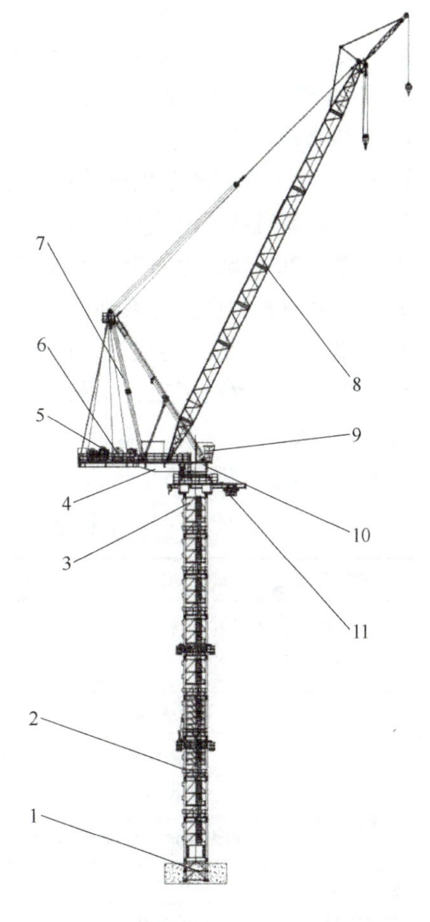

图 11-39　FZQ2200 动臂式塔式起重机

1—预埋节　2—塔身　3—顶升套架　4—机台
5—变幅机构　6—起升机构　7—人字架　8—起重臂
9—操作室　10—回转机构　11—塔身引入装置

塔机设有主、副起升机构，均采用国际著名品牌内藏式减速器以及 Lebus 卷筒，性能优良、排绳整齐、可靠性高。

主、副起升机构均采用高强度紧密型不旋转钢丝绳，钢丝绳的缠绕性能、抗扭转性能好。

主、副起升机构、回转机构、标准节引入装置采用变频控制，起、制动平稳，运行冲击载荷小、作业效率高、吊装就位精度高。

电气控制系统采用模块式结构，各机构控制屏安装在箱式电气站内，电气站可整体安拆、运输。

操作室依据人机工程学的理念设计、制造，内设联动操作台、冷暖空调，视野开阔，操作舒适。

设置有力矩保护、超载限制、幅度限制、机械限位、电气联锁保护等多重安全保护装置，安全保障能力优良。

塔机配置登机电梯（选购件），操作人员可乘电梯直达塔机顶部。

塔机的初始安装高度低，塔身只需安装基础节后，就可在此基础上安装套架、机台及以上部分，对安装辅助起重设备配置要求低，安拆安全方便。

11.4.2.2 FHTT2800 平臂塔式起重机

1. 整机特点和应用

FHTT2800 平臂塔式起重机是山东丰汇设备技术有限公司自主设计制造的 FHTT 系列塔式起重机。该系列塔式起重机，最大额定起重力矩实现了 480~3200t·m 全覆盖，最大额定起重量实现了 20~160t 全覆盖，秉承高度模块化、标准化、多功能化的设计理念，保证主要部件最大程度的通用性及互换性。

FHTT2800 平臂塔式起重机，被应用于国内外的电站项目、民生市政工程项目等大型建设项目安装作业，解决了项目中吊装覆盖面广、吊装高度高、吊载重量大、吊装精度高等一系列的工程难题。

2. 技术参数（表 11-3）

表 11-3 FHTT2800 平臂塔式起重机技术参数

<table>
<tr><td colspan="3">额定起重力矩/(kN·m)</td><td>28000</td><td colspan="3" rowspan="2">工作级别</td><td rowspan="2">A4</td></tr>
<tr><td colspan="3">最大起重力矩/(kN·m)</td><td>28440</td></tr>
<tr><td colspan="3">—</td><td colspan="2">8 倍率</td><td colspan="3">4 倍率</td></tr>
<tr><td rowspan="2">额定起重量/t</td><td colspan="2">最大起重量</td><td colspan="2">125</td><td colspan="3">60</td></tr>
<tr><td colspan="2">最大幅度</td><td colspan="2">27.8</td><td colspan="3">33.8</td></tr>
<tr><td rowspan="2">工作幅度/m</td><td colspan="2">工作范围</td><td colspan="2">6~80</td><td colspan="3">6~80</td></tr>
<tr><td colspan="2">最大额定起重量时</td><td colspan="2">6~22.5</td><td colspan="3">6~47.4</td></tr>
<tr><td rowspan="2">起升速度
/(m/min)</td><td colspan="2">8 倍率</td><td>0~27.5</td><td colspan="3" rowspan="2">牵引速度/(m/min)</td><td rowspan="2">0~48</td></tr>
<tr><td colspan="2">4 倍率</td><td>0~55</td></tr>
<tr><td colspan="3">回转速度(r/min)</td><td>0~0.3</td><td colspan="3">液压顶升速度(m/min)</td><td>0~0.4</td></tr>
<tr><td colspan="2" rowspan="2">起升高度/m</td><td>独立</td><td>80</td><td colspan="3">机台尾部回转半径/m</td><td>31.6</td></tr>
<tr><td>最大附着</td><td>160*</td><td colspan="3">底梁式安装时臂架上铰点高度/m</td><td>28.7</td></tr>
<tr><td colspan="3" rowspan="3">整机自重/t</td><td colspan="4">独立工况</td><td>524</td></tr>
<tr><td colspan="4">最大附着工况</td><td>705</td></tr>
<tr><td colspan="4">压重、平衡重</td><td>174</td></tr>
<tr><td colspan="3">总功率/kW</td><td colspan="5">245</td></tr>
<tr><td colspan="8">工作条件</td></tr>
<tr><td colspan="8">电源:AC380V50Hz</td></tr>
<tr><td colspan="2" rowspan="3">计算风压/(N/m^2)</td><td>工作状态</td><td>250</td><td colspan="2" rowspan="3">允许环境温度
/℃</td><td>工作温度</td><td>-20~40</td></tr>
<tr><td>非工作状态</td><td>800</td><td>使用地区最低</td><td>-40</td></tr>
<tr><td>顶升安装时</td><td>100</td><td>电气设备使用</td><td>+0~+40</td></tr>
<tr><td colspan="2">允许工作海拔高度</td><td colspan="2">不超过 2000m(超过 1000m 时应对电动机容量进行校核)</td><td colspan="3">允许工作湿度</td><td>90%(20℃)</td></tr>
</table>

3. 结构组成

FHTT2800 平臂塔式起重机的构造组成如图 11-40 所示。其固定式基础分为底梁式和预埋式。底梁式采用十字箱形梁、球铰支腿结构，支腿可实现 360°任意布置，箱型底座可骑跨或直接安装于地下设施上，基础只承受压力不参与塔机平衡，无需永久混凝土基础，处理成本低廉，可以在极其狭窄的场地进行安、拆作业，从而使塔机安装位置的布置十分灵活。预埋式采用整体式结构，平法兰连接塔身，需永久混凝土基础，一次成本相对较低。

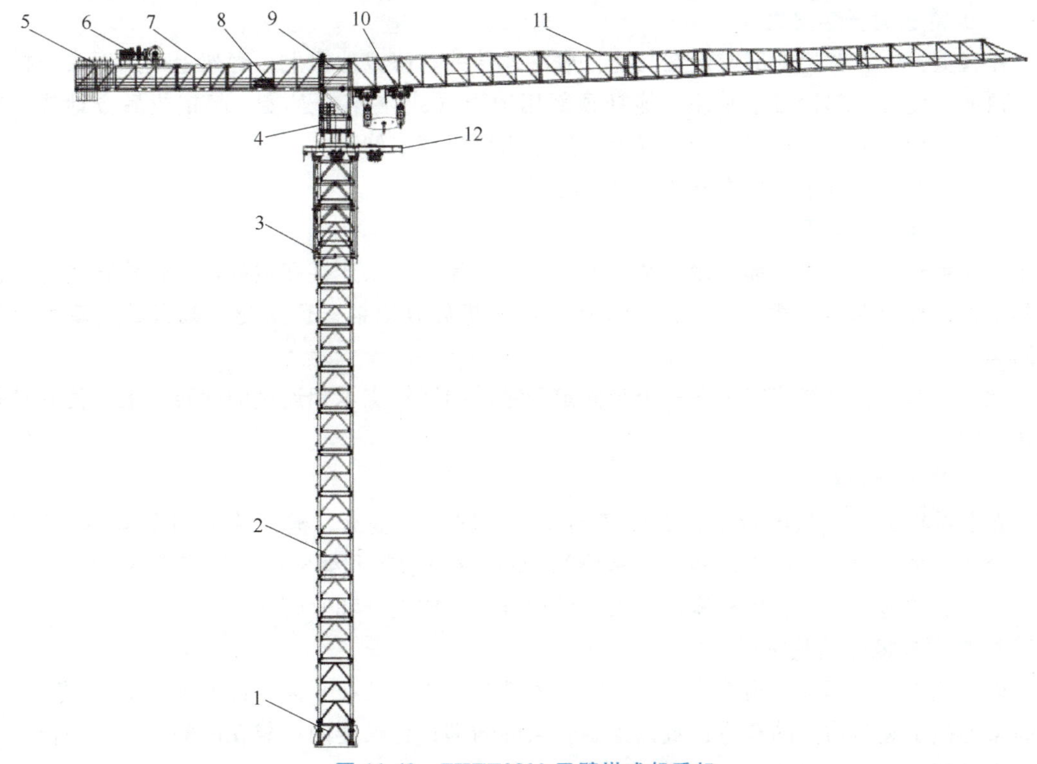

图 11-40　FHTT2800 平臂塔式起重机

1—预埋节　2—塔身　3—顶升套架　4—承座　5—平衡重　6—起升机构　7—平衡臂　8—牵引机构　9—回转塔身　10—牵引小车　11—起重臂　12—塔身引入机构

具有底梁水平度检测技术，可随时监测塔机基础的沉降情况，并且能够及时进行调整，避免因塔机垂直度超差所导致的安全事故。

起升机构采用钢丝绳卷绕方式，由起升电动机通过硬齿面减速器驱动卷筒，带动钢丝绳进行吊钩上升或下降，钢丝绳的末端由楔形接头固定于平衡梁两端，通过平衡梁的摆动调整卷筒左右两侧缠绕区的不同步。

主起升机构电动机采用变频电动机，并配有变频调速控制系统。副起升机构采用绕线电动机。

起升机构带有自制动系统，有可靠的制动系统及终点行程限位装置，且电气制动在先，机械制动在后。

11.5　桅杆式起重机

桅杆式起重机通常被称作简易起重机，俗称拔杆，一般用木材或钢材制作。具有制作简单、装拆方便，起重量可大可小，能吊装其他起重机械难以吊装的特殊构筑物和重大结构的特点，受施工场地限制小。其安装架设需设较多的缆风绳，工作半径小，移动不便，灵活性差。一般多用于构件较重、吊装工程比较集中、施工场地狭窄，而又缺乏其他合适的大型起重机械的工程。

11.5.1 桅杆式起重机的种类

1. 摇臂式桅杆起重机

在起重机中，臂架根部铰接在与桅杆底端连接的基座或地梁上，臂架上端用绳索连接在桅杆顶部；桅杆下部铰接于基座，桅杆顶部用缆绳（或拉杆）连接于起重机后方地锚；臂架受牵引绳牵引可左右摇摆、受变幅滑轮组牵引可进行俯仰。

起重机的桅杆有单杆型桅杆、人字型桅杆等。

2. 人字架桅杆起重机

在起重机中，臂架根部铰接在基座上，臂架上端用绳索连接在桅杆顶部；桅杆底部铰接于基座，桅杆顶部用绳索（或拉杆）连接于起重机后方地锚；臂架受变幅滑轮组牵引可进行俯仰。

此种起重机也可整体安装在一个与固定于基础的回转支承相连接的回转台上，使其具备回转功能。

3. 单梳轩起重机

在起重机中无专门的臂架，桅杆底端铰接或固接于基座，桅杆顶部用缆绳（或撑杆）从一个或几个方向上连接于地锚（或基座）；负载通过滑轮和绳索缠绕系统进行升降。

起重机的桅杆形式有单杆桅杆、人字型桅杆、门式桅杆和三脚架桅杆。

4. 悬臂式桅杆起重机

以建筑物的外部竖向构件作桅杆，臂架根部铰接于安装在竖向构件的基座上，臂架上端用绳索连接于竖向构件的合适位置以控制臂架的俯仰；臂架连同负载在两侧牵引绳的作用下可左右摇摆。

5. 缆绳式桅杆起重机

在起重机中，臂架根部铰接于桅杆下端，臂架上端用绳索连接在桅杆上端控制臂架的俯仰；桅杆根部铰接于基座，桅杆顶部用绳索从几个方向上牵引连接于地锚，使之保持竖直，桅杆底部在回转机构的驱动下使臂架能在一定角度或360°范围内转动；臂架上端的绳索缠绕系统用来升降负载。

6. 斜撑式桅杆起重机

类似于缆绳式桅杆起重机，但桅杆是通过两个以上斜撑对桅杆上端进行支撑使桅杆保持竖直；地梁和系梁一般用来连接桅杆的基座和斜撑底端，当桅杆、斜撑的基座自身能满足施加的载荷时也可不配置地梁和系梁。

11.5.2 山东丰汇 WGQ600 桅杆式起重机

11.5.2.1 整机特点和应用

WGQ600 桅杆式起重机是山东丰汇设备技术有限公司设计制造的新式超大型设备装卸机械，具有运输、组装便捷，占用场地小，起重量大、自重

WGQ600 桅杆式起重机

轻、抗风能力优良、可扩展性强等特点，适用于沿海港口、内河码头、核电建设、化工建设或其他定位安装场所大型、超重件货物的装卸。

WGQ600 桅杆式起重机是牵缆式桅杆起重机。采用了模块化分体设计，起重臂、人字架和前撑杆均采用管桁式结构，吊臂采用凹凸台定位，高强度螺栓连接；主起升和变幅机构均采用变频调速控制，提高卷扬机的同步性能，减小吊装过程冲击；增设方便安装吊装绳的索具钩，方便挂绳。起重机采用虚拟样机技术，手工计算与有限元计算相结合，确保整机的受力要求；整机控制采用变频控制技术，该技术具有调速效率高、调速范围宽、调速精度高、调速平稳，可实现无级变速等诸多优点，是一种高效的、节能型调速控制方式，有效减小了吊装过程的冲击。解决了大型港口货物吊装覆盖面广、吊装幅度大、吊载重量大、吊装精度高等一系列的工程难题。

11.5.2.2　技术参数（表 11-4）

表 11-4　WGQ600 桅杆式起重机主要技术参数

<table>
<tr><td rowspan="3">额定起重量/t</td><td>主钩</td><td>600</td><td rowspan="3">工作幅度
/m</td><td>主钩</td><td>12.5~46</td></tr>
<tr><td>副钩</td><td>80</td><td>副钩</td><td>14.6~50</td></tr>
<tr><td>索具钩</td><td>10</td><td>索具钩</td><td>13.4~47.6</td></tr>
<tr><td rowspan="3">起升高度/m</td><td>主钩</td><td>-10~50.1</td><td rowspan="3">起升速度
/(m/min)</td><td>主钩</td><td>0~2</td></tr>
<tr><td>副钩</td><td>-10~54.7</td><td>副钩</td><td>0~8</td></tr>
<tr><td>索具钩</td><td>-10~54.4</td><td>索具钩</td><td>0~13</td></tr>
<tr><td rowspan="3">机构工作级别</td><td>变幅</td><td>M4</td><td>变幅时间/min</td><td colspan="2">34.5</td></tr>
<tr><td>主钩</td><td>M4</td><td>输入电源</td><td colspan="2">380V　50Hz</td></tr>
<tr><td>副钩</td><td>M4</td><td>整机自重/t</td><td colspan="2">409</td></tr>
<tr><td colspan="2">整机工作级别</td><td>A4</td><td>电源总功率/kW</td><td colspan="2">415</td></tr>
<tr><td colspan="2">工作状态允许风压/(N/m²)</td><td>250</td><td>工作时允许最低温度/℃</td><td colspan="2">-20</td></tr>
<tr><td colspan="2">非工作状态允许最大风压(N/m²)</td><td>1890</td><td>使用地区最低温度/℃</td><td colspan="2">-40</td></tr>
</table>

11.5.2.3　结构组成

桅杆式起重机

WGQ600 桅杆式起重机主要由支座、人字架、起重臂、主/副起升机构、变幅机构、电气系统、安全保护装置及安全监控管理系统等组成，如图 11-41 所示。

（1）底架　底架（图 11-42）由底梁前部、底梁中部纵向梁（连接底梁前后部分）、底梁中部横向梁（纵向梁的横向连接，用来支承卷扬机）、底梁后部四大部分组成。底梁前部上方安装起重臂、人字架、操作室、电气站；底梁中部上表面分别安装 4 台卷扬机；底梁后部上方安装后拉杆，通过压重保证整体稳定性。各件之间通过连接板、螺栓或销轴连成一体。

（2）人字架　人字架（图 11-43）通过 4 个销轴安装在底梁上部，分别有前支架和后拉杆、滑轮组、检修平台、爬梯等组成。

前支架主结构分为上下三段，左右两片，共 8 件主要部件。两根后拉杆为三段，共 8 件主要部件，以铰制孔螺栓连接，其根部分别与底架上对应的铰支座铰接。前支架上段的顶部两侧装有变幅定滑轮组。前支架上段上部横梁上方装设有主起升和变幅机构导向滑轮组，前

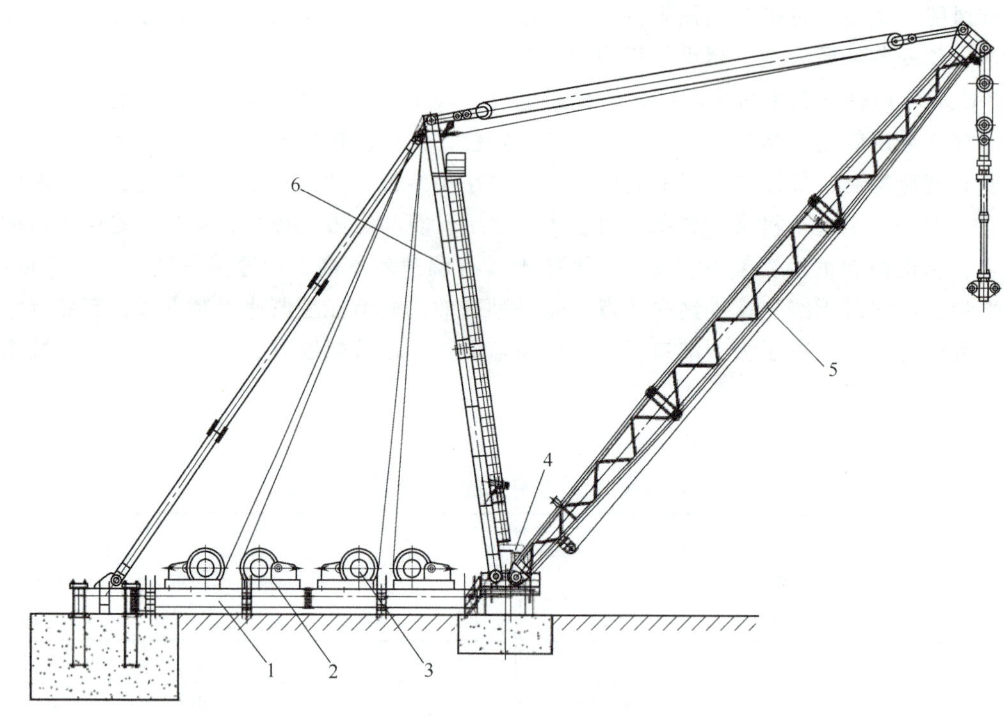

图 11-41 WGQ600 桅杆式起重机

1—底架 2—起升机构 3—变幅机构 4—操作室 5—起重臂 6—人字架

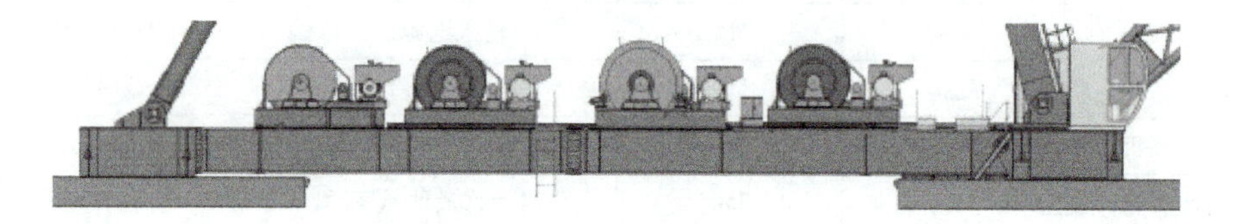

图 11-42 底架

图 11-43 人字架

向装有变幅平衡滑轮组。前支架下段上部横梁处装有防后倾装置。

人字架上部设有检修平台。

（3）起重臂　起重臂（图 11-44）为管桁结构，采用钢管制造。起重臂包含起重臂根部、起重臂标准节 1、起重臂标准节 2 和起重臂头部四部分。每节通过四对法兰及 M27 的高强度螺栓进行连接。

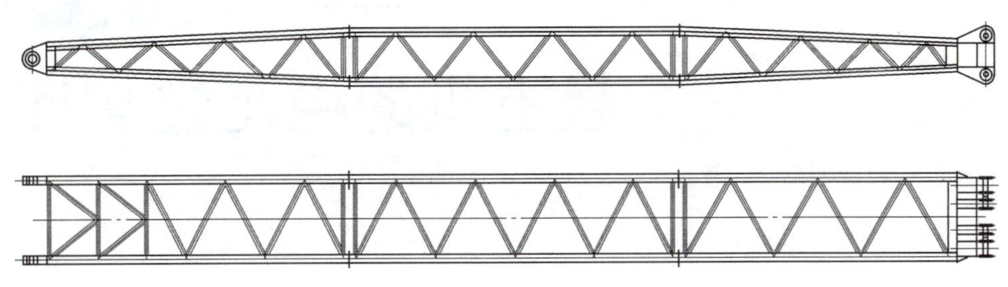

图 11-44　起重臂

起重臂根部采用铜套与起重臂铰支座铰接。

（4）卷扬机　卷扬机（图 11-45）有机架、减速机、传动齿轮、卷筒、制动器和电动机等部分构成，全部机件安装在机座上。电动机通过弹性联轴器经减速机和两个开式圆柱齿轮带动卷筒旋转缠绕钢丝绳。卷扬机机座通过螺栓与底梁中部固定。

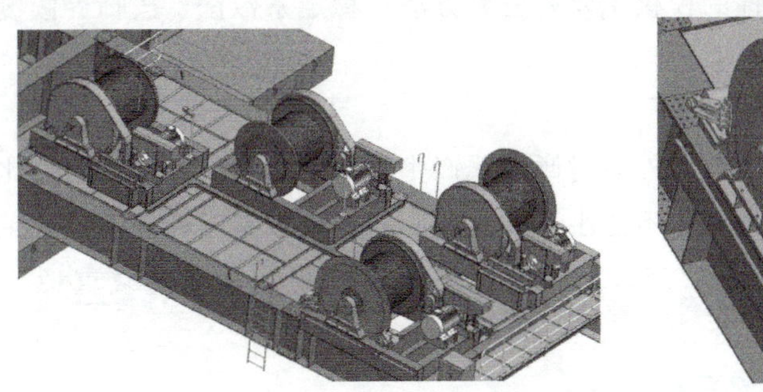

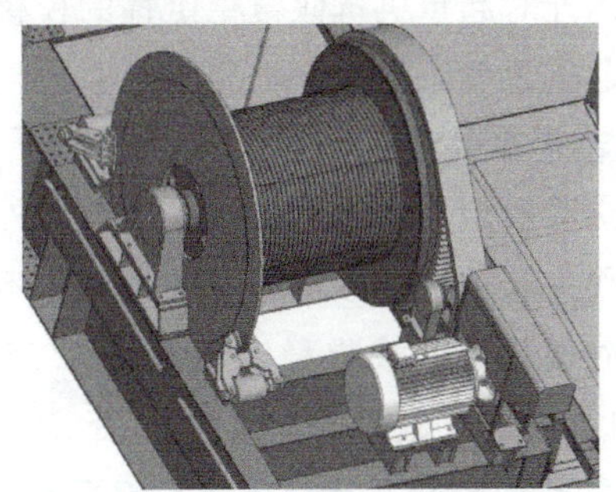

图 11-45　卷扬机

（5）防后倾装置　起重臂防后倾装置安装于人字架前支架下段上部横梁处，其作用是限制臂架后倾，装置采用橡胶缓冲器，当主钩幅度 $R=10\text{m}$ 时，防后倾装置支座与位于起重臂根段主弦杆上的两个撑杆头接触，限制后倾。

（6）供电系统　本机供电电源采用交流 380V/50Hz 电源供电，由用户自现场配电箱接入电气站“总电源/PLC 屏”的接线端子处，控制及照明电源为 220V/50Hz，所有控制电源及照明、插座用电均由系统自带隔离变压器提供。在正常工作条件下，供电系统在馈电线接入处的电压波动不得超过额定值的±10%。

（7）安全保护装置　安全保护装置主要由力矩保护、超载保护、过电流保护、相序保护、过/欠电压保护和限位保护等组成，各种保护装置通过电气联锁最终实现对设备的运行保护，音响信号保证了操作人员与施工人员的信息交流。操作室内右联动台的急停按钮可在紧急情况下切断设备的电源系统。

第12章 起重机的稳定性与使用

12.1 起重机的稳定性

起重机的稳定性（也称为抗倾覆稳定性）是指起重机在自重和外载荷作用下抵抗倾翻、保持稳定的能力。保持起重机具有足够的抗倾覆稳定性是起重机安全工作的最基本的要求之一。

国内外对起重机抗倾覆稳定性的校核主要有三种方法：稳定系数法、按临界倾覆载荷标定额定起重量和力矩法。

1. 稳定系数法

稳定系数定义为起重机所受的各种外力对倾覆线产生的稳定力矩与倾覆力矩的比值。稳定系数作为起重机抗倾覆能力的判据，不能小于规定值。稳定系数有三种规定值：工作状态下考虑附加载荷的载重稳定系数为1.15；工作状态下不考虑附加载荷的载重稳定系数为1.4；自重稳定系数为1.15。

2. 按临界倾覆载荷标定额定起重量

这种方法是通过试验或计算，得出起重机在不同幅度下达到倾覆临界状态时（即稳定力矩等于倾覆力矩）的起升载荷，称为“临界倾覆载荷”，将其打一折扣（乘以小于1的系数）后，作为额定起升载荷。折扣的大小代表起重机抗倾覆稳定性的安全裕度（折扣越大或所乘系数越小，则抗倾覆稳定性裕度越大。

3. 力矩法

力矩法是我国《起重机设计规范》所采用的方法，欧洲各国和日本等也广泛采用。力矩法校核抗倾覆稳定性的基本原则是：作用于起重机上包括自重在内的各种载荷对危险倾覆线的力矩代数和必须大于或至少等于零，即$\sum M \geqslant 0$（稳定作用为正，倾覆作用为负）。

12.1.1 起重机稳定性校核的基本原则

12.1.1.1 起重机分组和验算工况

起重机的结构特征、工作条件不同，对抗倾覆稳定性的要求也不同。在校核抗倾覆稳定性时，将起重机分为四组（表12-1）。每组中的起重机按表12-2所列的工况，并要考虑在最不利的载荷组合条件下进行稳定性验算。

表 12-1　起重机的组别

组别	起重机特征
Ⅰ	流动性很大的起重机(如履带起重机和汽车起重机等)
Ⅱ	重心高、工作不频繁以及场地经常变更的起重机(如建筑用塔式起重机等)
Ⅲ	工作场地固定的桥式类型起重机(如龙门式起重机和装卸桥等)
Ⅳ	重心高、速度大、工作场地固定的轨道起重机(如装卸用门座起重机)

表 12-2　验算工况

验算工况	工况特征
1	无风静载
2	有风动载
3	突然卸载或吊具脱落
4	暴风侵袭下的非工作状态

工况 1 主要用以校核起重机静载试验时的稳定性，称为静稳定性校核，静载试验的载荷为额定载荷的 1.25 倍。

工况 2 是起重机的正常作业情况，称为作业稳定性校核（也称为稳定校核）。

工况 3 用于校核起重机工作时由于意外情况（如突然卸载或吊具脱落）或平衡重设置不合理、向后倾翻的稳定性。

以上三种工况均为起重机工作状态稳定性的校核。

工况 4 是校核起重机非工作状态下受暴风袭击时的抗倾覆稳定性。

12.1.1.2　抗倾覆稳定性校核的力矩表达式

按照表 12-2 所列工况，在最不利的载荷组合条件下，计算各项载荷对起重机支承平面上的倾覆线的力矩，凡对起重机起稳定作用的力矩为正，起倾覆作用的力矩为负。如果各项力矩的代数和大于或等于零（$\sum M \geqslant 0$），则认为起重机是稳定的。抗倾覆稳定性校核的力矩表达式为

$$\sum M = K_G M_G + K_P M_P + K_i M_i + K_f M_f \geqslant 0 \tag{12-1}$$

式中　M_G、M_P、M_i、M_f——起重机自重、起升载荷、水平惯性力和风力对倾覆线的力矩（N·m）；

K_G、K_P、K_i、K_f——上述四类载荷的载荷系数，见表 12-3。

表 12-3　载荷系数和载荷组合

起重机组别	验算工况	自重系数 K_G	起升载荷系数 K_P	水平惯性力系数(包括物品) K_i	风力系数 K_f	说　明
Ⅰ	1	1	$1.25+0.1\dfrac{G'_b}{P_Q}$	0	0	G'_b——臂架自重对臂端和臂架铰点按静力等效原则折算臂端的重量 P_Q——起重载荷 伸缩臂起重机不必验算横向稳定性工况 4
	2		1.15	1	1	
	3		−0.2	0	0	
	4		0	0	1.1	

（续）

起重机组别	验算工况	自重系数 K_G	起升载荷系数 K_P	水平惯性力系数（包括物品）K_1	风力系数 K_f	说　明
Ⅱ	1	0.95	1.4	0	0	
	2		1.15	1	1	
	3		-0.2	0	1	
	4		0	0	1.1	
Ⅲ	1	0.95	1.4	0	0	带悬臂起重机须验算： (1)纵向(悬臂平面)稳定性(工况1、2) (2)横向(行走方向)稳定性(工况4) 无悬臂起重机仅须验算横向稳定性(工况4)
	2		1.2	1	1	
	3		—	—	—	
	4		0	0	1.15	
Ⅳ	1	0.95	1.5	0	0	
	2		1.35	1	1	
	3		-0.2	0	1	
	4		0	0	1.1	

12.1.1.3 载荷系数和载荷组合

抗倾覆稳定性校核时，应根据起重机的组别和验算工况决定相应的载荷系数和载荷组合。考虑各种载荷的变化（起升载荷超载的可能性、动载荷的大小、起重机自重估算的误差等），各项载荷应分别乘上载荷系数。不同的起重机组别和验算工况时的载荷系数和载荷组合列于表12-3中。

为简化计算，物品所受的风力和物品水平惯性力可以合在一起考虑，用吊重绳偏摆角α_{II}计算总水平力。

对于表12-1中的第Ⅰ组起重机（如轮胎式、汽车式等），表12-3中所列的载荷系数只适用于用支腿支承的作业情况。表中换算到主臂或副臂头部的臂架自重（主臂和副臂）G_b'按下式计算（图12-1）：

$$G_b' = \frac{mG_b + g_b(j+n)}{j+k} \tag{12-2}$$

式中　G_b——主臂自重（N）；

g_b——副臂自重（N）；

m——主臂重心到主臂下铰点的水平距离（m）；

n——副臂重心到副臂下铰点的水平距离（m）；

j——主臂长度L的水平投影（m）；

k——副臂长度l的水平投影（m）。

当起重机只有主臂时，式（12-2）中的$g_b = n = k = 0$；当起重机带有副臂而主臂头部起升载荷时，式（12-2）中的$k=0$；当起重机带有副臂而副臂头部起升载荷时，按式（12-2）

计算 G_b'。

12.1.1.4　确定危险倾覆线

倾覆线是指起重机发生倾翻时绕其翻转的轴线。倾覆线与起重机的构造、验算工况和臂架位置有关。抗倾覆稳定性校核应按最危险的情况，即力矩代数和 $\sum M$ 为最小的倾覆线（危险倾覆线）进行计算。

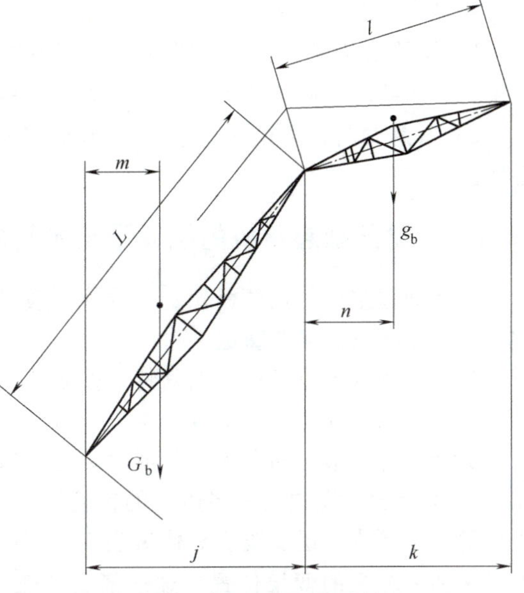

图 12-1　臂架自重的换算简图

1. 轮式起重机

使用支腿作业时，倾覆线为支腿中心的连线（图 12-2）。

不用支腿作业时，根据作业规程要求，悬挂装置必须锁定，防止起重机作业时车体倾斜，避免弹簧过载折断。此时侧向倾覆线为前后轮胎着地点的连线（图 12-3）（后桥为双胎时取外胎着地点）。纵向倾覆线则决定于有无平衡梁以及平衡梁是否锁定（图 12-3）。

2. 履带起重机

侧向倾覆线为左右履带板的中心线，纵向倾覆线为前后导向轮和驱动轮的中心线（图 12-4）。

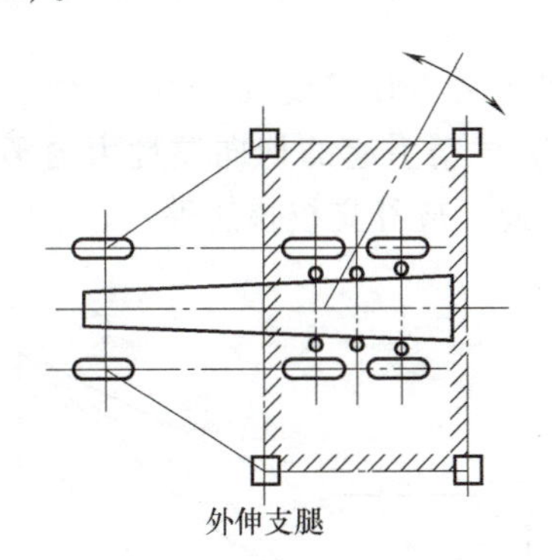

图 12-2　使用支腿作业时的倾覆线

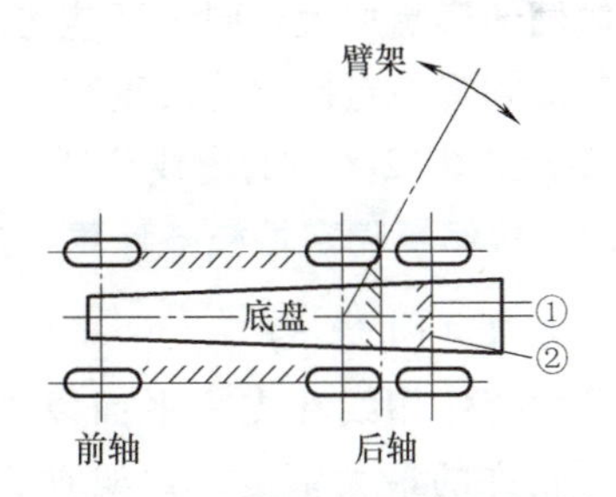

图 12-3　不用支腿作业时的倾覆线

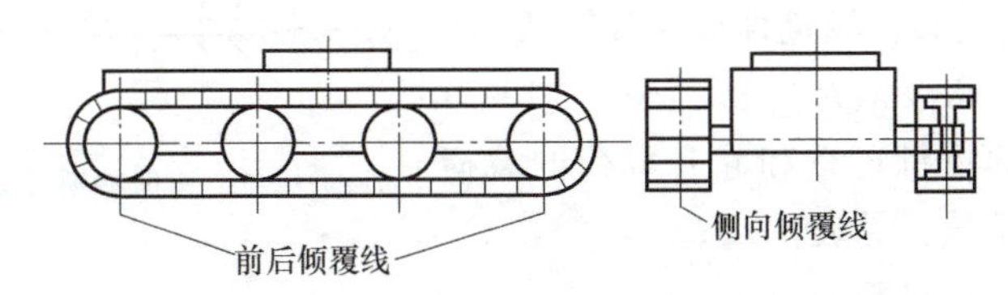

图 12-4　履带起重机的倾覆线

3. 门座起重机和塔式起重机

一般取轨距和轴距（车架为平衡梁时，取门座沿轨道方向的跨距）中数值较小者为倾翻方向。因此，危险倾覆线或为一侧轨道（轨距小于轴距或门座在轨道方向的跨距时），或为左右车轮中心连线（轨距大于轴距或门座在轨道方向的跨距时）。

4. 龙门起重机和装卸桥

1）不论有无悬臂，校核沿大车轨道方向的横向稳定性，倾覆线为左右车轮中心连线。车架为平衡梁时，倾覆线为左右平衡梁中心销连线。

2）有悬臂时，须校核垂直于大车轨道方向的纵向稳定性，倾覆线为大车一侧轨道中心线。

12.1.2 臂架型起重机的抗倾覆稳定性校核

臂架型起重机的抗倾覆稳定性校核一般可按以下步骤进行。

12.1.2.1 起重机组别确定

各种类型的起重机可根据其特点按表 12-1 确定其组别。

12.1.2.2 臂架位置和倾覆线确定

支承面为矩形、梯形和三角形时，通常情况下的抗倾覆稳定性校核的臂架位置和倾覆线如图 12-5 所示。图中支承多边形的粗实线边代表危险倾覆线，粗实线箭头代表表 12-2 中工况 1 和工况 2 的臂架位置，虚线箭头代表工况 3 和工况 4 的臂架位置。在轨距（或两侧车轮间的横向距离）小于轴距的情况下，危险倾覆线为同侧车轮中心连线；当轴距较小或带载运行时，左右两边的车轮中心连线为危险倾覆线。一般情况下臂架在水平平面内的位置取为垂直于倾覆线，但对于工况 2，当臂架回转到与倾覆线成 45°时，由于风力对起重机倾翻的影响加大，同时还应考虑回转机构起（制）动引起的切向惯性力的影响，有可能是其抗倾覆稳定性比臂架垂直于倾覆线时更差。因此，应补充校核这种状态下的稳定性（见图 12-7 和图 12-8 中的虚线位置）。

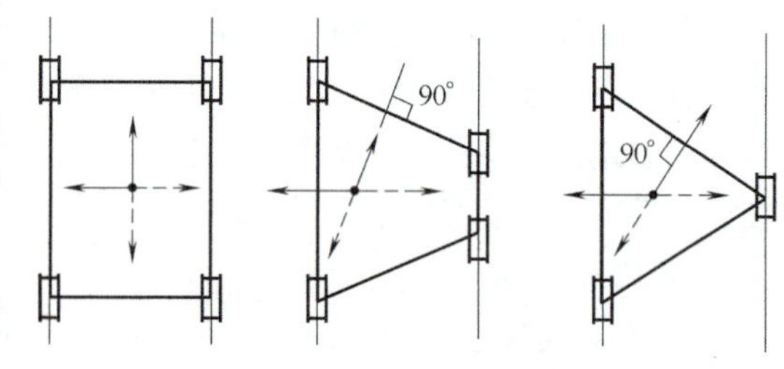

图 12-5 臂架位置和倾覆线示意图

12.1.2.3 抗倾覆稳定性校核计算

1. 工况 1（图 12-6）

起升载荷作用线在支承平面以外，处于该起吊重量所允许的最大幅度，臂架垂直于危险倾覆线，起吊静载试验载荷或额定载荷，不计附加载荷和坡度的影响，其抗倾覆稳定性校核计算式为

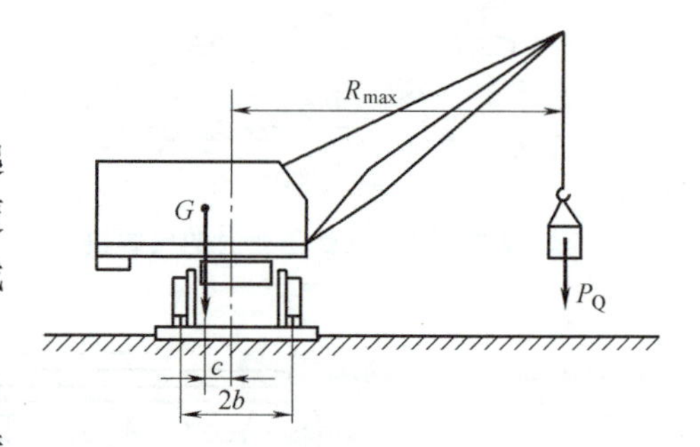

图 12-6 无风静载工况的抗倾覆稳定性

$$\sum M = K_G G(b+c) - K_P P_Q (R_{max} - b) \geq 0 \quad (12\text{-}3)$$

式中 K_G、K_P——起重机自重和起升载荷的载荷系数，见表 12-3；

G——起重机重力（N）；

P_Q——起升载荷力（包括吊具自重）（N）；

$2b$——起重机轨距（对汽车式和轮胎式起重机为两侧车轮间的横向间距），打支腿作业时为支腿的横向间距（m）；

c——起重机重心到转台回转中心的水平距离（m）；

R_{max}——起升载荷所允许的最大幅度（m）。

2. 工况 2

起吊额定载荷，最大幅度的臂架垂直于倾覆线或与倾覆线成 45°，有不利于稳定性的坡度，工作状态最大风力由后向前吹，起重机上作用着不利于稳定的机构起（制）动水平惯性力。对带载运行与定置作业的起重机，应分别进行稳定性校核。

（1）起重机带载运行（图 12-7）

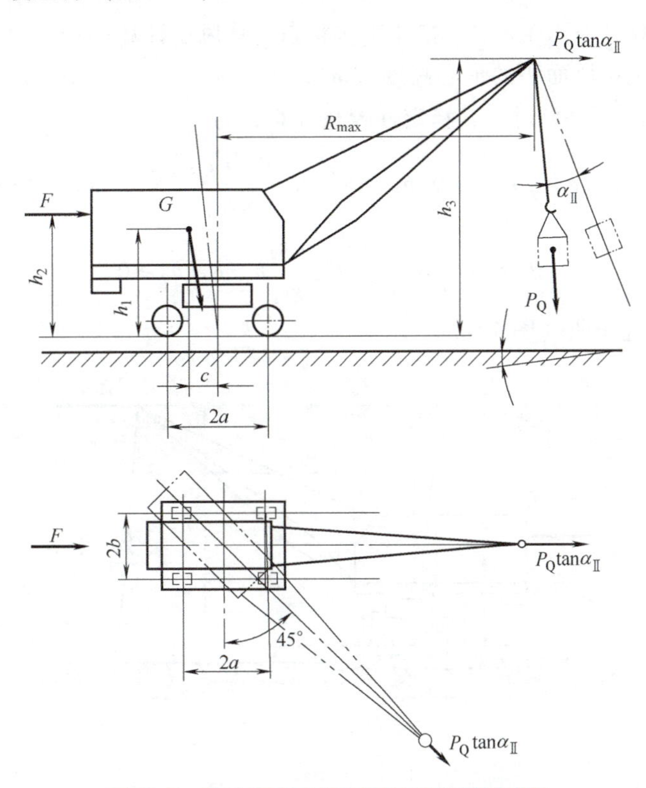

图 12-7 起重机稳定运行时的抗倾覆稳定性

1）臂架前置垂直于倾覆线，起重机受坡度分力、运行起（制）动惯性力、风力作用，作用在物品上的风力和水平惯性力可通过钢丝绳的偏斜角考虑，抗倾覆稳定性计算式为

$$\sum M=K_G G[(a+c)\cos\gamma-h_1\sin\gamma]-K_P\frac{P_Q}{\cos\alpha_{II}}[(R_{max}-a)\cos(\gamma+\alpha_{II})+h_3\sin(\gamma+\alpha_{II})]-K_G\frac{Gv_2}{gt_2}h_1-K_f Fh_2\geqslant 0 \tag{12-4}$$

式中 $2a$——起重机轴距（打支腿作业时为支腿的纵向间距）（m）；

γ——允许的最大坡度。对流动式动臂起重机，用支腿工作时取 $\gamma\geqslant 15°$，不用支腿工作时取 $\gamma\geqslant 3°$；对门座起重机，取 $\gamma\geqslant 1°$；对建筑用塔式起重机，不论其轨距多大，应计及两根轨道高度相差 10mm 的可能性；履带起重机在松软土壤上工作时，应考虑由于土壤沉陷而引起的倾斜度；

h_1——起重机重心高度（m）；

α_{II}——工作状态下吊重绳相对铅垂线的最大偏摆角（°）（表 1-10）；

h_3——起重机臂架端物品悬吊点的高度（m）；

v_2——起重机运行速度（m/s）；

g——重力加速度，$g=9.8\text{m/s}^2$；

t_2——起重机运行起（制）动时间（s）；

K_f——风力系数（表 1-13）；

F——作用于起重机上的风力（N）。对于工况 2 和工况 3，按工作状态最大计算风压如计算；对于工况 4，按非工作状态计算风压计算；

h_2——起重机挡风面积的形心高度（m）。

2）臂架与倾覆线成 45°时，其稳定性校核计算式为

$$\sum M=K_G G[(a+0.7c)\cos\gamma-h_1\sin\gamma]-K_P\frac{0.7P_Q}{\cos\alpha_{\text{II}}}[(R_{max}-a)\cos(\gamma+\alpha_{\text{II}})+h_3\sin(\gamma+\alpha_{\text{II}})]-K_G\frac{Gv_2}{gt_2}h_1-K_fFh_2\geqslant 0 \tag{12-5}$$

（2）起重机定置作业（图 12-8）

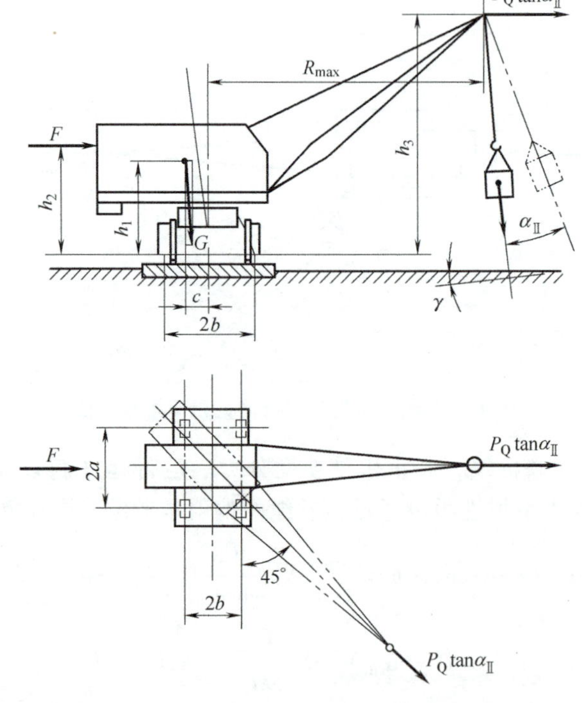

图 12-8 起重机定置作业时的抗倾覆稳定性

1）臂架垂直于危险倾覆线（假定起重机轨距或两侧车轮间的横向间距小于轴距），其稳定性校核计算式为

$$\sum M=K_G G[(a+c)\cos\gamma-h_1\sin\gamma]-K_P\frac{P_Q}{\cos\alpha_{\text{II}}}[(R_{max}-a)\cos(\gamma+\alpha_{\text{II}})+h_3\sin(\gamma+\alpha_{\text{II}})]-K_G\frac{Gv_2}{gt_2}h_1-K_fFh_2\geqslant 0 \tag{12-6}$$

2）臂架与倾覆线成 45°时，其稳定性校核计算式为

$$\sum M=K_G G[(a+0.7c)\cos\gamma-h_1\sin\gamma]-K_P\frac{0.7P_Q}{\cos\alpha_{\rm II}}[(R_{max}-a)\cos(\gamma+\alpha_{\rm II})+h_3\sin(\gamma+\alpha_{\rm II})]-K_G\frac{Gv_2}{gt_2}h_1-K_fFh_2\geqslant 0 \tag{12-7}$$

3. 工况 3（图 12-9）

最小幅度的臂架垂直于危险倾覆线，由于突然卸载或吊具脱落相当于在物品悬吊点上产生一个反向作用力，工作状态下的最大风力由前向后吹，有不利于稳定性的坡度。其抗倾覆稳定性校核计算式为

$$\sum M=K_G G[(b-c)\cos\gamma-h_1\sin\gamma]-0.2P_Q(R_{min}+b-h_3\sin\gamma)-K_fFh_2\geqslant 0 \tag{12-8}$$

式中　R_{min}——最小幅度（m）。

对臂架悬吊在柔性拉索或变幅滑轮组上的动臂起重机，还应验算在这种工况下动臂绕其下铰轴向后翻倒的可能性。

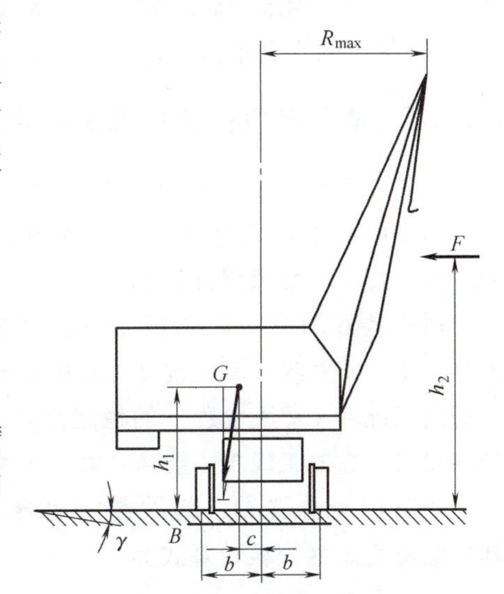

图 12-9　突然卸载和暴风侵袭时的抗倾覆稳定性

4. 工况 4（图 12-9）

非工作状态下的起重机，臂架垂直于倾覆边并处于最小幅度，非工作状态的最大风力由前向后吹，有前高后低的允许最大坡度。校核计算式为

$$\sum M=K_G G[(b-c)\cos\gamma-h_1\sin\gamma]-K_fFh_2\geqslant 0 \tag{12-9}$$

5. 轮胎、汽车和履带起重机的后方稳定性校核

增加平衡重可以提高起重机的静稳定性和作业稳定性，改善起重性能。但平衡重过重，有可能使起重机朝臂架的反方向翻倒，丧失后方稳定性。后方稳定性是起重机在工作状态下，臂架全伸，处于最小幅度和不利于稳定的位置，吊钩置于地面，风从前方向后吹来，吊臂一侧的支腿、轮胎或车轮对地面（或轨道）的总压力不得小于该工作状态下整机自重的 15%。

平衡重的配置必须满足起重机在各种作业工况时的后方稳定性要求。

6. 塔式起重机安装状态的稳定性校核

（1）下回转塔式起重机安装（起塔）或拆卸（倒塔）时的稳定性校核（图 12-10）

$$kbG''\leqslant aG' \tag{12-10}$$

式中　G'——起重机固定部分自重（N）；

G''——起重机被提升部分自重（N）；

a、b——G'、G''的力臂（m）；

k——考虑重量估计误差和起（制）动惯性力的超载系数，取 $k=1.2$。

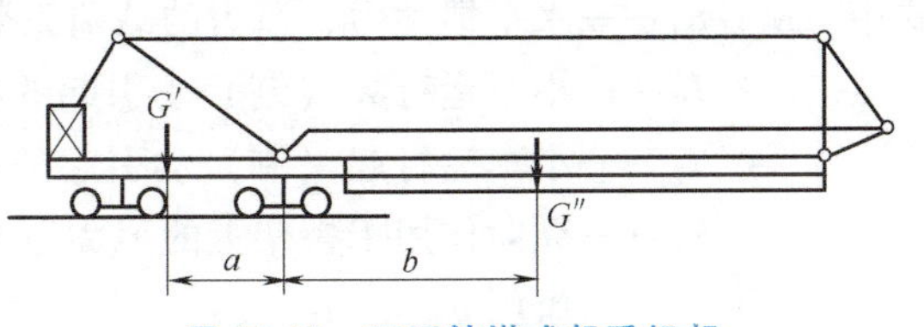

图 12-10　下回转塔式起重机起塔或倒塔时的稳定性

（2）上回转塔式起重机立塔后的稳定性校核（图 12-11）

$$Fh \leqslant 0.95cG \tag{12-11}$$

式中 F——工作状态最大风力（N）；

h——风载荷合力作用点离地高度（m）；

G——起重机装配部分的重力（N）；

c——考虑地面倾斜后，装配部分的重心到倾覆边的水平距离（m）。

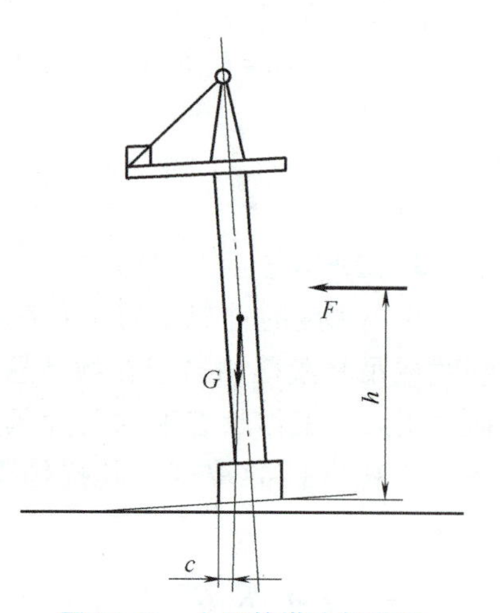

图 12-11 上回转塔式起重机立塔后的稳定性

12.1.3 龙门起重机的抗倾覆稳定性校核

龙门起重机限于表 12-1 中第Ⅲ组的起重机。

当龙门起重机无悬臂时，仅须验算横向（大车运行方向）工况 4（暴风侵袭）的非工作状态自身稳定性。

对带悬臂的龙门起重机，须验算纵向（悬臂平面）工况 1（无风静载）和工况 2（有风动载）的稳定性，以及横向工况 4（暴风侵袭）的稳定性。

12.1.3.1 纵向工况 1（悬臂平面，无风静载，见图 12-12）

小车位于悬臂端，起吊额定起升载荷。其抗倾覆稳定性校核计算式为

$$\begin{aligned}\sum M &= K_G(G_1c - G_2a) - K_PP_Qa \\ &= 0.95(G_1c - G_2a) - 1.4P_Qa \geqslant 0\end{aligned} \tag{12-12}$$

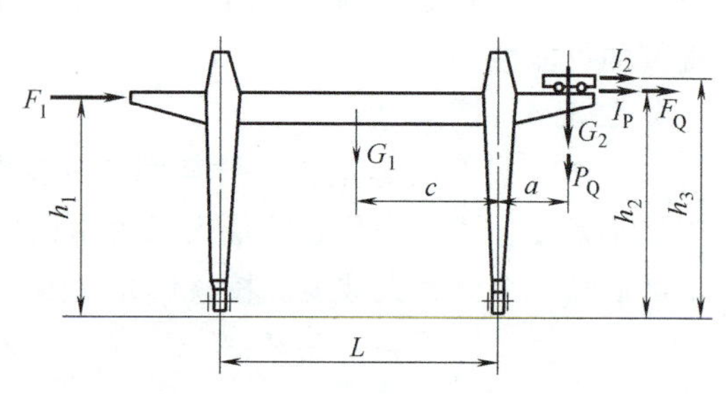

图 12-12 纵向抗倾覆稳定性

式中 K_G、K_P——自重、起升载荷的载荷系数（表 12-3）；

G_1、G_2——桥架、小车重力（N）；

c、a——桥架重心、小车重心到倾覆线的水平距离（m）；

P_Q——额定起升载荷（N）。

12.1.3.2 纵向工况 2（悬臂平面，有风动载，见图 12-12）

满载小车在悬臂端起（制）动，工作状态下的最大风力向不利于稳定的方向吹。其抗倾覆稳定性校核计算式为

$$\begin{aligned}\sum M &= K_G(G_1c - G_2a) - K_PP_Qa - K_i(I_Ph_2 + I_2h_3) - K_f(F_1h_1 - F_Qh_2) \\ &= 0.75(G_1c - G_2\alpha) - 1.2P_Qa - I_Ph_2 - I_2h_3 - F_1h_1 - F_Qh_2 \geqslant 0\end{aligned} \tag{12-13}$$

式中 K_i、K_f——水平惯性力、风力的载荷系数（表 12-3）；

I_P——小车运行起（制）动引起的物品（包括吊具）水平惯性力（N）；

I_2——小车运行起（制）动引起的小车水平惯性力（N）；

F_1——纵向作用于桥架上的风力（验算工况 2 按风压 q_{I}，工况 4 按非工作状态风压 q_{II}）（N）；

h_1——桥架与小车纵向挡风面积形心高度（m）；

h_2——起升机构上部定滑轮组（或卷筒）高度（m）；

h_3——小车重心高度（m）；

F_Q——作用于物品上的工作状态下最大风力（风压按 q_{II}）（N）。

12.1.3.3　横向工况（大车运行方向，暴风侵袭，见图 12-13）

非工作状态的起重机受沿大车轨道方向的暴风侵袭。

其抗倾覆稳定性校核计算式为

$$\sum M = K_G[0.5(G_1+G_2)B] - K_f F_1' h_1' = 0.475(G_1+G_2)B - 1.15F_1'h_1' \quad (12\text{-}14)$$

式中　B——轴距或前后支腿间的跨距（m）；

F_1'——横向作用于桥架及小车上的风力（验算工况 2 按风压 q_{I}，工况 4 按非工作状态风压 q_{II}）（N）；

h_1'——桥架与小车横向挡风面积自支腿铰接点起的形心高度（图 12-13）（m）。

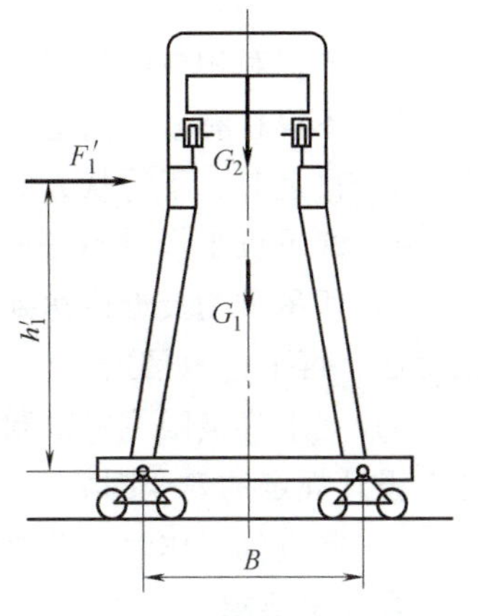

图 12-13　横向抗倾覆稳定性

12.2　起重机的使用

12.2.1　起重机的安全使用

12.2.1.1　起重机的使用一般要求

1）驾驶员应经过专门训练，并经考试合格获得合格证，才准许开车。驾驶员接班时，应对制动器、吊钩、钢丝绳和安全装置进行检查。每班第一次起吊重物（或负荷达到最大重量）时，应在吊离地面高度 0.5m 后，重新将重物放下，检查制动器性能，确认其可靠性。

2）开车前，必须鸣铃或报警。

3）操作应按指挥信号进行。

4）当起重机上或其周围确认无人时，才可以闭合主电源。如电源断路装置上加锁或有标牌时，应由有关人员除掉后才可闭合主电源；闭合主电源前，应使所有的控制器手柄置于零位；工作中突然断电时，应将所有的控制器手柄扳回零位。

5）在轨道上露天作业的起重机，当工作结束时，应加紧夹轨器或将起重机锚定住，防止滑溜造成事故。当风力大于 6 级时，一般应停止工作，并将起重机锚定住。对于门座起重机等在沿海工作的起重机，当风力大于 7 级时，应停止工作，并将起重机锚定住。

6）驾驶员进行维护保养时，应切断主电源并挂上标牌或加锁。如有未消除的故障，应通知接班驾驶员。

12.2.1.2　起重机的使用安全技术要求

1. 起重一般安全要求

主要包括：起重指挥信号应明确，并符合规定；吊挂时吊挂绳之间的夹角宜小于 120°；绳、链所经过的棱角处应加衬垫；人员进入悬吊重物下方时，应先与驾驶员联系并设置支承装置；有主、副两套起升机构的起重机，主、副钩不应同时开动。

2. 驾驶员操作应遵循的技术要求

1）不得利用极限位置限制器停车。

2）不得在有载荷的情况下调整起升、变幅机构的制动器。

3）吊运时，不得从人的上空通过，吊臂下不得有人。

4）起重机工作时不得进行检查和维修。

5）所吊重物接近或达到额定起重能力时，吊运前应检查制动器，并用小高度、短行程试吊后，再平稳地吊运。

6）无下降极限位置限制器的起重机，吊钩在最低工作位置时，卷筒上的钢丝绳必须保持有设计规定的安全圈数。

7）起重机工作时，臂架、吊具、辅具、钢丝绳、缆风绳及重物等，与输电线的最小距离符合规定要求。

8）流动式起重机，工作前应按说明书的要求平整停机场地，牢固可靠地打好支腿。

3. 驾驶员不应进行操作的情况

有下述情况之一时，驾驶员不应进行操作：

1）超载或物体重量不清。如吊拔起重量或拉力不清的埋置物体，以及斜拉、斜吊等。

2）结构或零部件有影响安全工作的缺陷或损伤。如制动器、安全装置失灵，吊钩螺母防松装置损坏，钢丝绳损伤达到报废标准等。

3）捆绑、吊挂不牢或不平衡而可能滑动、重物棱角处与钢丝绳之间未加衬垫等。

4）被吊物体上有人或浮置物。

5）工作场地昏暗，无法看清场地、被吊物情况和指挥信号等。

12.2.1.3 起重机的使用“十不吊”的制度

起重机的使用，必须严格执行起重机械安全操作规程和制度。人们在长期的实践中总结出了起重作业“十不吊”的制度：

1）指挥信号不明或乱指挥不吊。

2）超过额定起重量时不吊。

3）吊具使用不合理或物件捆挂不牢不吊。

4）吊物上有人或有其他浮放物品不吊。

5）抱闸或其他制动安全装置失灵不吊。

6）行车吊挂重物直接进行加工时不吊。

7）歪拉斜挂不吊。

8）具有爆炸性物件不吊。

9）埋在地下的物件不拔吊。

10）带棱角块口、未垫好的物件不吊。

12.2.2 起重机的试车

以下将以桥式起重机为例，介绍起重机的试车。

12.2.2.1 试车前的准备和检查

1）切断全部电源，按图样尺寸及技术要求检查全机：各固接件是否牢固，各传动机构是否精确和灵活，金属结构有无变形，钢丝绳在滑轮和卷筒上的缠绕情况是否正确和牢固

（对于抓斗起重机应特别注意这一点）。

2）检查起重机的组装和架设是否符合要求。

3）电气方面必须完成下列工作后才能试车：

① 用兆欧计检查全部电路系统和所有电气设备的绝缘电阻。

② 切断电路，检查操纵线路是否正确和所有操纵设备的运动部分是否灵活可靠，必要时进行润滑。

③ 在电气设备中，应特别注意电磁铁，限位开关，安全开关和紧急开关工作的可靠性。

4）用手转动起重机各部件、应无卡死现象。

12.2.2.2　无负荷试车

经过上述检查，全机均已正常后，再用手转动制动轮，使卷筒和走动轮能灵活转动一周，无卡死现象时，就可进行无负荷试车。其步骤及要求如下：

1）小车行走：空载小车沿轨道来回行走三次，此时车轮不应有明显的打滑，起重机制动应平稳可靠。限位开关的动作准确，小车上的缓冲器与桥架上的行程开关相碰的位置准确。

2）空钩升降：使空钩上升下降各三次，起升限位开关应准确。

3）把小车开到跨中，使大车沿整个厂房全长慢速行走两次，以验证厂房和轨道。然后以额定速度往返行走三次，检查运行机构之工作质量。起动和制动时，车轮不应打滑，运行要平稳，限位开关动作准确，缓冲器能起作用。

12.2.2.3　负载试车

无负载试车情况正常之后，才允许进行负载试车，负载试车分静载试车和动载试车两种。

1. 负载试车的技术要求

1）起重机金属结构的焊接、铆接质量，螺栓连接质量，特别是端梁连接质量，应当符合技术要求。

2）机械设备、金属结构、吊具的强度和刚度以及钢轨的强度应满足技术要求。

3）制动器应动作灵活，工作可靠。

4）减速器无噪声。

5）润滑部位润滑良好，轴承温升不超出规定。

6）各机构动作平稳，无激烈振动和冲击。

如有缺陷，应修理好后再进行试验。

2. 静负载试车

小车起升额定负载，在桥架上往返几次以后，将小车开到跨中与悬臂端部（装卸桥），将重物升至一定高度（离地面约100mm），空悬10min，此时测量主梁的下挠度（图12-14）。桥式起重机主梁下挠度不应超过跨度的1/700，如此连续试验三次，且在第三次卸掉负荷后，主梁不得留有残余变形，每次试验时间不得少于10min。

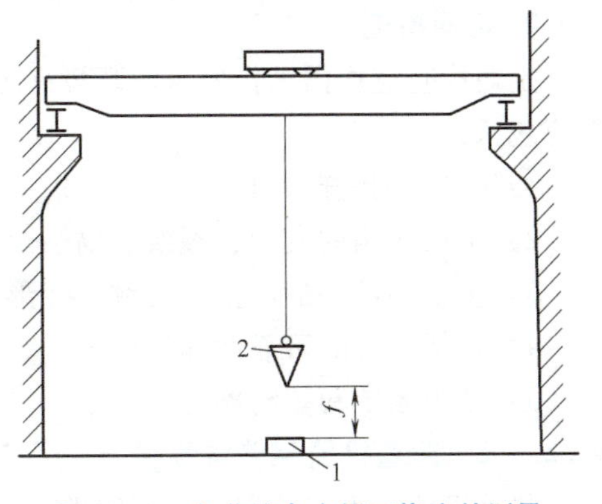

图12-14　负荷试车主梁下挠度的测量

1—测量基点　2—线锤

在上述试验后，可做超额定负荷25%的试车，方法及要求同上。

为了减少吊车梁弹性变形造成的测量误差，静载试车时应把起重机开到厂房柱子附近。

3. 动负载试车

静负载试车合格后，方可进行动负载试车。

先让起重机小车提升额定负载做反复起升和下降制动试车，然后开动满载小车沿其轨道来回行走3~5次，最后把满载小车开到跨中，让起重机以额定速度在厂房全行程内往返2~3次，并反复起动和制动。此时各机构的制动器，限位开关，电气操纵应可靠、准确和灵活，车轮不打滑，桥架振动正常，机构运转平稳，卸载后机构和桥架无残余变形。

上述试车结果良好，可再做超负荷10%的试验，试验的项目和要求与上述相同。

各项试验均合格后（应有正式记录和施工单位的交工单及投产保证书）才可交付使用。

12.2.3 起重机的保养与维护

12.2.3.1 起重机的检查

正常工作的起重机，每两年要对起重机按有关标准的要求，进行一次试验合格检查。经过大修、新安装及改造过的起重机，在交付使用前，要进行试验合格检查。闲置时间超过一年的起重机，在重新使用前，要进行试验合格检查。经过暴风、大地震、重大事故后的起重机，要进行试验合格检查。

1. 经常性检查

经常性检查应根据工作繁重、环境恶劣的程度确定检查周期，但不得少于每月一次。一般应包括：

1）起重机正常工作的技术性能。

2）所有的安全、防护装置。

3）线路、罐、容器阀、泵、液压或气动的其他部件的泄漏情况及工作性能。

4）吊钩、吊钩螺母及防松装置。

5）制动器性能及零件的磨损情况。

6）钢丝绳磨损和尾端固定情况。

7）链条的磨损、变形、伸长情况。

8）捆绑、吊挂链和钢丝绳及辅具。

2. 定期检查

定期检查应根据工作繁重、环境恶劣的程度，确定检查周期，但不得少于每年一次，一般应包括：

1）经常性检查项目。

2）金属结构的变形、裂纹、腐蚀及焊缝、铆钉、螺栓等连接情况。

3）主要零部件的磨损、裂纹、变形等情况。

4）指标装置的可靠性和精度。

5）动力系统和控制器等。

12.2.3.2 起重机的保养与维护

起重机处于工作状态时，不应进行保养、维修及人工润滑。维修起重机械时，更换的零部件应与原零部件的性能和材料相同。结构件需要焊修时，所用的材料、焊条等应符合原结构件的要求，焊接质量应符合要求。维修时，要将起重机移至不影响其他起重机的位置，对因条件限制，不能作到以上要求时，应有可靠的保护措施，或设置监护人员；将所有的控制器手柄置于零位，断开主电源、加锁或悬挂标志牌，标志牌应放在有关人员能看清的位置。

为确保起重机安全经济地使用，延长其使用寿命，用户应按照起重机使用说明书要求，做好保养与维修及润滑工作。

以塔式起重机为例，其保养与维护的主要包括如下内容：

1）经常保持整机清洁，及时清扫。

2）检查各减速器的油量，及时加油。

3）检查各部位钢丝绳有无松动、断丝、磨损等现象，钢丝绳头压板、卡子等是否松动，如超过有关规定必须及时更换。

4）检查各安全装置的灵敏可靠性，制动器的间隙和效能。

5）检查各螺栓连接处，尤其塔身标准节连接螺栓，每使用一段时间后，必须重新进行紧固。

6）钢丝绳、卷筒、滑轮、吊钩、制动器及车轮等的报废，应严格执行有关规定。

7）检查各金属构件的杆件、腹杆及焊缝有无裂纹，特别应注意油漆剥落的地方和部位。

8）检查吊具的换倍率装置以及吊钩的防脱绳装置是否安全可靠。

9）起升机构钢丝绳经过一段时间使用磨损拉长后，需要对高度限位器重新进行调整。

10）检查各电器触点是否氧化或烧损，若有接触不良应修复或更换。

11）各限位开关和按钮不得失灵，零件若有生锈或损坏应及时更换。

12）检查各电器元件是否松动，电缆及其他导线是否有破裂，若有应及时排除。

13）整机及金属结构每使用一个工程后，应进行除锈和喷刷油漆一次。

12.2.4 起重机的常见故障及其处理

下面以塔式起重机和桥式起重机为例，介绍起重机的常见故障及排除方法。

12.2.4.1 塔式起重机常见故障及其排除

见表12-4。

表12-4 塔机常见故障及排除方法（山东丰汇设备技术有限公司生产的FHTD1650塔机）

序号	故障现象	故障原因	排除方法
1	制动器打滑产生吊钩下滑	制动力矩过小，制动轮表面有油污和制动时间过长	调整制动器弹簧，清除油污，调小制动瓦间隙值
2	制动器负载冲击过猛	制动时间过短，闸瓦两侧间隙不均匀	加大制动瓦闸间隙或增大液压推杆行程，把闸瓦调整均衡
3	制动器运转过程中发热冒烟	制动闸瓦间隙过小	加大制动闸瓦间隙
4	回转机构起动不了	主要看是否有异物卡在齿轮处	清除异物
5	顶升太慢	液压泵磨损，效率下降	修复或更换损坏件
		换向阀阀杆与阀孔磨损严重	
		油箱油量不足或过滤器堵塞	加足油量或清洗过滤器
		液压缸活塞密封有损伤，出现内泄漏	更换液压缸密封件

（续）

序号	故障现象	故障原因	排除方法
6	顶升无力或不能顶升	液压泵严重内泄	修复或更换磨损件
		手动换向阀阀芯过度磨损	
		溢流阀调定压力过低	按要求调节压力
		溢流阀卡死，无所需压力	清洗液压阀
7	顶升升压时出现噪声和振动	过滤器堵塞	清洗过滤器
8	顶升时发生颤动爬行	液压缸活塞空气未排净	按有关要求排气
		导向机构有障碍	检查爬升架滚轮是否滚动灵活，间隙是否合适
9	顶升有负载后自降	缸头上的平衡阀出现故障	排除故障
		液压缸活塞密封损坏	更换密封件
10	起升机构不能起动	控制接线错误	核对接线图
		熔丝烧断	检查熔丝容量是否太小，如太小更换合适的
		电动机绕组短路、接地或断路	对短路、断路予以修复
		电动机电压过低	测量电网电压
		绕组接线错误	改正绕组接线
		制动器未松闸	检查制动器电压及绕组是否有断路或卡住
		负载过大或机械传动有故障	检查并排除故障
11	起动按钮失灵	电控柜熔断器烧断	换熔断器
		起动按钮、停止按钮接触不良	修或换按钮
		电源断错相引起相序继电器动作	检查电源质量和相序继电器的好坏
		联动台内的零位开关损坏	修理或更换联动台内零件
		断路器跳闸	重新合闸
		接触器不能吸合	修理或更换接触器
12	起升动作时跳闸	起升电动机过电流，过电流断路器吸合	检查起升制动器是否打开，过电流稳定值是否变化
		工地变压器容量不够或变压器至塔机动力电缆的线径不够	更换变压器或加粗电缆

12.2.4.2 桥式起重机常见故障及其处理

1. 小车“三条腿”

小车在工作中，有一个轮子悬空（俗称“三条腿”），就可能出现车体振动、走斜和啃道等现象。这是桥式起重机小车安全运行的不利因素。其原因是：

1）安装误差或车架焊接变形造成四个车轮中心不在同一水平面上。

2）一个车轮直径过小。

3）对角线上两轮直径过小或过大。

4）小车上重量分布不均匀。

发现小车“三条腿”时应对车轮的直径和四个轮子相对安装位置进行检查。

小车在轨道上局部地段发生“三条腿”现象，一般是轨道方面的问题，原因是：

1）小车轨道本身弯曲变形。

2）主梁上盖板有严重的波浪。

3）车轮直径不等或安装有误差。

2. 小车打滑

小车打滑的原因：

1）主动轮轮压不等，轮压小的轮子可能会打滑。

2）轨道上有水、冰、油污等。

3）起动时间过短，起动过猛。

打滑的判断：

1）在运行中发现车体摇摆。

2）如果要具体判定是哪一个轮子打滑，可以先在一根轨道上撒上细砂，令小车往返几次。如仍打滑，则说明不是撒砂一侧的主动轮有问题，而可能是对面主动轮轮压小，可以再在对面轨道撒上细砂进行试验。

3. 起重机的歪斜和啃道

桥式起重机大车在运行中，主要安全问题是“啃道”问题。由于啃道而引起起重机出轨以及相伴随的其他事故，这是比较严重的问题。特别是单梁起重机，这方面的事故比较多。

起重机在正常运行时，轮缘和轨道之间是有一定的间隙的。但当车体走斜，起重机的一侧轮缘和轨道侧面相挤压时，轮缘和轨道就发生摩擦，因而增加了运行阻力，并使车轮和轨道发生严重磨损，人们把这种现象称为“啃道”。

啃道不仅增加了电力系统的负荷和电动机功率的损耗，而且会使车轮寿命大大降低。一台中级工作制度的车轮，正常使用年限在 10~20 年，如果在啃道严重的情况下使用，只要几个月就磨损得不能用了。

另外，由于啃道，车轮对轨道产生一个横向力（水平方向），这个水平力通过轨道传给厂房，严重影响了桥架和厂房的受力条件，所以应当尽量避免起重机在运行中的歪斜和啃道。

（1）啃道的判断　桥式起重机大车在工作中是否发生啃道，可以从下列迹象来判断：

1）轨道侧面有一条明亮的痕迹，严重时痕迹上有毛刺。

2）车轮轮缘内侧有亮斑并有毛刺。

3）轨道顶面有亮斑。

4）起重机行驶时，在短距离内轮缘与轨道间隙有明显的改变。

5）起重机在运行中，特别是在起动与制动时，车体走偏，扭摆。

6）特别严重时会发出较响亮的“吭吭”的啃道声。

（2）啃道的原因

1）两边主动车轮直径不相等（由于制造和磨损的不均匀所致）。在相同的转速下，两边的行程不一样，造成歪斜啃轨。

2）车轮安装位置不准确，四个车轮不在矩形的四角，同侧的车轮不在一条直线上，车轮偏斜，这时不管是主动轮还是从动轮，都将造成大车走斜啃道。

3）轨道安装不准确。主要是：轨道距离过大（或过小）、两侧轨道标高误差太大、轨道平面不正轨道纵向弯曲不直等轨道安装精度不准确问题，以及轨道标高误差造成的轨道磨损。

4）在起动、制动中发生车架歪斜。其原因有：单独驱动中两边的制动器调节不一致，一侧的制动矩大于另一侧；由于传动系统中，齿间隙不等，轴键松动也可能引起两边不同步；由于车架本身偏斜，刚度不足，车架变形，或由于制造不良。

（3）防止啃道的措施

1）减少主动轮直径误差，提高表面淬火质量，可以减少踏面的磨损。在使用中要经常检查车轮直径。

2）及时调整车轮及轨道安装误差，使其达到规定的要求。

3）采取分别驱动的形式，在桥架刚度较好的情况下，具有自动同步作用。如果大车已经发生了歪斜，那么导前一侧的电动机因为还要带动落后侧的车轮，所以负载加大，因此电动机转速有所降低。相反，落后一侧电动机因负载减轻而转速稍有增加，导致桥架恢复正常。使用分别驱动时，必须注意调整两边的制动器，使制动器的制动力矩和松闸时间一致，否则也会造成两侧的不同步。

4）在集中驱动的装置中，采取锥形主动轮，使锥形主动轮的大端放置在内侧。如果大车走歪，则导前侧的主动轮直径变小，而落后一侧的主动轮直径变大，在相同的转速下，落后侧主动轮走的距离大，所以使桥架自动走正。此时从动轮仍然可以是普通圆柱车轮。

5）限制桥架跨度和轮距的比值，增加桥架的水平刚性。因为起重机运行时，容许一定程度的自由歪斜。所谓自由歪斜是指轮缘与轨道在接触所允许的桥架一侧相对另一侧的超前距离，这个距离与桥架跨度和轮距的比值成正比，即轮距越大，越不容易发生啃道现象。

6）取消轮缘，用横向的滚轮来引导车体运行的方向，可以避免啃轨时的磨损，也可以使运行阻力减少（如单主梁偏轨龙门起重机已广泛采用），但车轮装置会变得复杂。

参 考 文 献

[1] 张质文，王金诺. 起重机设计手册 [M]. 北京：中国铁道出版社，2013.

[2] 张青，宋世军. 工程机械概论 [M]. 2版. 北京：化学工业出版社，2016.

[3] 王金诺，于兰峰. 起重运输机金属结构 [M]. 2版. 北京：中国铁道出版社，2017.

[4] 钟声，夏宇阳. 物流机械设备 [M]. 成都：西南交通大学出版社，2014.

[5] 刘志平. 起重运输机械工程测试技术 [M]. 武汉：武汉理工大学出版社，2021.

[6] 文豪. 起重机械 [M]. 北京：机械工业出版社，2021.

[7] 高顺德，王欣，张氢. 工程机械手册：工程起重机械 [M]. 北京：清华大学出版社，2018.

[8] 张永清. 起重运输与吊装技术 [M]. 北京：化学工业出版社，2016.

[9] 吴恩宁，徐一骐. 建筑起重机械安全技术与管理 [M]. 北京：建筑工业出版社，2015.

[10] 成大先. 机械设计手册 [M]. 6版. 北京：化学工业出版社，2016.

[11] 胡修池. 机械安装与起重技术 [M]. 北京：化学工业出版社，2014.

[12] 傅德源. 实用起重机电气技术手册 [M]. 北京：机械工业出版社，2011.

[13] 李林，郝会娟. 建筑工程安全技术与管理 [M]. 3版. 北京：机械工业出版社，2021.